平野 創……［著］
HIRANO So

日本の
石油化学産業

勃興・構造不況から
再成長へ

名古屋大学出版会

日本の石油化学産業

目　　次

序　章　化学産業の概観——大きな産業規模と巨大企業の欠如 ………… 1

　　1　2度の成長を経験した基幹産業　1
　　2　石油化学工業とエチレン製造業の概要　12
　　　おわりに　22

第I部　高度成長と設備過剰問題

　イントロダクション　28

第1章　石油化学産業の勃興期 ……………………………………44

　　1　エチレン製造拠点の概略史　45
　　2　石油化学工業第1期計画——1955〜60年の動向　48
　　3　石油化学工業第2期計画——1961〜64年の動向　58
　　4　石油化学産業勃興期の業界動向　66
　　　おわりに　72

第2章　石油化学産業の高度成長期 …………………………………76

　　1　官民協調方式の採用——石油化学官民協調懇談会の設立　76
　　2　エチレン年産10万トン基準と投資調整システム　84
　　3　エチレン年産10万トン基準に基づく設備投資調整　92
　　　おわりに　102

第3章　大型設備の完工と設備過剰の発生 ………………………… 108

　　1　エチレン年産30万トン基準の制定と運用システム　108
　　2　通産省および有力企業による思惑の実現（1967年）　118
　　3　需要予測の上方修正と追加的認可（1968年，1969年）　124
　　4　エチレン年産30万トン基準に基づく設備投資調整の帰結　139
　　5　石油化学業界を取り巻く変化　148
　　　おわりに　153

第 4 章　投資調整の継続と設備過剰の深化 ……………………………………… 161

1　問題の所在――不況下での投資の継続　162
2　設備過剰下でのさらなる新設の認可　164
3　大型設備を保有しない企業の着工（1974～75 年）　172
4　設備投資調整の帰結　177
5　第 2 次石油危機と産構法による設備処理　181
6　石油化学業界におけるその他の変化　189
　　おわりに　196

第 5 章　設備投資調整の逆機能 …………………………………………………… 204

1　調整が設備過剰をもたらしたプロセス――歴史研究としての発見事実　204
2　投資調整による過剰投資の促進メカニズム　208
　　おわりに　217

第 II 部　化学産業における国際競争力の高まり

イントロダクション　222

第 6 章　日本の化学企業の収益分析 ……………………………………………… 234

1　化学企業の収益分析　234
2　日本の化学産業の特徴　246
　　おわりに　250

第 7 章　エチレンセンター企業の変革 …………………………………………… 253

1　エチレン生産量の再成長　253
2　生産量の安定と産業内で生じた変化　259
3　エチレンセンターの生産停止後の事業再構築　272
　　おわりに　284

第 8 章　機能性化学事業の成長による国際競争力の獲得 ………… 291

　　1　高収益化学企業による競争力獲得・維持のプロセス　292
　　2　エチレンセンター企業における化学製品の高付加価値化　307
　　　おわりに　330

第 9 章　政府・企業間関係と産業発展のダイナミクス ………… 335

　　1　政府・企業間関係への注目　335
　　2　設備投資調整をめぐる政府・企業間の相互作用　338
　　3　三つの類型と産業発展のダイナミズム　346
　　　おわりに　350

終　章　石油化学産業の現状と課題 ………………………………… 353

　　1　基礎化学領域に関する政策的課題の検討　353
　　2　機能性化学領域に関する政策的課題の検討　365
　　　おわりに　368

　　参考文献　373
　　あとがき　385
　　図表一覧　390
　　索　　引　393

序　章

化学産業の概観――大きな産業規模と巨大企業の欠如

1　2度の成長を経験した基幹産業

1) 化学産業の特異性――対照的な特徴を内包する産業

　本書の目的は，石油化学を中心とした日本の化学産業の歴史を概観し，その独自の産業構造が構築されたプロセスを明らかにすることである。化学産業は，日本の国内製造業の中で第2位を占める巨大産業でありながらも，これまでその発展経緯に関する包括的な議論が十分に尽くされてこなかった。まず本節では，化学産業の特異性について概観してみよう。

　本書が検討の対象としている化学産業は，他の製造業とは異なる様々な特性や対照的な特徴を内包している。産業名そのものが特色の一つである。自動車産業や電機産業のように多くの製造業において，その産業名は生産する最終製品の名称が冠されている。しかしながら，化学産業は最終製品ではなく，製造過程で用いられる製法（化学プロセス）が産業名となっている。また，自動車や電気製品が何万点にも及ぶ部品の集合体であるのに対して，化学産業は何万点にも及ぶ最終製品へと至る出発点である。

　さらに，化学産業はその産業構造に着目しても，個性的な側面を有している。例えば，日本の化学産業は非常に大規模であるにもかかわらず，世界的な大企業が存在していない。出荷額を国際比較すれば，日本の化学産業は中国，米国に次いで世界第3位に位置する。また，日本国内の他の製造業と比較しても化学産業は，出荷額および付加価値生産額において国内第2位と日本における基

表序-1 産業別出荷額および付加価値額の比較（従業者10人以上の事業所）(2014年)

出荷額　　　　　　　　　　　　　　　　　（兆円, %）

順位	業種	金額	構成比
1	輸送用機械器具製造業	59.8	20.1
2	化学工業	27.9	9.4
3	食料品製造業	25.3	8.5
4	鉄鋼業	18.9	6.3
5	石油製品・石炭製品製造業	18.3	6.2
6	電気機械器具製造業	19.8	5.6

付加価値額　　　　　　　　　　　　　　　（兆円, %）

順位	業種	金額	構成比
1	輸送用機械器具製造業	16.6	18.7
2	化学工業	9.7	10.9
3	食料品製造業	8.5	9.6
4	生産用機械器具製造業	5.8	6.5
5	電気機械器具製造業	5.7	6.4
6	金属製品製造業	4.9	5.5

出所）工業統計調査，平成26年確報　産業編 (http://www.meti.go.jp/statistics/tyo/kougyo/result-2/h26/kakuho/sangyo/pdf/h26-k3-gaikyo-j.pdf, 2016年5月3日閲覧）。

幹産業の一つである（表序-1）。しかしながら個別企業に目を向ければ，表序-2に示されるように売上高で世界上位10社に入る企業は存在しない。

また，化学産業の競争力に対する評価も時を経るとともに大きく変化した。

過去には化学産業は国際競争力の弱い産業であるという評価が一般的であった（例えば，Porter, 1990；徳久, 1995）。日本の化学産業に関する代表的な研究である伊丹・伊丹研究室（1991）においては，貿易収支や技術貿易収支，世界の化学企業の売上高ランキング，海外生産比率，研究開発支出など様々な指標が比較検討され，日本の化学産業は国際競争力が強くないと結論づけられていた。

しかしながら，近年では化学産業に対する評価と期待が大きく高まっている。伊丹（2013）は，日本の製造業が生み出した付加価値総額において化学産業の比重が高まっていることを指摘している。図序-1は製造業に属する産業が生み出した付加価値総額に占める産業別のシェアを求めたものである。特に化学・化学製品，金属・金属製品，機械，電機，自動車の5大産業に関して1985年以降の推移をグラフ化してある。この図からは，この四半世紀に存在感を高めたのは自動車産業と化学産業であることが確認できる。自動車産業の付加価値シェアは1985年には8.9％であったものが2007年には14.3％に高まり，化学産業も13.3％から16.9％にまで高まった。また，雇用面でも自動

表序-2 化学製品の売上高に見る世界のトップ企業30（2013年）

順位	企業名	国名	化学製品の売上高 2013年（百万ドル）	総売上高に占める割合(%)	化学製品の営業利益 2013年（百万ドル）	売上高営業利益率(%)
1	BASF	ドイツ	78,615	80.0	6,317	8.0
2	Sinopec	中国	60,829	13.0	103	0.2
3	Dow Chemical	米国	57,080	100.0	4,715	8.3
4	SABIC	サウジアラビア	43,589	86.5	12,795	29.4
5	Shell	オランダ	42,279	9.4	na	na
6	ExxonMobil	米国	39,048	9.3	5,180	13.3
7	Formosa Plastics	台湾	37,671	60.2	2,352	6.2
8	LyondellBasell Industries	オランダ	33,405	75.8	5,087	15.2
9	DuPont	米国	31,044	86.9	5,234	16.9
10	Ineos	スイス	26,861	100.0	2,137	8.0
11	三菱ケミカルHD	日本	26,685	74.4	507	1.9
12	Bayer	ドイツ	26,636	49.9	4,409	16.6
13	LG Chem	韓国	21,142	100.0	1,592	7.5
14	AkzoNobel	オランダ	19,376	100.0	1,193	6.2
15	Air Liquide	フランス	19,153	94.7	3,569	18.6
16	Braskem	ブラジル	18,994	100.0	1,370	7.2
17	三井化学	日本	18,916	100.0	306	1.6
18	Linde	ドイツ	18,554	83.9	5,108	27.5
19	住友化学	日本	18,116	78.8	688	3.8
20	Reliance Industries	インド	17,778	23.3	1,436	8.1
21	Evonik Industries	ドイツ	17,097	100.0	1,653	9.7
22	東レ	日本	16,665	88.5	1,152	6.9
23	Lotte Chemical	韓国	15,017	100.0	445	3.0
24	Yara	ノルウェー	14,472	100.0	1,963	13.6
25	PPG Industries	米国	14,044	93.0	2,134	15.2
26	Solvay	ベルギー	13,768	100.0	1,179	8.6
27	Chevron Phillips	米国	13,147	100.0	na	na
28	DSM	オランダ	12,773	100.0	580	4.5
29	信越化学工業	日本	11,945	100.0	1,781	14.9
30	Praxair	米国	11,925	100.0	3,734	31.3

出所）日本化学工業協会（2015）。

車および化学のシェアが高まっていることが示されている。その上で，同書においては，第三の敗戦と呼ぶべき危機に陥っている日本において，日本企業や産業がとるべき六つの指針の一つとして，「日本企業は化学で食っていく」と

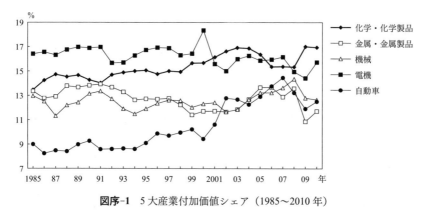

図序-1 5大産業付加価値シェア（1985～2010年）

出所）伊丹（2013）。

いうものが提示されている。

　同様に橘川・平野（2011）においても，化学産業の時代が到来しつつあり，同産業が次世代の主導産業候補であるとされている。その根拠としては，第一に機能性化学製品における日本企業の世界シェアが極めて高いことが指摘されている。図序-2は日本企業が世界市場において占有しているシェア（横軸）と世界市場の規模（縦軸），日系企業の売上額（バブルの大きさ）を示している。図からわかるように，液晶ディスプレイ用偏光板保護フィルムやカーボンファイバー（炭素繊維），リチウムイオン電池用正負極材といった機能性化学部材は，その市場規模こそ小さいものの，世界シェアに関しては日本の主導産業である自動車，電子機器，電子部品よりもはるかに高い。第二に，経済史の観点から見ても2度目の化学産業隆盛の波が強まっているという。日本の近代化のプロセスでは，経済発展全体を牽引するリーディング・インダストリー（主導産業）が重要な役割を果たしてきた。明治初期の製糸業に始まり，綿紡績業，化学繊維産業，造船業，鉄鋼業，電気機械産業，自動車産業と連綿と受け継がれてきた。同書の中では，製造業の中で特定の業種が主導産業の色彩を強めると純利益50社の中に3社以上が登場する傾向があると指摘されている。表序-3は日本における純利益ランキング上位50社の業種別の構成の推移を示したものであり，さらに3社以上がランキングした製造業の業種に関してその当該

序　章　化学産業の概観　5

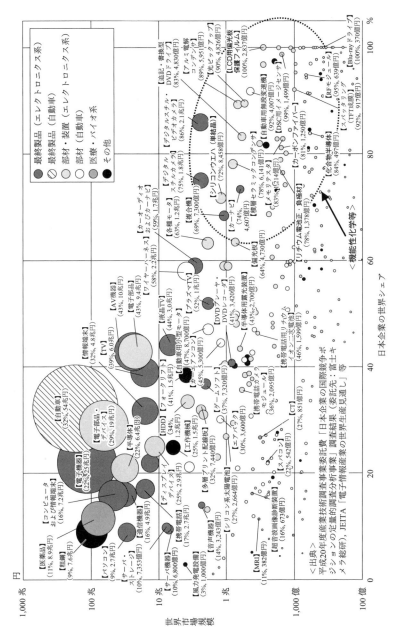

図序-2　主要製品・部材の市場規模と日本企業の世界シェア（2007年）

出所）化学ビジョン研究会（2010）。

表序-3 日本における純利益上位50社の業種別構成の推移（1929～2002年）

(社)

	業　種	1929年下期	1943年上期	1955年下期	1973年上期	1987年度	2002年度
製造業	化　学	1	2	4	3	1	3
	製　薬	0	0	0	0	0	5
	製　糖	3	1	0	0	0	0
	綿紡績	4	3	2	0	0	0
	製　紙	3	1	1	0	0	0
	石　油	1	1	4	0	1	0
	機　械	0	3	2	3	0	5
	電気機械	0	2	3	7	6	4
	自動車	0	0	1	3	3	4
	鉄　鋼	0	7	5	4	1	0
	鉱　山	3	4	1	0	0	0
非製造業	鉄　道	6	2	0	0	0	3
	電　力	10	7	5	2	6	6
	通　信	0	0	0	0	1	3
	金　融	11	10	13	21	28	7
	小　売	0	0	0	1	0	4
	その他	8	7	9	6	3	6
	合　計	50	50	50	50	50	50

出所）山崎（2004）より作成。

年度を網掛けして示した。化学産業は高度経済成長期の1950年代から70年代にかけて3社以上がランクインした後，1987年度には1社へ後退した。しかし，2002年度になると再び3社がランクインするに至り，日本経済史上2度目の化学産業隆盛の波が強まっている。このように，近年，化学産業の地位と将来性への期待感は急速に高まっているのである。

　また，同一業種の中に構造不況業種と高収益業種の双方を内包しているため，事業領域によって競争力に対する評価が大きく異なる点も化学産業の特徴である。2014年1月に公布された産業競争力強化法第50条は，構造不況業種に対して事業再編を求めることを企図した法案である。具体的には，政府が供給過剰に陥っている業界を公表し，事業再編や合併・買収を促すとともに，再編への動きが不十分な場合は企業に対して改善命令を出したり，罰金を科したりすることもある。石油化学業界は，石油業界に続き2番目にこの50条の指定業種となり，過剰な設備の削減を求める報告書が公表された（経済産業省，2014）。

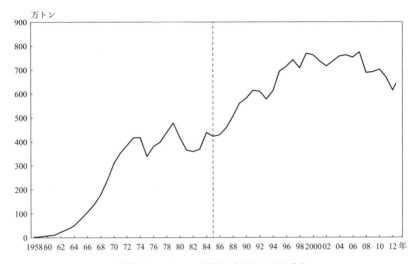

図序-3　エチレン生産量（1958〜2013 年）

出所）石油化学工業協会（2014）より作成。

その一方で，すでに述べたように化学産業に対する期待は大きく高まっている。さらに，売上と利益を着実に伸ばし続けてきた化学企業が多く存在する[1]。

2）歴史区分——1985 年前後の構造的変化

上述のような特色を持つ化学産業について，その歴史を概観する場合，1985 年を区切りとして二つの時代に分けて考えることが有用であろう。1985 年を区切りとする理由は，以下の点に求められる。

第一に，図序-3 に示されるように化学産業の上流部門であり，基礎製品であるエチレン生産量の推移を概観すると，「成長と安定」をセットとした時代を 2 サイクル経ていることがわかる。前半期は 1959 年に石油化学工業製品の国内生産が開始された後に急成長を遂げ，1973 年にはエチレン生産量が 400 万トンを突破し，その後は 400 万トン前後を推移する 1985 年までの期間である。1985 年以降の後半期は再び生産量が拡大し，1996 年にエチレン生産量は 700 万トンを突破する。それ以降は 700 万トン前後を推移する安定期に入る現代までの期間である。このように，石油化学業界は「成長と安定」を 2 回繰り

返しており，1度目から2度目への転換期が1985年なのである。

　第二に，1985年を境に政府と企業との関係性も大きく変化した。石油化学産業は，その誕生時点から1985年まで政府の規制による影響を大きく受けていた。日本は石油化学技術を海外より輸入（導入）しており，この技術導入には政府の許認可が必要とされ，各企業は自由な投資活動を行うことができなかった。この許認可に関しては「外資に関する法律」（外資法）[2]による強制力が担保されており，これを背景に政府は各社の設備投資を調整していた。その後，1973年に石油化学技術導入の自由化が実施されるも，通商産業省（通産省）は行政指導によって企業の投資活動に影響を及ぼし続けた。1983年には深刻な設備過剰問題に悩まされていた石油化学業界に対して，政府が主導しエチレン製造設備を中心とする各種石油化学製品の過剰設備廃棄を行わせた。また，1985年までの間には不況カルテルや輸出カルテルも複数回実施され，政府と企業の関係性は極めて緊密であった。しかし，1985年以降はこうした関係性は見受けられなくなった。例えば，1990年代以降に進行した設備廃棄は，政府による強制力を伴うものではなく，各社が自主的に判断し戦略の一環として進められた。近年も石油化学産業は過剰設備廃棄や集約化を企図した産業競争力強化法第50条の対象業種に指定されたものの，強制的な設備廃棄等が実施されるには至っていない。石油化学産業と同様に50条の指定業種となった石油業界においては，石油元売り企業が事業再編案の提出と2016年度までに業界全体で設備能力を約1割減らすことを義務づけられたのとは対照的である[3]。

　第三に，1985年前後に化学産業の構造的変化が生じた。まず，化学産業の輸出産業化が進んだ。国際競争力を表す指標の一つとされる貿易特化係数を見ると1987年から輸出超過に転じ，輸出入の差が拡大していった（図序-4）[4]。また，この時期に前後して化学産業の主役は，現在構造不況に陥っている領域（エチレン製造業を中心とした基礎化学品部門）から現在期待を集めている領域（機能性化学）へと移り変わっていった。

　このような理由から，本書では1985年を区切りとして第Ⅰ部と第Ⅱ部に分けて議論を進めることにする。第Ⅰ部と第Ⅱ部の冒頭（イントロダクション）においてそれぞれ先行研究の検討と課題の設定も行う。第Ⅰ部と第Ⅱ部のそれ

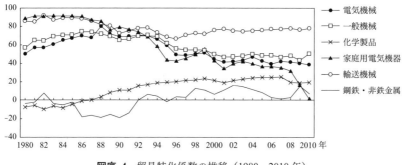

図序-4 貿易特化係数の推移（1980〜2010年）

注）貿易特化係数＝（輸出－輸入）／（輸出＋輸入）×100
出所）三菱UFJリサーチ＆コンサルティング（2012）。

ぞれの根底にある問題意識は「なぜ，日本の石油化学産業は弱かったのか（現代に至るまで改善されていない問題点はどのように形成されたのか）」，「なぜ，1985年以降に国際競争力を高め，それを維持することが可能であったのか（化学産業の構造的変化がどのように起きたのか）」というものである。

3）設備投資調整への注目とその理由

　第Ⅰ部では，石油化学産業の中でもその要とでもいうべきエチレン製造設備（ナフサクラッカー）への投資の動向を中心に議論を進める。第Ⅰ部において解き明かす具体的な研究課題は，「エチレン製造設備の設備過剰を回避するために投資調整を実施していたにもかかわらず，なぜ設備過剰に陥ったのか」という論題である。エチレン製造設備の新設，増設等に関しては，1985年までの間，基本的には自由な投資活動は認められず，何らかの形で投資調整が断続的に実施された。この理由は，エチレン製造を中心とした石油化学工業は規模の経済性が働く装置産業であり，小規模企業・工場の乱立を防ぎ国際競争力を強化しようという政策的意図に基づく。しかしながら，設備投資調整を実施しながらも，その意図に反して，多数の企業がエチレン製造業に参入し，盛んな投資活動の結果として，最終的には設備過剰に陥るという逆説的な結果に至ったのである。

本書が第Ⅰ部において，このように設備投資調整とその帰結に注目する理由は，これが過去の国際競争力の弱さをもたらした要因であるとともに，現在に至るまでの未解決問題だからである。

この点については，伊丹・伊丹研究室（1991）を参照点として考えてみたい。同研究においては日本の化学産業の国際競争力が弱い理由として，大別すれば以下の五つの要因が指摘されている。①乏しい技術蓄積：石油化学産業に関する技術蓄積が少ない中で海外からの技術導入によりスタートした，②石油危機と公害問題：石油化学産業が大きく飛躍するはずであった1970年代に石油危機や公害問題といった対処の難しい問題に直面した，③小さすぎる企業：多数の均質的な企業間で激しい競争が繰り広げられ，これとともに複雑な資本関係によって大企業の誕生や製造設備の集約化が妨げられた，④ヒト・組織と技術蓄積の難しさ：化学技術の蓄積には長い時間を要し日本は依然として蓄積が不十分であり，かつ工学系に比べて化学を専門とする人材の供給も少ない，⑤ファイン化（製品の高付加価値化）の遅れ：三菱化成や住友化学といった大手企業がファイン化に後れを取り，さらに信越化学工業などのスペシャリティケミカル企業の規模が小さすぎる。

伊丹・伊丹研究室（1991）が指摘したこれらの問題の中で自律的に解決が可能な（つまり原料問題を除く[5]）要因の中で現在でも重大な問題として残存しているものは，③「小さすぎる企業」の問題のみである。各問題点について，少し詳細に検討すれば以下のようになる。①，④の技術蓄積に関しては，相当程度に蓄積が進み，伊丹・伊丹研究室（1991）の刊行時点では赤字であった技術貿易も黒字に転換している。親子会社間の取引を除いた技術貿易収支は251億円の黒字（2012年度）に達し，これは医薬品製造業，輸送用機械器具製造業に次いで国内製造業では第3位に位置する。また，伊丹（2013）によれば，2000年代においては大学や大学院で化学系の分野を専門とする学生の数が増加しているという[6]。②の公害問題に関して見れば，相当の努力の結果，改善が見られた。日本の民間設備投資に占める公害防止投資の割合は，1960年代には5％以下であったものが1975年には17％を占めるほど急増し（環境庁，1976），環境技術先進国の礎が築かれた。例えば，海洋の水質改善では，厳しい排水規

制を課されそれを達成することで，コンビナート周辺の海域の水質は改善が進んだ[7]。⑤のファイン化に関しては，すでに図序-2 においても示したように電子材料などの機能性化学製品で日本企業は高い世界シェアを獲得し，これも相当程度達成した[8]。第 8 章において分析するように，これらの製品の生産を担っている企業の多くは大企業ではない。しかし，スペシャリティケミカルを担う企業が小さいことは，逆に素早い事業展開を求められるニッチな製品市場での事業領域には適合し，それらの分野の成長へと結びついたのである。また，やや遅れながらも旧財閥系を含む大企業も製品の高付加価値化を実現しつつある。

このように各種の問題が解消されつつあるのに対して，近年大規模な合併が進んだとはいえ，日本企業の規模や生産設備が海外の大企業に比して小さいという問題のみは残存しているのである。すでに言及したように売上高で世界上位 10 社に入る企業は日本には存在せず，エチレン生産規模に関しても現在海外で建設されているものは年産 100～150 万トン規模であるのに対して[9]，日本のエチレン製造設備は最新鋭かつ最大のものでも 76.8 万トン（京葉エチレン）に過ぎず，見劣りしている。「産業競争力強化法第 50 条に基づく調査報告」においても生産設備の集約や再編による生産効率の向上が政策課題として指摘されている（経済産業省，2014）。

4）本書の構成

本書の構成を簡単に述べれば，第 I 部では上述のような根深い問題の原因となった設備投資調整を主たる論題とし，通産省を主体とする調整が本来の意図通りの機能を果たしえず，むしろ小規模企業の乱立や設備過剰を促進した実態を明らかにすることを目的とする。また，第 I 部では石油化学産業における設備投資調整の歴史的考察を行うことを通じて，最終的には設備投資調整が設備過剰を生み出すに至るメカニズムに関して新たな仮説を提示する。

一方で，第 II 部においては，エチレン製造企業のみならず幅広い化学企業を視野に入れて，日本の化学産業に構造的変化が生じたプロセスを明らかにする。すでに本節第 1 項で言及したように，日本の化学産業は輸出産業化し，そ

の国際競争力に対する評価は大きく変化した。なぜ日本の化学産業が強くなりえたのか，その点を明らかにする。このプロセスは，伊丹・伊丹研究室(1991)が指摘した問題点が克服されていった様相を明らかにすることに対応していることだろう。第II部において対象を広げる理由は，エチレン製造企業の動向のみでは，日本の化学産業の現状を説明することが困難だからである。

2 石油化学工業とエチレン製造業の概要

本節では，次章以降の歴史分析に入る前にまず石油化学工業ではいかなる生産活動が行われているのか概観する。その上で，石油化学工業の上流部門に位置し，中核的な製造装置であるエチレン製造装置について説明する。なお，これらのエチレン製造を行う拠点のことをしばしば「エチレンセンター」と呼ぶ。またエチレン製造に携わっている企業をエチレンセンター企業と呼ぶ。エチレン製造業では規模の経済性が働くこと，中でも二つの生産工程のうち下流部門で特に規模の経済性によるメリットが生じることが説明される。

1) 石油化学工業の原料と製品

我々の周囲には，多くの石油化学製品があふれている。飲み物を入れるペットボトル，化学繊維の靴下，食品用サランラップ，レジ袋など，もはや石油化学製品抜きの生活は考えられないほどである。さらに，半導体材料，液晶パネルなど最先端の製品にも多様な石油化学製品が使用され，石油化学工業の発展が多くの他産業の発展に寄与している。

これらの製品は石油や天然ガスといった原料から生産されている。日本の石油化学工業の場合は，現在でも大部分は原油から得られるナフサ[10]をその原料として使用している[11]。石油化学原料としては，石油化学工業誕生時に①灯油，軽油，重油の分解法，②石油精製の副生ガス，③都市ガス用オイルガスからの分離法の3種が検討され，コストと量の充足の見地から灯油，軽油，重油の分解法に定まった[12]。さらに，灯油，軽油，重油の中でも原料間で比較検討がな

序　章　化学産業の概観　　13

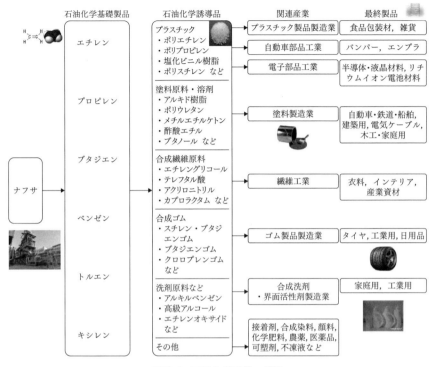

図序-5　石油化学産業の構造

出所）経済産業省（2015）。

され[13]，最終的には石油製品の中でも余剰傾向があったナフサに原料が決定された（石油化学工業協会編，1981）。なお，原料であるナフサを安定的に受給するために，石油化学基礎製品を生産する工場は石油精製工場に隣接して立地していることが多い。

　石油化学産業の構造は，図序-5に示される通りである[14]。まず，原料であるナフサを分解，分離，精製して得られるのが基礎製品である。ナフサを摂氏700度から800度の高温で分解し，各種精製装置において留分を取り出す。この過程で，エチレン，プロピレン，ブタジエン，ベンゼン，トルエン，キシレンなど比較的分子構造の簡単な製品が製造される。これらの製造設備は，「ナ

フサ分解設備（ナフサクラッカー）」，もしくは「エチレン製造設備（エチレン設備）」などと呼ばれる。この部分は石油化学工業の上流部門に相当し，石油化学コンビナートの中核を構成している[15]。

これらの基礎製品に，酸化，塩素化，アルキル化，水和など様々な反応を加え，合成樹脂や合成繊維原料などの各種石油化学製品を生産する。これらの製品を総称して「誘導品」と呼ぶ。例えば，エチレンからは誘導品であるポリエチレンという合成樹脂が生産される。石油化学基礎製品は，ガス状や液状のものが大多数であるため，石油化学基礎製品を生産する工場と誘導品工場は同一敷地内か隣接しており，原料や製品はパイプラインを通じて融通される。そして，誘導品は関連産業において最終製品へと加工される。例えば合成樹脂の場合，プラスチック製品製造業者に送られペットボトルやポリバケツなどに加工されて我々の手元に届くことになる。第II部において検討の対象となる機能性化学製品に強みを持つ企業群は，基礎製品の生産は行わず，それ以降の川下の製品群の生産に携わっている。

2）エチレン製造設備の特質

前項で示した石油化学工業における生産活動のうちでも，本書の第I部では特にその中核とも言えるエチレン製造業者に注目している。エチレン製造業者は，原料のナフサを分解，精製し，エチレンやプロピレンなどの基礎製品を生産する企業のことである[16]。

エチレン製造設備は，大別すれば分解装置（分解部門）と精製装置（精製部門）に分かれる。ごく簡単に説明すれば，原料のナフサは，まず分解装置（分解炉）において高温熱分解される。これにより，ナフサが様々な留分（エチレンやプロピレンなど）に分解される。しかし，分解した状態のままでは，様々な留分を含む混合ガスに過ぎない。これらから，必要な留分を純度の高い形で取り出す必要性がある。この作業を精製装置で行うことになる（精製部門）。精製装置では，熱を加えることで，一つの設備で一つの留分を飛ばすという作業が行われ，順次様々な精製装置を経ることによって最終的には，多数の留分を純度の高い形で獲得することができる。精製過程は，土砂を異なる大きさの

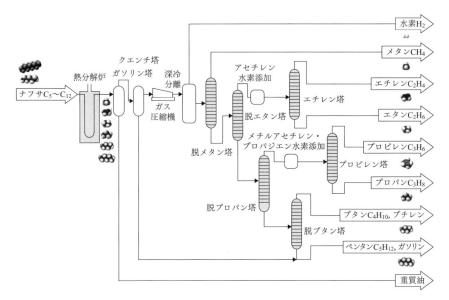

図序-6 エチレン製造設備の概略フロー

出所）化学工学会「Web 版化学プロセス集成」。

目のふるいにかけて，順次，石，砂利，砂，粘土を取り出す作業と近い。

　エチレン製造設備の特徴は，上流側の分解装置はやや小型の装置を複数組み合わせた多系列型の設備であるのに対して，下流側の精製装置は一つの大きな装置で構成される単系列型の設備であるということである。単系列型の装置は，規模が大きくなるほど生産1単位当たりの資本費用が安くなり，規模の経済性が強く働く。そのため，エチレン設備を持つ化学企業は，川下側の精製装置に関しては，事後的な増設が可能な分解装置よりも大き目の設備を建設するインセンティブを持つことになる。以下では，より詳細に設備の特色とその企業行動への影響に関して説明することにする。なお，エチレン設備の概略フローは，図序-6のように示される。

　まず，原料のナフサは分解炉で分解される。分解炉内部には，多数のチューブが通されており，その反対側にはバーナーがある。チューブの中をナフサが通る間に，バーナーによる加熱がなされ，各種留分へと分解される。

すでに述べたように，分解装置は，一つの装置が複数の分解炉から成立している多系列型の装置である。例えば，住友化学の千葉1EP[17]は，生産能力が年産1.5万トンの分解炉を8基（8炉）並列運転することにより，年産12万トンの分解能力を持つ一つの生産装置となっていた。このように，分解炉は多系列型プロセスであるために，企業は設備投資の際には，建設当初は需要状況とあまり乖離しないやや小さめの生産規模にとどめ，市況に応じてその生産能力を比較的柔軟に増強するという行動をとることになる。例えば，住友化学の千葉2EPは，1970年に年産3.6万トン×8基の年産28.8万トンで操業を開始し，その後，1971年に年産3.6万トン×2基，1984年に年産5万トン×2基，1990年には年産4万トン×1基を増設し，その生産能力を当初の年産28.8万トンから年産50万トンにまで高めた[18]。もちろん多系列であるとはいえ，当然分解炉にも規模の経済性が働く。したがって，上述の住友化学も当初は3.6万トンの分解炉を建設していたものを，増設に際しては4～5万トンへとスケールアップさせている。

　ナフサ分解炉で分解されたナフサは，各種精留塔による精製部門へとまわる。図序-6に示されるように，「～塔」という名称の多数の塔を使用して各種留分を抽出する。分解されたナフサは，まず重質油，水素を分離した後に，低圧脱メタン塔でメタンだけを抽出し，残りの物質を脱エタン塔で「エチレンとエタンを含む留分」と「それ以外のもの」に分ける。さらに「エチレンとエタンを含む留分」は，エチレン塔でエタンが分離され，純度の高いエチレンだけが抜き取られる。こうしてエチレンの製造が完了する。先ほど抽出された「それ以外のもの」からも，順次様々な精留塔を通じてプロピレンやC4留分，C5留分などの製品が取り出されていく。

　これらの精製装置の特徴は，それぞれが一つの大きな円柱状の塔であり，単系列のプロセスだということである。エチレン設備を持つ各社は，精製部門に関しては，建設当時に将来の需要増大を見越して，増設余地のある大きめの精留塔を建設しておくという企業行動をとる。この理由は，二つある。第一に，単系列型のプロセスは，系列の規模が大きくなるほど建設費が割安になるために，単位生産量当たりの資本費用は安くなり，規模の経済性が働く。第二に，

単系列型のプロセスは，多系列のプロセスと異なり部分的な増設は困難である。円柱状の形をした精留塔の直径が生産能力の限界を規定しており，根本的に生産能力を増強させようと思えば，既存の精留塔そのものを取り壊し新たな精留塔を建設する必要性が生じる[19]。しかし，これには大変なコストと時間がかかり，こうした戦略が採用されることは少ない。

エチレン製造設備に限らず，石油化学工業では多系列の設備に関しては，期待需要量と近い設備規模で建設し，単系列の設備に関しては長期的な視点から大きな規模のものを建設する。1960年代に日本石油化学で経営企画に携わっていた佐藤恒巳は，設備能力決定の基準としてそうした側面を以下のように指摘している（佐藤，1964)[20]。

> 多系列型のプロセスは1～3年を期間として，その操業率がほぼ100％になることを基準として考える。しかし，単系列型のプロセスにおいては運転開始後約5年後に100％になることを基準とし，生産開始初年度は約50％の操業率になる設備能力を選定するのが適切である。単系列型プロセスの生産設備に関しては初期の操業率が低率になることは当然なことで，またそうなるように設備規模を大きく選定しなければならないのである。

3) 設備投資調整の指標としてのエチレン生産量

通産省が実施する産業政策（設備投資調整，設備の許認可）においては，エチレン生産量をその指標として実施されることが多い。その理由として，エチレン生産量は，石油化学産業全体を縮約した指標であることが指摘されうる。エチレン生産量に基づいて設備投資調整を実施すれば，日本全体の石油化学製品の総量を調整することができるのである。石油化学工業は，化学反応を利用して様々な化学製品を製造する。化学反応は，化学式に見られるように，反応の形や反応結果，反応によって生じる物質の比率が規定されている。図序-7に見られるように，ナフサを熱分解すると，各留分が一定比率で算出される。このような場合には，どれか一つの物質の産出量を規定すれば，その他すべての物質の産出量も規定されることになる[21]。ゆえに，主力基礎原料であり，最も産出

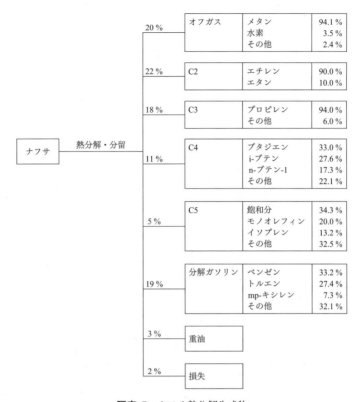

図序-7 ナフサ熱分解生成物

出所）山田（1970）より作成。

比率の多いエチレンだけをコントロールすれば，日本全体の石油化学製品の需給を調整しうる。

　また，個々の企業の設備建設を認可する際には，エチレン生産規模の最低設備規模に関して，何らかの指導が通産省から実施されることが多い。その理由は，エチレン生産規模はすべての製品のコストに対して波及効果が大きいためである。すでに述べたように，エチレン製造に関しては規模の経済性が働き，しかもすべての製品がナフサ分解による基礎原料を使用している。ゆえに，この基礎原料のコストは，すべての製品のコストへと影響するのである。そのた

め，国際競争力など大局的な視野からエチレン生産規模に対する指導が行われてきた。

4）石油化学工業勃興以前の化学工業

なお，石油化学工業誕生以前にも日本には化学工業が存在しており，その歴史を概観すると，以下の三つの系譜があると言えるだろう。第一の系譜は硫酸の生産から始まり肥料の一種である過燐酸石灰の製造へとつながるものである。第二の系譜は「電気化学工業」と称される電力多消費型の化学工業である。余剰電力や水力発電による安価な電力を使用して，変性硫安や水電解法による合成硫安の生産を行っていた。第三の系譜は石炭化学工業と言われるものである。石炭化学工業の中心は，石炭の乾留工程を用いたタール系化学製品と石炭のガス化工程を用いたアンモニア系化学製品の生産にある（下野，1987）。当初電気化学方式によって生産されていた合成硫安は，石炭化学方式へと移行していった。

日本における近代化学工業は，第一の系譜である硫酸の生産から始まった（鎌谷，1989）。大阪の造幣局によって1872年から生産が開始され，その用途は地金の分析，洗浄などであった。造幣局の硫酸製造設備の生産能力は自家消費分を大きく上回るものであったために一般の需要家への外販が行われるとともに，ソーダ工業との結合が試みられた。しかしながら当時は輸入ソーダが強い競争力を持っていたために十分に発展せず，硫酸の新たな用途として過燐酸石灰の製造が始められた（下谷，1982）。過燐酸石灰は燐鉱石と硫酸を反応させることで製造される肥料の一種である。過燐酸石灰製造は高峰譲吉を中心に設立された東京人造肥料会社で事業化された（大東，2014b）。大日本人造肥料（旧東京人造肥料）が同業他社の買収，合併を進め，1923年には70％程度の圧倒的なシェアを持ったリーダー企業となった。その後，同社は日産グループに参加し日産化学工業株式会社となった。

第二の系譜は，窒素肥料生産にまつわる電気化学工業の流れである（以下，大東，2014a；チッソ株式会社，2011を参照）。窒素肥料は野口遵らによって1908年に設立された日本窒素肥料株式会社による石灰窒素の生産がその嚆矢であっ

た。当初，同社はカーバイドから石灰窒素を作り，それを原料にアンモニア，さらに硫酸を加えて変性硫安を製造した。製造に際しては電力を多く消費するために，工場には発電所も併置された。また，1915年に藤山常一らによって設立された電気化学工業株式会社も同様に変性硫安を生産し始めた。第一次世界大戦が終わると，日本窒素肥料は石灰窒素（変性硫安）から合成硫安（水素と窒素からアンモニアを製造する）へと製品を転換させた。必要とされる水素は自社の水力発電設備などで生み出される電力によって水を電気分解することによって確保された。これに対し，電気化学工業株式会社は石灰窒素の生産を維持し，その結果，業績が低迷した。最終的には電気化学工業株式会社も合成硫安へと進出していくことになる。その後，1930年代になると三池窒素をはじめ多数の企業が硫安市場へと新規参入する。先発企業とは異なり，これらの企業は水素源を石炭に求め，後述の石炭化学工業の一部として窒素肥料も生産されるようになった。この変化の理由は，電力価格が上昇する中で比較的容易かつ安価に得られる石炭の競争力が高まったことに求められる。

　第三の系譜は石炭化学工業であり，下谷（1982）に従い三井財閥の事例を概観してみると石炭化学工業がいかなる形で展開されていったのか理解しやすい。当初，三池炭鉱においてはコークスを獲得するために石炭の乾留が行われていた。同社が1912年にコッパース式炉を導入するとコークス製造の際に副産物を回収することが可能となった。こうして回収されたタールから合成染料や農薬・医薬品を製造するようになったのが三井化学工業であり，コークス炉のガスを原料として合成アンモニア，硫安を製造したのが三池窒素であり，コークスそのものを原料として合成アンモニア，硫安へと進出したのが東洋高圧工業であったという。このように石炭化学工業においては，石炭の乾留を起点としてベンゾール類，コールタール留分（ナフタリン・アントラセン・クレオソート，ピッチなど）などのタール系化学製品として生成され，多様な誘導品へと加工されたのである。

　しかしながら，上述の電気化学工業と石炭化学工業においては限られた化学原料しか取り出すことができず，石油化学工業に代替されていくことになる（日本化学工業協会創立50周年記念事業実行委員会記念誌ワーキンググループ編，

1998）。石炭化学工業は芳香族炭化水素（ベンゼン，トルエン，キシレンなど），電気化学工業は脂肪族炭化水素のうちアセチレン系炭化水素は得られるものの，オレフィン系炭化水素（エチレン，プロピレン，ブチレンなど）やジオレフィン系炭化水素（ブタジエンなど）を効率よく得ることは不可能であった。これに対して石油化学工業においては，脂肪族炭化水素と芳香族炭化水素のすべての基礎製品を包含し，オレフィン系炭化水素の大量供給が可能であった。したがって，戦後にオレフィン系炭化水素を原料とする各種合成樹脂，合成繊維の需要が急増する中で，石油化学方式が広く採用されていくことになる。

　第二次世界大戦後に石炭化学工業は以下のような段階を経て，次第に衰退していくことになる（以下，下野，1987を参照）。終戦直後から1957年頃までは，石炭化学工業と電気化学工業は順調な復興と成長を遂げていた。しかしながら，1958年頃から65年頃にかけて，石油化学工業がこれらの既存の化学工業と競合し，次第に置き換えていった。既存の化学工業において重要な基礎化学製品であるアセトアルデヒド，酢酸，アセトン，ブタノール，オクタノール，アクリロニトリル，芳香族炭化水素，アンモニアといった誘導品において，石油化学工業がコストおよび品質の面で既存方式による化学製品を凌駕していった。最終的に1966年頃から70年代末頃に従来の化学工業は衰滅した。エチレンセンターが大型化と同時に総合化していくことによって，従来の化学工業の最後の砦となっていた塩化ビニルモノマー（カーバイドアセチレン法），アンモニア（コークス炉ガス法），芳香族炭化水素（石炭原料法ベンゾール）においても石炭化学方式から石油化学方式への代替が進んだのである。

　渡辺編（1973）によれば，石油化学工業は，こうした戦前からの在来技術と不連続に発展したことは疑う余地がないという。なぜならば，戦後の代表的な石油化学工業の技術は，そのほとんどが技術導入によって開始されたからである。石油化学工業の第1期計画を概観すれば，生産される製品の一部は以前より国内で生産されていたものの石油系原料から生産されたものではなく，採用された技術はいずれも海外からの導入であった。（実験室レベルとはいえ）戦前に同系統の技術が存在した事例（高圧法ポリエチレンやエチレンオキサイドなど）ですらも，石油化学工業勃興時にはそうして開発されていた技術とは別に海外

からの導入技術を用いて工業化が実現されたのである。したがって，本書においても従来の化学工業とは独立した形で石油化学工業についての検討を進めていくことにする。

おわりに

　序章では，化学産業に関する簡単な説明（化学産業の特性や製造プロセスなど）とともに，本書の第Ⅰ部と第Ⅱ部の位置づけを行った。

　冒頭にて他の製造業とは異なる化学産業の特性として，以下のような点について言及した。化学産業は①最終製品ではなく生産時に使用されるプロセスが産業名となっていること，②出荷額で見ると国際的にも国内での位置づけにおいても巨大産業であるにもかかわらず，世界的な大企業が存在しないこと，③かつては国際競争力が弱い産業であったものの，近年は競争力を高め次世代の中心的な産業としての期待を集めていることである。

　次に本書は1985年を区切りにしてこうした化学産業の歴史を2部構成で検討していくことにし，その理由についても言及した。理由は以下の諸点にまとめられる。①誕生時から現在までの日本の化学産業の歴史を概観すると「急成長と安定」のサイクルを2回経ており，1度目と2度目の区切りが1985年である。②1985年の前後で政府と企業の関係性が大きく変化した。具体的には石油化学産業の基幹部門であるエチレン製造業の設備投資・設備廃棄に関して，1985年以前は政府が許認可などを通じて大きな影響を及ぼしていたのに対して，1985年以降は基本的に企業が自主的に設備投資や設備廃棄を行うようになった。③化学産業の貿易収支を概観すると1980年代中頃から輸出産業化が顕著となった。その結果として，日本の化学企業の国際的プレゼンスが向上していった。

　その上で，第Ⅰ部と第Ⅱ部の目的を次のように設定した。第Ⅰ部においては，エチレン製造業の設備投資動向に注目し，「過剰投資を回避すべく設備投資調整を行ったにもかかわらず，なぜ最終的には深刻な設備過剰に陥ったのか」，

このプロセスとメカニズムを明らかにすることを目的とする。第Ⅰ部において，この設備投資の問題に焦点化する理由は，日本の化学産業が抱える根本的かつ現在まで長きにわたって残存している問題，つまり「国際的には小規模な企業が多数存在する産業構造」が形成された背景を明らかにすることができるからである。また第Ⅱ部においては，「1985年以降の日本の化学産業における構造的変化がどのように生じたのか」，そのプロセスをエチレンセンター企業のみならず，他の化学企業にも範囲を広げて明らかにすることを目的とする。

また，第Ⅰ部からの本格的な議論に入る前に石油化学工業の生産活動の概要と製造工程に関する説明を行った。本書の第Ⅰ部において分析対象とされるエチレン製造業では，規模の経済性が強く働き，特に二つの生産工程のうち精製部門で強く規模の経済が働くことを明らかにした。それゆえ，各企業は将来の需要増加を見越してこれらの設備規模（特に精製設備）を大きめに設定し，建設するインセンティブを持っていることが明らかになった。

本章に引き続く第Ⅰ部においては，まずイントロダクションで関連する先行研究を概観することで第Ⅰ部の目的を明確化し，その上で1985年までの日本の石油化学産業の発展の歴史を概観する。

注
1）例えば，上場する製造業952社を対象に，日本が貿易黒字に転じた1981年度から2011年度までの売上高と売上高営業利益率の推移を概観すると，売上高は81年度比で約2.7倍になる一方で利益率は6.3％から4.5％に低下した。これに対して，化学企業には売上と利益の増大を両立させた企業が多い。例えば，信越化学工業は売上を8倍に伸ばしつつ利益率も5.2％から14.5％に高めた（『日本経済新聞』2012年2月25日）。
2）外資法は，元来は外国資本の導入を促進するため，利潤，元本の送金確保など外資の保護・優遇を目的に1950年に制定された法律である。
3）『日本経済新聞』2014年6月30日（夕刊）。
4）貿易特化係数に関する記述は三菱UFJリサーチ＆コンサルティング（2012）を参照。なお，貿易特化係数は（輸出−輸入）÷（輸出＋輸入）×100で定義され，100から−100までの値をとる。100に近ければ輸出が輸入を大きく上回っており，国際競争力があるとされる。また，図序-4からは化学産業が国際競争力を高めたのに対して，家庭用電気機器が急速に国際競争力を失っていった様相が見受けられる。

5）原料問題に関しても，製造拠点の海外移転という施策によって問題は部分的に解決されつつある。例えば，住友化学は産油国であり原料価格の安いサウジアラビアにおいて大規模なエタンクラッカーを建設し，価格競争力のある石油化学製品の生産を開始している。
6）化学系（化学，応用化学，農芸化学，薬学）と物理系（物理，応用理学，電気通信工学）の学生数を2000年と2010年で比較すると，物理系は学部でかなり学生数が減少し，修士では微増，特に電気通信工学の落ち込みが激しいという。一方で化学系は学部で微増，修士では2000年度比で18％も学生数が増加したという（伊丹，2013）。
7）逆に，厳しい排水規制によって窒素やリンの排出が減少し，海の栄養分が極度に少なくなる「貧栄養化」海域が広がった。そのため規制を守りながら排水中のリンや窒素をあえて残して海に流し，栄養分を追加する案が検証されるほどである（『日本経済新聞』2010年8月23日）。
8）伊丹・伊丹研究室（1991）においては，電子部品と化学製品領域を比較し，電子部品は電子機器産業のような需要家が国内に存在しているために成長したのに対して，化学産業にはそうした事例が見受けられないと言及されていた。しかし，その後，化学産業においても電子部品と同様に電子機器産業を顧客とする電子材料分野が確立し，この分野で国際競争力を高めた様相が今後，本書の第II部において明らかにされる。
9）『化学経済』2015年3月増刊号。
10）ナフサは原油を蒸留することによって得られる。原油を蒸留するとLPG（液化石油ガス），軽質ガソリン（ナフサ），重質ガソリン，灯油，軽質軽油，重質軽油等が得られる（山田，1970）。原油から得られるナフサの比率は約8％である。
11）ただし，石油危機以降，ナフサ依存度を引き下げるために各社とも原料多様化に取り組んだ。1990年代前半には，各社とも製造能力の20〜40％程度はナフサ以外の原料に対応可能となっている（重化学工業通信社，1994）。
12）①の方法は，適当な場所で適宜な能力で運転が可能であり，②の方法は，場所，原料ガス数量に限りがあり，③の方法は既存ガス分解設備が利用できる利点のある反面，ガス中のエチレン濃度が希薄であり，また誘導品製造の場所が限定されるとの判断がなされた（石油化学技術懇談会，1955）。この報告は，日本の石油化学工業の原料を，灯油，軽油，重油の分解法に確定する上で，大きな役割を果たした（三井石油化学工業株式会社編，1978）。
13）例えば，住友化学は灯油分解も検討していた（森川監修，1977）。また，丸善石油化学は，「ルルギ式」という特殊な形式を採用した。その理由の一つは，原料に融通性がありLPGから原油まで広範囲の原料を使用できるためであった（丸善石油化学株式会社30年史編纂委員会編，1991）。しかし，丸善石油化学もその後の設備では，ナフサ分解方式を採用した。
14）石油化学製品の生産工程に関する記述は，日本経済新聞社編（1979）；石油化学工業協会（2015）を参照した。
15）石油化学コンビナートとは，一般的には「技術的・経済的合理性を追求するために，複数の企業が多面的かつ多段階的な化学的生産工程を限定した一定地域内に分担形成

し，その原料などの輸送をパイプラインで結合した生産体系」を指すという（石油化学工業協会，2015）。
16) エチレン製造業者は，ナフサ分解を行い，基礎製品を生産する。その後，広範に誘導品（例えばポリエチレンなど）の生産までを手がける企業（例えば，住友化学など）もあれば，ほぼ基礎製品の生産のみに集中している企業（例えば，丸善石油化学など）も存在し，製品領域の広さは企業により異なる。
17) 石油化学工業では，エチレン製造設備のことを省略して EP（Ethylene Plant）と表現することがあり，その前に設備が建設された順番に数字をふる。例えば，丸善石油化学の 3EP とは丸善石油化学で建設された 3 番目のエチレン製造設備のことである。本書においても，エチレン製造設備を表す言葉としてこの「EP」を使用することもある。
18) 住友化学千葉工場におけるエチレン分解炉増強の歴史に関しては，同社千葉工場への筆者作成の質問表の回答による。
19) ただし，精留塔内部の部材（トレイ）を新しい素材に切り替えたり，触媒を変更したりするなどして，ある程度まで少しずつ生産能力を増大させることはできる。
20) 同書は，これまでの先行研究において，ほとんど注目されることがなかったが，1960年代の実務家の視点から，生産能力や需要予測の立案などに関する解説が行われている貴重な資料であると考えられる。
21) 基本的には，化学反応を利用するという特質上，ナフサ分解によるエチレン収率は現在に至るまでほとんど変わりがない。しかし，近年では，分解により生産した製品をさらに化学反応させることにより，ナフサ分解による物質収支を変化させようとする技術開発が進みつつある。エチレン需要よりもプロピレン需要が増大した今日では，エチレン（C2）とブテン（C4）からプロピレン（C3）を生産するオレフィンコンバージョンという技術が誕生している。

第Ⅰ部

高度成長と設備過剰問題

イントロダクション

　第 I 部の議論へ入る前に，関連する先行研究を整理することを通じて第 I 部における目的を明確化したい。その上で第 I 部の構成を示すことにする。

1) 日本の石油化学産業に関する歴史研究
①石油化学産業全般に関する研究
　石油化学産業の歴史に関しては，複数の研究蓄積が見られる。例えば，特定の期間における通史としては，工藤 (1990) や水口 (1999) が存在する。工藤は，特に石油化学産業が発足した 1950 年代後半に焦点を当て，その中でも特に企業の技術開発，つまり当時の石油化学工業のあり方に即して言えば技術導入を中心とした考察を行っている。水口は，石油化学産業の誕生時点から 1970 年代初頭までの期間に関して，各コンビナートがいつ，どのような中間製品（誘導品）分野に進出したのか，その歴史を追っている。また，大東 (2014b) は海外およびエチレンセンターを中心とした日本の石油化学産業の歴史を記述している。

　さらに石油化学産業に属する特定の企業やコンビナートに注目し，その歴史的展開を考察した先行研究も存在する。例えば，平井 (2013) は戦後型企業集団の考察に際して，三菱グループによる石油化学事業への進出と展開を論じており，橘川・平野 (2011) は，2000 年代を中心としてエチレンセンター企業各社と機能性化学を重視する中規模化学企業 12 社の動向を概観している。また，徳山大学総合経済研究所編 (2002) は出光石油化学を中核とした周南コンビナートに関して，その誕生時から現代までの歴史を記述している。

　こうした多数の石油化学産業に関する研究の中でも，特に注目を集めている論題が「設備投資調整の実施による過剰投資の発生」である。複数の研究で

「過剰投資を回避するために通産省を主体として実行された設備投資調整が，その政策意図とは逆に過剰な設備投資を促し，より競争を激化させることになった」という主張が展開されている。これらの先行研究では，設備投資調整の中でも特にエチレン年産30万トン基準が設備過剰をもたらした要因として指摘されている。

例外的に，鶴田（1982）が30万トン基準は企業の投資活動に大きくは影響を及ぼしていないと論じているのを除いて，多くの先行研究[1]において，この投資の集約化を狙って制定された高い新規参入基準（30万トン基準）が，逆に生き残りのために超えるべきハードルとして認識されることで過剰な設備投資活動（多数の30万トン設備の建設）を促進したと考えられてきた。こうした多数の30万トン設備の建設は，過当競争体制[2]を定着させるという意味において，日本の石油化学産業に多大な影響を与えたため研究史の中でも注目を集めてきたのである。しかし，先行研究の多くは裏付けとなる十分な実証を行わず，あくまで可能性の指摘にとどまっている。以下では，より詳細に諸研究を概観することにする。

② 30万トン基準をめぐる議論の詳細

鶴田（1982）（1984）は，企業の投資行動への30万トン基準の影響を基本的には認めず，多数の設備投資の動因はマーケット・フォース[3]（市場成長率の高さなど）にあると考えている[4]。鶴田は，1960年代の産業政策は産業界の資源配分に影響を及ぼすほどの有効性が存在しなかったことを一貫して主張している。しかし，鶴田の研究も他の研究と同様に主張の裏付けとなる十分な実証は行っておらず，事例を参照すると鶴田の指摘とは異なり，産業政策が企業行動に大きく影響を及ぼしていることが確認できる。なお，企業の設備投資行動に対する30万トン基準の影響を認めない先行研究はこの鶴田のみにとどまり，以下で概観するように大多数の先行研究は30万トン基準が過剰な投資活動を招いたと考えている。

大石（1979）は，30万トン基準の政策的効果に関して，設備の巨大化を達成したものの，業界再編を進め企業を少数化するという通産省・業界首脳の意図は完全に破綻したと評価している。その上で，30万トン基準が当初の意図を

達成しえなかった理由として，通産省が自ら制定した基準に束縛された点を指摘している。30万トン基準を乗り越えることは企業としての存亡に関わるために，多数の企業が事前の想定を超えて次々と30万トン計画を申請した。これに対して，通産省は自ら明確な基準を制定したがゆえに，計画が固まったものについては認可せざるをえない事態に陥ったと指摘している。ただし，大石の議論ではこれらの記述に関する根拠は示されていない。

　大石以降の研究は，30万トン基準が過剰投資をもたらした可能性を指摘する点では大石の研究と同様であるが，その根拠を一部示している点で異なる。ただし，それらの根拠は『石油化学工業史』（『石油化学工業10年史』，『石油化学工業20年史』，『石油化学工業30年のあゆみ』）の記述を引用しているに過ぎない。これらの研究は，30万トン基準制定時の1967年当時の需要推定では当面3〜4社が認可の対象と考えられたのに対して，結果的にはその倍以上の9基の30万トン設備が建設されたことを指摘している。ただし，因果経路に関しては，多くの研究が『石油化学工業10年史』の「エチレン30万トン／年基準の設定は『国際的に闘える企業』への登竜門となったが，逆に30万トン／年基準が乗り越えられなければ，ナフサセンターとしての存立すら危ぶまれることになる。それは過去10年の努力が水泡に帰すことを意味した。ナフサセンターにとって，エチレン30万トン／年基準はどうしても乗り越えなければならない障壁だったのである」との記述を根拠としているに過ぎない。したがって，30万トン基準の制定がどのように当初の意図に反して多数の30万トン設備建設を促進したのか，そのプロセスが明らかにされてはいない。

　橘川（1991）は，30万トン基準は，コストダウンによる国際競争力の強化を実現させた一方で急激な生産能力の拡大が需給ギャップを招き，企業間の競争激化をもたらしたことも否定できないとその政策的効果を評価している。その上で，過剰設備生成の経路として，通産省が設定した認可基準の威力は絶大であったために，石油化学企業は生き残りをかけてハードル（30万トン基準）を超える投資を行ったと論じている。この記述も上記の『石油化学工業10年史』に基づくものである。しかし，一方で橘川は石油化学企業の投資意欲の強さにも注目している。基準の設定によって逆により多くの企業による競争の激化と

いう結果に帰結したのは，石油化学企業が通産省の予測を超えた積極的な投資行動を展開したためであり，通産省が石油化学企業の組織能力を過小評価していたことを問題視している。

伊丹・伊丹研究室（1991）は，30万トン基準の制定が「分業体制」「小規模企業の乱立」「過当競争体制」という化学産業の弱さの温床を決定づけたとして注目している。当初意図しなかった多数の企業による30万トン設備建設が行われた因果経路としては，橘川（1991）の議論と同様に『石油化学工業10年史』の記述を参考に石油化学企業が30万トン基準を超えれば国際的に戦える企業であると考えたことで，参入障壁であったはずの30万トン基準が目標として機能し過剰な投資を促したためであると言及するにとどまっている。

平井（1998）は，各企業が30万トン基準の制定前後でどの程度設備投資計画を変更させたのかを検証することによって，各企業の投資行動への30万トン基準制定の影響の大きさを明らかにした。平井は，①30万トン基準制定前に各企業が通産省に申請した計画がすべて実現した場合の日本全体のエチレン生産能力（推定値）と②30万トン基準が施行された後，実現に至った日本全体のエチレン生産能力の両者を比較した。その結果，後者の設備量が大きいことが判明し，基準が設備投資を増加させたと結論している。ただし，平井は，一連の設備大型化に見られる企業の過剰反応的な行動は，石油化学業界における構造的な体質により規定されたものであるため，基準の設定は設備過剰をより早く顕在化させただけで，設備過剰発生は不可避だったのではないかと言及している。しかし，平井の研究においても，通産省が抑制力を保持しているにもかかわらず，なぜ多数の30万トン設備建設が可能であったのかというプロセスに関しては論証を伴った説明がなされていない。

以上のように，過去の研究史においては，化学産業の脆弱性や過当競争体制との関連から30万トン基準の制定がしばしば注目を集め，設備投資調整（30万トン基準の制定）が逆に過剰な設備投資を促した可能性についての指摘がなされている。しかしながら，こうした注目にもかかわらず，30万トン基準が多数の設備建設を促した実態およびプロセスに関してはこれまで明らかにされることはなかった。

③歴史研究が見逃している時代

　また，過去の研究史においては，30万トン基準に基づく一連の設備投資以降，特定産業構造改善臨時措置法（産構法）による特定業種に指定されるまでの期間（1972～83年）における設備投資調整および各社の設備投資動向に関する研究蓄積は薄い。すでに述べたように，多くの研究が30万トン基準に基づく設備投資動向に注目し，その後の設備投資動向に関しては研究の対象期間に入っていない。伊丹・伊丹研究室（1991）は，日本における石油化学産業の誕生から1980年代後半までを分析対象期間としているが，1972～82年にかけての設備投資調整および設備投資動向に関しては触れていない。中村（2002）も周南コンビナートの生成と展開を分析するにあたって，石油化学産業の概史を記述しているものの，やはり同期間の設備投資に関しては触れていない。結局，石油化学産業における設備投資に関連する研究は，一連の30万トン設備が完成した1972年から橋本（2002）が行った産構法に基づく設備処理に関する研究の分析対象期間となる1983年までの期間がほぼ手付かずのままになっている。

　しかしながら，この期間に関する研究が少ないことは，その期間の重要性を否定するものではない。むしろ，日本の石油化学産業における設備過剰の形成プロセスを明らかにする際には，この期間の分析を欠かすことはできない。なぜなら，産構法に基づく設備処理によって処理されたいわゆる「過剰分」の設備能力は202.1万トン／年であり，その半数以上（120万トン）はしばしば注目される30万トン基準に基づく一連の投資活動ではなく，それ以降（1972年以降）に形成されたからである。

　以上の議論をまとめれば，先行研究における議論には二つの問題点があると考えられる。第一に，設備投資調整の実施が設備過剰を引き起こすプロセスが必ずしも明らかにされていない。そのために，設備投資調整と設備過剰との因果関係はあいまいなままにとどまっている。第二に，30万トン基準という特定のトピックスにのみ焦点化し，石油化学産業における設備投資調整を総体的に捉えきれていない。なぜ，30万トン基準に基づく調整のみがそれまでの調整とは異なり設備過剰に帰結したのか，30万トン基準に基づく調整以降の設

備投資調整の実態はどのようになっているのか，そうした点は考慮されないままにとどまっている。

2) 設備投資調整に関する研究

石油化学産業に関する先行研究においても注目されていた「設備投資調整と過剰設備生成の関連性」という問題は，石油化学産業固有の問題としてのみならず，多くの研究者の注目を集めている。その理由は，本来ならば過剰投資の回避にあたっては，設備投資調整が望まれるにもかかわらず，日本においては，そうした調整が行われた産業において過剰設備状態へと陥った事実が複数確認されているからである。

①装置産業における協調の必要性

先行研究では，基本的には，過剰設備状態に陥ることを回避するために当該企業間で設備投資に関する協調行動をとることが望ましいと考えられてきた。そもそも，装置産業において各企業が自由に投資を遂行する場合，産業全体として過剰設備状態に陥ることが少なくない。その主たる理由は，各企業が設備投資にあたって囚人のジレンマ・ゲームのような状況に置かれており，産業全体で必要とされる設備能力の範囲内に投資を抑制することが困難だからである (Lieberman, 1987a)。こうした状況では，各社が一斉に設備投資に踏み切れば，設備稼働率の大幅な低下や過度の価格競争が生じることで，産業全体で収益性が悪化する。しかし，過剰設備状態を恐れて自社のみが投資機会を逸すれば，当該企業の競争地位は大きく低下することになる。装置産業に属する企業はこのようなジレンマに直面しているのである。

こうした設備投資におけるジレンマを解決するために，個々の企業が独立して展開できる方策は，先行投資による先取り戦略（preemptive strategy）である。将来期待される需要を十分に満たす設備投資を先行的に行うことによって，競合他社に投資を諦めさせようとするのである (Ghemawat, 1989; Lieberman, 1987b)。

先取り戦略が成功するのは，以下のような条件がすべて満たされている場合に限られる (Porter, 1980)。①期待される市場規模に見合うだけの，大規模な

設備拡大を行う。設備拡大が期待される市場の拡大規模と比べて十分に大きくない場合は，先取り効果は望めない。なぜなら，先取り戦略による設備拡大分を加えてもなお将来需要量に達しない場合は，競争業者がその分の需要量を獲得すべく参入してくるからである。②規模の経済性もしくは学習効果が大きく現れる市場で設備拡大を行う。規模の経済性が大きい場合，設備拡大して総需要のかなりの部分を抑えてしまうと，残りの需要分だけをカバーする競争業者は生産効率が低くなる。この場合，先行者を追いかけて設備投資しようとする業者は大幅な設備拡大が必要になり，それだけの設備を稼働させるためには激烈な競争を覚悟しなければならない。このリスクを避けるために，拡大規模を小さくすれば，生産効率が上がらず高コストに甘んじることになる。③需要の先取り戦略をとる企業に信頼性がある。需要先取り戦略をとる企業が実際に先取り戦略を遂行する力があり，実行するだろうという確信を競争業者が抱かなければ，先取りを行うと宣言してもそれによって競争業者の行動が変わることはない。④競合業者が行動を起こす前に，先取り戦略の意向があることを示す能力がある。すでに述べたように需要の先取り戦略をとるという言明に信頼性がなければならないことは当然だが，その言明が信頼度の高い形で競争業者に伝わらなければならない。⑤競争業者に進んで身を引く意思がなければならない。競争相手は，需要先取りを図る自社と競争すればどのような結果になるかを考慮し，そのリスクを冒すだけの価値がないと結論を下すであろうという仮定があって初めて，需要先取り戦略が可能になる。

　上述のような条件が満たされることは少なく，先取り戦略は期待ほどには機能しない（Gilbert and Lieberman, 1987 ; Smiley, 1988）。しばしば，先取り戦略によるシグナリングが競合企業に十分には伝わらず，結果として他社による投資を防げることができない（Porter, 1980）。逆に，投資計画の存在自体が市場の有望性を他企業に伝える役割を果たし，競合企業による投資を促進してしまうことすらある（Gilbert and Lieberman, 1987）。

　このような問題が存在するために，過剰投資を避け，産業全体で適正な稼働率を維持できるようにするためには，企業間で設備投資量を調整することが，より確実だということになる。先取り戦略が成功する確率がよほど高い場合を

除いては，企業は協調戦略をとることが望ましいのである（Lieberman, 1987a）。協調行動を成功させるためには，確実な情報交換や協調行動をとらない企業への制裁（punishment）が必要とされ，実現にあたっては政府機関が直接的に情報の提供，投資活動の規制を行うこともある（Lieberman, 1987a）。

②設備投資調整による過剰投資の発生可能性

しかしながら，上述のような理論的な想定とは異なり，政府機関主導の設備投資調整は必ずしも有効に機能してきたわけではなく，複数の日本の産業において設備投資調整が実施されたにもかかわらず過剰設備投資が発生している[5]。

こうした事実に対して，設備投資調整と過剰投資の関連性は指摘されつつも，設備投資調整が過剰投資を促進するメカニズムに関しては，実態に即した検討が十分になされていない。なお，こうした検討が十分になされていないことは，以下で示す研究のいずれにおいても，設備投資調整と過剰投資の関連性に関する記述にはごくわずかな紙幅しか割かれていないことからも窺える。

先行研究の主たる論点は，設備投資調整では既存の生産能力シェアに基づいて新規設備枠が配分される割当制（シェアに基づく割当制）が採用されているために，現在の利潤獲得のみならず将来においてより多くの割当を獲得することも考慮して，各企業が必要以上に設備投資規模を大きくするという経路で，設備投資調整の実施が過剰投資を促すというものである[6]。

上記のような論点を初めて提示したのは，小宮（1975）である。小宮は，設備投資の過当競争が生じる要因を考えた際に，その要因の一つとして設備投資調整の存在を指摘した。ただし，これらの要因に関して，何らかの根拠が示されているわけではなく，小宮自身も「ある産業における『設備投資の過当競争』は，次に述べる三つの要因に基づくように私には思われる」（強調は引用者による）と事前に断っている。小宮が指摘した要因は以下の三つである。①その産業の製品が同質的で差別化されていないこと，②生産設備の大きさが，月産何万トンとか日産処理能力何万バーレルとか何万錘とか言うように，単純な指標で簡単に示すことができること，③そのような生産設備の指標が，その産業を監督する「原局」やその分野の業界団体によって行政上，配分上の目的に使われること。

設備投資調整が過剰投資を引き起こすという言明は，上記の要因のうち③に該当するが，小宮はそのメカニズムに関して直接的な言明はしていない。小宮の主張は，「単純な生産指標が調整に使用されること」を原因の一つとして挙げているに過ぎない。ただし，小宮は，要因を指摘した後に，以下のような簡単な例を紹介することによって間接的にメカニズムに関して言及している。

> たとえば，もし原油の輸入割当がある時点での製油所の設備能力を基準にして配分されたのであれば，石油会社は，マーケット・シェヤーと利潤を獲得するために，市場全体の状況から妥当と考えられる以上に製油設備を拡張しようとするであろう。生産設備の大きさが，過去において，直接統制・行政指導・カルテル化等の際に，何らかの基準として使われたこと，あるいは各企業が，それが正しいか誤っているかは別として，そういうことが将来行なわれるであろうと期待していること，このことが投資の過当競争の原因であると思われる。

つまり，小宮の主張は，設備投資調整に際して既存の設備能力に応じて新たな設備能力が配分されることが慣行となっている場合，将来の需要増大への担保もかねて現時点で必要とされるよりも大きな設備規模に拡張を試みると主張していると解釈できる。

今井（1976）も小宮と類似した論点を指摘している[7]。今井は，何らかの割当ルールを作成し，各企業の投資行動を拘束しようとも，最終的には過剰能力を増大させる結果にしか至らないと主張している。今井の場合は，割当ルールをシェアに基づく割当制には限定しなかったものの，割当ルールの作成にあたっては生産能力を多く持つ企業の発言力が強いために，各企業が将来の交渉に備えて発言力を強化すべく生産能力を増大させると考えた。つまり，間接的ではあるが生産能力シェアに基づいて割当が行われることを問題視しているのである。こうした調整を行う結果として，一時的には需給の調整ができたとしても，潜在的な過剰能力が増大すると結論した。

上述の議論は事例に即したものではないという点に加えて，これらの議論における最大の問題点は，提示されたメカニズムが極めて限定的な条件下でしか

成立せず，誤解を恐れずに言えば設備投資調整による過剰投資が観察される現実の条件とそれらは一致しないということである。一連の議論によるメカニズムを簡単にまとめると以下のようになる。①来期における設備投資調整では，既存の生産能力シェアに基づく割当制が用いられる，②そのために，来期において大きな設備枠を獲得できるように，今期の生産能力を必要以上に高める投資を行う。こうした企業行動が生じるために，既存能力に基づく割当制による設備投資調整は過剰設備能力を生み出すと考えられる。

このようなメカニズムが成立するためには，今期においては既存の能力シェアに関わらず自由に投資ができる状態でなければならない。もし，今期も既存の能力シェアに基づく割当制による設備投資調整が実行されているのならば，来期の調整を考慮して過大な投資を行いたくとも割当が存在するためにそれは不可能なのである。つまり，今期においては自由に投資が遂行でき，来期から投資調整が始まるという，設備投資調整が開始される直前期においてのみ成立するメカニズムなのである。

しかし，設備投資調整により過剰設備投資が発生していると想定されている現実の状況は，こうした条件には適合しない。日本における設備投資調整を考えた場合，多くの場合，設備投資調整の開始から一定期間は設備過剰には陥らず，設備投資調整を繰り返すうちに次第に過剰設備へと陥っていくのである。したがって，一連の議論によって提示されたメカニズムをもってして，設備投資調整が過剰投資を引き起こす正確なメカニズムを十分に提示したとは言えないだろう。

3）第Ⅰ部の課題と構成

①課題の設定

上述の先行研究の検討によって明らかとなった問題点を再度まとめることで，本書の第Ⅰ部で議論すべき課題を明らかにする。

石油化学産業に関する先行研究においては，設備投資調整の結果として設備過剰に陥ったことに関しては合意が形成されているものの，設備投資調整の実施が過剰な設備投資を促した実態（プロセス）に関しては明らかにされてこな

かった。また，先行研究の関心は，30万トン基準に集中し，石油化学官民協調懇談会（協調懇）による一連の設備投資調整がどのような帰結をもたらしたのか総体的に分析した研究が存在しない。そのため，なぜ30万トン基準以前は設備過剰に陥らなかったのか，30万トン基準に基づく設備投資調整はいかなる点で従来と異なるものであったのか，30万トン基準以降の設備投資調整がもたらした影響など石油化学産業における設備投資調整に関して明らかにされていない点も多い。

そこで，本書では，30万トン基準の制定に関心を限定せず，この当時，設備投資調整において中心的な役割を担っていた協調懇がたずさわっていた設備投資調整全体を分析の対象として，設備投資調整が設備過剰をもたらしたプロセスを明らかにしていくことにする。

また，設備投資調整と設備過剰の関連性に関しては，複数の先行研究において設備投資調整が過剰投資を促進したと考えられ，そのメカニズムに関する指摘が行われてきたものの，補足的な取り扱いにとどまり，実態に即した形でのメカニズムの導出は十分に行われてこなかった。

第I部では，石油化学産業において，設備投資調整を行った結果として設備過剰に陥ったプロセスを検討することを通じて，設備投資調整が過剰投資を促進するメカニズムに関して新たな仮説を提示することも目標とする。なお，石油化学産業はこうした仮説の発見に適した事例であると考えられる。第一に，理論が示す協調行動成立の要件を満たしている。第二に，それにもかかわらず，設備投資調整後に設備過剰に陥ったという事実が複数の先行研究および資料で指摘されているからである。しかも，産業政策の評価を試みる研究においても石油化学産業における調整の存在と過剰投資に関する言及が見られる。つまり，石油化学産業は，設備投資調整を行ったにもかかわらず過剰投資が発生した典型的な事例と考えられるのである。

なお，第I部では，協調懇による設備投資調整に注目し，協調懇開催時に討議のために使用された資料を中心的に活用する。その他にも，協調懇の下交渉の場であった政策委員会資料，石油化学工業協会の各種内部資料（例えば，石油化学工業協会内の需要推定委員会の資料など），各企業による設備新設に際して

の通産省への申請書類など複数の一次資料を活用する。

これらの資料は，すでに解散した社団法人化学経済研究所が過去に収集したものが中核を占める。化学経済研究所は，通産省および業界各社の支援の下に設立され，化学工業に関する経済活動の側面について研究，調査を行っていた。同時に，化学経済研究所は，工業史，多くの化学各社の社史執筆，業界雑誌『化学経済』の編集，発行も行っていた。石油化学産業に関する多くの先行研究において参照されている『石油化学工業10年史』，『石油化学工業20年史』，『石油化学工業30年のあゆみ』も同法人によって執筆されている。また，同法人は，三菱油化，三菱化成，三井東圧化学，日本石油化学，丸善石油化学の社史編纂業務にも携わっている。

上記の各種資料は，その後，化学工業日報社化学経済編集部資料室へと受け継がれた。社団法人化学経済研究所は解散後，雑誌『化学経済』の編集・発行業務のみが化学工業日報社へ事業移管され，その際に一部の研究員と資料も同社に引き継がれた。本書の執筆に際しては，同社より資料を入手した。

本書では，これらの一次資料に加えて，石油化学工業史，石油化学各社の社史，業界雑誌である『化学経済』などの各種新聞，雑誌などを複合的に利用し，できる限り当時の視点から状況を再現しつつ分析を試みた。

②第Ⅰ部の構成

第Ⅰ部の各章の構成は以下の通りである。第1章では，協調懇の設立に至るまでの石油化学産業の歴史を概観することとする。将来需要を予測し，それに合致する形で認可枠を配分するという「調整システム」は，すでにこの時点で確立されていた。通産省が手堅い需要予測をすることで，設備過剰は回避されていた。ただし，そうした通産省の行動に対して，業界側の不満が高まったのもこの時期である。

第2章では，本書が分析の対象とする協調懇の設立経緯および協調懇による初期の設備投資調整を概観する。協調懇における設備投資調整のシステム（認可枠を設定し配分）に関しても説明する。以前より業界側の不満が時折表れていた認可の前提となる需要予測に関しては，業界側と協議の上で作成されるようになった。また，予測方法に関してもより客観性が高いと考えられ，かつ認

可枠が以前よりは大きく算出される方式へと変更された。しかし，予測対象期間を短くすることで認可枠の絶対量を小さくとどめ，設備過剰に陥ることが回避されていた。なおかつ，この期間では，参入を希望する企業の新設計画の総計と認可の前提となる認可枠に大きな差が見られず，調整は比較的容易であった。

　第3章では，協調懇による設備投資調整が設備過剰をもたらした実態を明らかにする。当時，経済の自由化にあたって石油化学企業は国際競争力強化の必要性に迫られていた。そのため，通産省および先発企業はエチレンセンターを集約化し，同時に大規模な設備を建設することでコストダウンをはかり，国際競争力を強化しようと考えた。そのためには，有力企業が先取り投資を行う必要性があり，それが可能となる新しいシステムが構築された。しかし，最終的にはそのシステム自体が，後発企業に対しても大規模投資を行う正当性を付与することになり，一連の調整が逆に設備過剰を引き起こす結果となった。最終的には，大幅に稼働率が低下し，不況カルテルを締結するに至った。

　第4章では，前章で示された新たに構築されたシステムが，さらに設備過剰を深化させていく様相が明らかにされる。認可枠が大きく算出され，原則的には各企業に投資遂行の門戸が開かれているシステムは，投資を実施したい企業にとっては好都合なシステムであった。そのため，石油危機以降の期間においても，そのシステムは温存されることになった。この時期，一部の企業は経営面で困難に直面していたけれども，すべての企業の業績が悪かったわけではない。比較的稼働率が高く，前の時期に大型設備建設を果たしえなかった企業は，日本全体のエチレン製造設備の生産能力は充足していたにもかかわらず，設備投資調整のシステム上はさらに投資ができることを理由に新たに設備建設を申請し建設を行った。こうした設備が完成することによって，より一層深刻な設備過剰状態へと陥ることになった。

　第5章では，第1章から第4章までの分析から，設備投資調整が設備過剰を引き起こすメカニズムについて新たな仮説を提示する。また，第Ⅰ部に関する歴史研究としての貢献点について言及する。

注

1) 30万トン基準が逆に多数の30万トン設備の建設を促したという可能性については，多くの先行研究が指摘するところである。例えば，大石（1979）；寺田（1990）；橘川（1991）（1998）；伊丹・伊丹研究室（1991）；仙波（1992）；平井（1998）；水口（1999）；清水（2002）。また，30万トン基準制定前後の時期における各企業の生産能力増強の詳細に関しては，水口（1980a）（1980b）（1981）が詳しい。
2) 競争を激しくすることが厚生を高めるという経済学的な観点に基づけば「競争」が「過当」であるという表現は自己矛盾している（伊藤他，1984）。それゆえ，どのような状態が過当競争と認められるのか，その定義は難しい。本書では，採算が合わないような競争状況や稼働率が著しく低下するような場合に対して限定的に過当競争，過剰設備という用語を使用することにする。
3) 鶴田は，マーケット・フォースとは以下のようなものであったと指摘している。①市場成長率の高さ，②新規参入に際しての技術的障壁の低さ，③原料独占が形成されていないこと，④市場独占が形成されていないこと，⑤資金調達上の制約が基本的にないこと，⑥税制上の優遇措置が参入の促進要因となったこと。
4) ただし，鶴田は，完全に30万トン基準の影響を否定しているわけではない。政府が強制力を持って介入した場合，投資のリズムが壊され，各企業がいっせいに同規模の投資を行う可能性があると指摘している。それゆえに，基準が過剰な設備能力を形成した可能性もあるという。しかしながら，そのことの検証は不可能であると結論している。そのため，鶴田は，他の産業に関する先行研究を引用することで，石油化学産業においても政府の介入が投資時期を集中させたことにより自由市場の場合より過剰能力が形成されたのではないかと考えた。そこでは，鉄鋼業を事例に投資行動に対する政府介入が投資のリズムを壊すという実証を行った今井（1976）が引用されている。しかし，引用元となった今井の研究に関しては，三輪（1990）が今井の主張に確かな根拠はないことを詳細な分析から明らかにしている。ただし，三輪の研究に関しても，「鉄鋼業では設備投資調整を担保する強制力が存在していなかった故に，産業政策は企業の行動に影響を及ぼさなかった」との主張に問題があると考えられる。今後，本書において示されるように，通産省は設備投資調整を担保する強制力を失ってもなお，企業の設備投資行動への影響力を保ち続けたのである。また，淺羽（2002）が定量分析によって，日本の化学工業におけるバンドワゴン行動は通産省による投資調整政策が存在していた時期より，それが存在しない時期の方が強いという結論を導いたのも興味深い。結局，政府の介入が過剰な投資を促したかどうかは詳細に事例を検討することによってしか明らかにならないだろう。
5) 日本の石油化学産業では，「外資に関する法律」に基づいた強制力を伴う設備投資調整が実施されていた。それにもかかわらず，石油化学産業は結果的に過剰設備状態へと陥った。また，石油化学産業と同様に協調懇談会方式による設備投資調整を採用した化学繊維産業も過剰設備に陥り，最終的には石油化学産業と同様に産構法の指定業種となり，設備処理が実施されるに至った。装置産業ではないものの，造船業においても造船業法に基づき設備投資調整が実施されていたにもかかわらず大幅な設備過剰

に陥り，最終的には通産省による設備処理勧告に基づいて産業全体の35％にも及ぶ大幅な設備処理が実施されるに至った（伊丹・伊丹研究室，1992）。

6）設備投資調整が過剰投資を引き起こす要因としては，割当制の存在以外にも，①政府の産業政策の存在が企業側に対して，生産が過剰化しても政府が救済してくれるとの期待感を抱かせてしまう，②設備投資調整を実施しつつもそれが不調に終わった場合は，協調の場において情報交換が進むことで将来への不確実性が低減し，結果的に投資を促進するといった論点も提示されている。例えば中村（1978）は，高度成長期において企業が大胆な投資を行うことができた理由の一つとして，産業政策が「山小屋的」機能を果たしていたことを指摘している。ひとたび生産が過剰化し，利益率が急減して業界全体が苦境に立てば，「行政指導」が救済してくれるという期待感が業界全体に存在していたという。こうした中村の主張は，産業政策の存在が逆に過当競争を促すと解釈することもできるのである。その一方で，中村は，全体を通観すれば，経済成長の原動力は何よりも企業の努力であったと結論づけており，設備投資調整と過剰投資との関連性については深く議論せず，例証も行っていない。そのため具体的にどのような経路で企業の期待感が高まり，期待感を抱いたことが投資行動に直接的に影響し，過大化させたか否かは明確ではない。また，今井（1976）は，設備投資調整が成功せずに単なる情報交換に終わるとき，それは不確実性を減少させる結果を生み，そのことが投資を促進させ過剰能力を増加させる結果を導くと考えた。個別に企業が投資計画を立てる際には，様々な不確実性に対する企業の判断の差が残存し，この不確実性に対する判断の差が企業の投資態度に強気と弱気を作り，投資計画の具体的な内容に差異を設ける。しかし，設備投資調整の場において各社が独自に製作した投資計画を持ち寄り，それを公開の場で議論するならば，その過程で各社の予測の差異はおのずと明らかになり，また，それぞれの投資計画の特色や前提条件も次第にはっきりとせざるをえない。つまり，投資調整を行っていく過程は，不確実性が除去されていく過程にほかならないのである。その際にもし当初の目的であった調整自体が失敗に終われば，投資の抑制が実現されない反面で，情報交換により不確実性は除去されることによって各企業の投資が促進され，設備投資調整を試みたことによって逆に過剰能力が増大すると考えられるのである。この今井の議論に関しては，設備投資調整の実行を試みながらも，最終的には協調が成立しなかったケースに限られるため，設備投資調整が過剰投資を引き起こしたメカニズムのごく一部のみが明らかにされたと言えよう。さらに，このメカニズムに関する今井の実証は三輪（1990）によって反証されているため，今井の提示したメカニズムが成立しているのかその評価も難しい。

7）小宮に始まる一連の主張は，伊藤他（1988）にも引き継がれている。伊藤他は，既存企業の相対シェアが割当制・許認可制の実行基準とされていることを問題視している。ここでもやはり小宮（1975）の原油の精製企業の例示が引用されている。その上で，産業内の「過当競争」を避け，秩序だった設備拡張を実現する目的でなされる割当制・許認可制が，皮肉にも「過当競争」を引き起こす引き金となってしまうと結論している。その上で，伊藤他では，石油化学産業におけるエチレンプラントの建設

割当をその例として簡単に示している。それによると，石油化学官民協調懇談会はエチレン生産能力 10 万トン，後に 20 万トン未満（正しくは 30 万トンであり，20 万トンとしているのは伊藤他による取り違えであると考えられる——引用者注）のプラント建設を認めないことによって，資金調達や市場開拓の面で相対的に劣位にある新規企業の参入を抑えようとした。しかし，このような方式による規制・誘導は，かえって石油化学産業に早く参入して協調の利益を得ようとする企業を多数生み出し，石油危機時に膨大な過剰設備を抱えることになったと言及している。なお，伊藤他は，石油化学産業を事例として取り上げているが，同産業においては，彼らが問題視する既存の設備能力や生産シェアに基づく割当は行われておらず，事例の用い方は適切とは言えない。

第1章

石油化学産業の勃興期

　本章では，まず見取り図を提供すべく各エチレンセンターの現状，所在地等の概要と開設から現在に至るまでの歴史を簡単に示す。

　その上で，第I部において主たる分析対象とされる石油化学官民協調懇談会（協調懇）が設立される1964年までの期間に関して，石油化学産業の誕生・発展と設備投資調整の歴史を概観する。石油化学産業は，誕生時から通産省による監督下にあり，設備投資が調整されていた。

　なお，調整に際しては，当初より将来需要に基づき，新規に建設を認める認可枠を算定し，それらを分配するという方法が採用されていた。需要予測によって，参入できる企業数が定まるために当初より需要予測の作成は企業間の闘争の場であり，次第に企業側の意向が反映されるようになった。当該期間においては，作成される予測が比較的手堅いものであった上に，国産化による石油化学製品の価格低下に伴い事前の想定以上に需要が拡大したため，設備過剰に陥ることはなかった。むしろ，通産省による参入の制約は競争の「規制」という側面が機能することによって，利潤格差を含みながらも石油化学各社に高利潤をもたらした。このように石油化学産業は順調な成長を続ける一方で，この時期には将来にわたって課題となる事象も表出しつつあった。この点に関しては最終節でまとめて言及する。

第 1 章　石油化学産業の勃興期　45

表 1-1　エチレン製造拠点開設の年表

年	番号	企業名（現在）	企業名（操業時）	立地	当初設備能力（万トン／年）	生産停止
1958	①	三井化学	三井石油化学	岩国（岩国大竹）	2.0	1992 年
	②	住友化学	住友化学	大江（新居浜）	1.2	1983 年
1959	③	JX 日鉱日石エネルギー	日本石油化学	川崎	2.5	
	④	三菱化学	三菱油化	四日市	2.2	2001 年
1962	⑤	東燃化学合同会社	東燃石油化学	川崎	4.0	
1963	⑥	東ソー	大協和石油化学	四日市	4.1	
1964	⑦	丸善石油化学	丸善石油化学	千葉（五井）	4.4	
	⑧	三菱化学	化成水島	水島	4.5	
	⑨	出光興産	出光石油化学	徳山（周南）	10.0	
1967	⑩	三井化学	三井石油化学	千葉（市原）	12.0	
	⑪	住友化学	住友千葉化学	千葉（姉ヶ崎）	10.0	2015 年
1969	⑫	昭和電工	鶴崎油化	大分	15.0	
1970	⑬	三井化学	大阪石油化学	大阪	30.0	
1971	⑭	三菱化学	三菱油化	鹿島	30.0	
1972	⑮	旭化成	山陽エチレン	水島	30.0	停止予定
1985	⑯	出光興産	出光石油化学	千葉	30.0	

出所）石油化学工業協会編（1989）；『日本経済新聞』各紙面より作成。

1　エチレン製造拠点の概略史

　本節においては，石油化学産業の中核であるエチレン製造を行う各拠点（エチレンセンター）に関して，開設時から現在に至るまでの概略を簡単に示す。
　表 1-1 は，各コンビナートがいつ操業を開始したのか，年表形式にまとめたものである。エチレン製造設備（エチレンプラント）を所有する企業は，多数の企業が複数回，社名の変更や合併を繰り返している。そのため，混乱を回避するべく，古いものから順番に丸囲みの数字を用いて符番をした。以下では，同一番号のものは社名に関わらず，同一拠点である。
　また，図 1-1 は，日本に現存するエチレン設備と過去に存在していたエチレン設備を地図上に示したものである。(1) 現存するエチレン設備は，楕円で社名を囲み，さらに 2015 年末のエチレン生産能力も掲載した。該当するコンビナートは，地図上東側から，⑭三菱化学（鹿島），⑦丸善石油化学・京葉エチ

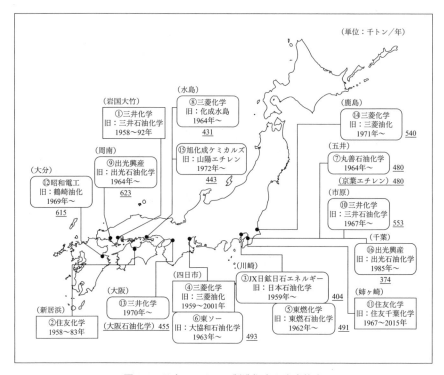

図 1-1　日本のエチレン製造拠点と生産能力

注）下線の数字は 2015 年末時点におけるエチレン生産能力（定修実施年ベース）。また，西暦は各コンビナートにおけるエチレン生産開始年を表している。エチレン生産を終了したコンビナートに関してはその終了年も記した。
出所）石油化学工業協会ホームページの図表を加工。

レン（五井），⑩三井化学（市原），⑯出光興産（千葉），③JX日鉱日石エネルギー（川崎），⑤東燃化学合同会社（川崎），⑥東ソー（四日市），⑬三井化学（大阪），⑧三菱化学（水島），⑮旭化成ケミカルズ（水島），⑨出光興産（周南），⑫昭和電工（大分）の 9 社 12 拠点である。(2) 過去にエチレン設備が存在していたコンビナートに関しては，社名を四角で囲んである。該当するコンビナートは，地図上東側から⑪住友化学（姉ヶ崎），④三菱化学（四日市），①三井化学（岩国大竹），②住友化学（新居浜）の 4 拠点である。

　これらのエチレン製造拠点がどのように増加，減少していったのか，概観す

ると以下のようになる。通産省が示した「石油化学工業第1期計画」に依拠し，1958〜59年にかけて①三井石油化学工業（岩国），②住友化学（新居浜），③日本石油化学（川崎），④三菱油化（四日市）の4社がエチレン設備の操業を開始した。これら4社は「先発4社」と呼ばれる。

その後，石油化学製品の需要伸長を反映して，通産省によって「石油化学工業第2期計画」が策定される。この計画によって，先発4社の既存設備の増強が図られるとともに，新たに⑤東燃石油化学（川崎），⑥大協和石油化学（四日市），⑦丸善石油化学（五井），⑧化成水島（水島），⑨出光石油化学（徳山）の5社が1962〜64年にかけてエチレン製造業に参入した。これらが一般に「後発5社」と呼ばれる。

さらに，「既存各社の第2拠点（新立地）におけるエチレン製造の開始」と「新規参入企業による設備の新設」が続く。既存企業の第2製造拠点としては，1967年に三井石油化学と住友化学がそれぞれ千葉に製造拠点を新設する（⑩と⑪）。さらに，1971年には，三菱油化が第2拠点として鹿島にエチレン設備⑭を建設した。その後，やや間隔が空き1985年に出光石油化学も第2拠点として千葉にエチレン設備⑯を新設した。

石油化学工業第2期計画以降におけるエチレン製造業への新規参入企業は，昭和電工と大阪石油化学（三井東圧化学を中心とした企業連合）[1]，旭化成の3社である。3社の中では，まず昭和電工が1969年にエチレン設備⑫を大分地区に建設した。引き続き，大阪石油化学が1970年にエチレン設備⑬を大阪地域に建設した。その後，旭化成が主体となって水島地域の自社敷地内にエチレン設備⑮を建設した。

一方で，その後の需給状況の変化を反映して，エチレン製造を休止する拠点も現れ始めた。1983年からほぼ10年おきに1基ずつエチレン設備の廃棄が行われている。石油危機後，構造不況に陥った石油化学産業では，産業としての再生を目指し1983〜85年にかけて大幅な設備処理が法的に行われた。この一環として，住友化学が愛媛県の新居浜にあるエチレン設備②を1983年に廃棄した。これとは別に1990年代以降は，個別企業の判断に基づく設備の廃棄が実施されていった。1992年には，三井石油化学が岩国大竹工場①でのエチレ

ン製造を休止し，その後に廃棄した。2001年には，三菱化学が四日市④でのエチレン製造を取りやめた。これにより，石油化学工業第1期計画によって生産を開始したエチレン製造拠点で現在もエチレンを生産しているのは，③のJX日鉱日石エネルギー（川崎）のみとなった。もちろん，当該製造拠点において現在使用している設備は操業当時のものではなく，1970年に完成したものである。また，直近では住友化学が2015年5月に千葉工場のエチレン設備⑪を停止させた[2]。さらに，三菱化学と旭化成ケミカルズがエチレン設備の統合を計画しており，2016年2月には⑮旭化成ケミカルズ（水島）の操業を停止し，⑧三菱化学（水島）の設備を利用してこれを両社の折半出資会社で共同運営する予定となっている。次節以降，より詳細に日本のエチレンセンターの歴史を明らかにしていきたい。

2 石油化学工業第1期計画——1955～60年の動向

　石油化学工業は日本に先立ち欧米で勃興し，それに遅れて始まった日本の石油化学産業は，政府の規制下で保護，育成されていった。石油化学工業第1期計画（第1期計画）では，旧財閥系を中心とした4社[3]（三井石油化学，住友化学，三菱油化，日本石油化学）にエチレンセンターへの参入が抑制された。第1期計画の実現による石油化学製品の国産化により従来よりも安価な製品が普及することで，石油化学製品の需要は急速に拡大した。そのため，石油化学工業第2期計画（第2期計画）では，石油化学産業への参入希望の殺到を招くこととなった。

　また，将来需要を予測しそれに基づき認可枠を配分するという設備投資調整の仕組みはこの時期にすでに確立されていた。そして，認可枠を規定することになる需要予測策定に関しては，早くも企業間で参入による利益獲得をめぐって闘争の様相を呈し始めていた。まずは欧米における石油化学産業の誕生にさかのぼり，日本で石油化学産業が勃興していった過程を概観してみたい。

1）米国および欧州企業による石油化学工業の勃興

　日本に先駆けて石油化学工業が勃興したのは，米国および欧州であった。特に米国では1920年代から石油化学工業が誕生し，いち早く成長を遂げていった[4]。米国においては，1920年代に有機溶剤，第二次世界大戦中に合成ゴム，戦後に合成樹脂と合成繊維という順に石油化学工業が成長していった。以下では，その様相を概観していくことにする[5]。

　米国の初期の石油化学工業は有機溶剤を主要製品としており，最初の石油化学工業はスタンダード・オイル（ジャージー）による製油所の排ガス中のプロピレンを原料としたイソプロピルアルコールの生産であった[6]。これは1920年に始まり，イソプロピルアルコールから爆薬用の溶剤として需要が増大していたアセトンを生産することが目的であった。また，米国のUCC (Union Carbide & Carbon Corporation) によって，1920年代にはエチレンおよびプロピレンの誘導品が多数生産されるようになった。やはり誘導品の主要用途は有機溶剤であった。当時，自動車の普及に伴い，自動車塗装用の有機溶剤の需要が増加していた。同時に自動車用の不凍液としてエチルグリコールの需要も増加していた。

　1930年代に入ると合成洗剤や合成樹脂など最終製品分野においても石油化学製品が広まっていった。1917年にバディッシュ（ドイツ），1930年にベーメ・フェットヘミー（ドイツ）が合成洗剤を開発し，米国においても1934年から合成洗剤が発売された。合成樹脂に関しては，1936年にドイツのレーム・ウント・ハースと米国のローム・アンド・ハースの共同開発によりメタクリル樹脂の製造が開始された。これは石油化学方式としては最初の合成樹脂であり，アセトンを原料としていた。ダウ・ケミカル（米国）も1935年にポリスチレンの工業生産を開始し，1937年から販売を開始した。

　その後，第二次世界大戦期には合成ゴムの生産拡大や一部の化学品に関して石炭から石油への原料転換が見られ，石油化学工業が果たす役割が大きくなった。合成ゴムに関しては，1940年以降に国産化が重要な問題として米国において認識され，国策的に取り組まれた。その結果，米国のゴム消費量のうち天然ゴムが占める割合は，1941年にはほぼ100％であったのに対して，その比

率は 1945 年には 15％ に低下し，合成ゴムが 85％ を占めるようになった。また TNT 火薬の生産に必要な原料であるトルエンと硝酸は，双方とも原料が石炭から石油へと転換が進んでいった。1939 年にはトルエンの大半が石炭を原料として生産されていたのに対して，1944 年には 81％ が石油から生産されるようになった。この間に，生産量も大幅に増大した。硝酸の原料となるアンモニアに関しても，生産時に必要とされる水素が石炭由来のものから天然ガスへと転換していった。1940〜45 年にかけて国策的に新設された 10 基のプラントのうち 7 基は天然ガスを原料にしており，石炭から石油系原料への転換が進んだのである。

　さらに，第二次世界大戦中には石油化学技術を用いて生産する高圧法ポリエチレンのような新しい合成樹脂も誕生した。英国の ICI（Imperial Chemical Industries）が 1938 年から高圧法ポリエチレンの試験生産を開始し，1942 年には工業的規模のプラントによる生産が開始された。この背景にはドイツによるロンドン空襲に備えて，英国においてレーダーに必要な高周波材料としてポリエチレンの性能が評価されたことが大きい。米国においてもレーダーにポリエチレンを採用することになり，米国政府は ICI に対して技術供与を強く要請した。結局，ICI が米国のデュポンに重合技術を提供し，同社が 1942 年にポリエチレンの生産を開始した。また，UCC も自社技術によって高圧法ポリエチレンの生産を開始した。ドイツにおいても BASF が 1940 年頃から高圧法ポリエチレンの研究を開始し，1942 年から工業生産を開始し，軍事用のみならず市販もしていた。この他にも第二次世界大戦中にはフッ素樹脂，不飽和ポリエステルなどが開発された。

　これに対して，日本は石油化学技術に関して後れを取っていた。例えば，第二次世界大戦中において，ポリエチレンの開発は実験室レベルにとどまっていた（住友化学工業株式会社編，1981）。ポリエチレンは戦時中に撃墜された B29 の機体から発見され，住友化学，三井化学工業，日本窒素肥料の 3 社が海軍の指令により研究に取り組んだものの，終戦で中止された。後述するように，日本においては米国や欧州で開発された石油化学技術を輸入（導入）することによって，石油化学工業が誕生し，成長していくことになる。

2）日本における石油化学企業化の動き

日本における最初の総合石油化学計画は，第二次世界大戦後の1950年8月に日本曹達によって申請された（石油化学工業協会編，1971）。日本曹達による計画は，石油を熱分解してオレフィンを製造し，かつ副生品の分解ガソリンからは芳香族を回収しようという，その後の日本におけるナフサ分解方式による石油化学計画に近似した先進的な内容であった。同社は表1-2に示されるように，石油の分解によって得られる留分を総合的に利用することを考えていた。

表1-2 日本曹達の石油化学計画（1950年）
（トン／年）

生産品目		生産数量
エチレン系	エチレンオキサイド	1,020
	エチレングリコール	840
	各種セルソルブ	600
	ポリエチレングリコール	600
	二塩化エタン	240
	エーテル	600
	その他誘導体	420
プロピレン系	イソプロパノール	1,440
	ソープレスソープ	1,800
ブチレン系	DOP	360
芳香族系	ベンゼン	1,560
	トルエン	720
	キシレン	240

出所）石油化学工業協会編（1971）より作成。

しかし，同社の計画は，金融機関が時期尚早であると判断し，融資を見送ったため実現には至らなかった。その判断理由としては，当時の石油化学製品の市場規模が小さかったことが指摘されている。例えば，1950年度のエチレングリコールの輸入量はわずかに392トンに過ぎず，これに対し日本曹達は年間で840トンのエチレングリコールを生産する計画だったのである。ただし，実現には至らなかったとはいえ，日本曹達の計画は日本の石油化学産業に対して先導的，啓蒙的な役割を果たしたとして業界から高く評価されている。

日本曹達の石油化学計画は，当時の化学工業界に大きな刺激を与え，多くの企業が石油化学産業への参入を計画するようになった。折しも1950年5月に朝鮮戦争が始まって以降，石油化学製品の輸入量が急増していた。それに伴って，国産化機運も高まったのである。化学企業のみならず，石油精製業，都市ガス業の各社も石油化学産業に高い関心を示し，1953～55年にかけて多数かつ多様な参入計画が立案された（石油化学工業協会編，1971）。例えば，化学系企業では，三井系（三池合成・三井化学工業）や住友化学，三菱化成，協和発酵，

日本ゼオン，旭電化，古河化学など，石油精製系企業では，興亜石油や東亜燃料，丸善石油，昭和石油，日本石油，三菱石油の各社などが計画を立案した。さらに，東京ガスや大阪ガスのような都市ガス会社によるエチレン計画，エンジニアリング会社である日本揮発油，旧軍燃料廠技術者らを中心とした岩国油化のような計画もあった。

3) 通産省による調整とそのシステムの確立

上述のように，多数の企業化計画が続出したのに対して，通産省も具体的な育成対策を定め，計画の選別を進めていった。

まず，通産省軽工業局は，石油化学工業育成にあたっての目標を「主な石油化学工業製品の一定期間後の見込み需要量を国際価格の水準で供給できる体制の確立」に定めた（通商産業省軽工業局，1954；石油化学工業協会編，1971）。通産省は目標達成のために，技術的な検討を進めるべく石油化学技術懇談会を設置した。同懇談会は，1955 年 2 月に「石油化学工業化技術について」と題する報告をまとめ，石油化学企業化にあたっての指針を示した。同報告では，外国技術導入の必要性，適正規模，オレフィン留分の系統別扱い，技術比較など 8 項目の問題点に関して，とるべき方向性が示された（石油化学技術懇談会，1955）。生産規模に関しては，エチレンは年産 5,500 トン，ポリエチレンは年産 3,000 トンが最低設備規模と推定された。

これらの検討結果に基づき，遂に通産省は 1955 年 6 月に，石油化学工業育成に関する具体的な指針として「石油化学工業の育成対策」を明らかにした。同対策では，具体的な目的が以下のように定められた（天谷，1969）[7]。①合成繊維工業および合成樹脂工業の原材料供給確保。②全量を輸入に依存しているエチレン系製品等，石油化学工業を確立しない限り輸入の増加が必至とされる原材料物資の国産化。③主要化学工業原料の供給価格の引き下げを通じて，産業構造の高度化と関連産業の国際競争力強化を図ること。

上記の方針に従って，通産省は表 1-3 の左側に示されるような 6 社の計画を選定し，1956 年 2 月に「石油化学企業化計画の処理に関する件」でこれらの計画を正式に認可した。

表 1-3 石油化学企業化計画と石油化学工業第 1 期計画における実現計画

(トン／年)

エチレンセンターの立地	「石油化学企業化計画の処理に関する件」(1956年2月)			第1期計画 (1957年12月)			
	企業名	製品	設備能力	企業名	製品	設備能力	完成時期
岩国	三井石油化学	エチレン		三井石油化学	エチレン	19,800	1958年2月
		ベンゼン	8,760		ベンゼン	6,960	2月
		トルエン	22,440		トルエン	11,640	2月
		キシレン			キシレン	11,640	2月
		ポリエチレン	12,000		ポリエチレン	12,000	3月
		エチレンオキサイド	4,200		エチレンオキサイド	6,000	3月
		エチレングリコール	2,170		エチレングリコール	9,600	4月
		フェノール	12,000		フェノール	12,000	8月
		アセトン	6,840		アセトン	6,900	8月
		硫安	58,000		テレフタル酸	14,400	12月
		尿素	27,000				
四日市	三菱油化	エチレン		三菱油化	エチレン	22,000	1959年5月
					ポリエチレン	10,000	7月
		エチレンオキサイド	1,600		エチレンオキサイド	2,700	1960年4月
		エチレングリコール	1,000		エチレングリコール	3,000	4月
		スチレンモノマー	10,500		スチレンモノマー	22,000	5月
		GR-S	15,000				
		硫安	80,000				
				三菱モンサント化成	ポリスチレン	7,200	1957年1月
				日本合成ゴム	ブタジエン	33,500	3月
					SBR	45,000	4月
新居浜	住友化学	エチレン		住友化学	エチレン	12,000	1958年3月
		ポリエチレン	5,500		ポリエチレン	11,000	3月
川崎	日本石油化学	エチレン		日本石油化学	エチレン	25,000	1959年5月
					イソプロピルアルコール	4,000	5月
		アセトン	3,500		アセトン	4,500	5月
		イソプロパノール	2,000		イソプロピルエーテル	500	1958年5月
					ブタジエン	6,000	1959年5月
				旭ダウ	ポリスチレン	10,200	1957年2月
					スチレンモノマー	18,000	1959年10月
	三菱石油	ベンゼン	4,700	三菱石油	ベンゼン	4,440	1957年12月
		トルエン	3,500		トルエン	9,360	12月
		キシレン	3,000		キシレン	7,800	12月
				日本触媒化学	エチレンオキサイド	1,800	1959年6月
					エチレングリコール	3,840	6月
				日本ゼオン	SBR	2,400	7月
					NBR	2,400	7月
					ハイスチレンゴム	3,600	7月
				昭和油化	ポリエチレン	10,000	12月
				古河化学	ポリエチレン	9,000	1953年9月
※既存の製油所中における建設	丸善石油 (下津製油所)	第2級ブタノール	2,400	丸善石油 (下津)	第2級ブタノール	2,400	1957年4月
		メチルエチルケトン	1,852		メチルエチルケトン	2,400	11月
				(松山)	ベンゼン	3,000	1959年1月
					トルエン	9,600	1月
					キシレン	9,600	1月

出所) 石油化学工業協会編 (1971) を参照の上, 作成.

表 1-4　ポリエチレン需要予測

(トン／年)

	三井石油化学	需要者関係	三菱油化	昭和電工	古河化学	各社の平均	改訂案
フィルム	11,300	15,800	21,000	19,000	26,200	18,600	17,000
パイプ	9,000	8,000	18,000	13,000	14,700	12,000	13,000
成形品	9,200	6,400	4,000	8,000	11,500	7,800	7,000
電線	5,600	6,000	5,000	6,000	7,500	6,000	6,000
その他	3,200	1,800	1,500	4,000	6,100	3,300	4,000
合計	38,300	38,300	49,500	50,000	66,000	48,200	47,000

注）需要関係による予測は，電線に関しては電線工業会が予測し，その他はポリエチレン工業会が予測したものである。
出所）石油化学工業協会編（1971）より作成。

　通産省による初めての石油化学産業への設備投資調整である「石油化学企業化計画の処理に関する件」において，すでにその後，長年にわたって使用されることになる「設備投資調整のシステム」が確立されていた。そのシステムとは，将来需要を予測し，その需要に見合う範囲内で企業の参入を認めるという方式である。例えば，通産省は1960年のポリエチレン需要を2.5万トンと想定し，住友化学と三井石油化学に対して合計年産2.3万トンの設備建設を認可した。同様に，各製品に関しても需要予測を実施し，その結果，表1-3左側の6社の計画で1960年までの需要は充足できると判断し，これらの企業を認可したのである。この決定は，事実上旧財閥系企業を中心とする6社以外の企業化を締め出すものとして議論の的となった（石油化学工業協会編，1971）。

　設備投資調整の前提となる需要予測に関しては，早くも参入をめぐる駆け引きの対象となった。業界側は，1960年度のポリエチレン需要を2.5万トンとする通産省の予測は，過少であると反発した。業界側は反論の材料として，各需要団体およびポリエチレン製造を希望する各企業の推定需要は平均で4.8万トン程度であることを示した（表1-4)[8]。こうした業界からの指摘を受け，通産省はポリエチレンの需要予測値を4.7万トンに改訂し，昭和電工の中圧法ポリエチレン年産1万トン，古河電工の中圧法ポリエチレン年産9,000トン，三菱油化の高圧法ポリエチレン年産1万トンを追加認可した。このポリエチレンの需要予測の改訂は，その改訂幅が大きかっただけに3社の計画を追加的に認可するための意図的な改訂ではないかという憶測を生むことになった（石油化学

工業協会編,1971)。

　このように,政府の策定する需要予測は,実は政治的妥協の産物であることが多かったということに関しては,川手・坊野(1970)においても指摘されるところである。石油化学産業においては,多数の企業によって認可の獲得が争われていた。これに対し,通産省はあくまで中立的に対処しなければならないため,将来需要を予測しそれを最小経済単位で割ることによって参入する企業数を抑制するという手順をとっていた。しかし,新規製品の場合,需要予測を科学的に行うことは困難であり,しばしば政府の策定する需要見通しは政治的妥協の産物であった。ある製品の企業化についてどうしても1社だけに認可することが必要なら,市場の大きさは1社分しかないということになり,3社に認める政治的理由が生じた場合には,3社分の市場が予測されるということになっていたのが実情であり,業界内部ではおよそ政府指導の下に策定される需要予測などを信用する者はほとんどいないといった有様であったという。

　こうした業界側による政府の計画に対する反発ならびに修正,さらに企業側の方針の変更などもあり,結局は表1-3左側のような計画だったものが表1-3右側のように変化し実現へと至った。石油化学産業の中核であるエチレンセンターへの参入は,旧財閥系を中心とした4社(三井石油化学,住友化学,三菱油化,日本石油化学)のみが認められた。川手・坊野(1970)によれば,少数優先主義が採用され,非財閥系化学諸企業の石油化学産業進出計画はふるい落とされたのである。

　なお,「石油化学企業化計画の処理に関する件」の時点(1956年2月)と第1期計画確定時点(1957年12月)では,以下のような計画の変化が見られた。第一に,アンモニア計画の後退があった[9]。第二に,石油化学原料としてナフサの使用が中心となった。日本においては,天然ガスの産出もなく製油所の規模も小さいため,総合的誘導品を展開し,かつ各誘導品を適正規模で企業化するには,石油の軽質留分を分解する方法しかなかった。その際に,軽油の分解も考慮されたが,結局は石油消費構造,消費地精製主義の指向から見て,長期的にはナフサが有利と考えられるようになった。第三に,多数の企業により構成されるコンビナート形式が採用された。ナフサを原料とした場合,エチレン

以外のオレフィンが多数産出されることになり，これらを総合的に利用する必要性が生じた[10]。そのため，投資額が増大し，必然的に多数の企業が集まりコンビナートを形成することになった。

4) 第1期計画の実現と成功

表1-3に示されたように，石油化学工業第1期計画に基づく各社の生産設備は1957〜60年にかけて順次完成していった。日本初の石油化学工場は，丸善石油下津製油所内に建設された第2級ブタノール生産装置（1957年完成）であり，製油所の接触分解装置の廃ガスを原料としていた。翌1958年には，エチレン設備を持つ初の総合石油化学工場である三井石油化学岩国工場が完成し，その後住友化学，日本石油化学，三菱油化の各社が順次エチレンセンターを完成させていった。

第1期計画の操業が開始されると，石油化学製品の需要は事前の想定を上回るペースで伸び始めた（天谷，1969）。第1期計画が完成に近づいた1959年の石油化学製品の需給状況を見ると，石油化学製品の需要は1955年に通産省が想定したよりもはるかに大きな規模となっている（表1-5）。第1期計画によって石油化学製品の国産化には成功したものの，国産化に伴う石油化学製品の普及によって需要が拡大することで，逆に輸入代替という目標達成には至らないほどであった。1959年の場合，ポリエチレンやプロピレングリコールなどに関しては，国産化後も輸入量のほうが多い状態であった。

特に，高圧法ポリエチレンは，生産開始と同時にフル操業を続け，在庫もまったく発生しない状況であった。1958年に日本で初めて同製品の生産を開始した住友化学の場合，ポリエチレンの注文が殺到し，販売したくとも製品が足りずに2万トンのポリエチレンを輸入するほどであった（住友化学工業株式会社編，1981）。使用用途ではフィルム用の売れ行きが圧倒的であったという。菓子，漬物，果物などの食料品の保存袋から化粧品や医薬品の瓶，コップ，バケツ，さらにはイネや野菜の促成栽培用と使用用途が急速に広がっていった。1959年になり，三菱油化がポリエチレンの生産を開始した後もフィルム用の圧倒的需要に加えて，成型用などにも需要が拡大することで引き続きポリエチ

第 1 章　石油化学産業の勃興期　57

表 1-5　需要予測と供給実績（1959 年）の対比

(トン)

	供給実績			需要見通し
	生産	輸入	合計	
エチレンオキサイド	71,380		71,380	2,060
エチレングリコール	7,490	7,190	14,680	2,800
ポリエチレン	21,280	33,254	54,534	14,000
スチレンモノマー	9,708	7,850	17,558	1,310
アセトン	14,290		14,290	10,350
プロピレングリコール	343	3,858	4,201	850
メチルエチルケトン	3,117	214	3,331	650
ベンゼン	92,389	4,793	97,182	30,700
トルエン	44,941	801	45,742	13,000
キシレン	19,795	101	19,896	7,000

注）需要予測は 1955 年に通産省有機化学課が作成。
出所）天谷（1969）。

レンの生産は需要に追い付かなかった。こうした状況は，後発各社が同製品分野に参入し，供給が増大するまでの間，継続したのである。

ただし，こうした好調な状況が必ずしも事前に予見されていたわけではない[11]。ポリエチレンの生産開始前，あるメーカーは過剰生産を危惧して 6 カ月分もの大量の在庫を備蓄できる倉庫の建設を真剣に検討するなどしていたという。いつの時代においても，未知の製品に関してその市場の大きさを事前に予測することは困難だったのである。

なお，通産省は第 1 期計画の成果について，以下のように評価している。1960 年 2 月にまとめた「わが国の石油化学工業の現状と問題点」の中では，次の 3 点が第 1 期計画において達成された経済効果として指摘されている（石油化学工業協会編，1971）。①国産化による輸入製品の代替とそれによる外貨の節約。第 1 期計画では，急増する石油化学製品の輸入拡大を止めることを目標としていたのに対し，輸入製品を順次順調に国産品に置き換えることに成功し，1959 年の場合は 6900 万ドルにその額は達した。しかも，第 1 期計画に必要とした外貨は約 5800 万ドルであったのに対し，石油化学製品の国産化による外貨節約額は，1957 年から 59 年にかけて累計で 1 億 300 万ドルになり，大幅に外貨を節約した。②基礎化学製品の価格引き下げ。日本の基礎化学製品の価格

は，米国などの2倍という割高な水準にあった。しかし，国産化によって石油化学製品の価格は下がり，関連業界にも寄与している。③化学製品の品質向上。石油化学工業は原料に不純物の少ない石油類を使用しているため，製品の純度が既存の石炭化学による生産方法に比べ極めて高く，関連産業の合理化と品質向上に寄与した。

5）設備投資調整の強制力について

　上述のような，一連の通産省による石油化学工業の育成政策（設備投資調整）の実施に際しては，法的に強制力が担保されていた。強制力の源泉となったのは，「外資に関する法律」（外資法）であった。当時の日本は，石油化学に関する技術的な蓄積が少なく，石油化学企業化に際しては，外国技術の導入が不可欠であった。しかし，技術導入の対価として支払うべき外貨を自由に得ることはできなかったのである。外資法により，外貨の割当は，「国際収支の改善に寄与するか，重要産業または公益事業に寄与する」という条件を満たさなければ受けることができなかった。しかも，外資審議会によってその運用は厳しく行われていた。通産省はこの権限を行政介入の手段として活用したのである[12]。通産省は，自らの意向に沿う計画には外貨を割り当て，そぐわない計画には外貨を割り当てないように調整したのである。したがって，各企業は，通産省の認可なくしては，設備の建設を行うことはできず，石油化学産業への参入もできなかった。石油化学企業にとって，通産省の許認可権は絶大であった（工藤，1990）。

3　石油化学工業第2期計画——1961～64年の動向

　多くの企業が石油化学産業への参入を希望したのに対し，需要が増大する中で通産省は，既存企業による設備増設を認めるとともに多数の新規参入を認めていった。第1期計画では有力企業がある程度優遇され，その他の企業による参入は阻止されていた。しかし，将来需要から考えて過剰投資とならないのな

らば，通産省は特定の企業を恣意的に排除することはできなかった。その結果として，多数の企業が乱立し，生産規模が過少である産業構造が構築された。しかし，需要が拡大する一方で参入は規制されていたために，調整が競争抑制的に機能し，石油化学各社に高利潤がもたらされた。また，この時期においても，需要予測の策定をめぐっては通産省と業界側との間に対立が生じており，官民協調して需要予測を策定する方向性へと移行し始めた。

1)「石油化学工業への殺到」と基本方針の策定

　すでに述べたように，第1期計画の成功により，石油化学産業の成長性が明らかになったことで，新規計画が続出した。既存企業が次々と増設計画を打ち出すとともに，化学業界のみならず石油，繊維，鉄鋼など他産業の企業も石油化学産業への進出を計画し，いわゆる「石油化学工業への殺到」とでも言うべき様相を呈し始めた。第1期計画（表1-3を参照）に比べ，新規参入希望の企業数が大幅に増加した上に，企業化を予定する製品が多様化し，その製法技術に関しても複雑化，高度化していた（表1-6）。

　通産省は，これらの新規計画を「石油化学工業の育成対策」などの既定方針を用いて処理することはできず，新たな方針を策定することにした。まず，通産省は，1959年12月に「石油化学工業企業化計画の処理方針について」[13]を打ち出した。通産省はまず目標を以下のように定めた。(1)第1期計画品目の生産増強を図り輸入の完全防あつを実現する。(2)未利用オレフィンの有効活用を図り，総合石油化学コンビナートを完成させる。(3)従来製法（石炭化学）によって生産されている基礎化学製品を石油化学方式に転換し，コストダウンと供給力増強を図る。こうした目標を実現するために，具体的な認可方針としては，①第1期計画の拡充を優先させ，エチレンセンターへの新規参入はオレフィンの需給を勘案し妥当と考えられる場合に限り認可する。②想定年度において，確実に供給不足の見込まれるもの，または需要先，需要量が確実なものを優先することとした。

　これらの方針を打ち出した後も通産省は慎重に検討を重ね，この際に後の設備投資調整でしばしば出現する「最低設備規模」に関して初めて指針が示され

表 1-6　石油化学工業第 2 期計画に向けての各社石油化学計画一覧

(トン／年)

企業名	生産品目	年産能力	企業名	生産品目	年産能力
旭ダウ	スチレンモノマー	18,000		ポリスチレン	6,000
	ポリスチレン	16,800		アクリロニトリル	10,800
旭化成	アクリロニトリル	5,000		MIBK	6,000
宇部興産	エチレン	21,200	住友化学 (名古屋)	ポリプロピレン	10,000
	ポリエチレン	20,000		アクリロニトリル	10,000
	プロピレン	5,600		ドデシルベンゼン	10,000
	ポリプロピレン	5,000		芳香族	49,600
	ベンゾール	4,200		ポリプロピレン	12,000
	アンモニア	28,000		ポリブテン	2,500
エチル化学	四エチル鉛	13,000		アセトアルデヒド	3,100
鋼管化学	スチレンモノマー	13,000	新日本窒素	酢酸	1,000
	ポリスチレン	7,000		酢酸エチル	6,000
協和発酵	エチレン	41,300		オクタノール	10,000
	プロピレン	20,600		DOP	14,600
	アセトアルデヒド	61,500		DDP	8,250
	ブタノール	25,000		デシルアルコール	6,000
	オクタノール	15,000	大日本セルロイド	酢酸エチル	3,600
	アセトン	25,600		酢酸	4,800
昭和電工	プロピレンオキサイド	3,600		酢酸ブチル	4,800
	プロピレングリコール	3,600		ブタノール	12,000
	ネオプレン	8,000		ブチルセロソルブ	4,800
	パークロルエチレン	4,800	東亜燃料 (川崎)	エチレン	62,000
	アセトアルデヒド	15,000		プロピレン	50,400
	酢酸	16,400		ブタジエン	11,300
	酢酸ビニール	9,700		オクタノール	10,000
	酢酸エチル	8,300		ブタノール	6,000
	オキソアルコール	6,000	東洋高圧 (大牟田)	エチレン	26,400
	ポリプロピレン	10,000		ポリエチレン	25,000
	ポリエチレン	10,000		アンモニア	101,800
	二塩化エチレン		日産化学 (富山, 徳山)	エチレン	11,200
	塩化ビニル	22,000		プロピレン	10,000
住友化学 (新居浜)	エチレン	16,500		アセチレン	5,600
	アセチレン	8,300		アルコール類	12,500
	ポリエチレン	15,000		塩化ビニル	12,000
	エチレン	26,500	日東化学	ポリエチレン	27,000
	プロピレン	23,000		アクリロニトリル	7,200
	ポリエチレン	24,000		SBR ラテックス	10,000
	ポリプロピレン	10,000		ブタジエン	5,000
	オキソアルコール	10,000		SBR カーボンマスターバッチ	13,000
	プロピレングリコール	4,000		イソプチレン	20,000
住友化学 (名古屋)	エチレン	50,000	日本合成ゴム	ブチルゴム	10,000
	プロピレン	39,500		1,4 シスポリブタジエン	10,000
	ポリエチレン	40,000		ブタジエン	37,500
	スチレン	19,000		SBR	40,000
	ABS	22,000		エチレンプロピレンゴム	10,000
日本石油化学 (川崎)	エチレン	15,000	日本触媒	エチレンオキサイド	4,700
	プロピレン	13,000		エチレングリコール	5,000
	ブタジエン	2,000	三菱化成	アクリロニトリル	7,200
	芳香族	30,000		エチレン	22,000
	アルキルベンゼン	15,000		プロピレン	20,000
	イソプロパノール	6,000		ポリエチレン	15,000
	アセトン	6,000		スチレンモノマー	11,000
古河化学	ポリブテン	2,400		芳香族	38,000
丸善石油化学 (千葉)	芳香族	23,000		石油樹脂	10,000
	エチレン	44,000		ポリプロピレン	10,000
	プロピレン	20,000		アルキルベンゼン	5,000
	アルコール類	22,000	三菱油化 (四日市)	エチレン	38,000
	メチルエチルケトン	8,000		プロピレン	25,000
三井化学	ポリプロピレン	10,000		ポリエチレン	25,000
	プロピレングリコール	1,200		エチレンオキサイド	7,000
三井石油化学 (岩国)	エチレン	60,000		エチレングリコール	1,500
	プロピレン	45,000		アセトン	8,000
	ポリエチレン	24,000		フェノール	13,000
	アセトアルデヒド	24,000		ビスフェノール	5,000
	スチレンモノマー	12,000		MIBK	6,000

出所）石油化学工業協会（1971）より作成。

た。通産省軽工業局は，局内に「化学工業研究会」を設置し，1960年1月から4カ月間にわたって，石油化学工業育成にあたっての方針をさらに詳細に吟味した（通商産業省軽工業局，1959）。特に注目すべきは，生産規模に関してその最低規模を4万トンと結論づけたことである。日本と諸外国のエチレン生産規模およびエチレンコストを比較し，米国では主要工場はいずれも年産10万トン以上であり，エチレンコストは30円/kg，欧州諸国では年産5万トン程度が多く見かけられエチレンコストは40円/kgであることがわかった。そこで，エチレン価格40円/kgの実現をメドとして，年産2万トン，4万トン，8万トンの各設備に関して，エチレンコストを試算した。この結果，エチレン製造業者は年産4万トン以上の規模を実現する必要があるとした。そして，これを下回らないものに限ってエチレン設備の新設を認可することにした。第2期計画において，日産化学や宇部興産，東洋高圧がエチレン製造への参入を認められなかったのは，これら各社の計画がこの最低規模である年産4万トンを下回るものであったことが原因の一つであると考えられる。ただし，同研究会がまとめた一連の結論[14]は，公式には発表されなかった。

2) 通産省による調整（第2期計画）

通産省は，1960年に入ると「石油化学工業企業化計画の処理方針について」に基づき，各社の計画に関する具体的な審議を開始した[15]。この際には，前述の化学工業研究会の検討結果も反映させながら，エチレン規模の大型化，有効留分の総合利用，既存方式から石油化学生産方式への原料転換促進，さらに総合石油化学コンビナート体制の完成を軸とした行政指導を行った。そして，各社の計画を処理方針に適合するように修正させるとともに，一方では乱立，競合する企業化計画の淘汰も図った。

本書が注目するエチレンセンターに関しては，表1-7に示すように設備建設を希望する企業の多くが認可を受ける結果となった。先発企業（住友化学，日本石油化学，三井石油化学，三菱油化）の設備増設に関しては，すべての企業が認可を獲得した。日本石油化学の計画が大幅に拡大したのを除けば，ほぼ企業の計画通りの結果に落ち着いた。新規参入企業に関しては，年産4万トン以下

表 1-7 石油化学工業第 2 期計画でのエチレン設備建設計画と実現動向

(トン／年)

企業名	立地	形態	計画能力	実現の有無	認可年	実現能力	備考
宇部興産	宇部	新規参入	21,200	×			その後丸善石油化学に出資し，同コンビナートに参加
協和発酵	〃	〃	41,300	○	1961 年	41,300	新大協和石油化学設立の上，四日市にて計画実現
住友化学	新居浜	既存企業	16,500	○	1960～63 年	73,500	
住友化学	名古屋	新立地	50,000	△			新居浜における増設を先行させ，後に静浦，千葉と立地を変え，最終的には実現
東亜燃料	川崎	既存企業	62,000	○	1960～63 年	65,000	東燃石油化学を設立し，実現
東洋高圧	大牟田	新規参入	26,400	△			三井化学と合併後，最終的には大阪石油化学として実現
日産化学	富山	〃	11,200	×			諸事情により計画取り下げ。その後丸善石油化学に出資し，同コンビナートに参加
日本石油化学	川崎	既存企業	15,000	○	1960～63 年	75,000	
丸善石油化学	千葉	新規参入	44,000	○	1960 年	44,000	
三井石油化学	岩国	既存企業	60,000	○	1960, 63 年	120,000	
三菱油化	四日市	〃	60,000	○	1960 年	60,000	
三菱化成	水島	新規参入	45,000	○	1962, 64 年	60,000	実現時に，化成水島設立の上，同社が運営にあたる
出光興産	徳山	〃	100,000	○	1962 年	100,000	実現時に，出光石油化学設立の上，同社が運営にあたる
合計			552,600			638,800	

注）実現能力は，1969 年末時点。出光興産は，その後計画通りに 10 万トンに能力拡大。表中の実現の有無に関しては，○は実現，△は次期設備処理にて実現，×は実現せずを意味する。認可年に幅があるのは，複数年に分けて少しずつ認可が出されたことを意味する。実現に至った計画に関しては，1960 年以降に認可され，1960～64 年までに完成した設備（第 2 期計画に該当）を対象としている。同期間に認可され，1965 年以降に完成した設備を含めれば，さらに実現能力は大きくなる。
出所）石油化学工業協会編（1971）を参照の上，作成。

の小規模な設備建設を計画した 3 社を除いて，第 1 期計画よりも多い 5 社[16)]（東燃石油化学，大協和石油化学，丸善石油化学，化成水島，出光石油化学[17)]）が新たにエチレンセンターの建設を認められる結果となった。建設を認められなかった 3 社のうち，宇部興産と日産化学は認可を獲得した丸善石油化学の千葉コンビナートに加わり誘導品の製造を行うことにし[18)]，1964 年には丸善石油化学に資本参加した[19)]。東洋高圧は，その後三井化学工業と合併し三井東圧化

学となった後に，関西石油化学と連合を組み大阪石油化学を設立の上，最終的には1970年に遅い参入を果たすことになる（三井東圧化学株式会社社史編纂委員会編，1994）。

第2期計画以降，多数の企業がエチレン製造業への参入を認められた理由は，企業の成長スピードを上回る経済・製品市場の成長にあった。マクロな経済環境を概観すれば，当時の日本は世界史上特筆すべき高度成長を成し遂げていた。1956～70年の15年間における年平均名目経済成長率は，米国が6.2％，フランスが7.2％，英国が8.1％，イタリアが9.4％，西ドイツが10.3％であったのに対して，日本の場合は15.1％に達した。また，実質GNP（国民総生産）で見ても日本経済はこの15年間に年率10.4％の成長を遂げ，経済規模が4.4倍に拡大したのである。

その中で石油化学製品に関しても需要が急速に増大し，少数の先発企業の事業拡大のみでは追い付かない状況にあった。仮に先発4社のみが設備増強を行った場合を想定すると，第2期計画では年産20.15万トンのエチレン生産能力が追加され，第1期計画の年産7.9万トンと合わせて日本のエチレン生産能力は年産28.05万トンとなる。しかし，これに対し石油化学製品の需要は，産業構造調査会化学工業部会の検討結果によれば，少なくとも1965年度には71万トン，1966年度87万トン，1967年度には103万トンとなると推定されていた（産業構造調査会化学工業部会，1963）。そのため，先発企業が積極的に投資を行ったとしても，それのみでは需要を満たすことができず，そこに後発企業の参入余地が生まれたのである。

結局，通産省も石油化学製品の需要が急増すると考え，将来需要を鑑みて多くの設備建設が必要と考えた。そのため，第1期計画では少数精鋭主義をとり参入を認めなかった企業に対しても，エチレン製造業への参入を認めたのである。表1-7に示されるように，第2期計画では，年産63.88万トン分のエチレン設備の新増設が認可された。これに第1期計画の年産7.9万トンを合計すると1964年末には年産71.78万トンとなり，1965年度の予測需要71万トンとほぼ合致する形となった。石油化学製品の需要は増大するものと考えられていたため，多くの企業が参入してもなお，それと同等もしくはそれを上回る需要の

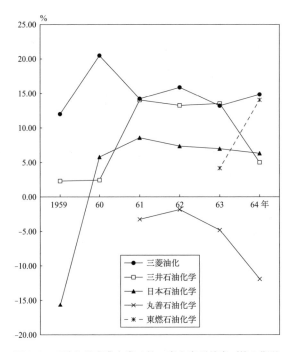

図 1-2 石油化学専業企業 6 社の売上高利益率（第 2 期計画完了時まで，1959〜64 年）

出所）『化学経済』1985 年 10 月号より作成。

伸びが期待されていたのである。

また，当該時期は産業規模の拡大を上回る市場の成長が実現したために，過当競争という状況には陥らず，多くの企業が比較的高収益を確保していた。第 2 期計画ではエチレンセンターが 9 社にまで増大し，企業数が 2 倍以上になったが，それでもなお需要の拡大局面において通産省による参入の制約は競争の「規制」という側面が機能したのである（工藤，1990）。このため，図 1-2 に示されるように，企業間で利益格差は見られるものの，複数の企業が非常に高い売上高利益率を維持していた[20]。

3）需要予測策定への業界側の参加

　従来とは異なり第2期計画時には，企業行動が通産省によってほぼ一方的に規定されるのではなく，業界側が政策の実施に際して影響を及ぼすようになった[21]。通産省も化学工業が複雑化し将来の見通しが立てづらくなる中で，業界側の意向を取り入れ政策に反映させるようになってきたのである。こうした状況は，以前より闘争の対象となっていた需要予測策定の局面において生じ，いわば石油化学官民協調懇談会（協調懇）の源流とも言うべき活動が開始された。

　石油化学工業協会スチレン委員会は，1961年4月から独自に需要予測作業を始めた（これ以前は，通産省が各種需要の積み上げ方式によって需要予測を行い，その推定結果に基づいて新増設の配分を決めてきた）。通産省は，こうした業界の動きに対して，新規にスチレンモノマーの企業化を申請していた企業に対して，その計画内容を石油化学工業協会のスチレン委員会の方へ説明するように指示した。そして，スチレン委員会は，新規計画を排除しないものの設備の大型化と80％操業が維持できるようにすべきであるとの見解を企業側に示した。しかし，需要予測にあたっては，やはり通産省とスチレン委員会の需要予測には，大きな開きが見られた[22]。

　さらに，ポリブタジエンの認可にあたっては，官民合同の需要予測委員会が設けられ，その結果に基づく新規認可が実施された。これは，後の協調懇の活動内容と近似している。ポリブタジエンに関しては，7社の企業が参入を希望していたが，通産省は1962年4月に日本合成ゴム1社のみを参入させる意向を示した。通産省は1965年の需要を1万8000トンと推定し，最低経済規模は2万トンであると判断して，1社のみの参入が妥当と結論づけたのである。これに対し，旭化成をはじめとする参入を拒まれた企業は，通産省のポリブタジエンの需要見通しが低すぎるとして再検討を迫った。このため通産省は，1962年11月に官民合同のポリブタジエン需要推定委員会を設置し，予測作業をやり直した。この結果，需要は1965年3.5万トン，1967年6.9万トンと上方修正された。その上で，新たな推定結果に基づいて旭化成（年産1万トン），日本合成ゴム（年産2万トン），日本ゼオン（年産1.5万トン）の3社を認可したのである。

4) 企業の設備投資行動の変化

　さらに，この時期，企業の投資活動においても独自性が出現し始めた。業界側は通産省の政策（需要予測）に影響を及ぼすのみならず，法的に問題にならない程度に自らの意図に従って投資活動を行うようになった。

　第2期計画で新規参入した出光石油化学は，将来の設備能力増強を前提とした設備建設を独自に行った。序章で述べたように，エチレン設備は多系列の分解部門と単系列の精製部門に分かれている。認可獲得時の設備能力に合わせて両者の製造設備を建設すると，精製部門がボトルネックとなって将来の需要増に対応しにくい。そこで，分解部門に関しては認可能力で建設する一方で，精製部門に関しては増設を前提とした大型の設備を建設するという行動をとったのである。出光石油化学は，1962年3月13日に認可を獲得した時点では年産7.3万トンの生産能力しか認められなかったが，同年4月11日に通産省と「分解能力は年産7.3万トンとするものの，分解炉以外については年産10万トンをベースとし，事後的に年産10万トンに増強する」との念書を取り交わした（出光興産株式会社，1964）。この念書に基づき，出光石油化学は年産7.3万トンプラント（1964年9月完成）が運転を開始する直前には，早くも同設備の年産10万トンへの増設を願い出るに至った。

　分解炉を認可能力通りに建設し，精製部門をより大きな規模で建設するという企業行動は，その後他の企業によっても採用されていくことになる。出光石油化学はその先駆的な存在であり，通産省も出光側の意図を把握していた。しかし，これ以降，特に30万トン設備が建設される時点になると，企業側は通産省への報告なしに認可能力よりも大きな生産能力を持つ精製部門を建設するようになる。

4　石油化学産業勃興期の業界動向

　本節においては，前節までに詳しく言及することができなかった石油化学産業勃興期における，様々な業界の動向を概観していく。この期間，日本の石油

表 1-8　石油化学製品の価格推移（1959～65 年）

(円/kg, %)

年	1959	1960	1961	1962	1963	1964	1965	65/59 年
エチレンオキサイド	249	177	168	150	146	131	114	46
ポリエチレン	321	309	278	214	178	162	155	48
ポリスチレン	264	263	254	231	220	182	165	63
アセトン	111	100	87	78	75	70	65	59
アクリロニトリル	326	296	237	174	166	178	164	50
ベンゼン	61	54	52	37	33	33	33	54
トルエン	53	47	31	31	30	29	28	53
キシレン	53	47	33	33	29	28	26	49
フェノール	216	190	180	130	124	111	100	46
全石油化学製品平均	189	172	147	126	116	107	100	53
全化学工業製品平均	106	106	103	100	98	99	100	94
全製造業平均	97	98	99	97	99	99	100	103
ナフサ価格（円/kl）	8,000	7,300	6,300	6,300	6,000	6,000	6,000	75

注）全石油化学製品平均などは 1965 年を 100 とした指数。
出所）石油化学工業協会総務委員会石油化学工業 30 年のあゆみ編纂ワーキンググループ編 (1989)。

化学産業は順調に成長を続ける一方で，ナフサ問題といった将来にわたって課題となる事象も表出しつつあった。

1）製品価格引き下げの実現

　すでに述べたように，日本の石油化学産業は，1958 年に初の総合石油化学工業である三井石油化学岩国工場が操業を開始した後，約 10 年で急速な成長を遂げた。エチレン生産能力は，1958 年には年産 3.2 万トンに過ぎなかったものが，第 2 期計画がほぼ完了した 1964 年末には年産 73.03 万トンにも達した（化学経済研究所編，1971）。

　同時に，表 1-8 に示されるように基礎化学製品の大幅な価格引き上げも実現した。第 1 期計画時には，2～3 割の価格引き下げが目指された。これに対して，ポリエチレンの価格（キログラム当たり）は，国産化前（1956 年）の輸入価格 440 円に対して，第 1 期計画が完成した 1959 年には約 3 割安い 321 円となった。同様に他の各製品も 1～3 割ほど価格が低下し，所期の目標は達成された。第 2 期計画では，上記の第 1 期計画後の価格がさらに半分になるなど，

表1-9 エチレンの原価試算例
(円/kg)

原料	71.1
加工費	40.6
販売一般管理費	1.0
金利	9.0
小計	121.7
副生品控除	△ 50.7
エチレン原価	71.0

出所）表1-8に同じ。

大幅かつ急速な製品価格の引き下げに成功した（1959年の価格に対する1965年の価格は表1-8の最右列に記載）。

この製品価格の低下は，各種製造業の中でも石油化学産業において特に顕著に見られた現象である。1965年の価格100とした指標で比較すると，1959年における全産業平均の価格の指数は97であることから，この期間に全産業で見た製品価格はわずかに上昇していることがわかる。これに対して，1959年における全石油化学製品の平均価格の指数は189となっていることから，全体的な経済の動向とは独立して石油化学産業においては製品価格の低下が進んでいった様相が見受けられる。こうした製品価格の低下の理由として，天谷(1969)は，①生産コストの低下（製造規模拡大，触媒の改良などの技術的成果などによる）と②国内企業間の激しい競争の存在を指摘している。

2) 留分の総合利用の実現

留分の総合利用の拡充もエチレン価格引き下げに際して，重大な課題であった。表1-9に示されるように，エチレン原価は，原料，加工費などのコストを引いた後，さらに副産物がもたらす利益分（表中の副生品控除）を減じることで確定する。副生される留分を燃料等にせずに，より付加価値の高い化学製品の原料として利用できればこの副生品控除が大きくなり，結果的にエチレン原価を引き下げることが可能になる。

特に日本では原料としてナフサを使用していることからこの留分の相互利用は海外企業以上に重要であった。当時は，エチレン系の誘導品が石油化学産業において中心的な地位を占めていた。しかしながら，米国において原料に採用されているエタンの場合，エチレンの収率が77.7％に達するのに対して，日本が原料としているナフサの場合はその収率が33.6％にとどまっていた。したがって，日本では大量に産出されるエチレン以外の留分の総合利用が不可避であった。さらに生産規模の拡大も総合利用の重要性を高めた。第1期計画時

表 1-10 ナフサ分解留分の総合利用状況（1960～65 年）

(%)

年	1960	1963	1964	1965
エチレン	91.9	98.2	96.8	95.1
プロピレン	22.8	55.5	67.3	71.7
BB 留分	76.3	74.8	70.1	69.9
分解ガソリン	16.0	66.4	57.3	57.8
化学用利用率	48.5	74.2	72.5	73.1

出所）表 1-8 に同じ。

はエチレン生産規模が小さいために，これらの余剰留分の産出量も少なく，化学製品原料としての利用比率（化学用利用率）の低さは大きな問題とならなかった。しかしながら，第 2 期計画では，エチレン生産規模が大きくなり，これら余剰留分の産出量も大きく増大したのである。

こうした状況に対して，日本のエチレンセンターは留分の総合利用を積極的に進めた。表 1-10 は，各留分の化学用利用率を示したものである。第 1 期計画の段階（1960 年）では，留分の化学用利用率は 48.5 ％ に過ぎず，実に半分の留分は利用されずに燃料とされたり廃棄されたりしていた。しかし，1960～65 年の間に化学用利用率は急速に高まった。特にプロピレンは利用率が 22.8 ％ であったものが 71.7 ％ にまで向上した。

留分の総合利用を実現するに際しては，特に利用度の低いプロピレンと分解ガソリンの活用が目指され，時として有力な誘導品の企業化に多くの企業が殺到することもあった。その顕著な事例はポリプロピレンの導入技術合戦，いわゆる「モンテ参り」である。ポリプロピレンは，1955 年にイタリアのミラノ工科大学のジュリオ・ナッタ教授によって製法と構造が発表され，1957 年から同国のモンテカチーニ社が工業生産を開始した。ポリプロピレンは，「最後のプラスチック」，「夢の合成繊維」として業界の注目を集めた（石油化学工業協会編，1971）。この技術導入をめぐり，各社がモンテカチーニ社に接触し，その数は後に明らかになっただけでも化学系 12 社，繊維系企業 13 社の合計 25 社に上っていたという（工藤，1990）。

各社がエチレンの大規模生産と留分の総合利用に取り組むという合理的な行

動の帰結は，コンビナートの同質化となって表出した。エチレン生産規模を大型化する際には，既存の誘導品の拡張のみならず，競合他社がすでに生産を行っている実績のある誘導品分野への参入が試みられた。例えば，低圧法ポリエチレンを生産していた三井石油化学は，1962年には高圧法ポリエチレンも企業化した。また，留分の総合利用に関しては，各社が有望と見られる同じ誘導品分野に一斉に参入した。先発企業を例にとれば，ポリプロピレンに関しては三井石油化学，住友化学，三菱油化の各社，アクリロニトリルに関しては三井石油化学，住友化学，旭化成（日本石油化学・川崎コンビナート）がその製造を開始した。リスクを回避しつつ，規模の経済性と範囲の経済性を確保するために各社が合理的に行動した結果として，当初は各コンビナート間で差異が見られた製品構成は次第に同質化していったのである。

この後，多くのコンビナートが高圧法ポリエチレン，中・低圧法ポリエチレン，スチレンモノマー，ポリプロピレン，アクリロニトリルなどの主要誘導品を一通りそろえる「ワンセット主義」とでも言うべき様相となり，それが企業間競争に一層拍車をかけることになった。コンビナートの新設・増設計画においては，先にエチレン生産規模を決定し，それを消化すべく半ば事後的に各種誘導品の計画を立案するという形に企業の経営行動も変質していったのである。

3）ナフサ問題の発生

石油化学原料に関しては，ナフサの供給をめぐって早くも問題が生じ始めていた[23]。従来は，石油精製会社に対して，ナフサ供給を促すインセンティブが与えられていた。石油精製用原油については輸入が自由化されておらず，原油の輸入には外貨割当制度が適用されていた。この状況下では，原油輸入のために入手できる外貨は限られているために，石油化学産業の伸長に応じてナフサを増産すれば，その分だけ石油精製会社にとっては主力商品であるガソリンの供給量を減らさざるをえない。そのため，ナフサの安定供給実現のためのインセンティブとして，ナフサを生産する場合にはナフサ1に対して原油2.3の輸入費用に相当する外貨を特別に（追加的に）石油精製会社へ割り当てる制度（特別外貨割当制度）が作られていた。

しかしながら、「貿易自由化計画」の一環として1962年からの原油輸入自由化が決定されると特別外貨割当制度も廃止され、石油精製企業にとってはナフサ供給のインセンティブが消滅した。さらに、石油業界の秩序を維持するために新たに制定された石油業法においては、その供給計画は原油処理量、製品販売実績、設備能力を前提として立案されるという具合に、低廉なナフサの安定供給の実現に関しては一切の配慮がなかった。このため、1962年下期には大幅にナフサが不足することが予測された。加えて石油業法に基づいて通産省が告示した標準価格においては、自動車用揮発油が実勢価格をはるかに上回る価格に設定されたために、石油精製企業は同製品の生産を優先し、ナフサの不足に一層拍車をかける事態となった。

結局、この問題は政治問題へと発展し、最終的には植村甲午郎（石油審議会会長）が石油連盟と石油化学工業協会の会合をあっせんし、「石油化学用ナフサの確保について」と題する調停案が示され、これを両業界が受け入れることで終息した。この調停（植村調停）によって事実上、石油精製企業に対しては原油割当に関するメリットが残されることになったのである。ただし、石油化学産業は急速に成長していたために、「石油化学原料となるナフサ」と「他の石油製品」との間には成長率格差が発生しており、ナフサの構造的な不足が解消される見通しは立たなかった。そのため、不足分を補うためにナフサの輸入も開始されることになった。輸入に際しては、関税額が揮発油の2,150円／klに対して、石油化学用ナフサは250円／klとする軽減措置も導入された。

このナフサ問題等、石油化学業界が直面した諸問題の解決に向け、様々な交渉において窓口となり活躍したのが石油化学工業協会である[24]。例えば、上述のケース以外にも、同協会は1962年に決定された石油化学用ナフサに対する原油関税の還付の交渉において活躍した。

業界団体である石油化学工業協会が設立されたのは、1958年6月のことであり、初代会長は池田亀三郎（三菱油化社長）が務めた。事務所は千代田区霞ヶ関の化学工業会館内から1960年に千代田区内幸町の飯野ビルに移り、2003年に現在の中央区新川の住友不動産六甲ビルに移転するまで長きにわたり同地に所在していた。1964年12月に設置された協調懇も石油化学工業協会

内で開催されることが多く，企業間および業界と政府間の交流拠点となった。現在においても，石油化学工業協会は石油化学工業の調査研究，統計の作成，広報・啓発活動などを通じて業界の発展に寄与している。

同協会の誕生は，業界首脳間の交流，業界協調の契機ともなった。例えば，4代会長の長谷川周重（住友化学社長，在任期間は1968年7月から1970年7月）によれば，業界の歴史が浅く，協調体制が生まれにくかった石油化学業界において，石油化学工業協会や協調懇があったからこそ，ある程度の業界協調が保たれたという（森川監修，1977）。

おわりに

本章では，協調懇が設置されるまでの石油化学産業の発展と設備投資調整の歴史を概観した。石油化学産業は誕生時から通産省による監督下にあり，許認可を通じた調整が行われていた。設備投資調整の基礎となる調整システムは，この時点ですでに確立していた。その調整システムとは，まず将来需要を予測し，それに基づき新規に建設を認める認可枠を算定し，設備建設を希望する各社に分配するというものである。需要予測によって参入可能な企業数が定まるため，需要予測の作成をめぐっては当初より企業間で駆け引きや闘争が繰り広げられた。そして，需要予測の策定にあたっては次第に企業側の意向が反映されるようになった。

なお，本章で取り扱った期間においては，作成される予測が比較的手堅いものであった上に，国産化による石油化学製品の価格低下に伴い事前の想定以上に需要が拡大したため，石油化学産業が設備過剰に陥ることはなかった。むしろ，通産省による参入の制約は，競争の「規制」という側面が機能することによって，利潤格差を含みながらも石油化学各社に高利潤をもたらす結果となった。

また，本章の最後では，石油化学製品の国際化によって石油化学製品の価格の引き下げを実現できたこと，留分の総合利用が進んだことでコンビナート間

の同質化が進んだこと，原料ナフサの供給に関してすでに問題が生じ始めたこと，業界団体である石油化学工業協会が設立されたことといった当時の諸事項に関しても言及した。

　石油化学業界はこの後，経済の自由化という問題に直面し，官民協調して設備投資調整を行うようになる。その枠組みは本章で論じたものと大きくは変わらず，また市場も成長していたためにすぐに設備過剰に陥ることはなかった。

注

1) 1965年に三井東圧化学（当時は東洋高圧工業ならびに三井化学工業）と関西石油化学（宇部興産など12社の共同出資で設立）の折半投資で設立された企業である。
2) 直近の再編の状況に関しては，『日経産業新聞』2015年9月16日を参照。
3) 住友化学を除いては，すべて石油化学進出に際して既存の化学企業もしくは石油精製企業が中心となって設立された企業である。三井石油化学は，三井化学，三池合成，東洋高圧，東洋レーヨン，三井鉱山，三井金属鉱業，三井銀行の三井グループ7社と興亜石油の共同出資で1955年に設立された。三菱化成は，三菱化成，三菱レイヨン，旭硝子，三菱銀行，三菱商事，三菱金属鉱業の三菱系6社によって1956年に設立された。日本石油化学は，石油精製企業である日本石油によって1955年に設立された。
4) 米国および欧州における石油化学工業の展開に関する本項の記述は，大東（2014b）および石油化学工業協会編（1971）に基づく。
5) 世界の主要化学企業の動向は，田島（2014）によって概観することができる。また，伊丹・伊丹研究室（1991）において，西ドイツおよび米国の化学産業の歴史に関する概観を知ることができる。
6) 天然ガスを含めた広義の石油化学工業としては，1872年に米国の西バージニア州に建設された天然ガスからブラックカーボンを生産する工場へとさかのぼることができる。
7) その上で，各社の計画の選別にあたって以下のような点が満たされていることを重視することにした。①企業に計画遂行に十分な技術的，経理的基礎があること，②設備を短期償却しても，国際価格で採算が取れる計画であること，③技術内容がすぐれていること，④資金計画が確実なこと，⑤石油精製能力を大幅に拡大することなく石油化学工業計画が実施できること（石油化学工業協会編，1981）。
8) ポリエチレン製造の認可を得ている企業（三井石油化学）よりも，その他の企業の予測値が軒並み大きいことは興味深い。
9) 石油化学計画が進展するとともにアンモニア計画は大きく後退した。背景としては，肥料会社には石油化学企業化とアンモニア合理化との二重の投資負担に耐えられる企業が少なかったこと，肥料工業がすでに新規投資をするほど魅力のある産業ではなくなりつつあったことが指摘されている。住友化学を除く他の肥料製造業者は，重油ガ

ス化あるいは天然ガスのメタン分解といった独自の合理化策をとった。なお，肥料工業の歴史に関しては，大東 (2014a) が詳しい。
10) ナフサを原料とする場合，エチレンは 33.62 ％ しか得られず，その他の留分が多様かつ大量に産出される。これに対し，米国などで使用されるエタンを原料とした場合には，77.73 ％ のエチレン収率が見込め，他の物質は少量しか産出されない。
11) 輸入製品によって，すでに市場が開拓されていた製品分野に関しては，比較的順調な立ち上がりを見せた。一方で，国産化前の輸入量が少なく市場開拓が十分ではなかった製品分野では当初販売面で苦戦を強いられた。しかし，結局は企業側の市場開拓努力により，第 1 期計画が完了した 1960 年時点では順調な操業を続けていた（石油化学工業協会編，1971）。苦戦を強いられた製品としては，中・低圧法ポリエチレンが挙げられる。中・低圧法ポリエチレンはこれまで輸入実績がほとんどなく，樹脂メーカーも加工技術の知識に乏しく，品質の確立に大変な努力を要した。中・低圧法ポリエチレンを生産していた三井石油化学は，販路開拓のために品質改良や加工研究に多くの人員，資金を投入した。1958 年にはフラフープブームで在庫を一掃したが，ブームの終焉後は再び在庫が上昇に転じ，三井石油化学では 1958 年に営業部を発足させ，海外市場開拓にも取り組んだ。こうした努力が実り，1959 年には 2.4 ％ であった三井石油化学の売上高利益率は，1961 年には 14 ％ にまで上昇した（三井石油化学工業株式会社編，1978；『化学経済』1985 年 10 月号）。
12) 通産省は，石油化学工業の育成策に関連して，「石油化学工業事業法」を制定し，同法に基づいて調整を図ることも検討した。事業法を制定すれば，過剰投資の抑制や石油化学事業者間の調整などが容易になる利点があった。しかし，「外資に関する法律」により外国技術の導入については認可を要し，また機械装置の輸入についても外貨割当を要することから，ほぼ所期の行政指導が行われているため，法律の制定を行わないことに決めた。しかし，通産省の一部には事業法の制定を必要と考える傾向もあり，1957 年には新たに「化学工業振興法」をまとめ，日本化学工業協会をはじめ関係者に打診した。ところが，関係業界が官僚統制の復活であると強く反発し，結局は法案は国会提出に至らなかった（石油化学工業協会編，1971）。
13) この中で，通産省は，石油化学工業の将来への見通しが立てにくいことを言明している。需要の予測を通産省が一手に引き受けることは次第に困難になっていったのである。
14) 同研究会の報告では，生産規模以外にも，ナフサ分解によって得られる留分の総合利用，操業率の向上，オレフィンの収率向上などの必要性が唱えられた。
15) この段落の記述は，石油化学工業協会編 (1971) に基づく。
16) いずれの企業も石油化学分野への進出の際に既存の化学企業，石油精製企業が中心となって新たに設立された企業である。東燃石油化学は，石油精製企業の東亜燃料によって設立された。大協和石油化学は，化学企業の協和発酵と石油精製企業の大協石油の共同出資によって設立された。丸善石油化学は，石油精製企業である丸善石油によって設立された。化成水島は，三菱化成の水島における石油化学生産部門を担当する会社として三菱化成の全額出資によって設立された。出光石油化学は出光興産の石

油化学事業を継承して同社の100％子会社として設立された。
17) 認可獲得時は出光興産。出光興産は，エチレン分解炉の火入れ直前に，運営会社として「出光石油化学」を設立した。出光興産が新会社設立に踏み切ったのは，石油化学分野での機動性を高めることと設備償却が有利に進められるなどの経営的な配慮によるものである（『日本経済新聞』1964年9月8日）。
18) 宇部興産は，通産省の認可を得られなかったために単独での企業化を断念し，三和銀行の参加勧誘を受けて1960年12月に丸善石油化学の千葉コンビナートへの参加を決定し，誘導品の企業化を行うことにした。また，日産化学は，1963年8月に参加を決めた（丸善石油化学株式会社30年史編纂委員会編，1991）。
19) 丸善石油の100％子会社であった丸善石油化学は，1964年にコンビナート参加企業の資本参加により，持ち株比率が丸善石油50％，宇部興産，新日本窒素肥料，電気化学工業，日産化学，日本曹達が各10％となった（丸善石油化学株式会社30年史編纂委員会編，1991）。
20) 丸善石油化学は，建設したルルギ式のエチレン製造装置にトラブルが相次ぎ，コンビナート参加企業へのエチレン供給もままならない状況であった。そのため，同社は深刻なエチレン不足に陥り，日本石油化学からエチレンを購入せざるをえなかった（丸善石油化学株式会社30年史編纂委員会編，1991）。このことが，丸善石油化学のみ赤字を計上している一因であると考えられる。
21) 以下のスチレン，ポリブタジエンの事例は，石油化学工業協会編（1971）による。
22) 『日本経済新聞』1964年4月14日。
23) 当該時期のナフサ問題に関しては，石油化学工業協会編（1971）および石油化学工業協会編（1989）を参照し，記述した。
24) 石油化学工業協会の歴史に関しては，石油化学工業協会総務委員会石油化学工業30年のあゆみ編纂ワーキンググループ編（1989）を参照。

第2章

石油化学産業の高度成長期

　第2章では，石油化学産業が急成長を遂げた1964年から66年の設備投資活動の動向を概観する。1964年に設立された石油化学官民協調懇談会の設置経緯と同懇談会で制定されたエチレン年産10万トン基準に基づく設備投資調整に焦点化して記述を進める。公式に官民協調して設備投資調整を行うにあたって，調整のシステムはより客観性の高い，しかしながら企業側の願望（投資の実行）が実現しやすい方式が採用された。ただし，この時期は，将来予測に基づく認可枠と企業の投資計画の合計が大きく乖離することはなく，調整は比較的容易であった。また，当該時期の設備投資調整の結果として設備過剰へ陥ることもなかった。なぜなら，製造設備の新設は，2年後もしくは3年後という比較的短期間の将来需要を前提に慎重に配分されていたからである。

1　官民協調方式の採用──石油化学官民協調懇談会の設立[1]

1）経済の自由化による国際競争への対応の必要性

　石油化学官民協調懇談会（協調懇）は，石油化学産業の国際競争力強化の必要性から1964年12月に設置され，1974年まで石油化学産業における設備投資調整にあたった。先行研究でしばしば注目されているエチレン年産30万トン基準も同懇談会において制定された。協調懇がこの時期に設置された理由は，経済の自由化に基づく国際競争への対応の必要性と海外からの安価な石油化学製品の流入に求められる。

すでに第1章で概観したように，日本の石油化学産業は通産省の保護政策の下に急速に成長を遂げた。1965年には西ドイツを抜き米国に次ぐ世界第2位のエチレン生産量を持つに至った。米国，欧州に先行を許し，後塵を拝していた日本の石油化学産業は，誕生からわずか10年も経ずに世界有数の規模へと駆け上がったのである。そして，石油化学産業の発展は，日本の他産業の近代化と発展にも大きく寄与した。

しかし，1960年代に入ると石油化学産業は従来のように政策的な保護を期待することは困難になり，国際競争力を高める必要性に迫られた。理由は，貿易・為替の自由化，資本の自由化などを伴う開放経済体制への移行にある。これらの自由化によって，それまでは規制によって抑制されていた外国製品や外国資本の日本国内への流入が生じ，日本企業は海外大企業との競争圧力にさらされることが予見された。通産省は日本企業が海外企業との競争に敗れ，買収されるといった事態が生じることで産業全体が海外企業によって支配される可能性を懸念していた。当時の人々は，資本の自由化を「第二の黒船」と呼ぶほど大いに恐れていた。こうした環境の変化に対応すべく，日本企業は国際競争力を高める必要性に迫られたのである。

実際に，同時期に日本の石油化学産業は初めて海外企業からの安値攻勢に直面し，国際競争力の強化が産業政策の大きな課題として注目されることになった。1961年9月頃から，米国の石油化学製品による安値攻勢が日本において展開された。この安値攻勢は米国の国内市場価格をも下回る激しいものであったとともに，その対象製品も多岐にわたり，日本の石油化学企業に大きな打撃を与えた。このときの安値攻勢は短期間で終息した[2]が，国際競争力強化の必要性を業界にも強く認識させることになった。石油化学工業協会は自由化対策特別委員会を設置し分析に努めた。その結果，米国の攻勢は欧州諸国にもなされており，攻勢を受けた欧州諸国が米国同様に日本に安値攻勢をかけてくる危険性があることも判明した。今後は，国内企業のみが競合相手ではなく，米国，欧州の巨大企業と競争しなければならないことが認識された。

2) 政府による統制への抵抗――特定産業振興臨時措置法の廃案

　国際競争への対応を迫られていたものの，石油化学産業を含めた日本の製造業各社は，いずれも企業規模，生産単位規模が小さく，乱立型の激しい競争体制下にあった。さらに，企業規模ばかりではなく，収益性，資本構成の比較においても，欧米の有力企業に比較して著しく見劣りするものであった。このような体質は多数の企業による激しい設備投資競争によってもたらされたものであった。もちろん，こうした民間の設備投資に対する意欲や激しい競争によって，日本の経済力が高まったことは事実である[3]。しかし，反面では過当競争をもたらし，産業集中度を低下させていると問題視されたのである。そのため，開放経済体制下で激しい国際競争に対抗するために，まず過当競争を排除し産業秩序を確立すべきであるとの議論が各方面で展開され，その対応策が求められた。

　こうした状況下で通産省は，政府と業界，それに中立的な立場のものを加えた形で官民協調による政策的な競争力強化を目指し，特定産業振興臨時措置法案（特振法）を作成した[4]。同法案は，貿易の自由化とその後の資本自由化を控えて，国際競争力の強化を図る産業を指定し，合併や合理化のための共同行為を官民協調方式で推進することを企図していた。具体的には，国際競争力の弱い自動車，特殊鋼，石油化学の3業種が指定されていた。特振法は，1963年の第43回通常国会に提出されたものの審議未了となり，引き続き第44回，第46回通常国会にも再提出されたが，結局は1964年6月に成立を見ずに廃案となった。結果的に廃案となった背景としては，自由な産業活動を官庁統制によって縛ることへの批判から産業界の支持が得られず，それゆえに与党自由民主党も積極的に法案成立へ動かなかったことが指摘されよう[5]。

　しかし，石油化学産業に限ってはむしろ特振法の成立を期待する意見が多数を占めていた（大石，1979）。実際に，石油化学工業協会は，特振法の成立が難航していた1964年3月には政府に対して特振法成立の要望書を提出している（石油化学工業協会，1964a）。このように他業種と異なり，石油化学産業においては政府が関与する調整方式が望まれた理由として，業界の伸びが目覚しく新増設計画が極めて旺盛である反面，結果として調整がなければ大幅な設備過剰，

業界の混乱が必至であるとの認識が通産省と業界に強かったことが指摘されている（ダイヤモンド社編，1974）。

また同時期には，企業合併によって外国企業に対抗しうる企業体制を構築することも志向された（武田，2008）。前述の官民協調思想もこの動きを促進し，複数の業界において大型合併が生じた。1963年に三菱重工系3社（新三菱重工，三菱日本重工業，三菱造船）が合併契約を締結し翌年合併したのを皮切りに，1966年の日産自動車とプリンス自動車の合併などが生じた。石油化学業界においても，資本の自由化対策として，「企業の提携あるいは再編により自主的に企業規模の拡大，大型設備投資を行う等の努力」が強調された。

しかしながら，石油化学業界では1963年の昭和油化と日本オレフィン（鋼管化学）の合併，1968年の三井化学工業と東洋高圧の合併が目立つ程度で，大型合併による企業の集約化が進まなかった。このような帰結に至ったのは，石油化学産業の歴史が浅く，高成長を続けているために，各社とも合併の必要性を感じないことに最大の要因があると工業史では結論されている（石油化学工業協会編，1971）。この後の時代を概観しても，エチレンセンター企業間の合併は1994年の三菱化成と三菱油化の合併まで長きにわたり行われることがなかった。

3）代替案としての協調懇方式の採用

特振法の廃案後，通産省はエチレンセンターの設備投資調整を図る場として政府，民間両者で構成する官民協調懇談会を新設する方針を決めた[6]。協調懇においては，①従来，通産省が一方的に「外資に関する法律」（外資法）によりエチレンセンター建設の認可，不認可を決定していたのを改め，話し合いによって解決する，②業界も過度の設備新増設競争を避け，できるだけ情報を交換し合って体制整備に努めることとされた。これは，特振法によって確立しようとした協調体制の考え方を引き継いだものであった。当然，協調懇の設置に関しては，業界側も異論はなかった[7]。

協調懇の公式な目的は，「石油化学工業の秩序ある発展を図るための方策を官民協調して検討する」こととされた（通商産業省，1964）。通産省は，協調懇

の設置の背景として，以下のような見解を示している。日本の石油化学工業は急速な発展を遂げてきたが欧米先進諸国に比較すると企業規模および生産規模においてかなりの隔たりがあり，国際競争上大きな問題となっている。日本の石油化学工業の国際競争力を強化し，その秩序ある発展を図ることは，化学工業全般の競争力の強化のために必要であるとともに，日本の産業構造の高度化を推進するためにも国民経済的な要請となっている。そこで，石油化学工業の国際競争力を強化し，その秩序ある発展を図るための方策を官民協調して検討するための協議機関として「石油化学官民協調懇談会」を設置する。

　協調懇の発足時期，メンバー，目的等については，石油化学工業協会が作成した素案（石油化学工業協会，1964b）を元に，通産省軽工業局が以下のように定めた（通商産業省軽工業局，1964a)[8]。①懇談会は，1964年12月より発足する。②懇談会の構成メンバーは，通商産業省および石油化学業界の各代表者ならびに適当な第三者とする。③懇談会には，製品別分科会を置く。④懇談会においては，さしあたり，ナフサ分解設備の新増設の適正化を図るため，オレフィンの需要見通し，ナフサ分解設備の新増設に関する方針および基準等について検討するものとするが，必要がある場合には，石油化学製品製造設備の新増設に関する共通の基本方針および基準について検討するものとする。⑤製品分科会においても上記に準じて検討を行う。⑥以上の検討の結果，通産省と業界の意見が一致したときは，これを「申し合わせ事項」として確認し，官民の関係者は，それぞれの分野においてこれを守るように努めるものとする。

4）協調懇の活動概要，開催日程

　協調懇では，上述の目的を実現するための具体的な方策としてエチレン製造設備の新増設に関する方法と基準の検討が行われた。協調懇では，国際競争力強化のために小規模な企業の乱立と過剰設備投資を防ぐことを重要視し，一定規模以下の設備建設は認めないことによりその実現を狙ったのである。制定された基準に関しては，従来通り外資法に基づき事実上の強制力が担保された。1973年の石油化学関連技術の完全自由化までは，石油化学事業の展開に不可欠な技術導入の許認可権は政府の手中にあり，認可なくして製造設備の建設を

表 2-1 石油化学官民協調懇談会の開催日時および会議の概要（1964〜74年）

協調懇の活動内容	回	日 時	概 要
10万トン基準の制定と運用	第1回	1964年12月	初顔合わせ
	第2回	1965年1月	10万トン基準制定に向けた議論
	第3回	〃	10万トン基準の制定。需要予測の策定。この会合に基づいて，認可処理が行われる
	第4回	1965年12月	需要予測の提示，10万トン基準の継続決定
	第5回	1966年2月	需要予測の策定。この会合に基づいて，認可処理が行われる
	第6回	1967年1月	需要予測の提示と新基準へ向けての討議
30万トン基準の制定と運用	第7回	1967年6月	30万トン基準制定。需要予測の策定。この会合に基づいて，認可処理が行われる
	第8回	1968年5月	需要予測の策定。この会合に基づいて，認可処理が行われる
	第9回	1969年6月	需要予測の策定。この会合に基づいて，認可処理が行われる
30万トン基準以降の方針検討	第10回	1970年6月	需要予測の策定
設備休戦の決定	第11回	1971年10月	需要予測の策定。1973年度末までの設備休戦が決定
	第12回	1972年9月	需要予測の策定。1974年度末までの設備休戦が決定
さらなる新増設をめぐる議論と認可	第13回	1973年7月	需要予測の策定。30万トン設備4基の建設が必要とされる
	第14回	1974年7月	需要予測の策定。通産省，新規設備建設を望む4社を自動承認

出所）石油化学協調懇談会（1964）〜（1974）；『日本経済新聞』各号より作成。

行うことは完全に不可能であった。

　協調懇は，第1回（1964年12月）から第14回（1974年7月）まで開催され，主に東京・内幸町の石油化学工業協会内において議論が交わされた[9]。各回の協調懇の討議内容を簡潔に示せば表 2-1 のようになる。また，協調懇の構成メンバーは，通産省および石油化学業界の各代表者（石油化学工業協会の会長，副会長，専務理事）ならびに適当な第三者であった。表 2-1 に示されるように，基準の制定などが実施されていた1967年までは1年に複数回開催されたもの

の，それ以降は年1回の開催となった。最終的に協調懇はその散会が宣言されることはなく，1974年に開催されたのを最後に1975年と1976年は開催を見送られ，自然消滅した。なお，協調懇は傘下に分科会を持ち，こちらは1976年に開催されたBTX分科会が最後となった。

　このうち，第1回（1964年12月）から第5回（1966年2月）まではエチレン年産10万トン基準の制定およびその運用に関して討議された。第1回（1964年12月）の協調懇は初顔合わせであり，第2回（1965年1月），第3回（1965年1月）の協調懇において10万トン基準制定に関する議論が行われ，同基準が制定された。そして，第3回協調懇の討議結果に基づいて，通産省は認可処理を行った。第4回（1965年12月）協調懇は，新たな需要予測が提示されるとともに前年度の認可基準の踏襲を決めた[10]。その上で次の第5回協調懇で最終的な結論を出すことが決められた。第5回協調懇（1966年2月）では，第4回で提示された需要予測が公式に確定し，通産省はこの会合の討議結果に基づいて認可処理を進めた。なお，10万トン基準に基づく議論および認可処理はこの第5回をもって終了する。第6回協調懇（1967年1月）では，需要予測を行うとともに10万トン基準に代わる新基準の検討が行われた。しかし，この会合に基づく認可処理は行われなかった。

　第7回協調懇（1967年6月）から第9回協調懇（1969年6月）にかけては，エチレン年産30万トン基準の制定およびその運用に関する討議が行われた。第7回（1967年6月）の協調懇で30万トン基準が制定され，この決定に基づき通産省は認可処理を進めた。第8回（1968年5月），第9回（1969年6月）協調懇では，毎年新たな需要予測が提示され，それに従って通産省は徐々に合計9基の30万トン設備を認可していった。また，第10回（1970年6月）の協調懇では，一連の30万トン設備認可後の指針についての話し合いがもたれた。この時点ではまだ石油化学産業は高い成長を続けるものと考えられており，新たに多数の計画が提出され，その処理が課題となっていた。なお，この第10回協調懇以降は，事前交渉の場として「政策委員会」が新たに設置された。

　第11回（1971年10月）と第12回協調懇（1972年9月）では，一転して設備休戦の合意が主たる決定事項となった。第11回協調懇では，設備過剰が表面

化したことから1973年度末までの設備休戦が決定された。引き続き第12回協調懇でも石油化学産業において設備過剰が続いていることから，さらに1974年度末までの設備休戦が決定された。この際に，調整システムが若干変更された。増設すべき設備能力の算出の際に用いられる適正稼働率を従来は85％としていたのに対し，設備過剰が発生したために適正稼働率が90％へと引き上げられた。しかし，基本的には調整システムに大きな変更はなかった。

第13回（1973年7月）と第14回（1974年7月）の協調懇では，需要が伸びてきたために，再び設備の新増設の議論がなされ，新たなエチレン設備の新設が認可された。1973年になると，経済全体が好景気となり，旺盛な内需と活発な輸出要請があり，量的な拡大を続け，企業の採算性は大きく改善した。需要伸長と収益好転の中で，中長期的観点での新増設計画が再び活発化することとなった。1976年から77年の完成を目標に，三菱油化年産40万トン，住友化学同40万トン，浮島石油化学同40万トン，昭和油化同30万トンのエチレン設備の新設が計画された。第13回協調懇では，前年度のエチレン生産実績は381万トン（実績値），当該年度のエチレン需要が423万トン（予測値）であり，当時の設備能力年産481万トン（公称476.98万トン，通産省の調査による実生産能力は509万トン）で十分に設備は充足しているにもかかわらず，予測に従えば90％稼働で606万トンまで拡張できると判断された。1973年，1974年の協調懇を経て，浮島石油化学，三菱油化，住友化学，昭和油化の4社が建設認可を受けた。

しかし，1975年になると日本経済は立ち直りを示す一方で，石油化学業界は深刻な設備過剰に悩むこととなった。エチレン稼働率が，1～2月には60％台，3月には54.2％に低下した。三菱油化と住友化学は，需給動向の判断から設備建設を自ら断念した。しかし，残り2社が不況期であるにもかかわらず，設備の新設を決行し，それらが完成することによって一層設備過剰が深化することになった。

補足として本項の最後に協調懇の会議の様子について若干の言及をしたい。協調懇の会議の様相（討議内容等）に関しては残念ながら資料はあまり残されていない。会議の際の配布資料，参加者や業界誌の記者などによる断片的なメ

モ,『化学経済』や『日本経済新聞』などの記事によってその様相を推測するしかない。ある回の協調懇における会議の進行について言及すれば，事務局長を兼ねた天谷直弘（通産省化学工業局化学第一課長）による説明の後は，フリートーキングであったと吉光久（通産省化学工業局長）は証言している（『通産新報』1980年7月25日号）。また，実際の配布資料や会議メモなど各種資料を概観すると，協調懇が強い力を持った意思決定機関ではなかった様相が窺える。第9章でも言及されるように，協調懇において基準の決定は行われるものの，通産省と特定の企業間での事前の折衝を経ていることが多かった。また，協調懇において将来需要予測や認可すべき設備能力量が示されるものの，それらに依拠する形で実際に認可を行うのは通産省の役割であった。

2　エチレン年産10万トン基準と投資調整システム

1) 最低設備規模に関する基準の制定——エチレン年産10万トン基準

協調懇では，新設設備規模に下限を設定することによって設備規模を国際水準へと高めるとともに，毎年需要予測を実施しその範囲内に設備投資を抑えることによって設備過剰を回避するという行動がとられていた。

第1回協調懇[11]は顔合わせであり，第2回協調懇から具体的な審議に入った。第2回協調懇では，需要予測，現有設備能力，各誘導品の石油化学方式への転換比率，ナフサの国産品と輸入品の価格比較，各石油化学会社の経理状況，コンビナートの製品構成など複数の資料が配布され，広範な議論が展開されたことが窺える。

特に，生産設備規模に関する議論が入念に行われた様子が窺える（石油化学協調懇談会，1965a）。まず，エチレン年産6万トンから年産20万トンまでのエチレン設備規模とエチレンコストのグラフが配布資料には提示されている[12]。それによると，年産10万トンまでは設備規模の増大に伴って急激にコストが減少するものの，それ以降はコスト低減効果が大幅に逓減することが示されている[13]。その上で，年産10万トンのモデルコンビナートを想定し，その場合

の石油化学製品バランスや工場立地原単位の調査表[14]，コンビナートの配置図も添付されている。

こうした試算を根拠に，第3回協調懇において，新設設備の最低基準として年産10万トン基準が制定された（石油化学協調懇談会，1965b）。新設基準として，以下のような条件が示された（すべて原文のまま）。

ナフサセンターの新設の場合の基準
1. 適正な誘導品計画を有する大規模なセンターであること。
    (1) 誘導品の生産，販売計画について確実性がありかつ，それぞれの誘導品の生産分野を混乱させるおそれのないものであること。
    (2) エチレンの設備能力が10万トン／年程度のものであって稼動後速やかに適正操業度に達する見込みのものであること。
    (3) オレフィン溜分を総合的に利用するものであること。
2. 原料ナフサの相当部分についてコンビナートを構成する製油所からパイプによって入手できる見込みがあること。
3. コンビナートを構成する企業の技術能力，資金調達能力等が国際競争力ある石油化学コンビナートを形成するに適わしいものであること。
4. 将来センターはエチレン生産能力20万トン／年以上まで，拡大するものとして，用地，用水，輸送等の立地条件がこれに即応する可能性を有していること。
5. コンビナートを構成する製油所および発電所を含めて工場の立地について公害防止上で所要の配慮がなされていること。

同基準により，エチレン設備を新設する場合はその最低規模が年産10万トン以上に限定されることになった。

2) 協調懇の設備投資調整システム——二つの大きな枠組み

協調懇が開催されていた時代における一連の設備投資調整は，基本的に二つの枠組みから成立している。それは，基準の制定とその運用である。設備投資調整の目的は，(1) 小規模投資，(2) 設備過剰を回避することであった。その

目標に一致させる形で運用上の枠組みが作られた。なお，これらの運用システムは，各回の協調懇資料を相互に参照することで明らかとなった。

　まず(1)小規模投資の回避を実現するためには，①「最低設備規模の設定」が行われた。設備新設の認可に際しては，その最低設備規模を協調懇で設定し，国際競争に対応しうる規模以上のものに限って新規の建設が認められることになった。これにより，規模の経済性の確保を企図した。なお，協調懇で制定された基準は，1965年に出された「エチレン年産10万トン基準」と1967年にそれを改定した「エチレン年産30万トン基準」の二つである。

　また，(2)設備過剰の回避を実現するために，②「増設すべき設備能力」（一般に「認可枠」と呼ばれる）を算出し，それらを参照して，必要と考えられる設備増設量を各社に振り分ける，もしくはその範囲内に設備投資量を近づける形での投資調整が実施された[15]。段階を追って説明すれば，まず協調懇では将来需要の予測を行い，その予測値から将来必要とされる設備能力（必要能力）を算出する。必要能力とは，ある年の需要を満たすのに必要と考えられる設備能力のことである。協調懇では，予測された需要量を国内のエチレン設備が適正な稼働状態（例えば，85％）で満たすべきであると考えた。そのため，例えば，適正稼働率を85％とする場合には，「（ある年の）推定需要＝必要能力×0.85」という式に予測された需要の値を入れることによって必要能力が求められる。その上で，必要能力から協調懇開催時点での既存設備能力および既認可の設備能力を差し引くと「新たに認可すべき設備能力（認可枠）」が明らかとなる。協調懇では，基本的には上記のような計算によって求められた認可枠を各企業に配分するという調整方法をとっていた。需要予測は年ベースで行われ，これを年度換算し設備投資調整に使用した[16]。10万トン基準が運用されていた第3回，第5回までは，協調懇開催年から4年先までの需要を予測していた。そして，30万トン基準の制定以降は，協調懇開催年の5年先まで将来需要を推定するようになった。

　なお，協調懇では，あるn＋1年度の需要を満たすために，n年度中にその需要（n＋1年度の需要）を満たすのに十分な設備を建設すべきであると考えた。つまり，n＋1年度の必要能力をn年度末までに達成するということである。

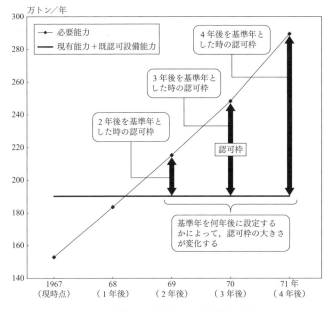

図 2-1 基準年の差異による認可枠の変化

出所) 石油化学協調懇談会編 (1967) より作成。

したがって，例えば1966年度末までに達成されるべき設備能力は，1967年度における必要能力と一致するのである。

こうした将来需要予測，それに基づく認可枠の分配という調整システムは協調懇に基づく設備投資調整が実施されている期間中に大きく変わることはなかった。予測対象期間や適正稼働率に関して若干の変更が加えられるのみにとどまった。さらに，将来需要を予測しそれを適正稼働率で割り戻して，それに産業全体の設備能力を一致させるというこの手法は，特定産業構造改善臨時措置法（産構法）による設備処理の際にも変わることがなかった。

上述の枠組みが順守される限り，過剰設備投資が回避されうるように思われるが，実際には認可枠の計算法には二つの欠陥があり，設備過剰に陥る伏線となった。

第一に，何年後をターゲットに設備投資調整を実施するのか，その点に関し

て客観的な基準がなく，恣意的な設定がなされていた。なお，本書ではこれ以降，設備投資調整の前提となる将来時点のことを「基準年」と呼ぶことにする。将来需要が一貫して増大することを前提とした場合，基準年を現時点の近く（例えば2年後）に設定すれば認可枠は小さくなり，逆に遠くの時点（例えば4年後）に設定すれば認可枠は大きくなる（図2-1を参照）。この方法を利用して，認可枠の大きさは各時点での思惑に従って調整されていた可能性がある。

　第二に，石油化学製品の将来需要予測を行う際に，趨勢法による将来予測が客観的基礎資料とされる傾向があり（佐藤，1964），この方法を用いると予測値が過小もしくは過大になることも多かった。この趨勢法による予測が10万トン基準の運用時点を前後して広く使われるようになった様相が窺える。この点については，次項で詳しく言及することにする。

3）従来の調整システムとの相違点——需要が大きく算定されるシステムの採用

　協調懇における設備投資の調整システムは，石油化学産業に対する従来の調整システムとは若干異なるものとなった。調整の前提となる将来需要の予測値が従来よりも高めに算出されるようになったことがその特徴と言えよう。

　まず，認可枠の算出に際して，将来需要を適正稼働率で割り戻して必要能力を求めることが公式に決められた。従来は，例えば石油化学工業第1期計画では必要能力が算出されることはなく，「将来の予測需要＝必要とされる設備能力」であった。しかし，第1期計画以降，常に石油化学製品の需要は想定を上回る伸びを示しており，予測と実需の差，いわば糊代を事前に設定する必要が生じてきたのである。将来需要を適正稼働率で割り戻すために，従来よりも必要とされる設備能力は増加し，認可枠も広がることになった。

　さらに重要であることは，予測方法が大きく変化したことであり，より具体的に言えば，従来は個々の細かな需要を想定，予測しそれらを積み上げることによって将来需要量を算出する「積み上げ式の予測法」が使用されていたのに対し，現在の傾向（需要の伸び）を将来に延長して予測する「趨勢法」が採用されるようになったことである。この予測方法の変化も予測値を従来よりも押し上げる役割を果たした。

こうした予測方法の変化は，石油化学工業協会が作成した需要予測に関する内部資料を相互に比較するとわかる。多数の需要分野に細分化しそれらを積み上げた労作から，需要を数種類に大別しその傾向から予測する簡便な（薄い）ものへと変化したのである。

協調懇設立前の1964年4月に石油化学工業協会中・低圧法ポリエチレン委員会が作成した需要予測（石油化学工業協会中・低圧法ポリエチレン委員会，1964）は，多数の需要を積み上げた全73頁にも及ぶ大作である[17]。同委員会では，まず需要用途を射出成形，中空成形，フィルム，繊維，パイプ，電線，シート，その他，輸出に大別している。その上で，個々の用途について細かく需要を積み上げて，それらを合算することで最終的な需要量を確定している。例えば射出成形の場合は，それらをさらに，家庭用品（バケツ・洗面器・タライ・湯桶等の浴用品，食卓用品，玩具，その他），業務・家庭兼用品（ゴミ容器，コンテナー，飲料用瓶ケース，カゴ・ザル，いす，家具雑貨，その他），工業用品（自動車部品，その他）に分類している。その上で，括弧の中に記した各製品に関して需要予測を行っている。ここでは，どのような推定が行われていたのか，一例としてバケツ・洗面器・タライ・湯桶等の浴用品に限って紹介したい。同委員会では，以下のような推定を行っている（すべて原文のまま）。

ポリエチレン製バケツは都市において①軽い②さびない③用途が広い④美しい等の利点により従来の金属製を駆逐し，大幅にその市場を代替している。しかしながら，地方においては安価なトタン製が未だに多く使用されており，全国的に見ると従来の金属製60％，ポリエチレン製40％程度の比率と考えられる。地方への普及が今後の課題であるが，漸次上記の比率は逆転していくものと考えられ，将来はポリエチレン製80％が可能であろう。

現在バケツ・メーカーは約15社を数え，その生産量も漸増の傾向にあり38年〔1963年――引用者注。以下同じ〕は，約200万個／Mと推定される。使用樹脂量は単重450gとして算出すると次の通りとなる。

450g／個×200万個×12ヶ月≒11000t／Y
高圧法ポリエチレンとのブレンド率平均70％と推定，中・低圧法ポリエチ

レン使用樹脂量は 7700 ton となる。

39 年〔1964 年〕及び 40 年〔1965 年〕は対前年比伸長率をそれぞれ 15 %を見込み，次の通り推定した。

39 年　　7700 t × 115 % ≒ 8800 t/Y
40 年　　8800 t × 115 % ≒ 10100 t/Y

こうした細かな需要を 50 種類以上も積み上げた上で最終的な需要予測値を算出しているのである。

これに対して，協調懇で実施された需要予測（石油化学協調懇談会中・低圧法ポリエチレン分科会, 1966 ; 1969）は極めて簡便なものであり，需要の伸長率をほぼ一定にして予測を行っている[18]。同じ中・低圧法ポリエチレンの予測を比較すると，協調懇では需要予測結果はわずか 4～5 頁に過ぎない。内容も需要部門を射出成形，中空成形，フィルム，延伸テープ，繊維，パイプ，その他に大別しているだけである。例えば 1966 年の予測の場合には，フィルムは，1967 年以降前年比伸び率が 12 %，14 %，13 %，12 % と推移するという具合にほぼ過去の伸び率（12 %）が継続するという具合に判断している。こうした需要予測を合わせた結果として，中・低圧法ポリエチレンは，1968 年には前年比 25 %，1969 年前年比 20 %，1970 年前年比 21 % の増加が見込めるとされている。

このように，趨勢法に基づいて需要予測を行う方が，積み上げ式の予測法よりも将来の需要予測値は高く算出される，言い換えれば積み上げ予測の方が手堅い予測値が算出される。その理由は，二つ考えられる。第一に，積み上げ予測をする場合には主要な既存の需要の予測値を積み上げるために，未知の需要分野へと製品需要が広がっている場合には，それらが考慮されずに予測値は小さめに算出される。これに対して，趨勢法で予測を行う場合，過去に未知の需要分野への広がりによって需要が増大してきたのならば，それを含んだトレンドが形成されるため，ある程度新規需要を織り込んだ予測が可能となり，予測値は積み上げ予測法の場合よりも大きくなる。

第二に，積み上げ式の予測法では様々な需要分野に関して，既存の素材を石

油化学製品で代替していくことが想定されているけれども，これらの代替が終了すれば製品需要の伸びは期待できず，将来需要が年を追うごとに急速に逓減するような予測が形成されてしまう。例えば，中・低圧法ポリエチレンを対象とする 1964 年の積み上げ式の需要予測では，需要の一つとして結束テープ類

表 2-2 予測法と需要の前年比伸長率（中・低圧法ポリエチレン）

対前年比伸び率（%）

	積み上げ予測	トレンド予測	
	1964 年予測	1966 年予測	1969 年予測
1 年目	50	28	25
2 年目	32	24	26
3 年目	28	20	22
4 年目	20	18	18
5 年目		18	16

出所）石油化学工業協会中・低圧法ポリエチレン委員会（1964）；石油化学協調懇談会中・低圧法ポリエチレン分科会（1966）(1969) より作成。

を考えている。このとき，結束テープ類は当時使用されていた「わら縄」を代替していくと想定された。代替率が上がっていく途上においては，需要は増大するが，代替が終了してしまえばそれ以上の需要の伸びは見込めず頭打ちとなる。こうした構図が複数の製品にわたって想定されるとき，将来に向かって急速に需要の伸びが逓減する予測が形成される（表 2-2 を参照）。

　こうした予測方法の変化によって，従来よりも高い，つまり企業側にとって望ましい予測値が算出されることになったが，協調を実施するにあたっては，こうした変更は欠かせなかった。なぜなら，協調を行うに際しては，各行為主体が納得する客観的な予測を行う必要性があるからである。石油化学製品の需要を客観的に予測する方法としては，主に趨勢法，相関分析法，積み上げ式の予測法の 3 種が存在した。しかし，石油化学製品は基礎素材であるために多数の産業の動向を考慮する必要があり，それらを説明変数とする相関分析法と積み上げ予測法は，説明変数の値を結局は趨勢法によって求めざるをえず[19]，信頼に足るデータの収集が困難である上に精度も低いため利用できなかったという。そのため，趨勢法に基づく予測が石油化学製品の将来需要の予測に際しての客観的基礎資料とされたのである（佐藤，1964）。

3 エチレン年産10万トン基準に基づく設備投資調整

上述のようにエチレン年産10万トン基準とその運用システムが確立された上で，1965年，1966年にかけて同基準に依拠した認可処理が実行されるに至った。当該時期の設備投資調整に際しては，設備過剰に陥らないように慎重に認可処理が行われていた。

また当時は，想定される需要の成長と企業の参入希望が大きく乖離してはおらず，認可処理は比較的容易であった。設備建設を希望する企業はほぼ希望通りに設備建設が認められるとともに，事前に認可申請していない企業に関しても，随時設備建設が認められる状況にあった。

1) 第3回協調懇（1965年）に依拠する認可——慎重な調整の実施
①第3回協調懇開催前の状況——好調な需給環境

第3回協調懇に依拠する認可が実施される直前の1964年当時，各種石油化学製品の需要は好調に伸びており，エチレン需要は予想以上に増大していた。前年（1963年）に産業構造調査委員会が策定した予測に比べ，各年度の需要が早くも1年ずつ繰り上がるほどであった。通産省は，すでに認可済みで増設中の能力の手直しでは1967年度の需要に達しえないことが確実であり，適正稼働率を85〜90％と考えた場合でもなお現状の設備能力，既認可能力では若干生産能力が不足すると考えた[20]。このため，通産省は年産10万トン規模のエチレン設備を2基建設する余裕があるとの意向を示していた。

こうした好調な需要の伸びを反映して，多数の企業がエチレン設備の新設，増設を希望していた。10万トン基準が制定される第3回協調懇の前までに，6社年産49.45万トンの設備建設が通産省に申請されていた。その内訳は，日本石油化学（年産4万トン，既存立地の増強），三井石油化学（年産12万トン，新規立地），住友化学（年産10万トン，新規立地），大協和石油化学（年産10万トン，既存立地の増強），化成水島（年産4万トン，既存立地の増強），昭和電工（年産9.45万トン，新規立地）という具合であった。これらに加えて，大阪石油化学

表 2-3 第 3 回協調懇（1965 年）による需要予測および認可枠
（万トン／年）

年	1964	1965	1966	1967	1968
ポリエチレン	34.3	43.8	54.5	65.6	75.6
スチレン	4.4	5.7	6.8	8.0	9.2
EDC	2.2	5.7	7.8	9.7	13.5
エチレンオキサイド	5.6	8.4	9.9	11.5	13.1
アセトアルデヒド	7.8	14.0	16.0	17.4	18.2
エチルアルコール		1.2	1.2	1.2	1.6
新規需要		3.7	4.9	6.7	8.0
エチレン需要総計	54.3	82.5	101.1	120.1	139.2
会計年度換算	56.1	85.6	104.8	123.7	143.7
必要能力	66.0	100.7	123.3	145.5	169.1
認可枠	-44.0	-9.3	13.3	35.5	59.1

注）85％稼働で需要を満たすことを目標としており，必要能力が算出されている。認可枠は，必要能力から既存設備および認可済み能力（110 万トン）を差し引くことで求められる。協調懇開催年は 1965 年 1 月であり，2 年度先（1967 年）の需要を基準に設備投資調整を実施した。
出所）石油化学協調懇談会（1965b）より作成。

（年産 10 万トン，新規立地）も認可申請する予定であることが判明していた[21]。

②第 3 回協調懇に依拠する認可処理──2 年度先を基準年とした調整

　第 3 回協調懇（1965 年 1 月）では，10 万トン基準の制定とともに，表 2-3 のような需要予測を策定した（石油化学協調懇談会，1965b）。協調懇開催年である 1965 年からその 3 年後である 1968 年度までの需要を推定した。この需要予測では，1967 年度の需要が 123.7 万トン，1968 年度の需要は 143.7 万トンとされた。この需要を 85％稼働で満たすと考え，必要能力は 1967 年度 145.5 万トン，1968 年度 169.1 万トンとなった。さらにこれらからこの時点での既存設備および既認可能力 110.1 万トン（表 2-4）を差し引き，基準年を 1967 年に設定した場合，認可枠は 35.5 万トン，1968 年にする場合は 59.1 万トンであると算定された。なお，第 3 回協調懇の認可基準（10 万トン基準）は，1965 年度および 1966 年度中に完成を目指す設備に適応し，1967 年以降に関しては再度秋の協調懇で検討するとされた[22]。

　第 3 回協調懇では，協調懇開催から 2 年後の 1967 年度を認可枠配分の前提

表 2-4　第 3 回協調懇時点の既存能力および第 3 回協調懇に基づく認可処理

(万トン／年)

	既存能力		新規認可	新規認可設備の詳細
	現有能力	既認可		
日本石油化学	10.0	6.0	4.0	3EP10 万トン新設（内 6 万トンは既認可）
三井石油化学	16.0		12.0	千葉コンビナート，姉ヶ崎 1EP12 万トン新設
三菱油化	18.2		10.0	四日市 4EP10 万トン新設
住友化学	11.1		10.0	千葉コンビナート，千葉 1EP10 万トン新設
東燃石油化学	8.3	6.0	6.2	2EP 新設 6 万トンが既認可。それに追加し 1EP 増設 1.2 万トン，2EP 修正分 5 万トン
大協和石油化学	4.1			
丸善石油化学	4.4	10.0		五井 2EP10 万トン新設
出光石油化学	7.3	2.7		徳山 1EP2.7 万トン増設
化成水島	6.0		6.0	水島 2EP 新設
小　計	85.4	24.7		
合　計	110.1		48.2	

注）現有能力は，協調懇開催直前の 1964 年 12 月末。EP はエチレンプラント。
出所）石油化学協調懇談会（1965b）（1966b）より作成。

となる「基準年」に設定し，認可枠は約 35 万トンとされた[23]。2 年後を基準年にするのは，かなり慎重な設定であると言えよう。表 2-5 に示されるように，10 万トン設備の建設には 1 年 11 カ月から 2 年 1 カ月が見込まれていた。つまり，「認可枠の配分の前提となる年（基準年）＝設備の完成年」となっていたのである。1967 年度の需要を満たすための設備が 1967 年度内に完成する予定とされた。新設備が完成しても設備過剰に陥る危険性がないように調整システムが設計されていたのである。

　認可枠が 35 万トンに定まり，それに基づく認可処理の段階へと移行した。すでに述べたように 49.45 万トン分の設備建設が申請されていた。これに対し，認可枠は 35 万トンであったが，1968 年度を基準とした場合には 59.1 万トンまで認可できる予定であった。そのため，認可の一部を翌年にずらすだけですべての認可申請を認めることができ，調整は比較的容易であった。なお，第 3 回協調懇の直後には，東燃石油化学（5 万トン，既存立地の増強）[24]と三菱油化（10 万トン，既存立地の増強）[25]の申請があった。

第 2 章　石油化学産業の高度成長期　95

表 2-5　10 万トン基準に基づく設備認可，着工，完成一覧

第 3 回協調懇（1965 年 1 月）【1967 年度の需要を満たすことを基準にする】

企業名	投資形態	生産能力	認可	着工	当初完成予定	完成年月	着工-完成	当初予定
三井石油化学	新設	12.0	1965 年 5 月	1965 年 7 月	1967 年 6 月	1967 年 3 月	1 年 8 カ月	2 年 1 カ月
住友化学	〃	10.0	〃　6 月	〃　7 月	〃　6 月	〃　6 月	1 年 11 カ月	1 年 11 カ月
化成水島	増設	6.0	〃　11 月	〃　12 月	〃　4 月	1968 年 2 月	10 カ月	1 年
日本石油化学	〃	4.0	〃　2 月	〃　3 月	不明	1965 年 6 月	3 カ月	不明
東燃石油化学	〃	5.0	〃　6 月	1964 年 12 月	1966 年 10 月	1966 年 4 月	1 年 10 カ月	2 年 4 カ月
東燃石油化学	〃	1.2	〃　12 月	1965 年 7 月	1965 年 10 月	1965 年 8 月	1 カ月	3 カ月

注）東燃石油化学 5 万トンは，1963 年認可の設備に対する追加認可。1965 年の第 3 回協調懇では，1967 年の需要に照準をあわせた。そのため多くの設備が 1967 年頃に完成予定になっている。
出所）石油化学工業協会（1971）；石油化学協調懇談会（1965b）（1966b）より作成。

第 5 回協調懇（1966 年 2 月）【1969 年度の需要を満たすことを基準にする】

企業名	投資形態	生産能力	認可	着工	当初完成予定	完成年月	着工-完成	当初予定
三菱油化	新設	20.0	1966 年 9 月	1966 年 10 月	1968 年 3 月	1968 年 4 月	1 年 6 カ月	1 年 5 カ月
出光石油化学	〃	10.0	〃　9 月	1967 年 1 月	〃　9 月	〃　4 月	1 年 3 カ月	1 年 8 カ月
大阪石油化学	〃	10.0	30 万トン時に認可修正取得			1969 年 4 月		
昭和電工	〃	10.0				1970 年 7 月		

注）昭和電工は，その後，鶴崎油化（昭和電工子会社）に変更。1966 年の第 5 回協調懇では，1969 年の需要に照準をあわせた。ただし設備は前年 1968 年に完成予定。三菱油化 20 万トンのうち，10 万トン分は第 3 回協調懇で認可を得ている。出光石油化学が第 5 回協調懇に依拠して獲得した認可は，6 万トン分。なお，この設備は，第 7 回協調懇（1967 年）以降に上方修正が認められ，最終的には年産 20 万トン設備として完成することになる。
出所）上に同じ。

　これらの認可枠申請に対して，通産省は第 3 回協調懇に依拠し，三井石油化学 12 万トン，住友化学 10 万トン，化成水島 6 万トン，日本石油化学 4 万トン，東燃石油化学 6.2 万トンの合計 38.2 万トン分を認可した。今回の認可では，昭和電工，大阪石油化学，大協和石油化学は認可されなかったが，これらの計画に関しても，次の第 5 回協調懇に基づいてすべて認可されていった。第 3 回協調懇に依拠する認可は，認可枠の 32 万トンを超えるものであったが，1968 年度の需要まで考慮すれば設備過剰に陥る危険性はなかった。

2）第 5 回協調懇（1966 年）に依拠する認可──調整システムの恣意的変更の始まり
①需要の伸び悩みと調整システムの微修正

　1965 年になると，日本の石油化学産業史上初めて需要（内需）が伸び悩み，生産過剰への危機感が生じた[26]。相次ぐ設備投資に起因する国際収支の不均衡

是正のための金融引き締めと，これによる在庫投資の減少によって需要が著しく減少したのである（住友化学工業株式会社編，1981）。例えば，高圧法ポリエチレンは 1965 年度に 24.1 万トンの需要（内需）が予測されていたが，不況の影響でフィルム向け需要を中心に伸び悩み，当初より最低 2 万トンは需要が下回るとの見通しになった。ただし，輸出が 3 万トンの見込みから 6 万トンに増加したために内需の不振がカバーされた。

　需要の伸び悩み傾向を反映し，通産省は，前回と同様のシステムで認可処理を行った場合には，今回の認可枠は第 3 回で算出された認可枠（35.5 万トン）を大幅に下回ることを明らかにした[27]。その理由として，①すでに認可された設備のうち一部が 1968 年完成分の認可枠に食い込んでいる，②最近見られる一部石油製品の伸び悩み傾向と，製品価格の低落の動きから，先行きこれまでのような大幅な伸びは期待できないという点が指摘された。

　しかしながら，この時点で大阪石油化学と昭和電工などは認可待ちをしている状態であり，これらを認可しないわけにはいかない状況であったことが推察される。特に大阪石油化学によるエチレンセンター建設計画は，通産省が行政指導によって相当な無理を重ねて「三井化学工業・東洋高圧（後，両社は合併し三井東圧化学）」による計画と「関西石油化学」[28]による計画を一本化したものであった[29]。しかも，大阪石油化学の出資母体のもう一方である三井東圧化学は，資本の自由化に際して通産省が大型合併を奨励した際に，それに従い合併し誕生した石油化学産業ではほとんど唯一の大手企業であった。

　こうした状況下で，第 4 回協調懇（1965 年 12 月）では，認可枠配分の基準年を 1 年後ろ倒しするという方法で問題解決を図ることを決定したのである[30]。通常の調整システムに従えば，今回の認可では 1968 年度の需要を勘案して 1967 年度内までに建設される設備を認可することになっていた。それを 1 年後ろ倒しして，協調懇開催から 3 年後の 1969 年度の需要を勘案し，それに見合う設備を 1968 年度中までに建設することとしたのである。その上で，通産省は，1966 年中に申請が出ている大阪石油化学（堺）と昭和電工・八幡化学（鶴崎），大協和石油化学などの増設認可に踏み切ることにしたのである。

　認可枠配分の基準年を恣意的にずらす（後ろ倒しにする）という施策は，少

表 2-6　第 5 回協調懇（1966 年）による需要予測および認可枠
(万トン／年)

年	1965	1966	1967	1968	1969
ポリエチレン用	39.7	49.9	62.0	75.4	90.9
スチレン用	4.7	5.2	6.1	7.3	8.6
EDC 用	3.5	6.5	8.5	10.5	13.0
エチレンオキサイド用	7.8	9.3	10.7	12.3	13.8
アセトアルデヒド用	12.4	14.1	15.9	17.8	19.9
エチルアルコール用	1.0	1.4	1.4	1.4	1.4
新規需要その他		2.0	4.0	4.5	6.5
エチレン需要総計	69.1	88.4	108.6	129.2	154.1
会計年度換算	72.6	92.8	114	135.7	161.8
必要能力	85.4	109.2	134.1	159.6	190.4
認可枠	−72.6	−48.8	−23.9	1.6	32.4

注）85％稼働で需要を満たすことを目標としており，必要能力が算出されている。認可枠は，必要能力から既存設備および認可済み能力（158 万トン）を差し引くことで求められる。協調懇開催年は 1966 年 2 月であり，3 年度先（1969 年）の需要を基準に設備投資調整を実施した。
出所）石油化学協調懇談会（1965b）より作成。

なくとも一時的に設備過剰をもたらす。すでに述べたように，エチレン設備はほぼ 2 年間で完成する（表2-5）。1966 年に認可した設備は 1968 年度内には完成する。しかし，想定した需要は 1969 年度であるために設備が完成した時点から 1969 年 3 月中までの間は設備過剰状態となるのである。ただし，この第 5 回協調懇に依拠する認可時点では，後ろ倒しの期間が 1 年に過ぎず，その点でまだ慎重な認可処理が行われていたと言えよう。また，後で詳しく述べるが諸般の事情から，第 5 回協調懇で認可された設備は，従来の規定通り 1968 年度を基準年とした場合の認可枠を 10 万トン分しか超過しない分しか完成しなかったために設備過剰には陥らなかった。

②第 5 回協調懇に依拠する認可処理——偶発的要因による設備過剰の回避

第 5 回協調懇では，表 2-6 のように将来需要が推定され，2 カ月前の第 4 回協調懇で定まった通りに，1969 年度を認可枠配分の基準年として調整を行うことが決まった。これまで上方修正を続けてきた需要予測は，需要の伸びの停滞を反映して初めて前年予測（第 3 回協調懇，1965 年）から下方修正されることになった（図 2-2）。

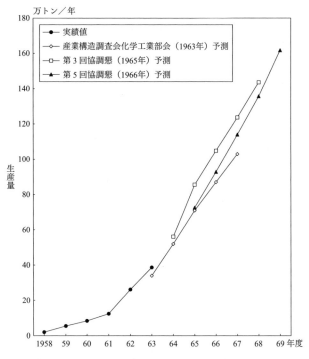

図 2-2 エチレン生産量とエチレン需要予測（1958〜69 年）

出所）産業構造調査会化学工業部会（1963）；石油化学協調懇談会（1965b）（1966b）；通商産業省大臣官房統計部『化学工業統計年報（各年版）』より作成。

　第 5 回協調懇では，1969 年度の必要設備能力（年産 190 万トン）に対応するため，1968 年度末までに増設すべき認可枠は約 32 万トン（同 32.4 万トン）と判断された。その上で，この設備能力の増強に際しては，以下のような方針が提示された。①早急な国際競争力強化と投資効率化の見地から既存のエチレンセンターの能力拡充を引き続き推進する。②新規立地におけるエチレンセンターの計画については，誘導品計画が国外競争力および業界秩序の維持の観点から見て適切であること。当初から国際競争力のある大規模なエチレンセンターを建設することを基本方針として，第 3 回協調懇で決定された「ナフサセンターの新設の場合の基準」に照らしてその要否を検討する。③上記①および

表 2-7　第 5 回協調懇時点の既存能力および第 5 回協調懇に基づく認可処理

(万トン／年)

	既存能力		新規認可	新規認可設備の詳細
	現有能力	既認可		
日本石油化学	20.0			
三井石油化学	16.0	12.0		
三菱油化	18.2	10.0	5.8	既認可四日市 1EP10 万トンを 20 万トンへ計画修正。完成時に 1EP4.2 万トンを休止するため認可は 5.8 万トン分
住友化学	11.1	10.0		
東燃石油化学	9.5	11.0		
大協和石油化学	4.1			
丸善石油化学	4.4	10.0		
出光石油化学	7.3	2.7	6.0	2EP 新設
化成水島	6.0	6.0		
大阪石油化学			10.0	新規参入
昭和電工			10.0	新規参入
小　計	96.6	61.7		
合　計	158.3		31.8	

注）現有能力は，協調懇開催直前の 1966 年 1 月末。EP はエチレンプラント。
出所）石油化学協調懇談会（1966b）(1967a) より作成。

②の運用にあたっては，生産規模の大型化および企業規模の拡大について積極的な考慮を払うものとする。

　最終的には，第 5 回協調懇に依拠して，三菱油化年産 10 万トン[31]，出光石油化学同 6 万トン[32]，大阪石油化学同 10 万トン，昭和電工同 10 万トン[33]の合計年産 36 万トン分が認可された（表 2-7）。三菱油化に関しては，設備完成時に旧設備（四日市の第 1 エチレン設備年産 4.2 万トン）を休止することが同時に決定されたため，実質の新規認可量は 31.8 万トンであった。なお，10 万トン基準制定時に認可申請していた大協和石油化学は，第 3 回，第 5 回協調懇のどちらにおいても認可されていない。この理由は，同社の計画が三菱油化との提携によって三菱油化の認可分に吸収されたことにあり，大協和石油化学のみが設備増強を拒まれたわけではない。大協和石油化学と三菱油化の両社は相互に

エチレンを融通することを前提に，まず1967年末までに三菱油化が20万トン設備を建設，その後1970年以降に大協和石油化学が20万トン設備を建設するという取り決めを交わした[34]。三菱油化はすでに第3回協調懇で建設認可を獲得していた四日市第4エチレン設備の設備規模を20万トンへと修正する認可を今回の協調懇で獲得したのである[35]。

　第5回協調懇に依拠して認可された設備は，1969年度の需要を前提として配分しているものの，完成は従来の基準年である1968年度を予定しており（表2-5），計算上は同年度内に限りやや設備過剰になるはずであった。しかし，翌1967年の第7回協調懇においてエチレン年産30万トン基準が制定されると，大阪石油化学と昭和電工の2社は計画を修正し，認可を再取得した。これにより，両社の設備完成予定はそれぞれ1969年4月と1970年7月になった。したがって，第5回協調懇に依拠して建設され，当初の目標通りに1968年度末までに完成した設備は，三菱油化と出光石油化学の設備のみであり，実質的な設備能力の増加は，わずか年産11.8万トン分にとどまった。これは，従来の調整システム通りに1967年度を基準年とした場合の認可枠（1.7万トン）をわずか10.1万トン超過するだけであった。結局，基準年を1年遅らせたが，第5回協調懇に依拠する認可に限っては，その実質的な影響はほとんどなかったのである。

　結局，10万トン基準に基づく第3回，第5回協調懇における認可処理は，近い将来の需要を前提に慎重に認可枠が配分され，認可がこれを大幅に超過することもなかった。表2-8に示されるように，10万トン基準に基づく設備が完成した1967～69年にかけては高い稼働率が維持される結果となった。

3）第6回協調懇（1967年1月）——結論の先送り

　なお，第5回協調懇開催後，30万トン基準が制定される第7回協調懇よりも前に第6回協調懇が開催されたものの，第6回協調懇に基づく認可処理は実施されなかった。表2-9に示されるように，第6回協調懇においても需要予測が実施された。しかし，不況を反映し，第5回協調懇に比べて需要は下方修正される結果となった（図2-3）。認可枠もわずかに5万トンに過ぎなかった。た

第 2 章　石油化学産業の高度成長期　　101

表 2-8　第 3 回，第 5 回協調懇に基づく設備完成時の需給動向
(万トン，%)

年度	生産実績	予測需要量		生産能力	稼働率(%)
		第 3 回	第 5 回		
1966	110.0	104.8		117.2	93.9
1967	144.4	123.7	114.0	144.2	100.1
1968	175.9	143.7	135.7	202.2	87.0
1969	236.0		161.8	241.4	97.8

注）生産能力は，平野（2008a）から，各設備の完成月を考慮し，その年の実生産能力を計算した。例えば，9月完成の場合，年度末能力を12カ月で割り，7カ月をかけることによりこれを求めた。第3回協調懇では1967年に158.3万トン，第5回協調懇では1969年に158.3万トンに設備能力が達するように調整の結果なった。これらの数値と上の生産能力がずれているのは，1967年の第7回協調懇（30万トン基準を制定）以降に認可された設備がこの期間に一部完成しているためである。
出所）平野（2008a）；石油化学協調懇談会（1965b）（1966b）より作成。

表 2-9　第 6 回協調懇（1967 年）による需要予測
(万トン／年)

年	1966	1967	1968	1969	1970
ポリエチレン用	49.9	57.1	65.0	75.5	87.3
エチレンオキサイド用	10.0	11.1	12.2	13.4	14.7
スチレンモノマー用	6.4	7.6	8.2	9.3	10.6
アセトアルデヒド用	15.0	16.1	18.6	20.4	21.6
エチレンジクライド用	6.2	7.6	14.5	18.2	18.9
新規需要その他	5.6	6.2	6.8	7.6	8.0
合計	93.1	105.7	125.3	144.4	161.1
年度換算	96.2	110.6	130.1	148.6	165.9
必要能力	113.2	130.1	153.1	174.8	195.2
認可枠	-76.9	-60.0	-37.0	-15.3	5.1

注）85%稼働で需要を満たすことを目標としており，必要能力が算出されている。認可枠は，必要能力から既存設備および認可済み能力（190.1万トン）を差し引くことで求められる。
出所）石油化学協調懇談会（1967a）より作成。

だし，これは不況時の実績を元にしているため控えめであるとして，1966年の実績値が判明する1967年3月頃に修正し，新増設の取り扱いを決めることになった[36]。第6回協調懇では，同時に次回の協調懇で新増設設備の認可基準（現行は10万トン）の引き上げに関しても議論することが決定された。

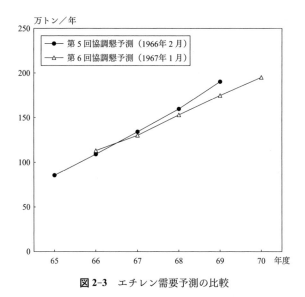

図 2-3 エチレン需要予測の比較

出所）石油化学協調懇談会（1966b）（1967a）より作成。

　第5回協調懇，第6回協調懇に見られるように，需要予測はこの頃になると実績を反映して下方修正されることもあった。需要予測が下方修正されると必要能力も小さくなり，第6回協調懇の結果が示すように認可枠がほとんど存在しない事態に陥ることもあった。こうした事態が生じうることも念頭に入れつつ，次章で論じる30万トン基準を軸とする新しい調整システムが確立されたと考えられる。

おわりに

　本章では，協調懇の設立経緯およびエチレン年産10万トン基準に基づく設備投資調整の動向を概観した。協調懇は，経済の自由化に対応すべく官民協調して国際競争力を強化するために設置された。そのメンバーは，通産省および業界代表者，中立的な第三者であった。協調懇では，目的を実現するための具

体的な方策としてエチレン設備の新増設に関する方法と基準の検討を行った。協調懇は，国際競争力強化のために小規模な企業の乱立と過剰設備投資を防ぐことを重視し，一定規模以下の設備建設は認めないことによりその実現を狙ったのである。制定された基準に関しては，従来通り外資法に基づき事実上の強制力が担保された。

協調懇は，1965年にエチレン設備新設の際の最低設備規模を年産10万トンに定めるとともに，これ以降，毎年需要予測を実施し算定された認可枠の範囲内に設備投資を抑えることによって設備過剰を回避することを試みた。こうした運営方法に従って，1965年から66年にかけて多くの企業が設備の新設もしくは増設を認められた。この時期は，将来予測に基づく認可枠と企業の投資計画の合計が大きく乖離することはなく，調整は比較的容易であった。また，当該時期の設備投資調整の結果として設備過剰へ陥ることもなかった。なぜなら，製造設備の新設は，2年後もしくは3年後という比較的近い時点の将来需要を前提に慎重に配分されていたからである。なお，需要予測に関してはより客観性の高い，しかしながら企業側の願望（投資の実行）が実現しやすい方式（趨勢法）が採用されるようになった。

ただし，この時期より企業が希望する設備投資計画が需要予測から算定された適正な設備投資量を必ず一定程度上回るようになってきた。そのため，企業の投資計画に見合うように認可枠を恣意的に調整する動きが生じ始めた。そうした動きは次章の時期になると一層顕著になり，結果として設備過剰を引き起こすのである。したがって，設備過剰には陥らなかったものの，問題の伏線はこの時期にあると考えられるのである。

注
1) 設立経緯に関しては，特に断らない限り，石油化学工業協会編（1971）；石油化学工業協会編（1981）の記述による。
2) この安値攻勢の終息の理由としては，米国のこうした行動に対して欧州諸国の態度が意外に強硬であったこと，米国国内市況が好転したことなどが指摘されている。
3) 例えば，米倉（1991）は，鉄鋼業を事例として取り上げ，産業の発展の原動力は民間サイドの企業活力にあったことを明らかにしている。米倉によれば，「大手6社が激

しく正面から競争しあったところに，日本鉄鋼業がダイナミックに発展し国際競争力を獲得した理由がある」という。米倉は，日本企業の成功の理由を通産省の産業政策に求める一連の議論（例えば，U.S. Department of Commerce, 1972 ; Magaziner and Thomas, 1981 ; Johnson, 1982）に対して，むしろ「日本鉄鋼業の発展の実態は，よく言われるような通産省主導型というよりは，民間の生産意欲が政府の長期計画を上方修正していく民間主導型であった」ことを明らかにすることを通じて反論しているのである。

4) 特振法に関する記述にあたっては，四宮（2004）を参照。

5) 特振法にかける通産省の意欲と産業界との温度差，自民党の支援が得られなかったこと等に関しては，当時の通産省および通産官僚を題材とした城山三郎の小説からも感じ取ることができる（城山，1975）。

6) 『日本経済新聞』1964年11月8日。

7) 『日本経済新聞』1964年12月8日。

8) なお，石油化学工業協会が通産省に提示した協調懇設置に関する素案（石油化学工業協会，1964b）と通産省軽工業局が定めた協調懇の構成に関する見解には複数の相違点が見られる。特に興味深いのは，石油化学工業協会側は，協調懇の構成および運営を通産省と「相互に対等の立場において行なわれるものとする」，「懇談会及び製品分科会は個々の企業の具体的な新増設数量を決めることはしない」としているのに対して，通産省側はこれらの条件に関しては削除している。つまり，通産省は業界側のこれらの要求に関しては合意する意思がなかったものと推測される。

9) 開催日程等に関しては，特に断らない限り，各回の「石油化学官民協調懇談会資料」および石油化学工業協会編（1981）による。また，各回の討議内容に関しては，山崎（2010）も詳しい。

10) 『日本経済新聞』1965年12月22日。

11) 当初の協調懇の委員は，通産省代表が企業局長の島田喜仁，軽工業局長の伊藤三郎，石油化学工業協会代表が会長の坂牧善一郎，副会長の岩永巌，専務理事の高坂正雄，第三者として，堀越禎三（経済団体連合会事務局長），平田敬一郎（日本開発銀行総裁），福良俊之（経済評論家）であった（石油化学協調懇談会，1964）。ただし福良の肩書きに関しては『日本経済新聞』1964年12月20日による。また，東燃石油化学株式会社編（1977）によれば福良の肩書きはNHK解説委員長とされている。

12) 通産省は1964年秋に三井石油化学，住友化学，三菱油化，日本石油化学，三菱化成の各担当者を集め，彼らが以前に提出した年産4万トンから10万トンまでのエチレン設備の建設費に関する予測と実績との対応，さらに年産20万トン，年産30万トン設備の建設費の予測の提示を求めた。提出された予測をベースにして第2回協調懇の資料は作成された。ただし，協調懇に提出するための資料作成作業であることは，担当者に知らされてはいなかったという（平川，1986）。

13) 同時に，「生産規模によるポリエチレンコストの低減効果」というグラフも添付されている。こちらに関しては，ポリエチレンコストは，年産2.5万トンで約136円，年産5万トンで約127円，年産7.5万トンで約122円50銭であることが読み取れる。

エチレンの場合と異なり，コスト低減効果が小さくなる屈折点は明確ではない。
14) 10万トン設備を建設する際に必要とされるナフサ，燃料，電力，蒸気，用水，設備の床面積，用地，人員，資金等の一覧表。
15) 新聞報道，業界誌および業界では「認可枠」という名称が広く使われていたため，本書ではそれに従い「将来の必要設備能力」から「現在の設備能力と既認可分の設備能力を合算した設備能力」を差し引いた「増設すべき設備能力」のことを「認可枠」と表現する。実際の資料においては，「要増設」といった表現で言及されていることが多い。また1970年代に向かうにつれて，公正取引委員会が独占禁止法適用の厳格化の姿勢を示し，協調懇においても書類上は「要増設」という言葉を記載しなくなっていく。しかしながら，1970年代に入っても「エチレン需要見通しを策定し，これを適正稼働率で割り戻して必要な設備能力を算定する」ことは協調懇の活動の前提とされていた（石油化学協調談会，1972）。また，適正稼働率の具体的な数値や新設すべき能力は，書類には記載されずに討議の場でのみ明らかにされたりした（化学経済研究所所員による「第13回石油化学官民協調懇談会取材メモ」1973年）。
16) 年度換算に際しては，当該年（暦年）の需要の75％と次の年（同）の需要の25％を合算することによってこれを求めた。そのため，4年先まで予測した場合は3年度先までの需要が，5年先まで予測した場合には4年度先までの需要が予測されることになる。
17) なお，石油化学工業協会中・低圧法ポリエチレン委員会では，1962年から需要予測を実施するようになり，本章で参照した資料は第3回目の推定である。予測は，関係3社（古河化学工業，三井石油化学工業，日本オレフィン化学）の担当課長で構成される需要測定小委員会で実際の作業を行い，その結果を結論として本委員会がまとめたものである。
18) こうした予測は，協調懇の分科会以外においても広く行われていた。1967年の「プロピレンオキサイド」，「アクリルニトリル」，「アセトン・ブタノール・2エチルヘキサノール・ヘプタノール」の各3種の需要予測を相互に比較してみるとよくわかる（石油化学工業協会需要測定研究会プロピレンオキサイド分科会，1967；石油化学工業協会アクリルニトリル委員会，1967；石油化学工業協会アルコール・ケトン委員会，1967）。例えば，プロピレングリコールの場合，用途を8種類に大別し，歯磨き用は年率5％，化粧品用は年率10％，医薬品用は年率8％などそれぞれの製品分野で一定の伸び率が継続すると想定している。その結果，プロピレングリコールは年率12〜14％で4年間成長し続けると想定されている。
19) 先ほどの積み上げ予測（ポリバケツの例）でも，最後は「前年比伸長率を15％とする」として予測を行っている。このように，積み上げ予測も最終的には趨勢法に帰結するのである。
20) 『日本経済新聞』1964年8月23日。
21) 『日本経済新聞』1965年1月15日。
22) 『日本経済新聞』1965年1月30日。
23) 第3回協調懇に限っては，1967年度に必要な設備が1966年度を若干超えて，1967年

度初頭（1967年6月）に完成する予定となっていた。
24)『日本経済新聞』1965年2月9日。
25)『日本経済新聞』1965年2月20日。
26)『日本経済新聞』1965年11月5日。
27)『日本経済新聞』1965年12月19日。
28) 1960年から関西経済連合によって石油化学企業化が計画され，1964年7月に宇部興産，大阪曹達，新日本窒素，積水化学，帝人，東洋ゴム，日綿実業，日本通運，日立造船，丸善石油の10社によって設立された企業。大阪・堺地区でのエチレンセンター建設を目指した。いわば，丸善石油化学を中心とした千葉石油化学連合の関西版とでも言うべきものであった（石油化学工業協会編，1971）。
29) 通産省軽工業局は，1964年に「大阪地区における石油化学コンビナート計画の統合について」を公表し，大阪における2つの計画の統合に乗り出したけれども難航し，同年末にようやく一本化（2つの計画の統合）が決まった。また，当時の新聞からも両グループはともに計画の一本化に消極的であり，一本化は極めて難航していたことが窺える（『日本経済新聞』1964年7月26日）。両社は話し合いで一本化をすることができず，別々に計画を通産省に提出するに至った（『日本経済新聞』1964年7月31日；9月3日）。結局，かねてから両計画の一本化を要請していた通産省が斡旋に乗り出すに至ったのである（『日本経済新聞』1964年9月23日）。
30)『日本経済新聞』1965年12月22日。
31) 三菱油化は第3回協調懇後に10万トン増設を計画（『日本経済新聞』1965年2月20日）。出光石油化学も同様に第3回協調懇後に増設を計画（『日本経済新聞』1965年6月10日）。
32)『日本経済新聞』1966年10月21日。
33)『日本経済新聞』1966年7月27日。
34) 今回の提携のきっかけは，大協和石油化学が増設（年産10万トン）を通産省に説明した際に，通産省が①大協和の計画には柱となる有力な誘導品がない，②これからの増設規模として年産10万トン級は国際競争力上問題があることなどを指摘したことがきっかけになったという（『日本経済新聞』1966年5月11日）。通産省は10万トン基準に基づく認可処理を実行しながらも，早くも10万トンに見切りをつけていたという点，それにもかかわらず大阪石油化学，昭和電工に対しては10万トンで認可したという二つの点で興味深い。
35) 三菱油化は，当初第4エチレン設備を年産10万トンで計画したものの，各社の増強に伴う競争の激化，製品価格の下落などにより収益性が低下傾向を強めていたために，エチレン原価を引き下げる必要があると考え，能力の拡大を計画した。三菱油化は一挙に年産20万トン設備を建設する方針を決定した。しかし，20万トンに見合う誘導品計画を単独で策定，実施することはリスクを伴うことであった。このため，三菱油化は外販によってエチレン消化体制を補完することとし，融通実績のある大協和石油化学にエチレンの引き取りを打診したのである。これは，石油化学工業の大型化において投資調整を強く打ち出していた通産省の行政指導に沿うものであった。通産省は

大協和石油化学に対しても三菱油化の計画への合流を勧め，まず三菱油化の計画が実現することになったのである（三菱油化株式会社30周年記念事業委員会編，1988）。
36）『日本経済新聞』1967年1月26日。

第3章

大型設備の完工と設備過剰の発生

　本章では，年産30万トン規模のエチレン製造設備が多数建設され，最終的に設備過剰に陥ったプロセスを明らかにする。1967年に通産省および有力企業（主に先発企業）主導の下に，エチレン年産30万トン基準を軸とした新たな設備投資調整システムが導入された。これが導入された理由は，資本の自由化を前に小規模企業が乱立した産業構造を改める必要性があると考えられたことにある。通産省および有力企業は，新しいシステムを利用して，投資主体の集約化と設備規模の大規模化を同時に狙った。具体的には，有力企業が市場を先取りすることで，少数企業による寡占化の実現を目指したのである。当初，30万トン基準を主軸にした調整は一定の成功を収めた。しかしながら，調整を重ねるにつれて，先発企業による寡占化を狙って設計されたシステム自体が，後発企業にも設備建設の正当性を与えてしまうことになり，当初の意図とは逆に多くの設備建設を促す結果となった。調整を実施していたにもかかわらず，設備過剰状態へと陥ったのである。最終的には，1972年に不況カルテルを締結し，事態の解決を図ることになった。

1　エチレン年産30万トン基準の制定と運用システム

1）30万トン基準制定に至る背景──将来需要の先取り戦略の実行
①国際競争力強化の必要性
　1967年に入ると石油化学業界は，さらなる国際競争力強化の必要性に迫ら

表 3-1　各企業のエチレン生産能力シェアの推移（1958〜69 年）

(%)

年	1958	1960	1962	1964	1966	1969
三井石油化学	62.5	24.8	26.1	22.4	13.3	14.7
住友化学	37.5	16.8	17.9	12.1	9.3	11.1
三菱油化		27.3	26.7	11.5	15.1	17.9
日本石油化学		31.1	16.3	14.0	16.6	10.5
東燃石油化学			13.0	11.6	17.0	10.8
大協和石油化学				5.8	3.4	2.2
丸善石油化学				6.1	12.0	7.9
化成水島				6.3	5.0	6.3
出光石油化学				10.2	8.3	8.4
大阪石油化学						5.3
鶴崎油化（昭和電工）						5.2

注）1969 年に関しては，1967 年時点での認可済み能力を反映させたもの。
出所）石油化学工業協会編（1971）。

れていた。石油化学の主要製品は依然資本の自由化がなされていなかったものの，化学関係ではアンモニア系肥料，苛性ソーダ，塩化ビニル，カーバイド，レーヨンなどが1967年4月に自由化されており，石油化学主要製品に関しても資本や技術導入の完全規制体制が長期的に継続されるとは考えられなかった。そのため，輸入製品との競争に伍するのみならず，輸出市場を含めた国際的競争に対抗しうる体制構築の必要性が認識されていた。

　すでに，国際競争力強化に際して石油化学官民協調懇談会（協調懇）設立時点に問題視された「小規模企業の乱立」に関しては，規模の側面では問題解決が図られつつあった。1967年6月時点で，エチレンセンター9社11工場のうち7工場で1系列年産10万トン以上の設備が操業しており，1工場の平均生産能力も12.9万トンに達し，10万トン基準の所期の目的はほぼ達成していた。国際的に比較しても，1965年末時点で各国の1工場の平均能力（年産）は，米国14万トン，日本11.6万トン，英国8.7万トン，西ドイツ7.8万トン，イタリア4.7万トン，フランス3.1万トンであり，先進工業国の中でも米国に次ぐ水準となっていた（石油化学工業協会編，1971）。

　しかしながら，多数の企業による激しい競争体制（企業の乱立）に関しては，未だに問題が解決されていなかった。表3-1に示されるように，エチレンセン

ター各社の生産能力シェアは低下する一方であった。エチレンのみならず，高圧法ポリエチレンといった主要誘導品分野でも同様の現象が見られた。しかも，当時海外諸企業は積極的な拡大，合理化策を進めており，これに対抗する必要性もあった。海外では年産25〜35万トン規模のエチレン設備が相次いで出現し，モービル年産50万トン，UCC 年産50万トン，デュポン，ICI の年産45万トンなど超大型の設備計画が立案されていた。また，韓国，台湾などは，重化学工業化を国策とし，主に米国資本と組んで石油化学基礎製品に進出する動きを見せていた。

　こうした現状に対して，資本の自由化に備えて石油化学企業，特にエチレンセンターの集約化を図るべきだとする声が次第に高まってきた（日本経済調査協議会編，1967）。日本経済調査協議会は，まず日本の石油化学工業の企業体制に関する問題点に関して，以下のような指摘をした。①企業が濫立している，②企業規模が過小，特に少品種専業企業が多い，③既存企業の共同投資や外資との合弁による新設企業が多い，④コンビナート形式が多い，⑤共同出資，コンビナートの設立がやや便宜的に多すぎ，企業の離合集散が激しい。その上で，日本経済調査協議会は，3大企業もしくはグループへの集約化，エチレン年産30万トンを最低設備規模とし設備規模の大規模化を図ることを軸とした以下に示されるような再編成の提言を行った。

　　今後の斯業における望ましい産業組織のビジョンは，小規模濫立の分散型産業組織の集約であり，生産力，技術開発力，販売力等の集約化，大規模化，効率化であろう。このためには，多角化，総合化され，技術開発力を強力にもった，大規模総合化学企業を形成していくことがまず必要である。やや具体的にその青写真を描けば，同一資本系化学企業の集約化により3大総合企業ないしはグループを，また異資本系化学企業の集約化により数社の総合化学企業ないしはグループを形成していくことが望ましい。

　　今後の国際競争力強化のためには，設備の大型化が強く要請される。このため，従来のような小刻みな増設は反省されねばならず，今後の新増設基準としては，スケールのメリットを追及し国際競争力に耐える大型設備（現段

階ではエチレン30万トン／年以上）を基準とすべきである。その場合，他方では需要の伸び率鈍化という需要側の条件があるために，このような投資基準は，投資主体を現在よりも少ない数に限らざるをえなくなる。したがってこのような投資基準を貫徹するかぎり共同投資，輪番投資，あるいはもっと進んだ形での集約化が推進される途が開けるものと考えられる。

②大量の認可申請の処理

他方で，当時，需要予測に基づき算出された認可枠の約3倍にも及ぶ多くの新増設計画が通産省に申請され，その処理方法が問題となり，何らかの解決方法が求められていた。これらの計画の中には，エチレン年産25～30万トン設備の建設を計画する大型計画から年産20万トンの中規模な計画まで各種混在していた。三菱油化，住友化学といった有力企業は，すでに1966年には年産25～30万トンの大型計画（1969年完成予定）を策定していた。例えば，三菱油化は，1966年8月には，年産25万トンと年産30万トンの場合のエチレンコスト試算を行い，エチレン原価を引き下げるために30万トン設備建設に踏み切ることを決定した（三菱油化株式会社30周年記念事業委員会編，1988）。そして，同年9月26日には早くも通産省に計画概要を説明した。結局，1967年の3月時点で，すでに三菱油化（年産30万トン），丸善石油化学（同25万トン），住友化学（同25万トン），旭化成（同20万トン），三井石油化学（同20万トン）の5社合計120万トン分の計画が通産省に通達されており，この他に小口の増設計画も判明する事態に陥った[1]。これに対して，1969年以降に完成する設備の認可枠は，第5回協調懇で実施したように1970年完成分と1971年完成分を2年分まとめても40万トン程度にしかならないと想定され，通産省の許認可はかなり難航すると予想されていた[2]。

もし，通産省がこの認可枠を各社均等に配分すれば，小規模のエチレン設備が多数認可されることになり国際競争力獲得に逆行する。しかし，通産省が恣意的に特定の企業だけを認可すれば，認可に漏れた企業の反発を買う可能性があった。ゆえに，認可の公平性，透明性を維持しつつ，集約化を目指すための新たな方策が必要とされたのである。

2) 需要の先取りを企図した新しい調整システムの導入

　上述のような問題を解決する新しい解決法として，エチレン年産30万トン基準を中心とした新たな調整システムが第7回協調懇（1967年6月）において確立されるに至った。具体的には，有力企業[3]が将来需要を先取りし，寡占化を狙うことによる解決策が志向され，その実行に見合うシステムが構築された。しかし，新しいシステムは，表面的には認可の公平性，透明性も兼ね備えたものであった。

　通産省および有力企業は，日本経済調査協議会による提言と同様に，投資主体を集約化すると同時に，設備の大規模化を実現するという業界再編の方策を模索した。さらに具体的には，実力のある企業が大型設備を建設し市場を先取りすることを企図した[4]。これに関して，丸善石油化学の林喜世茂常務（当時）は，「先発の大手石油化学会社には後発各社にはなるべくエチレンを増設させまいという気持があったと思いますね」「通産省はあの当時30万トンをテコに業界再編成をしたいという気持を持っていたわけです」と証言している（森川監修，1977）。

　序章で検討したように先取り投資を成功させるためには，以下のような諸要件（Porter, 1980）を満たす必要性がある。①期待される市場規模に見合うだけの，大規模な設備拡大を行う。②規模の経済性もしくは学習効果が大きく現れる市場で設備拡大を行う。③需要の先取り戦略をとる企業に信頼性がある。④競合業者が行動を起こす前に，先取り戦略の意向があることを示す能力がある。⑤競争業者に進んで身を引く意思がなければならない。このうち，石油化学産業では②は産業特性上満たされ，有力企業が投資計画を発表したものの投資を遂行しなかった例は過去に存在しないために③も満たされている。さらに，認可獲得のために設備建設の説明を通産省に行わなければならないために，各社の計画は容易に競合他社にも明らかになるために，④の条件も満たされる。結局，有力企業による先取りを成功させるためには，①と⑤の要件を満たすシステム設計が鍵となる。

　そこで考案されたのがエチレン年産30万トン基準を軸とした調整システムである。システムの設計にあたっては，すでに述べたように公平性や透明性を

維持しつつも，(a) 後発企業を中心とした相対的に力の弱い企業に参入させないようにする，参入を諦めさせるようにする，(b) その上で少数の企業が将来需要を十分に満たすだけの設備建設を行うことで市場を先取りする，という行為を可能とするものを作らなければならない。

①**30万トン基準の制定——新設希望の削減を企図**

まず，上記の (a) を満たすものとして，30万トン基準が制定された。エチレン設備の新設の際には，その最低設備規模を年産30万トン以上という非常に大きなものに限定することを取り決めたのである[5]。1967年時点でのエチレン設備の規模は，最大のものでも年産12万トンであったことを考えれば，これは高い参入基準であった。通産省および有力企業は，基準の設定により相対的に力の弱い企業の参入を阻止しようとしたのである。当時石油化学工業協会会長で，協調懇の委員であった岩永巌（三井石油化学社長）は，30万トン基準の制定に関して以下のように述べている（森川監修，1977）。

> 10万トン，15万トンあたりの水準では，うちもやらしてくれ，うちもやらしてくれという企業が出て，どうにもならんほど乱立するだろう。しかし，30万トンといえば，相当建設費もかかるから，進出する会社の数が減るだろうという期待もあって，30万トンを天谷さん〔当時通産省化学工業局化学第一課長であった天谷直弘——引用者注〕と打ち出した。」「30万トンといえば建設費も高くなる，場所も広くいる，いろんな面であきらめる会社があるんではなかろうかという妙な期待だけれども，あった。

30万トン基準制定の背後には，こうした意図が存在したものの，30万トンを最低設備規模とすること自体に関しては，客観的な理由付けがなされた。国際競争力強化にあたってエチレン設備における規模の経済性に関心が寄せられていたことから，各生産設備規模に対するエチレンコストが詳細に検討された。通産省化学工業局は，年産10〜40万トンまでの各設備規模に関してエチレン工場原価を比較検討し，年産10万トンを基準とした場合，年産20万トンではキログラム当たり4円，年産30万トンでは同6円，年産40万トンでは同6.6円のコストダウンが見込めると推定したのである（表3-2）。なお，当時エチレ

表3-2　設備規模別のエチレン原価比較

(円/kg)

規模（万トン/年）	10	20	30	40
比例費				
原料		0	0	0
用役（電気用水等）		-0.4	-0.8	-0.8
小　計		-0.4	-0.8	-0.8
副産物控除		0.0	0.0	0.0
固定費	基準			
労務		-0.2	-0.4	-0.4
償却（設備）		-1.5	-2.0	-2.2
償繕公課保険		-0.7	-1.0	-1.1
工場管理		-0.2	-0.4	-0.5
償却（技術料）		-0.2	-0.3	-0.3
金利		-0.8	-1.1	-1.3
小　計		-3.6	-5.2	-5.8
工場原価		-4.0	-6.0	-6.6

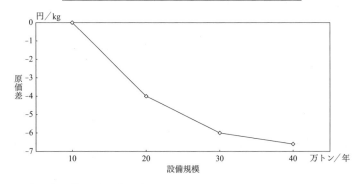

出所）石油化学協調懇談会（1967b）。

ン価格は35～40円であったため6円のコストダウン（年産30万トンを選択した場合）はエチレン価格が15～17％安くなることを意味し，競争力強化に非常に寄与するものと考えられた。

　さらに認可の透明性，公平性という点でも配慮がなされた。通産省化学工業局は，30万トン基準制定時に，「今後の設備新設に係る外国からの技術導入に対する外資法の運用に当たっては，当省として，関係企業の自己責任に立脚する自主的な意思の尊重を旨として，これに処するものとする」と言明している

表 3-3 設備完成までの工期，予定と実績値（各社平均）

設備規模	企業数	計画時	実績値
年産 10～20 万トン	4 社	1 年 9 カ月	1 年 7 カ月
年産 30 万トン	9 社	1 年 10 カ月	1 年 10 カ月

出所）石油化学工業協会編（1971）；石油化学協調懇談会（1964）～（1974）より作成。

（通商産業省化学工業局，1967）。

②認可枠の計算手法の微修正——基準年の後ろ倒しによる認可枠の拡大

また，上記の (b) を満たすよう，有力企業による大規模設備建設を可能とするために，認可枠を大きく算出できる調整システムを構築した。調整を実施しつつも，大規模な設備建設を可能とし，さらに将来の需要が先取りできるようにしたのである。具体的には，従来は協調懇開催時点から 2 年後もしくは 3 年後に設定していた認可枠配分の基準年を 4 年後にまで後ろ倒ししたのである。第 2 章で述べたように趨勢法を用いて将来需要を予測する場合には，需要が増加傾向にあるときには年々需要は増加していくと想定され，年月が遠くなるほど予測値は高くなるのである。そのため，基準年を後ろ倒しすれば，配分の前提となる予測需要量と認可枠を簡単に増大させることができるのである。

基準年を 4 年後としたことに関しては，その客観的な理由は存在しないものと考えられる。表 3-3 に示されるように，年産 10～30 万トン設備の建設は，ほぼ 2 年以内に完了することが予定され，実際に 10～20 万トンでは 1 年 7 カ月，30 万トン設備の場合は 1 年 10 カ月で完成した。このため，基準年を 4 年とする技術的な合理性は存在しなかったといえるだろう。むしろ，基準年を 4 年としたのには，30 万トン基準に賛成する先発企業をすべて参入させるのに都合の良い認可枠が算出されたのがちょうど 4 年後であったためと推測される。後述するように，第 7 回協調懇では 99 万トンの認可枠が算出されることになるのであるが，30 万トン基準を推進した 3 社（三菱油化，三井石油化学，住友化学）が独占的に認可を受けるのに都合の良い数字なのである。

ただし，需要予測自体には客観性が担保された。予測は，個人の恣意的な想定または案分によって数値が創作されることが多い積み上げ予測法（佐藤，

1964) ではなく，協調懇では第2章で述べたように趨勢に従った予測が確立されていた。さらに，配分にあたっては「需要見通しを弾力的に考慮」（通商産業省化学工業局，1967）し，設備規模が30万トン以上であり，需要が十分に見込める，つまり需要予測に基づく認可枠の範囲内であるならば投資ができると表明したのである。

③通産省および有力企業の認識

通産省および先発企業各社は，こうしたシステム設計を行うことによって，十分に先取りが成功し，投資主体の集約化も実現されると考えていたと推測される。①すでに述べたように30万トン設備には資金も敷地も必要であることから，建設できる企業は限られるために，設備建設を諦める企業が出ると考えていた。また，②30万トン設備は，平均的には1969年11月には完成するが，1967年の認可枠99万トンは1971年の需要に合致させたものであるために，一時的（1969年後半〜70年）には設備過剰に陥るくらい大きな投資が実現することになる。つまり，予測される需要を満たすのに十分すぎる投資を行うことで他社の投資意欲を挫けるはずである。③さらに，設備投資調整を続けるうちに不況などが生じることで需要予測を下方修正されることもあり，今後も認可枠が必ずしも継続的には発生するとは言えず，状況次第では後発企業の参入を食い止められる可能性がある。石油化学製品の需要予測は年々上方修正される傾向が強い反面で，不況期には下方修正されることもあり，30万トン基準制定直前の1966年にも不況に伴い，予測が下方修正されていた。もし，先発企業が30万トン設備を建設している途中に不況が訪れれば，需要予測は下方修正される一方で，すでに先発各社が数年分の需要を先取りする設備を建設しているために，後発企業の投資は合法的に閉ざされることになるのである。このように，30万トン基準を中心とした新しい調整枠組みは，国際競争力強化を狙った設備の大規模化と投資主体の集約化が同時に実現される「妙案」と考えられていたのである。

3）30万トン基準の正式決定

第7回協調懇開催前の1967年5月に，通産省は新基準を年産30万トンとし

たいという意向を石油化学工業協会に通達した。それに対し，石油化学工業協会は理事会を開催しこれを協議したが，業界の大勢としてはこの新基準を支持する意向を示した[6]。当然，三井石油化学，住友化学，三菱油化といった先発4社中の旧財閥系3社は30万トン案に特に積極的であり，後発企業グループでも丸善石油化学は30万トン案を支持する方向性を示していた。結局，30万トン基準に不満の意向を示したのは昭和電工1社のみ[7]で，石油化学工業協会エチレン委員会は30万トン案を支持する方針を決めた。

こうした事前の打診の上で，1967年6月2日の第7回協調懇において，エチレン年産30万トン基準が正式決定された。その内容は以下の通りである（石油化学協調懇談会，1967b）。

> エチレン製造設備の新設に係る外国投資家からの技術援助に関する認可の申請については，次の基準に適合している場合に認可するものとする。
> 1. 大規模な設備であって，当該設備により製造されるオレフィン留分等について適正な誘導品計画があること。
>   ①エチレン製造能力が30万トン／年以上のものであること。
>   ②誘導品の生産，販売計画について確実性があり，かつそれぞれの誘導品の生産分野を混乱させる恐れのないものであること。
> 2. 原料ナフサの相当部分についてコンビナートを構成する製油所からパイプによって入手できる見込みがあること。
> 3. 当該企業の技術能力，資金調達能力等が国際競争力のある石油化学コンビナートを形成するに適わしいものであること。
> 4. コンビナートを構成する製油所および発電所を含めて工場の立地について用地，用水，輸送等の立地条件が備わっており，かつ，公害防止上で所要の配慮がなされていること。
>
> 上記の基準の運用に当たっては，企業規模の拡大および石油化学コンビナート各社の連携強化については配慮するとともに，あわせて地域開発効果についても考慮するものとする。

なお，後発企業でありながら丸善石油化学が30万トン基準を支持した背景

としては，同社のコンビナートに参加している誘導品メーカーのオレフィン需要が予想を大幅に上回る勢いで急増することが確実となっていたことが指摘されよう（丸善石油化学株式会社30年史編纂委員会編，1991）。一方で，先発企業の中で唯一日本石油化学が30万トン基準に対して積極的な賛成の意思を示さなかった背景としては，日本石油化学は誘導品の面で不安があったことが考えうる。同社は，30万トン設備を単独で建設した場合，オレフィンの消化に苦慮することから，最終的には三井石油化学と共同投資を実施するに至った（三井石油化学工業株式会社編，1978）。

2 通産省および有力企業による思惑の実現（1967年）

30万トン基準を適用した最初の認可である第7回協調懇に依拠する認可処理では，当初多数の企業が30万トン設備建設に名乗りを上げるという誤算はあったものの，結果は通産省および有力企業による事前の思惑に近い形に落ち着いた。

1) 想定外の事態の発生――計画の上方修正の続出

30万トン基準が制定された直後は，エチレン年産30万トン設備建設は容易ではないと業界側に認識される一方で，30万トン基準制定に賛成であった企業は，相次いですばやく30万トン計画を発表した。30万トン基準が1967年6月2日に制定された直後は，各社ともすでに提出した年産20〜30万トン計画自体がすでに精一杯の拡大を前提としたものだっただけに，これ以上に計画を大型化する余地がなく，1社単位で30万トンの名乗りを上げる会社は少ないと目されていた[8]。しかし，翌7月には早くも大阪石油化学が30万トン設備建設を申請することを決定した[9]。なお，大阪石油化学はすでに年産10万トン設備建設を認可されているにもかかわらず，この計画を30万トンに修正しようというものであった。大阪石油化学に引き続き，8月には三井石油化学，丸善石油化学，9月には住友化学の各社も30万トン設備建設を申請するに

至った[10]。すでに基準制定前に30万トン設備建設を申請していた三菱油化を含め，基準制定に賛成していた各社はすばやく計画を30万トンに上方修正させたのである。

ところが，これらの企業に引き続き，続々と後発企業までもが30万トンに計画を上方修正し始めた。化成水島（三菱化成）は，30万トン基準決定に先立ちすでに30万トン設備を中核とする同社における第3期計画の立案に着手しており，8月にはこの水島第3期計画を確定するに至った[11]。また，旭化成も11月に30万トン計画を策定し通産省に提出した（日本経営史研究所編，2002）。さらには，わずかに年産4.13万トンの設備しか持たない大協和石油化学までもが，30万トン基準制定の翌年3月に30万トン設備建設を申請するに至った[12]。計画提出には至らなかったものの東燃石油化学も30万トン設備建設を模索した（東燃石油化学株式会社編，1977）。

2) 第7回協調懇に依拠する認可処理──当初の意図の実現

上述のように，多数の企業が30万トン設備建設を希望するという予想外の展開は見られたものの，第7回協調懇に基づく認可の結果は当初通産省および有力企業が想定した結果と近い形に落ち着くことになった。第一に，認可は30万トン基準に賛成する有力企業を中心に認められ，しかも認可枠を上回る量の設備建設が認められることにより，5年度先までの需要を一気に先取りする投資が実現される見通しとなった。第二に，共同投資や輪番投資の話がまとまり，通産省が望んでいた投資主体の集約化（企業間提携の実現）も実現した。さらに，第7回の認可に限ってみれば，提携の実現等により各企業に自由に投資を遂行させた場合よりも産業全体の投資量が抑制される結果となった。

①市場の先取り投資の実現

30万トン基準が制定された1967年の第7回協調懇では，同時に認可処理のためにエチレン需要予測も行った（表3-4）。なお，これ以降も毎年，需要予測が策定され，それに応じて認可処理が実行されていくことになる。第7回協調懇では，1970年度中までに新たに99万トンの設備を建設すべきであるとの結論が導かれた。第7回協調懇の需要予測に基づけば，4年度先の1971年度の

表 3-4 第 7 回協調懇（1967 年）による需要予測および認可枠

（万トン／年）

年	1967	1968	1969	1970	1971
ポリエチレン	71.0	84.0	100.0	119.0	140.0
エチレンオキサイド	14.0	16.0	18.0	20.0	22.0
スチレンモノマー	8.0	9.0	10.0	11.0	12.0
アセトアルデヒド	17.0	20.0	24.0	27.0	30.0
エチレンジクライド	8.0	14.0	18.0	19.0	26.0
新規需要その他	6.0	6.0	6.0	6.0	6.0
合　計	124.0	149.0	176.0	202.0	236.0
会計年度換算	130.0	156.0	183.0	211.0	246.0
85％稼動必要能力	152.9	183.5	215.3	248.2	289.4
認可枠	−37.1	−6.5	25.3	58.2	99.4

注）85％稼働で需要を満たすことを目標としており，必要能力が算出されている。認可枠は，必要能力から既存設備および認可済み能力（190万トン）を差し引くことで求められる。協調懇開催年は1967年6月であり，4年度先（1971年）の需要を基準に設備投資調整を実施した。
出所）石油化学協調懇談会（1967b）より作成。

　需要は 246 万トンであり，85％ 稼働を前提とした必要能力は 289.4 万トンである。これから，既存設備能力および既認可設備能力 190 万トンを差し引くことで，認可枠 99.4 万トンが求められた。新設備は 1970 年度中までに建設することとされた。なお，従来通り 2 年度先（1969 年度）の需要を基準とすると第 7 回協調懇の認可枠は，わずか 25.3 万トンにしかならず，3 年度先（1970 年度）までを基準としても 58.2 万トンにしかならない（表 3-4）。4 年度先を基準年とすることで，従来（10 万トン基準運用時）の認可枠 32〜36 万トンを大幅に超える認可枠が用意されたことがわかる。

　最終的には，第 7 回協調懇での決定に依拠して，5 基年産 150 万トン分（丸善石油化学，浮島石油化学，三菱油化，住友化学，大阪石油化学[13]）の 30 万トン設備が認可された。大阪石油化学 30 万トンに関しては，そのうち 10 万トン分はすでに認可済みであったため，150 万トンからそれを差し引き，30 万トン設備に関して今回新たに認可されたのは 140 万トン分となる。さらに，これらとは別に通産省は，合計 27 万トン分[14]の小規模な増設を各社に対して認めた（表 3-5）。

表 3-5　第 7 回協調懇時点の既存能力および第 7 回協調懇に依拠する認可処理

(万トン／年)

	既存能力		新規認可		備　　考
	現有能力	既認可	新設	増設	
日本石油化学	20.0				
三井石油化学	28.0			2.0	
三菱油化	18.2	15.8	30.0		既認可は20万トン，これから休止分4.2万トンを控除した
住友化学	11.2	10.0	30.0	2.0	100％子会社の住友千葉化学を含む
東燃石油化学	20.5				
大協和石油化学	4.1				
丸善石油化学	14.4		30.0		
出光石油化学	10.0	6.0		14.0	6万トン新設（既認可）を20万トンに修正
化成水島	6.0	6.0		4.0	
大阪石油化学		10.0	20.0		30万トン新設，うち10万トン分は既認可
昭和電工		10.0		5.0	10万トン新設（既認可）を15万トンに修正
浮島石油化学			30.0		
既存能力内訳	132.4	57.8			
小　計	190.2		140.0	27.0	
合　計			357.2		

注）現有能力は，協調懇開催直前の 1967 年 5 月末。
出所）石油化学協調懇談会（1967b）；平野（2008b）より作成。

　まとめれば，新設すべき推定必要能力 99 万トンに対し，167 万トン分（30 万トン設備 140 万トン分および増設 27 万トン分）が認可された。これは，想定された必要設備能力を 68 万トン分上回るものであった。なお，今回の認可分を加えて，日本のエチレン生産能力は 357 万トンとなることが予定された。

　基準年が後ろ倒しされることにより認可枠が例年になく拡大した上に，認可枠を大幅に超える認可が実施されたことにより，当初の思惑通りに市場の先取りが実現することになった。第 7 回協調懇の認可処理の結果，357 万トンまで設備能力が高まることになったが，この数字は基準年である 4 年度先の 1971 年の需要どころか 5 年度先の 1972 年度の需要までをも満たしてしまうものであった[15]。

　しかも，当初の思惑通り第 7 回協調懇での決定に依拠して認可された企業は，基準制定を推進していた企業（有力企業）が中心であった。認可を受けたのは，丸善石油化学（事前計画年産 25 万トン），三菱油化（同 30 万トン），浮島石油化

学（三井石油化学および日本石油化学の共同出資会社，同各20万トン，25万トン），住友化学（同25万トン）の4社と10万トンで認可済みの大阪石油化学であった。これらの認可は，ほぼ業界関係者が想定していた通りであった[16]。30万トン基準を推進していた旧財閥系の先発3社はすべて含まれ，丸善石油化学も30万トン基準を支持している企業であった。

他方で，20万トン設備建設を望んでいた相対的に力の弱い企業（大協和石油化学，東燃石油化学，旭化成）は，認可を獲得することができなかった。例えば，大協和石油化学は，他社に大幅に遅れを取り基準制定の翌年3月に単独で30万トンに計画を上方修正し，認可申請した[17]が，誘導品体制が固まっていないとして認可されなかった[18]。これらの企業は，将来への担保も兼ね自らの責任で背伸びして参入しようと考えた。しかし，「外資法の運用にあたっては，関係企業の自己責任に立脚する自主的な意思の尊重を旨として，これに処する」と表明していたとはいえ，通産省は企業側が望むからといって無条件に30万トン設備建設を認可しようとはしなかった。結果として，30万トン設備の認可は当初の想定（3〜4基）に近い5基のみにとどめられた。

②企業間提携の実現，設備投資量の抑制

また，第7回協調懇での決定に依拠する認可では，通産省が望んでいた企業間の提携も進んだ。各社が30万トン設備の建設計画を進める中で，単独で建設を進めることは資金的にも需要予測からも困難と考え，共同投資や輪番投資の話し合いが進められた（平川，1986）。結局，東燃石油化学は単独での認可獲得は困難と考え，住友化学を先番とした輪番投資に合意した（東燃石油化学株式会社編，1977）。また，三井石油化学と日本石油化学による共同投資（浮島石油化学）も実現した。

これらの事実に加えて，第7回協調懇に基づく認可では，基準を制定しなかった場合に比べて，産業全体の設備投資量を減じさせることにも成功している（表3-6）。各企業が基準制定前に立案していた設備投資計画を足し合わせると全体で年産237万トン分となる。これに対して，第7回協調懇に基づいて認可されたのは同167万トンに過ぎない。高い基準が設定されたことにより，すでに述べた大協和石油化学のように基準を満たすだけの需要見通しが立たずに，

表 3-6　30万トン基準決定以前の設備建設計画と第7回協調懇に依拠する認可の比較

30万トン基準決定以前の設備建設計画		第7回協調懇に基づく認可	
新設分		新設分	
三菱油化	年産30万トン	三菱油化	年産30万トン
旭化成-日本鉱業	20万トン	丸善石油化学	30万トン
丸善石油化学	25万トン	住友化学	30万トン
住友化学	25万トン	浮島石油化学	30万トン
日本石油化学	25万トン		
三井石油化学	20万トン		
東燃石油化学	20万トン		
大協和石油化学	20万トン		
三菱化成	30万トン		
増設・修正分		増設・修正分	
既存設備増設合計	年産22万トン	既存設備増設合計	年産27万トン
		大阪石油化学	20万トン
合　計	年産237万トン	合　計	年産167万トン

出所)『石油化学工業年鑑』(各年版);『日本の石油化学工業』(各年版);石油化学工業協会編 (1971) より作成。

認可にもれる企業が出現した。結果として，投資主体が限定され，各社が基準制定前に計画した設備能力が実現した場合よりも大幅に少ない量へと投資を抑制することに成功したのである。その点で，基準の制定を含む一連の調整システムは，第7回協調懇時点においては投資抑制的に働いたと考えることができるだろう。

③産業政策の有効性に関して

なお，第7回協調懇に基づく認可は推定された必要能力を上回るものであったことに関して，これは本書が考えるように投資主体の集約化を狙った戦略的な行動の結果ではなく，通産省が「外資法の運用にあたっては，関係企業の自己責任に立脚する自主的な意思の尊重を旨として，これに処する」と表明し，産業政策自体が有効性を失い歯止めがかけられなかった結果ではないかという反論が提示される可能性がある。これに関しては，以下の二つの理由をもって否定的な見解を示しておく。第一に，基準の制定前後で実質的には認可体系に大きな変化はなく[19]，通産省が企業の投資行動に歯止めをかけることは可能で

あった。エチレンに関しては，投資の決定を企業の判断と責任に任せると表明したが，エチレンから生産する各種誘導品は，高圧法ポリエチレンを除いてこれまでの認可枠配分方式を維持した。そのため，各種誘導品を認可しないことで従来通り投資行動に歯止めをかけることができた。第二に，認可を行う通産省化学工業局のトップである吉光久局長自身が，「需要推定では30万トン設備は3基しか作れない計算になっているけれども，石油化学製品の需要は年々増えるので30万トン設備を〔必ずしも厳密に――引用者注〕3基もしくは4基に限定する気持ちはない」と語っている[20]。

　さらに，今回の認可においても，従来の認可と同様に需要見込みの確実な企業（誘導品をコンビナート内で消化できる見通しの立っている企業）が優先された点[21]も指摘しておきたい。認可は，十分に実績のある先発企業を中心とし，それらの企業が認可申請をした背景にはコンビナート内の需要の増大，エチレン不足があった。丸善石油化学はすでにエチレン不足により外部からエチレンを購入している状態にあり[22]，コンビナート内の需要も非常に旺盛で，30万トン設備を建設しても十分にそれらを消化できると判断していた（森川監修, 1977）。同様に住友化学も需要が大変旺盛で不足をきたしている状態であった。そのため，住友化学は30万トン設備と別に，1967年8月に千葉コンビナートにおいて年産2万トン分の増設認可を受けている。三菱油化は，他社に先行し30万トン設備建設を計画しており[23]，同業他社に比べ高い需要が見込まれていた[24]。30万トン基準に関しても後発の石油化学各社を振り落とすために三菱油化が主導し制定を働きかけたという疑いを生じさせるほどであった。日本石油化学との共同投資実現により当初の計画を縮小した三井石油化学は，単独で30万トン設備が建設可能であったが，業界のために「拡大を我慢した」という[25]。

3　需要予測の上方修正と追加的認可（1968年，1969年）

　第7回協調懇に基づく一連の認可では通産省や有力企業の意図が比較的実現

されたものの，景気拡大が続き当初の想定以上に需要の伸びが継続したことによって，後発企業による参入を阻止する正当性が失われていく。むしろ，第7回協調懇において設備投資調整の前提となる基準年を4年後と遠い将来に設定したために，将来必要とされる設備能力の数値は大きく見積もられ，後発企業に対して設備建設の正当性を与えることになった。この時期になると通産省と先発企業が異なる意図を持つようになる。先発企業は，当初の計画通り寡占化を目指し，認可は慎重にすべきであると考えていた。しかし，石油化学産業の国際競争力強化のみならず，石油化学製品の安定供給も重視する通産省は，石油化学製品の供給不足を引き起こすわけにはいかず，将来必要と考えられる設備能力に合わせてむしろ積極的に認可を進めるという行動に出た。

1) 第8回協調懇に基づく認可——正当化される新規設備建設

30万トン基準制定翌年の第8回協調懇（1968年5月）では，需要予測が上方修正された（図3-1）。こうした上方修正がなされた理由は，前年度（1967年度）の需要の伸びが想像以上だったことにあった。1967年の協調懇では，1967年度の需要を130万トンと推定していた。しかし，実際にはそれは144万トンに達したのである。

第8回協調懇では，新たに1972年度までの需要予測が行われ，第7回協調懇と同様の方法で増設すべき能力（認可枠）[26]を計算すると新たに30万トン設備1基分の空きが生じることとなった（表3-7）。「第8回石油化学官民協調懇談会資料」に基づけば，1971年度中までに，これまで認可した30万トン設備に加えさらに46万トン分の新設が可能であると考えられた。これを詳細に解説すれば，1971年度末までに実現すべき能力（1972年度の必要能力）は403.8万トンであると推定され，これから既存設備と第7回協調懇に基づく認可を合わせた設備能力357.2万トンを差し引くと残りが46.8万トンとなるのである。前回の認可と同様に4年度先の必要能力を考慮すると，さらに30万トン設備1基の建設が可能であることが判明した。

そうした状況を反映し，第8回協調懇後の6月1日に三菱化成と山陽石油化学（旭化成60％・日本鉱業40％出資）による共同投資会社である水島エチレ

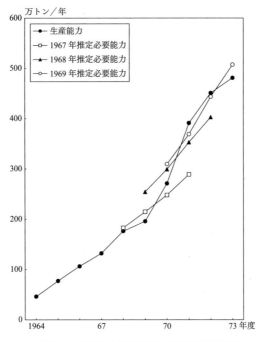

図 3-1 実現された生産能力と推定必要能力

注）生産能力は，過去の設備能力と各年度4月1日までに各企業が新設・増設した設備能力を合算することでこれを算出した。
出所）石油化学協調懇談会（1967b）（1968）（1969）；『石油化学工業年鑑』（各年版）より作成。

ン[27]（年産30万トン）が認可を受けた。これにより，日本のエチレン生産能力は387.2万トンに達する見込みとなった（表3-8）。新たに認可された設備能力は，協調懇の想定する必要能力の範囲内にとどめられた。水島エチレンを認可しても4年後の推定必要能力に満たない状況であり，認可処理の枠組み上は設備過剰に陥らないと考えられており，稼働率も1972年度には88.7％が見込まれていた[28]。

ただし，第8回協調懇ではエチレン設備が過剰となることに関する危機感が生じ，通産省は業界側代表に対し完工時期の繰り延べを考慮するように要請した[29]。第8回協調懇では，第7回協調懇に依拠して認可されたエチレン設備の

表 3-7 第 8 回協調懇 (1968 年) による需要予測および認可枠
(万トン／年)

年	1968	1969	1970	1971	1972
ポリエチレン	89.0	106.8	126.7	149.6	173.4
エチレンオキサイド	17.1	19.6	21.8	24.1	26.5
スチレンモノマー	9.6	11.3	13.1	14.8	16.6
アセトアルデヒド	23.9	32.0	32.5	36.1	40.1
エチレンジクロライド	21.0	26.4	34.5	44.1	48.0
新規需要	9.3	11.3	13.9	21.0	27.0
合　計	169.9	207.4	242.5	289.7	331.6
会計年度換算	179.3	216.2	254.3	300.2	343.2
85％稼働必要能力	210.9	254.4	299.2	353.2	403.8
認可枠	−146.1	−102.6	−57.8	−3.8	46.8

注) 85％稼働必要能力に関しては，従来の協調懇と同様に算出。認可枠は，必要能力から既存設備および認可済み能力 (357 万トン) を差し引くことで求められる。協調懇開催年は 1968 年 5 月であり，4 年度先 (1972 年) の需要を基準に設備投資調整を実施した。
出所) 石油化学協調懇談会 (1968) より作成。

完工が 1970 年度に集中し，同年に大幅な設備過剰になると考えられたのである。こうした事態は 4 年後を基準年とする新しいシステムを導入した時点で予見できたことである。第 7 回協調懇では，4 年度先の 1971 年の需要に応じて設備投資を調整したが，すでに述べたように設備自体は建設に 2 年程度しか要さないために，その差に該当する時期には当然設備過剰となるのである。そのため，通産省は完工を繰り延べ，1970 年から 71 年にかけてこれを分散させることにより問題解決を図ろうとしたのである。

なお，10 万トン基準の場合と同様の調整システムで認可を行った場合には，今回の水島エチレンは認可枠の都合上，認可されることはなかったと推測される。表 3-7 からもわかるように，基準年を設備の建設期間と合致させて 2 年後 (1970 年) とした場合の認可枠は −57.8 万トンであり，3 年後とした場合でも認可枠は −3.8 万トンであり，従来通りの調整を行う場合，設備の新設は認められない状況下にあった。結局，集約化を狙って基準年を 4 年後とした新しい調整システムが逆に水島エチレンの建設に正当性を与えてしまったのである。

今回の水島エチレンの認可に関しても，枠組み上は設備過剰とはならないと

表 3-8　第 8 回協調懇時点の既存能力および第 8 回協調懇に依拠する認可処理

(万トン／年)

	既存能力		新規認可	備　考
	現有能力	既認可		
日本石油化学	20.0			
三井石油化学	30.0			
三菱油化	34.0	30.0		これらとは別に休止分 4.2 万トンの設備あり
住友化学	23.2	30.0		100％子会社の住友千葉化学を含む
東燃石油化学	20.5			
大協和石油化学	4.1			
丸善石油化学	14.4	30.0		
出光石油化学	30.0			
化成水島	16.0			
大阪石油化学		30.0		
鶴崎油化（昭和電工）		15.0		
浮島石油化学		30.0		
水島エチレン			30.0	新規認可
既存能力内訳	192.2	165.0		
小　計	357.2		30.0	
合　計	387.2			

注）現有能力は，協調懇開催直前の 1967 年 5 月末。
出所）表 3-7 に同じ。

想定されていたものの，水島エチレンは 1970 年度中の完成を目指すとしたため，一時的には設備過剰となる調整であった。水島エチレンを建設しても 1972 年度では推定必要能力の範囲内に入るが，完成直後の 1971 年度においては日本のエチレン生産能力は 387 万トンとなり，1971 年度の必要能力 353.2 万トンを 33.8 万トン超過するのである。

　ただし，第 8 回協調懇に基づく認可では，確かに追加的な 30 万トン設備の認可が行われ一時的には設備過剰が危惧されるものの，この時点ではまだ通産省の政策的意図は完全に破綻をきたしてはいなかった。なぜなら，通産省は投資規模の縮減にも成功し，企業間の提携促進という目的も達成されていたからである。30 万トン基準制定以前の計画は，合計で年産 50 万トン（三菱化成は年産 30 万トン，旭化成・日本鉱業は年産 20 万トン）であったものが，両者合わせて年産 30 万トンとなった。三菱化成と旭化成・日本鉱業が通産省の行政指

導に従い提携することで水島エチレンは認可されたのである[30]。

　しかも，認可を受けた企業側の視点から見ても，30万トン設備建設には需要の裏付けがあり，高い稼働率が維持できると考えられていた。その意味で，設備過剰となる可能性は低かったのである。水島エチレンは，三菱化成と旭化成・日本鉱業の計画を合流させ30万トン設備を1基のみ建設することにしたため，誘導品体制が充実し，完成直後から高い稼働率を維持できると考えていた。三菱化成は，30万トン基準制定前から30万トン設備を中核とした計画の立案に着手していた。三菱化成の篠島秀雄社長（当時）は，30万トン設備は基準とは関連なく建設予定であったことを明らかにしている[31]。さらに，三菱化成では，1968年中にもコンビナート内の需要が生産能力を上回る見通しで大幅なエチレン不足が予想されていた[32]。一方の旭化成は，すでに多くの誘導品の生産を行っており，石油化学方式への製法転換を急ぐ必要のある化成品事業を抱えていた。そのため，同社は1965年11月に15万トン計画，1966年7月には20万トン計画を通産省に申請していた[33]。この両社の計画合流により，コンビナート全体の設備能力は三菱化成（化成水島）の既存設備を合わせて46万トンとなるのに対して，エチレン需要は全体で1970年度49.6万トン，1971年度62.7万トン，1972年度74万トンと予測され，完成直後から高い稼働率が実現する見通しだったのである（三菱化成株式会社総務部臨時社史編纂室編，1981）。

2）第9回協調懇に依拠する認可——当初の意図の破綻

　しかしながら，第9回協調懇に依拠する認可処理によって，通産省と有力企業が抱いた当初の意図とは乖離した結果へと至ることになる。その遠因は，1968年後半からの急速な需要の伸びと需給のひっ迫にある。予期せぬ需要の増大に伴い需要予測が大幅に上方修正されることにより，30万トン設備新設を申請してきた後発各社の参入を妨げる根拠はなくなった。そのため30万トン基準運用のシステムが逆に後発企業に対して設備建設の正当性を与える形となり，多数の30万トン設備建設が認可された。

　①需要予測の上方修正と認可枠の拡大

第 9 回協調懇 (1969 年 6 月) が開催される前年後半から，石油化学業界では需要に対する見通しの変化が急速に生じ始め，需要の伸びが事前の想定以上であるとの見通しが広まった。認可済みの 6 計画 (丸善石油化学，浮島石油化学，三菱油化，住友化学，大阪石油化学，水島エチレン) が完成した後も需給ギャップはさほど発生しないと考えられるようになった[34]。こうした需要に対する見通しの変化の背景として，石油化学製品の生産額が依然として高い比率で伸び続け，エチレンセンター各社の業績も好調であったことが指摘できる。石油化学工業協会が発表した 1968 年の石油化学製品の生産額は 6722 億円であり，1967 年に比較し 26.4 % も増大した[35]。1966 年 22.7 %，1967 年 25.1 % に引き続き着実に生産金額は上昇を続けたのである。

　しかも，需要が依然として旺盛であったにもかかわらず，1969 年は目立った大型設備の完成がなく需給がひっ迫した。一因として，30 万トン基準制定をめぐる混乱や各社の計画修正により，1969 年に目立った大型設備が完成しなかったことが指摘されうる。1969 年に完成する予定であった大阪石油化学の 10 万トン設備は，30 万トン基準制定による同社の計画修正によって完成予定が 1970 年春に延ばされた。また，30 万トン基準制定前に計画された 25～30 万トン計画は 1969 年完成を目指したものであるから，本来ならば 1969 年には少なくとも数基の大型設備が完成するはずであった[36]。しかし，実際には，1969 年には丸善石油化学 (年産 30 万トン) の 1 基のみが完成するにとどまった。また業界雑誌『化学経済』では，1968 年末から 70 年初めにかけて需給がひっ迫し主要製品は軒並み価格が下げ止まり，一部では上昇に転じた要因として，各社が大型設備 (30 万トン設備) 完成を控えて，設備の増設を控えていたことが指摘されている[37]。このように，大型の設備が完成せず需給がひっ迫したことにより，1968 年から 69 年にかけて石油化学各社の収益は好調に推移した。1969 年 3 月期の決算では，石油化学業界全体が活発な内外の需要に支えられて増収益を記録した[38]。また，1969 年度は稼働率も上昇し，大幅な収益好転を見せた[39]。

　これらの状況を踏まえて，第 9 回協調懇では，再び需要予測が大幅に上方修正された (図 3-1 を参照)。1973 年度の推定需要は 431.3 万トンになり，第 7 回

表3-9 第9回協調懇（1969年）による需要予測および認可枠
(万トン／年)

年	1969	1970	1971	1972	1973
ポリエチレン	102.6	121.0	142.8	166.3	191.0
エチレンオキサイド	20.2	23.4	26.2	28.7	31.3
スチレンモノマー	13.4	15.8	18.2	20.7	23.1
アセトアルデヒド	32.2	33.0	37.3	43.3	50.1
MVC	28.5	48.5	58.9	72.5	82.4
酢酸ビニル・その他	16.0	21.3	30.5	45.6	53.4
合　計	212.9	263.0	313.9	377.1	431.3
85％稼働必要能力	250.5	309.4	369.3	443.6	507.4
認可枠	−136.5	−77.6	−17.7	56.6	120.4

注) 85％稼働必要能力に関しては，従来の協調懇と同様に算出。認可枠は，必要能力から既存設備および認可済み能力 (387万トン) を差し引くことで求められる。協調懇開催年は1969年6月であり，4年度先 (1973年) の需要を基準に設備投資調整を実施した。
出所) 石油化学協調懇談会 (1969) より作成。

協調懇と同様の方法で計算すると1972年度中に実現すべき必要能力は507.4万トンとなる (表3-9)。したがって, 既存設備能力・既認可設備能力を差し引いた1972年度中に増設すべき能力は120.4万トンとなる。基準年を4年度先に設定したために, 今回の需要予測の上方修正によって過去に例がないほど増設すべき能力が大幅に拡大する結果となった。もし, 従来通りの調整システムが継続していれば, 今回も増設すべき能力は−17.7万トンもしくは多くとも56.6万トンにしかならなかったのである。

②需要予測の上方修正に従った積極的な認可

こうした需要予測の結果に対して, 有力企業と通産省は異なる認識を持つようになった。有力企業 (先発企業) は, 当初の計画通り寡占化を目指していた。当時の石油化学工業協会会長で協調懇委員の長谷川周重 (住友化学社長) は, 第9回協調懇において, あくまで「認可は慎重にすべきである」と発言している[40]。これに対し, 石油化学産業の国際競争力のみならず, 石油化学製品の安定供給に関しても責任を持つ通産省は, 石油化学製品の不足といった事態を回避すべく, むしろ積極的に認可を進めた[41]。

第9回協調懇で策定された需要予測に依拠して, 前回の協調懇までに認可を

表 3-10 第 9 回協調懇時点の既存能力および第 9 回協調懇に依拠する認可処理

(万トン／年)

	既存能力		新規認可	備　考
	現有能力	既認可		
日本石油化学	20.0			
三井石油化学	30.0			
三菱油化	34.0	30.0		これらとは別に休止分 4.2 万トンの設備あり
住友化学	23.2	30.0		100％子会社の住友千葉化学を含む
東燃石油化学	20.5		30.0	新規認可
新大協和石油化学	4.1		30.0	新規認可
丸善石油化学	44.4			
出光石油化学	30.0			
化成水島	16.0			
大阪石油化学		30.0		
鶴崎油化（昭和電工）		15.0		
浮島石油化学		30.0		
水島エチレン		30.0		
山陽エチレン			30.0	新規認可
既存能力内訳	222.2	165.0		
小　計	387.2		90.0	
合　計	477.2			

注）現有能力は，協調懇開催直前の 1969 年 5 月末。
出所）石油化学協調懇談会 (1969)；平野 (2008b) より作成。

受けることができなかった各社が一斉に認可を受けることとなる（表 3-10）。これらの企業は，第 7 回協調懇以降，2 年の歳月をかけて誘導品の生産体制を固めるなど参入する体制を整えてきたのである。第 9 回協調懇が開催された 1969 年 6 月に東燃石油化学と新大協和石油化学の 2 社がまず認可された[42]。東燃石油化学は，エチレン消化への不安から第 7 回協調懇の際には住友化学との輪番投資に合意し，単独では認可を受けることができなかった企業であった。また，新大協和石油化学は，第 7 回協調懇時から 30 万トン設備建設を申請するも，誘導品の生産体制の不備を理由に認可を受けることができていなかった。認可枠の拡大は，こうした後発企業に対して，設備新設の正当性を与えた。しかも，この 2 社を認可してもエチレン需要が大幅に伸びるため 1973 年度には日本全体のエチレン設備の稼働率は 99％にまで達すると協調懇では予測された（石油化学協調懇談会，1969）。そのため，さらに 12 月には山陽エチレン[43]が

認可された。山陽エチレンが認可されても，必要能力には 30.2 万トン届かない状態であった。

　当然のことながら，通産省は過剰設備創出の危険性を感じながらも認可せざるをえなかったという状況ではなかった。通産省自身もこれらの設備建設が妥当であるとこの当時は考えていたのである。通産省企業局による『主要産業の設備動向（昭和 45 年版）』を参照しても，高い稼働率が見込まれ，通産省自身がこれらの 30 万トン設備を必要かつ妥当なものと考えていたことがわかる（通商産業省企業局，1970）。「これ〔30 万トン基準——引用者注。以下同じ〕に基づいて 9 基の 30 万トンエチレン製造設備が認可」された。「石油化学工業の設備稼働率は（中略）エチレンについてみると，1968 年 99％，1969 年 100％とフル稼働の状況にあり，現在計画されている 30 万トン製造設備が完成し，本格的に稼動を開始する 1970 年には若干低下する〔94.6％〕ものの 1971 年においては，またフル稼働に近い水準〔99.8％〕に回復する見込みである」と言明している。さらに，通産省化学工業局による『化学工業——現状分析と展望』を参照すると，「需要増大の見通しを背景に，新基準に基づくエチレン 30 万トン計画がきわめて積極的に推進されて」おり，「エチレン 30 万トン体制に見合う大型需要が期待されて」いると通産省が考えていることがわかる（通商産業省化学工業局監修，1970）。

　さらに，『化学工業総合調査（昭和 44 年度版）』においても，実需の増大により通産省が持つ集約化の意図は次第に後景に退いていった様子が窺える（化学経済研究所編，1970）[44]。同書によれば，乱立気味の各社の計画を集約再編するために 30 万トン基準は設定されたけれども，その後の石油化学工業の高い成長は，1972 年までに丸善石油化学以下合計 9 基の 30 万トン設備の操業を可能にしたという。

③調整の逆機能

　なお，第 8 回，第 9 回の協調懇に依拠した認可では，調整を実施したがゆえに，過剰な設備投資が促進されたと考えられる。

　第一に，生産実績に乏しい企業が多数参入した。第 7 回協調懇に基づく認可では，すでに平均で年産 21.7 万トンの設備能力を有する比較的エチレン消化

の見通しが立つ実績ある企業が認可されていた。しかし，第8回，第9回協調懇においては，平均で年産10.15万トンの設備能力しか持たない生産実績が相対的に乏しい企業が認可されていった。これらの企業にとっては，30万トン設備の建設は自社の製造能力を約4倍近く高める大規模投資であった。

　第二に，設備は調整を経て通産省から認可を受けた上で建設されるため，それがいわばお墨付きの役割を果たし，資金調達の面でより一層過剰投資を促進させた。政府の許認可行政により，設備投資に対する金融機関による監視機能が無効化したのである。通産省が新規参入（設備建設）を認めることは様々な不確実性に対して政府が保証を与えるのと同じ意味を持ち，企業の資金調達などを円滑化する効果を及ぼしたのである（鶴田，1982）。結果として，当初の意図に反して資金が確実に供給されたのである（森川監修，1977）。例えば，1967年当時，大協和石油化学はわずか年産4.1万トンの生産能力しか持たない上に多額の赤字を計上していた。しかし，政府の認可が獲得できればそのこと自体がその企業が十分に生き残れることを示すと理解され，日本興業銀行の全面的な支援のもとに資金調達が進められた結果，新会社（新大協和石油化学）設立の上，最終的には30万トン設備の建設に成功した。こうして，調整を3年間にわたって重ねる間に逆に産業全体での設備投資量が増えることになった。

　結果として，1967年時点では3～4基程度にとどまると考えられていた大型設備の建設が9基にも及んだ。1967年には年産142万トンに過ぎなかった日本全体の設備能力に対して，わずか5年間（1967～69年）で2倍強にもあたる年産287万トン分の新設が認可されたのである。第7回協調懇前（1967年）の時点における設備新設申請が年産215万トン分であったことを考慮すると，設備投資調整を実施することにより逆に日本全体の設備投資規模が大きくなっていることがわかる（表3-11）。個々の企業の投資に関しても，30万トン基準が制定されることによって，20万トン程度の中規模な設備建設を計画していた企業も最終的には30万トン設備を建設することになり，高い水準で足並みがそろってしまったという点で設備投資量が増加している。

表 3-11 設備投資調整の有無による設備投資量比較

投資調整前の各社設備計画		投資調整により実現された最終的な設備能力	
新設認可分		新設認可分	
三菱油化	年産 30 万トン	丸善石油化学	年産 30 万トン
旭化成・日本鉱業	20 万トン	浮島石油化学	30 万トン
丸善石油化学	25 万トン	三菱油化	30 万トン
住友化学	25 万トン	住友化学	30 万トン
日本石油化学	25 万トン	水島エチレン	30 万トン
三井石油化学	20 万トン	東燃石油化学	30 万トン
東燃石油化学	20 万トン	新大協和石油化学	30 万トン
大協和石油化学	20 万トン	山陽エチレン	30 万トン
三菱化成	30 万トン		
小　　計	年産 215 万トン	小　　計	年産 270 万トン
第 7 回協調懇直前の既存設備および既認可分		第 7 回協調懇直前の既存設備および既認可分	
第 7 回協調懇時の既存設備能力	年産 142.2 万トン	第 7 回協調懇時の設備能力	年産 142.2 万トン
第 7 回協調懇時認可済み	38 万トン	第 7 回協調懇時認可済み	38 万トン
大阪石油化学	10 万トン	第 7 回協調懇後の小規模増設	31 万トン
		大阪石油化学	30 万トン
小　　計	年産 190.2 万トン	小　　計	年産 241.2 万トン
合　　計	年産 405 万トン	合　　計	年産 481.2 万トン

出所）石油化学工業協会編（1981）；石油化学協調懇談会（1967b）（1968）（1969）より作成。

3) 第 10 回協調懇と大型計画の続出——当然の帰結としての大型投資

　第 9 回協調懇においては，基準年を 4 年度先とすることで大きな認可枠が算出され，多数の企業が認可を受けたけれども，大きすぎるとも言えるこの認可枠に従って調整が実施されたことは，当時の時代的背景を見れば無理からぬことであったとも考えられる。石油化学製品の需要実績は対前年比 30％前後という目覚しい伸びを数年来にわたり記録し続けていた。通産省と業界はともに，過去の需要推定をすべて上回るほどのこの需要の増大が，数年間は低下することなく維持されると考えていた。

　こうした成長性に関する認識の傍証として，第 9 回協調懇に前後し新たに年産 30 万トン以上の設備建設計画が多数発表されたことが指摘されうる[45]。1969 年初めに出光石油化学は，コンビナート内の需要増大が見込まれること

表 3-12　第 10 回協調懇（1970 年）による需要予測

(万トン／年)

年	1970	1971	1972	1973	1974
ポリエチレン	127.5	148.4	169.5	192.3	218.2
エチレンオキサイド	28.2	32.3	37.8	43.2	48.3
アセトアルデヒド	36.1	39.8	44.5	49.1	54.4
スチレンモノマー	20.6	23.7	26.5	29.9	33.3
塩ビモノマー	49.5	63.0	73.5	85.0	97.0
酢酸ビニル	6.4	12.0	16.0	20.0	24.0
その他	42.4	48.8	56.1	64.5	74.2
合　計	310.7	368.0	423.9	484.0	549.4

出所）石油化学協調懇談会（1970）より作成。

表 3-13　次期エチレン設備大型化構想

企業名	設備規模	立地	完成予定
出光石油化学	40〜50 万トン	千葉	1973〜74 年
浮島石油化学	30 万トン	千葉	1973 年
大阪石油化学	30 万トン	堺	1973 年
新大協和石油化学	40 万トン	未定	1975 年
住友化学	30 万トン 50 万トン 2 基	新居浜 未定	1973 年 1975 年初め
東燃石油化学	40〜50 万トン	和歌山	1975 年初め
鶴崎油化（昭和電工）	30 万トン	大分	1973 年
三菱化成	30 万トン 2 基	千葉・富津	1973〜74 年
三菱油化	40〜50 万トン	鹿島	1973 年

出所）『日本経済新聞』1970 年 6 月 20 日。

を理由として，新たに 1972〜73 年の完成を目指して年産 40〜50 万トンのエチレン設備を建設することを正式に決定した[46]。また，30 万トン設備を建設中の三菱油化も第 2 期計画として鹿島地区で年産 40〜50 万トンの大型設備を建設する構想を 1969 年 9 月に固めた[47]。三菱油化の計画も需要増大の見通しを背景としており，1973 年になるとエチレン不足に陥ると考えたためであった。

1970 年に開催された第 10 回協調懇においても需要予測はさらに上方修正された（表 3-12）[48]。新たな認可枠の配分をめぐって第 10 回協調懇には，上記の

出光石油化学と三菱油化を含む多数の新規大型エチレン設備建設計画が立案された。その計画は実に9社12基にも及ぶものであった（表3-13）。このうちの約半数は年産40万トン規模であった。この時期になると，もはや年産30万トンという規模は企業にとってハードルというよりも，必要最低限の設備規模へと変化していたと考えられる。そのため，1970年の第10回協調懇では，基準を年産50万トンに引き上げるべきだという議論がなされるほどであった（藤原，1970）。結局，第10回協

表3-14　政策委員会および協調懇の開催日程

会合名	日時
第10回石油化学協調懇談会	1970年6月
第1回政策委員会	1970年7月
第2回　〃	8月
第3回　〃	9月
第4回　〃	12月
第5回　〃	1971年10月
第11回石油化学協調懇談会	10月
第6回政策委員会	1972年8月
第12回石油化学協調懇談会	9月
第7回政策委員会	1973年7月
第13回石油化学協調懇談会	7月
第8回政策委員会	1974年7月
第14回石油化学協調懇談会	7月

出所）石油化学協調懇談会（1971）（1972）（1973）（1974）より作成。

調懇では，これら多数の設備投資計画に対して調整を図るべく下交渉の場として政策委員会を設置して検討を進めることが決められた。なお，この政策委員会は協調懇の実質的な運営の立案をするために設置され[49]，その結果は協調懇へと反映された。1974年の第14回協調懇で廃止が決定されるまで継続し，多くの場合協調懇の開催直前に行われた。政策委員会および協調懇の開催日程は，表3-14のように示される。

1970年8月の第2回政策委員会では，表3-15に示される各社の計画が審議対象となり，新規認可に向けて具体的な討議が実施された。この際，通産省が各社に新規設備建設に関してヒアリングした結果が報告された。それによると，この時点における既存能力および既認可の設備能力が477万トンであるのに対して，各社の計画量を加えるとエチレン生産能力が1973年には610.5万トン，1974年は669万トンに達することがわかった。そのため，すべての計画が実現した場合，1972年の稼働率は88.9％，1973年79.4％，1974年82.1％と下がる見込みとなった。これに対し，通産省は1973年の需要は484万トンと推測されるのに対して，すでに既認可能力が477万トンある上に，各社とも公称

表 3-15　エチレン設備新設計画（1970年，第2回協調懇政策委員会）

企業名	工場名	稼動時期	能力（年産）	原料
大阪石油化学	堺工業所	1973年10月	30万トン	ナフサ
三菱油化	鹿島事業所	1月	40万トン	ナフサ
浮島石油化学	三井石油化学千葉工場	3月	30万トン	ナフサ
鶴崎油化（昭和電工）	鶴崎工場	4月	30万トン	ナフサ70％，灯油30％
出光石油化学	千葉工場	10月	30万トン	ナフサ70％，灯油，軽油各15％
化成水島	水島工場	10月	20万トン	ナフサ
住友化学	大江製造所	1974年1月	30万トン	ナフサ

出所）石油化学協調懇談会政策委員会（1970）より作成。

能力よりも10％程度実生産能力が高いので1973年には新増設は不要との考えを示した。ただし通産省は同時に1973年に関して適正稼働率を90％もしくは95％として新規認可を行う代替案も示した。しかしながら，結果的には1973年完成分として新たに2～3基の設備建設は認めざるをえないとの方向に議論は展開された[50]。

　また，この当時は，長期的に見てもエチレン需要は増加し続けるという考えが業界内外で共有されていた。エチレン需要は，1980年には668万トンになるのは手堅いとした予想（片山，1969）や，1985年には1400万トンから1700万トンになると予測する論文（原，1969）が石油化学工業協会から出されている。丸善石油化学で30万トン設備建設の際に中心的な役割を果たした林喜世茂常務（当時）も，エチレン需要は1975年に580万トン，1980年には1030万トンに達するのではないかとの見解を示している（林，1970）。こうした状況下で，30万トン設備を建設することは，企業にとって当然のことであったとも考えうるのである。また，通産省がそれを認めることも不自然ではない。需要が急速に増大し，それを当然とする考えが共有される中でその終焉を予測することは当事者にとっては困難である。1970年時点で丸善石油化学林常務は，その著書の中でこう語っている（林，1970）。「エチレン30万トン／年プラントの登場を契機として訪れる巨大生産体制は，この程度の規模でとどまるものではなく，将来70万トン／年，いや140万トン／年という時代に突入するのは必至である」。

4 エチレン年産30万トン基準に基づく設備投資調整の帰結

　1970年秋口から需要の伸びが鈍化し，設備稼働率が低下し始めた。深刻な設備過剰を回避すべく，第9回協調懇で認可を受けた各社に完工繰り延べ等を要求するも，調整の結果として認可されたこれらの企業は強く反発し，事後的な修正は不可能であった。需要の伸びが鈍化する中で，30万トン設備が続々と完成することによって，エチレンセンター各社は深刻な設備過剰へと陥った。結局，1972年には初のエチレン不況カルテル締結により，事態の収拾が図られた。この期間（1971～72年）にかけては，当然のことではあるが，新規設備建設計画は凍結された。

1）収益，稼働率の急速な低下

　一連の30万トン設備の認可が終了した翌1970年秋口になると，需要の伸びの鈍化が顕著になった。各誘導品の生産状況を見ると，1971年の実績では中・低圧法ポリエチレン，アセトアルデヒドはマイナス成長になるほどの落ち込みを見せ，高圧法ポリエチレン，エチレンオキサイド，スチレンモノマー，ポリプロピレンなどの主要誘導品が軒並み1桁％台の伸びへと落ち込んだ。こうした傾向は，この他にも広範な誘導品に関して見られた（表3-16）。

　需要の不振に伴い石油化学製品の価格は急速に低下し，エチレンに関しては多数の企業が原価割れの状態にまで陥った[51]。通産省の調査によると，エチレンセンター13社（三井石油化学，住友化学，三菱油化，丸善石油化学，住友千葉化学[52]，日本石油化学，東燃石油化学，新大協和石油化学，大阪石油化学，化成水島，山陽エチレン，鶴崎油化，出光石油化学）のエチレン平均総原価はキログラム当たり30円10銭であるのに対して，売り渡し価格の平均は28円90銭であり，平均1円20銭の原価割れとなっていた。結果として，企業収益は極度に悪化することになった。エチレンセンター各社は，1971年の売上高こそ11社[53]合計で4269億8700万円にも達したのに対して，利益はわずかに13億7200万円に過ぎなかった（売上高利益率は0.3％[54]）。しかも，11社のうち6社

表 3-16 主要石油化学製品の生産伸び率（対前年比）(1967〜71 年)
(%)

年	1967	1968	1969	1970	1971
エチレン	28.5	31.8	33.9	29.0	14.2
高圧法ポリエチレン	32.2	9.1	21.5	16.2	6.3
中・低圧法ポリエチレン	42.7	33.6	43.4	28.5	-6.5
エチレンオキサイド	51.0	11.0	22.1	40.9	9.7
スチレンモノマー	23.0	42.7	37.7	32.8	3.1
アセトアルデヒド	11.9	47.9	27.6	11.7	-2.8
塩ビモノマー		96.9	103.7	51.2	15.7
ポリプロピレン	70.7	70.8	45.0	37.8	7.9
アクリロニトリル	18.2	21.6	41.0	29.9	23.2
合成ゴム	20.6	35.5	38.5	32.5	8.9
ベンゼン	32.9	45.8	63.3	39.3	13.0
トルエン	26.7	18.6	78.1	34.2	2.8
キシレン	35.5	51.6	90.9	41.5	13.0

出所）石油化学工業協会編（1981）。

が赤字であり，各社の累積赤字は 1971 年度末で 81 億 7800 万円に達していた。

この深刻な不況の原因としては，以下のような要因が指摘されている[55]。第一に，①既存製品の石油化学方式への製法転換の完了，②新規需要の一巡，③輸出の伸び率鈍化，④技術革新の停滞，原料・人件費・公害防止投資の増大などによるコストの上昇，⑤プラスチック廃棄物処理問題の未解決による需要拡大のペースの低下である。第二に，1967 年 6 月の協調懇で決定された 30 万トン基準に基づき 1969 年以降，高水準の設備投資が強行された。しかも，これらの設備の完成時期が 1970 年夏以降の日本経済の停滞，さらには 1971 年 8 月のニクソン声明，円の切り上げに伴う経済環境の一層の悪化と重なった。

つまり，需要の伸びが構造的に鈍化しつつある時期に，供給力の増大が加わったため，石油化学業界は極めて深刻な不況に突入したのである。しかも，石油化学工業は典型的な装置産業であるため，各社は常に一定水準の稼働率維持への志向が強く，これが在庫増大を招き価格低下に結びつき，各企業の採算が極度に悪化したのである。

こうした状況を受けて，業界では 1972 年稼働予定のエチレンセンター各社に対して操業開始の延期を求めた。石油化学工業協会会長の岡藤次郎（三菱油

化社長)は,1971年7月に1972年操業予定の新大協和石油化学,東燃石油化学,山陽エチレンの3社に対し当分操業を延期するよう非公式に申し入れた[56]。これらの企業が操業を開始すると,業界全体の平均稼働率は80％を割りかねない状況であった。そのため,既存のエチレンセンター各社はこの岡会長の提案に賛意を示し,(1) 3社の操業延期に伴う設備の維持,管理費や金利負担など固定費用の損失分について共同負担する,(2) 不足するエチレンに関しては融通するなどの協力をするとした。

しかし,この要請に対し3社はいずれも「認可済みの設備をいまさら止めるわけにはいかない」と強く反発した。特に東燃石油化学,山陽エチレンの2社は,既存コンビナートの増設計画であるため誘導品計画に支障なく,自社が建設を遂行しても他社に迷惑をかけることはないとして予定通り操業する意向を示した。新大協和石油化学も,①仮に操業を延期した場合,借入金の金利負担だけでも莫大な額に達する,②もともと通産省や業界の了解を得て作ったものなので,設備過剰だからといって自社のみが犠牲を強いられるのは筋が通らないとして1972年操業を強行する方針を固めた[57]。一度認可を出せば,調整と合意に基づくものであるがゆえに事後的な修正は不可能だったのである。

それでも大幅な設備過剰に苦しむ業界側は諦めずに,特に3社のうちでも最もエチレン需要量が少ないと想定される新大協和石油化学に狙いを絞って交渉を続けたものの,結局は操業延期の交渉は失敗に終わった[58]。3社はともに操業延期に対して強く反対したのである。さらにエチレン不況カルテルに関しても,エチレンセンター12社の社長会で話し合いがもたれたものの,石油化学コンビナートごとに需要の実態が異なるので一律に減産するカルテルの実施は非現実的という意見が出され,各社の利害調整に失敗しカルテル申請も見送られた[59]。こうして,1971年の石油化学製品生産実績の伸びが史上最低の前年比7％にとどまる中,翌1972年には30万トン設備3基,90万トン分も生産能力が増大する見通しとなった。

エチレン稼働率で見ると,1969年まで90％を切ることはほとんどなく推移していたものが1970年,1971年と2年続けて82％に低下した(通商産業省化学工業局,1972)。また,一連の30万トン設備がすべて完成した翌1972年は,

設備能力が公称477万トンであるのに対し，生産量は385.1万トンに過ぎず，稼働率はさらに落ち込み80.7％であった。さらに，生産したエチレンのすべてが石油化学製品の生産のために消費されるわけではなかったため，表面上の稼働率以上に事態は深刻であった。エチレン設備は，需要の伸びが低迷しても保安上の問題から稼働率を一定比率以下（60％以下）に落とすことはできない。そのため，生産したエチレンの一部は製品に加工することなく燃焼させ処理する事態が発生していたのである。

仮定の話ではあるものの，30万トン基準制定時に基準年を4年後にするという施策を打たなければこうした設備過剰は回避されえたはずである。第9回協調懇において基準年を設備の完成時期とあわせ2年後としていたのならば設備能力は，369.3万トンにしかならず1972年の稼働率は104％となり，もし第5回協調懇のように3年後を基準年としても設備能力は443.6万トンにしかならず1972年の稼働率は86.8％となったはずである（表3-9を参照）。

さらに，設備投資調整を実施せずに30万トン基準制定以前の各社の計画をすべて認めた場合，つまり各企業に自由に投資をさせた場合もここまで深刻な設備過剰には陥らなかったものと考えられる。表3-11に示されたように，設備投資調整以前の各社の計画を合算すると405万トンにしかならないのである。その場合，1972年の設備稼働率は95％にも達するのである。

2）不況カルテルの締結

すでに述べたように石油化学業界は，新大協和石油化学など1972年完成予定の設備の完工延期に失敗し，1月には新大協和と東燃が運転開始，4月には山陽エチレンが営業開始する予定となっていた。これにより，設備能力は約480万トンに増大することになった。これに対し，1972年の需要量は前年第11回協調懇では376万トンと推定されていたものの，実際には円切り上げの影響等から340〜350万トンにとどまると業界では考えられていた[60]。そうなれば，稼働率は70％程度にまで落ち込み，大幅な設備過剰に陥ることになる。

すでに誘導品に関しては，軒並み不況カルテルが締結されている状態であった（石油化学工業協会編，1981）。塩化ビニルは，1970年には91％であった稼

働率が 1971 年 2 月には 53％ に落ち込みその後も 50〜60％ に低迷した。このため，自主減産を図ったが状況は改善せず，エチレンよりもはるかに大きい，キログラム当たり 10 円程度の赤字に転落し年間 100 億円もの赤字が予想された。そのため，1971 年 12 月に不況カルテルを公正取引委員会に申請し，1972 年 1 月からの実施が認められた。また，主要誘導品の中・低圧法ポリエチレン，ポリプロピレンも相次いで 1972 年 2 月に不況カルテル結成を申請し，3 月にはその結成が認可された。中・低圧法ポリエチレンは稼働率が 48％ にまで低下し，ポリプロピレンも 80％ に低下していた。その上，どちらの誘導品も販売価格が標準コストを 10％ 以上下回る水準であった。ポリプロピレンの場合，価格は国際価格の約半分にまで落ち込んだ。

　エチレンに関しても自主的な生産調整の努力が続けられたが，各エチレンセンター間の調整は進まず[61]，結局，石油化学工業エチレンセンター社長会[62]は 1972 年 2 月に自主的な調整を断念し独占禁止法に基づく不況カルテルを結成することを決めた[63]。そして，1972 年 3 月 18 日にエチレンセンター 12 社は，公正取引委員会に不況カルテル結成を正式申請した[64]。通産省も「ともかく不況カルテルにより当面の出血を最小限に止める必要がある」（山形栄治化学工業局長）として，不況カルテル締結を後押しした[65]。エチレンセンター 12 社のうち 9 社までが赤字となっており，状況はかなり深刻だったのである[66]。

　なお，不況カルテル申請にあたっては，三菱油化が最も稼働率の低い新大協和石油化学から年間 1 万トンのエチレンを買い取る契約を結び，企業間の利害調整を図った。これにより，新大協和石油化学も最低経済単位である 60％ 稼働が可能となり，協調体制強化に結びついた[67]。ただし，30 万トン設備では稼働率 80％ が収益ラインと見られているだけに，エチレン業界は不況カルテルによって規模の経済性を享受できない見通しになった。

　公正取引委員会は，1972 年 4 月 15 日に三菱油化他 11 社（代表者：三菱油化株式会社代表取締役社長　岡藤次郎）から申請のあったエチレン不況に対処するための共同行為について，私的独占の禁止及び公正取引の確保に関する法律第 24 条の 3 第 4 項の規定に適合するものとしてこれを認めた（公正取引委員会，1972）。共同行為の参加者は，三菱油化，三井石油化学，日本石油化学，新大

協和石油化学, 三菱化成, 出光石油化学, 丸善石油化学, 住友化学, 東燃石油化学, 大阪石油化学, 山陽石油化学（旭化成・日本鉱業の子会社）, 鶴崎油化（昭和電工の子会社）の12社であり, 共同行為の対象商品はエチレン誘導品製造用の原料エチレンである。共同行為の種別は生産数量の制限であり, 原料エチレンの各四半期別総生産限度量が, 85.8万トン（年産ベースだと343.2万トン）を下限として, 当該四半期の需給状況, 市況等を勘案して, 当該四半期開始の1カ月前までに決定されることになった。共同行為の実施期間は, 1972年4月15日から12月31日までとされた。

　石油化学業界は, 不況カルテル結成が認められると, 4〜6月期には87.84万トンに生産量を定め, さらに7〜9月期はエチレン生産量を85.84万トンとカルテルで認められている下限（85.8万トン）ぎりぎりにまで減産体制を強化した[68]。不況カルテル締結後3カ月が経過すると, 各製品とも採算ラインには遠いものの価格は下げ止まり, 不況カルテルに伴う生産調整による品薄から各種合成樹脂の価格も値上がりを始めた[69]。

3）設備新設の休戦の決定（第11回, 第12回協調懇）

　上述のように, 石油化学業界は1970年秋口から71年にかけて深刻な不況に陥り, 1972年にはついに不況カルテルの締結にまで至った。当然のことながら, 1969〜70年にかけて多数計画された1973年完成を目指した次期大型エチレン設備建設計画はこの期間凍結されることになった。

①投資意欲の減退, 通産省と業界の対立

　前節第3項で述べたように, 1970年8月に開催された第2回協調懇政策委員会では多数の新規設備建設計画が提出されたが, 1970年9月の第3回政策委員会においてはそのわずか1カ月後であるにもかかわらず様相が一変した。第3回政策委員会では, 第2回政策委員会で審議された1973年操業開始を目指す7社の計画（表3-15）に関して, その操業開始時期を一斉に繰り延べる方針を決めた[70]。理由として, ①1973年のエチレン需要から見て, 7基のエチレン設備をすべて実働させれば, 大幅な供給過剰になる, ②金融引き締め策の浸透に伴って, 誘導品業界に不況色が出始めた現在, ここで次期大型化計画を強

行すれば，関係業界に及ぼす影響が大きいという点が指摘された。このため操業時期の一斉繰り延べを決め，各計画をどの程度繰り延べるかは今後開催する政策委員会で決定することになった。そして，11月のエチレンセンター社長会で，この繰り延べ期間を各社一律に1年間とすることが決定され[71]，12月の第4回政策委員会で正式決定された。これにより，1973年は新たな設備が完成しないことになったのである。石油化学業界がエチレンという基幹部門で1年もの設備休戦を行うのは，石油化学産業史上初めての出来事であった。

　こうした業界側の急激な投資意欲の変化に対して通産省は反発し，両者の対立構造が見られるようになった。業界側が1年間の設備休戦を決めたのに対して，通産省は石油化学製品の安定供給に関しても責任を持つため，業界側による計画の一斉繰り延べの決定は極めて無責任であると考えた[72]。実際に，政策委員会の下部組織として設置された融通問題研究小委員会がエチレン需要量に関して各社から無記名でアンケートを収集したところ，1973年度においては年間79万トンのエチレンが不足するとの結果が得られた。したがって，通産省は，これが正確な数字であれば各社が一斉に設備建設を繰り延べることは供給責任上極めて問題があると考えた。

　対立構造は需要予測の策定に至ってさらに表面化した[73]。業界側は不況を反映し，1973年のみならず1974年も設備休戦とすべく，今後の需要の伸びは低めに見積もるべきだと考えていた。これに対し，通産省は安定供給の見地から2年間もの休戦は認められないとした。この当時通産省は，エチレン需要を1971年度358万トン，1972年度413万トンと想定していた[74]。しかし，業界側の需要予測は予測の最終年次である1975年でも510～520万トンと考えており通産省が想定する1975年の需要よりも100万トン程度低く見積もっていた。業界側の投資意欲が回復することはなく，1971年4月には設備増設休止を1年延期し1974年までとする方針の検討に入った[75]。

②1973年度末までの休戦決定（第11回協調懇）

　結局，1971年の第11回協調懇では，需要予測に関しては表3-17に示されるように予測の最終年次（1975年）のエチレン需要を519.5万トンとする業界側の意向に近いものに決定された反面で，設備休戦に関しては通産省の意向通

表 3-17 第 11 回協調懇（1971 年）による需要予測

（万トン）

年	1971	1972	1973	1974	1975
高圧法ポリエチレン	103	115.1	128.6	142.6	157.9
中・低圧法ポリエチレン	43.1	50.4	57.6	65.3	74.4
エチレンオキサイド	32.6	35.6	39.4	43.6	47.7
スチレンモノマー	2.4	25.4	28.6	32	35.6
塩化ビニルモノマー	48	57.9	63.6	69.3	74.9
アセトアルデヒド	37.3	40.3	43.4	46.8	50.6
その他	44.9	51.6	59.3	68.2	78.4
合　計	311.3	376.3	420.5	467.8	519.5

出所）石油化学協調懇談会（1971）。

りに 1973 年までとされた[76]。

　また，第 11 回協調懇では，協調懇の新しい運営方針に関する議論が繰り広げられたものの，具体的な方針に関しては合意を見ぬままに終了した。新しい運営方針が議論の対象となった理由は，1971 年に第 4 次資本自由化の実施にあたって，エチレンセンターが個別審議対象業種からはずれ，外資比率 50％までは自動的に認可する「50％自由化業種」とすることが正式決定されたためである[77]。

　資本の完全自由化が迫る中，通産省は「外資に関する法律」（外資法）による法的な裏付けを持った設備投資調整の権限が消滅することに備えて，新たなルール作りを急いだ。当初，通産省はエチレン設備に関して，以下のような草案を持っていた[78]。①調整にあたってはワク（認可枠）配分方式を取る。5 年後の需要に見合う設備能力を設置するため，需要見通し（予測）を元に実働率（稼働率）90％として要増設能力を決定する。各社への配分にあたっては 30 万トン基準に基づくものの，設備建設希望が枠を上回る場合には，想定される実働率が高い企業から配分し，枠（認可枠）の範囲内にとどめる。②着工，完工，商業生産開始時期に関してはすべて，事前に協調懇政策委員会および通産省の担当課長に届け出ることとする。

　しかし，通産省案に対しては業界側から通産省に届け出る項目が多すぎ，官僚統制色が濃いと反発を招き，運用に関する具体的な新方針は定まらなかった。

第 11 回協調懇では，通産省案の基本的な考え方だけを残し，着工時期の届出など具体的な調整内容に関する項目は全面的に削除され[79]，協調懇の運営方針に検討が必要な理由，新しい基準確立のための考え方といった抽象的な議論に終始した[80]。

③1974年度末までの休戦決定（第12回協調懇）

第 11 回協調懇以降も石油化学工業は低迷を続けた。すでに前項で述べたように，1972 年 4 月には大幅な設備過剰に対する対処策として，遂にエチレン不況カルテルが締結されるに至った。エチレン設備過剰は解決することはなく，ドル・ショックによる不況の長期化の見通しから，第 11 回協調懇では 1973 年までとされた設備休戦を 1975 年までさらに 2 年間延長しようとする機運が高まった[81]。三菱化成の篠島秀雄社長は，「来年 1 月以降〔1972 年 1 月――引用者注。以下同じ〕，年産 30 万トンプラント 3 基〔新大協和石油化学，東燃石油化学，山陽エチレン〕が新たに完成することで 1975 年までのエチレン需要は十分まかなえる」として 1975 年までの休戦の必要性を強調した。篠島社長は「50 年〔1975 年〕休戦案は業界首脳部の間でほぼ固まっている」と発言し，1975 年までの休戦は業界の「暗黙の了解事項」となってきた。

これまで設備休戦に対し慎重な姿勢をとっていた通産省も，遂に業界側の意向に従う形で 1974 年までの設備休戦に関してはそれを認める意向を示した[82]。通産省は，すでに石油化学工業協会では前回の協調懇での需要予測を下方修正する見直し作業が進められており，それがまとまり次第，協調懇を開催し 1974 年休戦を正式決定するとした。なお，これまで通産省は，主原料の安定供給確保を指導する立場から 1974 年の休戦には慎重を期すとしていた。

遂に 1972 年 9 月開催の第 12 回協調懇で 1974 年までのエチレン設備新設に関する全面休戦が決定された（石油化学協調懇談会，1972）[83]。第 12 回協調懇では，従来通りに 5 年後の 1976 年までの需要予測を実施した（表 3-18）。その上で，表 3-19 のように，2 年後までの需要予測結果に基づく必要設備能力と現有能力が示され，1974 年度の必要設備能力と 1972 年時点での現有能力がほぼ一致するために 1974 年度まで設備増設の必要性なしとの決定がなされた。このように，調整の前提となる基準年は業界側の意向に沿って 4 年後から 2 年後

表 3-18　第 12 回協調懇（1972 年）による需要予測

(万トン)

年	1972	1973	1974	1975	1976
高圧法ポリエチレン	112.9	114.5	121.8	128.6	134.9
中・低圧法ポリエチレン	49.3	54.2	59.6	65.6	72.2
エチレンオキサイド	35.9	39.3	43.3	47.3	51.6
スチレンモノマー	27	29.1	32.5	36.1	39.9
塩化ビニルモノマー	62.6	63.6	68.7	73.8	78
アセトアルデヒド	38.4	40.5	42.7	44.9	47.4
その他	45.5	49.8	55.8	62.5	70
合計	371.6	391	424.4	458.8	494

出所）石油化学協調懇談会（1972）。

表 3-19　エチレン需要予測と必要能力（1972〜74 年度）

(万トン)

年度	需要量	必要能力	現有能力
1972	376.6	418.4	481.4
1973	399.9	443.8	481.4
1974	433	481.1	481.4

注）現有能力は公称ベースの能力。
出所）表 3-18 に同じ。

へと戻された。

この他にも，第 12 回協調懇では前回の協調懇では決定に至らなかった調整の基準に関して具体的な方針が決定された。その内容は，設備過剰を受けて全体的に締め付けが強い傾向をはらんでいた。工事計画届出義務付けや所要設備算定の基礎（適正稼働率）を従来の 85 ％ から 90 ％ に引き上げる[84]など，新規建設に対して従来よりもやや厳しい基準となった[85]。しかし，将来需要を予測し，そこから必要能力さらには認可枠を算出し配分するという基本構造には何ら変わりがなかった。

5　石油化学業界を取り巻く変化

本節においては，本章の検討時期における，設備投資の動向以外の石油化学業界に関連する変化について簡単に言及したい。この時期には石油化学技術の導入自由化が生じ，外資法という設備投資調整を行う際の強制力が喪失した。また，石油化学製品の需要の伸びに伴い，原料であるナフサの不足という問題

が重大になりつつあった。なお，ここでは紙幅の関係から言及することができないが，この当時の石油化学業界においては大気汚染や水質汚染といった公害も大きな問題となっており，これへの対処も求められていた。

1) 石油化学技術の自由化

第12回協調懇開催の翌1973年には，遂に石油化学関係の技術導入の自由化が実施された。これまで，石油化学工業は (1) 旺盛な成長を遂げつつあり，設備大型化が急速に進展していること，(2) 外国からの技術導入により新規参入が容易であるため，企業が乱立気味で，これらの企業が激しい投資競争を繰り広げている等の理由から需給ギャップが生じやすい傾向にあり，何らかの設備投資調整を講じない限り，当該産業の重大な混乱を招く懸念があるとして非自由化の措置が取られてきた（石油化学協調懇談会, 1972）。しかし，①生産規模が米国についで第2位となり，外国技術に依存しているとはいえ，外国技術の吸収，改良により技術水準が高まった，②すでに資本の自由化（外資比率50％まで）を実施しているといった理由から技術導入を非自由化のまま残しておく根拠が薄いとの判断が示され，1973年1月1日からの自由化が決まった。なお，この自由化措置は1972年6月の外貨審議会で正式決定されたものである（外貨審議会, 1972）。

このように石油化学技術導入が自由化されたことによって，企業の投資活動は外資法による制約を受けなくなったものの，その後も通産省は行政指導によって企業の投資活動へ影響を及ぼし続けた。次章で述べるように本章で論じた期間以降においても通産省の認可なくして設備の建設が実行されることはなく，通産省は企業への影響力を保持し続けたのである[86]。

2) 原料ナフサの不足と輸入の開始[87]

石油化学産業の発展は，原料ナフサの需要を増大させ，1964年度からナフサの輸入が開始された。第1章で言及したように1962年の原油輸入自由化と石油業法の制定を機にナフサ価格の高騰と量的不足はすでに問題になっていた。植村甲午郎（石油審議会会長）による調停案（植村調停）によって，石油精製企

表 3-20　ナフサ消費と輸入の推移（1963〜68 年度）

(千 kl)

	1963 年度	1964 年度	1965 年度	1966 年度	1967 年度	1968 年度
石油化学工業用	3,221	4,784	6,648	8,768	10,309	13,735
その他	292	759	1,205	1,462	2,202	2,346
需要合計	3,513	5,543	7,853	10,230	12,511	16,081
輸入量		22	769	1,294	1,732	3,711

出所）石油化学工業協会編（1981）。

業に対して原油割当に関するメリットを事実上残すことによって，一時的に問題は解決された。しかし，石油化学製品の需要増に対応して，石油業界がナフサのみを増産することは困難であった。なぜなら，石油化学製品と同じように石油製品も連産品であり，特定の留分（例えばナフサ）を増産すれば，それに従ってガソリンや灯油，重油なども増産されてしまう構造にあったからである。それゆえ，石油化学業界はナフサの輸入に活路を求めた。1965 年 1 月に日本で初めて三井石油化学（岩国）が興亜石油を通して中近東からナフサを輸入した。当時は石油業法により石油化学企業が直接ナフサを輸入することはできなかったため，このように石油会社を通じた取引となった。その後，ナフサの消費量増大に伴い輸入量も増大していくことになる（表 3-20）。

　さらに 1968 年度以降，ナフサ不足の懸念は高まっていった。当時，日本の石油供給消費地精製主義がとられ，石油業法に基づき毎年 5 年間の需要に見合う供給計画が立案され，これに従って各種石油製品の生産が行われていた。以前は，重油と揮発油（ナフサは揮発油に含まれる）を比較すると揮発油の需要の方が小さかった。そのため，石油精製設備は揮発油の需要にあわせて作られ，不足する重油に関しては安価な海外品が輸入されていた。しかしながら，1968〜72 年度の計画を概観するとこの様相が一変し，石油化学用ナフサの需要は他の石油製品に比べて 1.5 倍の伸びが期待される一方で，重油に関しては大口需要家の電力業界が原油の生だきを活発化させるなどして値下がりが著しく，需要増は見込みづらい状況下に置かれるようになっていた。この局面で揮発油をベースにして供給計画を策定すると重油が大幅に余剰となる恐れがあるため，結局供給計画は揮発油留分以外の製品の需給バランスを勘案して策定さ

れ，ナフサの不足がより一層深刻化すると予見された。

こうした状況に対して，通産省は総合エネルギー調査会石油部会にナフサ分科会と重油分科会を設け，検討を開始した。最終的に通産省は，諸外国での製油所建設が進んでいることから不足分のナフサは輸入によって充足できると考えた。同時に，ナフサの国内価格の是正（値下げ）や石油化学原料としてナフサ以外の使用の必要性も論じられた。

3）後進国における石油化学工業の勃興と海外化学企業における製品のファイン化の進行

また，この時期（1960年代）における海外の動向を概観すると先進国のみならず発展途上国においてもエチレン生産が開始されたことが指摘可能である[88]。大東（2014b）は，現在までにエチレン生産を開始した各国を以下のように四つのグループに分けている。まず，米国およびドイツやフランスといったGNP（国民総生産）の高い西欧諸国，日本やイタリア等が1950年代までにエチレン生産を開始した。次に1960年代にはベルギーやスイスのような所得水準は高いものの，人口が少なく国内の市場規模が小さい西欧諸国がエチレンの生産を開始した。引き続いて1965～75年の間に発展途上国を含む多くの国や地域がエチレン生産を開始した。東アジアでは，1968年に台湾，1972年に韓国がエチレン生産を開始した。この時期以降に石油化学工業を立ち上げた諸国では国有企業の設立などを通じて政府が直接工業化に携わることもあったという。例えば，1966年に生産を開始したスペイン，同じく1966年のメキシコ，1970年のチリやトルコなどでは石油化学工業進出に際して国有企業が設立されたという。そして最終グループは，石油危機以降に生産を開始したグループであり，サウジアラビアなど産油国が多いという。

しかし，先進国の優位性は1970年代までは揺らぐことがなかった。米国，西欧諸国，日本を除いた国々におけるエチレン生産能力シェアは，1970年に5.7％であり1980年においても12％弱にとどまっていたという。日本も1970年代初頭に設備過剰に陥ったものの，後発の各国と比較すれば石油化学（基礎化学）分野において競争力を有していたと言える。石油化学工業協会編（1981）

に基づけば，その証左として以下のような諸点が指摘可能である。第一に，日本の石油化学技術が輸入技術への依存から脱却しつつあった。1960年代後半には国産技術による石油化学製品の工業化の事例が多数みられるようになった。また，基幹設備であるエチレン設備に関しても日本独自の改良や工夫が凝らされるようになり，1969年に完成した日本初のエチレン年産30万トン設備（丸善石油化学）は輸入機器を一切使用しない純国産の製造設備であった。このように，日本の石油化学技術は海外からの導入後約10年で欧米諸国へのキャッチアップに成功したと評価されている。これらの国産技術には海外へ輸出されるものもあり，例えば三井石油化学は技術輸出によって多くの利益を獲得するようになった。第二に，留分の総合利用や生産設備の大型化が進行したことで生産コストが低下した。留分の総合利用に関しては，総合での化学原料としての利用率は48.5％から88.9％へと向上し，エチレン価格の引き下げへと寄与した。また，生産設備規模に関しては，エチレン設備が30万トンへと大型化されるとともに，各種誘導品の生産規模も大型化することで生産コストが下がった。さらに，この期間には発酵化学，電気化学，石炭化学といった従来の製法から石油化学方式への転換が進み，こうした製品分野における品質の向上と生産コストの削減が実現された。

　ただし，日本が欧米企業へと追い付きつつあったのは基礎化学製品領域の生産規模や生産コストに過ぎず，製品の高付加価値化という点では出遅れていた。海外の有力企業は，より付加価値の高い化学製品（ファインケミカル）に関して，売上高および売上に占めるそれらの割合で日本を大きく上回っていた。伊丹・伊丹研究室（1991）によれば，1975年時点の各企業の高付加価値製品（ファイン製品）比率および売上高を比較すると，三菱化成が11.0％・1億9800万ドル，住友化学が21.0％・3億3300万ドルにとどまるのに対して，デュポンは26.0％・18億9000万ドル，ダウ・ケミカルは29.1％・25億7500万ドル，バイエルは24.0％・16億5600万ドルと日本企業を大きく凌駕していた。三菱化成と住友化学は，エチレンセンター企業の中では基礎化学製品の売上比率が低い企業であるため，日本企業はこの数値以上に製品の高付加価値化に後れをとっていたと考えられる。

おわりに

　本章では，事実上の強制力を持った設備投資調整が実施されたにもかかわらず，石油化学産業が設備過剰へと陥ったプロセスが明らかにされた。1967年に入ると資本の完全自由化が近づくことで，石油化学業界はさらなる国際競争力強化の必要性に迫られていた。しかし，10万トン基準に基づく設備投資調整によって設備の大型化は進んだものの，多数の企業による激しい競争体制に関しては未だに問題が解決されていなかった。

　そこで，小規模企業が乱立した産業構造を改めるべく，1967年に通産省および有力企業（旧財閥系の先発企業3社）主導の下にエチレン年産30万トン基準を軸とした新たな調整システムが導入された。少数の有力企業が大規模設備を建設し市場を先取りすることにより，石油化学産業における投資主体の集約化と設備の大規模化を同時に実現することが企図された。新しい調整システムは，エチレン設備新設の最低規模を30万トンと非常に高く設定することによって，相対的に力の弱い企業の参入を阻止することを狙っていたのである。さらに，有力企業が大規模設備を建設することが可能となるように，認可枠を大きく算出できる調整システム（需要予測の対象期間を長くすることにより認可枠を増やす）が構築された。これにより，有力企業のみが認可枠を獲得し，大型設備を建設することによって市場の寡占化を進める予定だったのである。

　当初，30万トン基準を主軸にした調整は一定の成功を収めた。30万トン基準を適用した最初の認可である第7回協調懇に依拠する認可処理では，30万トン基準制定に賛成した有力企業を中心とした認可が実行され，通産省および有力企業による事前の思惑に近い形に落ち着いた。しかし，景気拡大が続き当初の想定以上に需要の伸びが継続したことによって，後発企業による参入を阻止する正当性が失われていった。むしろ，第7回協調懇において設備投資調整の前提となる予測期間を長く設定したために，これ以降の時期においても大きな認可枠が算出され，後発企業に対して設備建設の正当性を与えることになった。結局，最低設備規模を高くした上に，設備建設を望んでいた残りのすべて

の企業が第8回，第9回協調懇において認可されたことで，各企業に自由に投資を遂行させた場合よりも多くの設備が公式に認められた上で建設されるという皮肉な結果に陥った。

　この後，1970年秋口から需要の伸びが鈍化すると，設備投資調整に基づいて多くの設備を認可したがゆえに設備過剰状態へと陥った。需要の鈍化傾向が現れると，当初，深刻な設備過剰を回避すべく，業界団体は認可を受けてはいるものの設備が完成していない各社に対して設備完工繰り延べ等を要求した。しかし，要求を受けた各社は調整の結果として認可されたことを理由に完工繰り延べに強く反発し，事後的な設備投資の調整（修正）は不可能であった。結局，需要の伸びが鈍化する中で，30万トン設備が続々と完成することによって，エチレンセンター各社は深刻な設備過剰へと陥った。なお，各企業が自由に投資をした場合には，調整を行った場合よりも設備投資量が少なかったと推測されるために，このような設備過剰へ陥ることはなかった。設備過剰に陥った石油化学業界は，1972年に不況カルテルを締結することにより，事態の収拾を図った。この期間（1971～72年）にかけては，当然のことではあるが，新規設備建設計画は凍結された。

　また，最後にこの時期における石油化学業界のその他の動向および海外の動向に関しても簡単に言及した。石油化学技術の自由化について述べれば，1973年までは海外からの石油化学技術の導入は外資法に基づく許認可制になっていた。石油化学産業においては，この外資法が設備投資調整の強制力の源泉となっていた。しかし，経済の自由化の中で石油化学技術の導入が自由化された。ただし，自由化以降も通産省は行政指導によって企業の投資活動に影響を及ぼし続けたため，設備投資調整に対する影響は小さかった。さらに原料ナフサの輸入開始についても言及した。また，1965～75年にかけては，発展途上国を含む多くの国々でエチレン生産が開始されていった。日本周辺でも台湾や韓国でエチレン生産が開始された。

　本章が論じた時期において，日本の石油化学産業は深刻な不況に直面したものの，エチレン設備の建設はこれ以降も止まることがなかった。しかも，需要に対して設備能力は充足していたにもかかわらず，設備の新設が継続するので

ある。なぜそのような事態が生じたのかを次章では考察する。その中で，本章の時期における調整の実施が大きな影響を及ぼしていることが明らかにされる。

注

1) 『日本経済新聞』1967 年 3 月 4 日。
2) 『日本経済新聞』1967 年 3 月 26 日。
3) ここでは，先発企業 4 社中，旧財閥系の三菱油化，三井石油化学，住友化学を指す。これらの企業は協調懇で中心的な役割を果たしていた。
4) 1967 年に確立された調整システムは，通産省と業界の合作であると考えられている。当時の住友化学社長である長谷川周重は，30 万トン基準の制定に関して「通産省と業界の合作でしょう。当時，うちだけでなく，三菱油化も三井石油化学もこの基準には賛成したんですから」と述べている（森川監修，1977）。
5) なお，通産省が提示した諸基準は必ずしも同省がオリジナリティーを持って製作したものではなく，先進的な企業が立案した事業計画を踏襲したケースが多い（橘川，1991）。30 万トン基準に関しては，三菱油化の計画がベースとなっている可能性が高い。例えば，通産省化学工業局化学第一課が作成した「30 万 t エチレン設備を有するモデル石油化学センターの経営計算試算」という文書を参照してもその様相が窺える。手書きの同文書は，三菱油化の試算を修正して作成されている。「創業費は完済には四日市で吸収できる」（原文のまま）との記述の「四日市で」の上に「先発の場合」と書き直したり，「モデルセンター」の試算表には「鹿島計画」の書き込みがあったりする。
6) 『日本経済新聞』1967 年 5 月 24 日。
7) 『日本経済新聞』1967 年 5 月 28 日。
8) 『日本経済新聞』1967 年 6 月 12 日。
9) 『日本経済新聞』1967 年 7 月 14 日。
10) 『日本経済新聞』1967 年 8 月 1 日；8 月 31 日；9 月 30 日。
11) ただしこの時点で申請は行っていない（三菱化成株式会社総務部臨時社史編纂室編，1981）。
12) 『日本経済新聞』1968 年 3 月 30 日。
13) さらに大阪石油化学は，建設当初はその分解能力を年産 20 万トンに抑えることも決められた。
14) 増設（住友千葉化学年産 2 万トン，三井石油化学同 2 万トン，化成水島同 4 万トン），建設中の設備の計画上方修正（出光石油化学同 14 万トン，昭和電工同 5 万トン）。
15) 第 7 回協調懇で予想された必要能力の推移（将来予測値）は，決定係数 0.9963 で直線回帰することができる。関係式は $y = 33.7x + 116.5$ である（必要能力を y，年度に関しては 1967 年を $x = 1$，1968 年を $x = 2$，…とする）。この関係式で 1972 年度の必要能力を求めると 352.4 万トンとなり，ほぼ第 7 回協調懇で認可された設備が完

成された場合と一致する。ゆえに，第7回協調懇では5年度先（1972年度）までの需要を満たすのに十分な設備が認可されたと言える。
16) 東燃石油化学社史によれば，業界の通説として認可の優先順位は，まず丸善石油化学，次に三菱油化と浮島石油化学と考えられていたという（東燃石油化学株式会社編，1977）。
17) 『日本経済新聞』1968年3月30日。
18) 『化学経済』1969年1月号。
19) 『化学経済』1967年8月号。
20) 吉光局長の談話（『ダイヤモンド』1967年12月4日号）。
21) ただし，大阪石油化学という唯一の例外（実績のない企業の認可）があった。大阪石油化学は，すでに10万トンで認可を受けており，30万トン基準適用外の企業であったが，基準制定とともに30万トンへの上方修正を申請し，認められた。この時期に，実績のない企業で30万トン設備の認可が認められたのは大阪石油化学のみである。本書において，大阪石油化学が例外的に認可された理由までは明らかにできなかった。筆者は，大阪石油化学に関しては，前章で述べたように通産省が行政指導により半ば強引に三井化学・東洋高圧と関西石油化学の2計画を合流させたために，大阪石油化学に対してこれ以上の行政指導を行うのは困難であったためではないかと推測している。しかしながら，真相は明らかでなく，今後の研究の進展を待って明らかにしたい。
22) 丸善石油化学は1965年3月から日本石油化学よりエチレンを購入していた（石油化学工業協会編，1971）。コンビナート内の需要が好調であったため1966年度の購入実績は年間2.3万トンにも達していた（『化学経済』1967年8月号）。
23) 三菱油化の池田亀三郎社長は，30万トン設備の建設は複数年にわたって検討した結果である，通産省が基準を出したことによる決定ではない，エチレンの誘導品生産の計画を積み上げていった結果の数値が30万トンであったと証言している（「人物インタビュー」『ダイヤモンド』1967年11月6日号）。
24) 1967年の協調懇において，産業全体のエチレン需要は1967年度の130万トンから1971年度には246万トンと189.2％増加することが見込まれた（『化学経済』1967年8月号）。これに対して，三菱油化は自社の需要の伸びは1967年度の21.4万トンから1971年度には63.1万トンへと294.9％増加すると見積もった（『化学経済』1967年8月号）。
25) 岩永は，通産省から共同投資に対する強い要請があったこと，協会での協議においては協会長の企業は多少控えめにしなければならないことを証言している（森川監修，1977）。その上で，通産省への同調ということで増設を控えたが，他の企業と同様に30万トン設備を建設することは可能であったと述べている。しかし，結局は1973年より浮島石油化学は第2エチレン設備（年産40万トン）を建設することとなった（日本石油化学株式会社社史編さん委員会編，1987）。
26) 第8回協調懇以降は，独占禁止法上の問題から「要増設」という言葉は次第に書類上には明示されなくなる。しかしながら，認可枠という考え方（必要能力と現有・既認可済み能力の差）はその後も調整の前提であり続けた。例えば，第12回協調懇にお

いても必要能力と現有能力との比較，つまり認可枠を考慮して，設備休戦が決められた。また，書類上はこうした数値を明記しなくとも，討議の席上ではそれらが言明された。例えば，次章で詳しく述べるように第13回協調懇では，年度換算したエチレン需要や現有能力，新たに建設すべき設備能力は資料には記載されず，討議の席上だけで明らかにされた。さらに，1983年から開始された特定産業構造改善臨時措置法による設備処理の際も，将来需要予測を適正稼働率で割り戻し，現有能力との差を過剰設備能力と考え，設備処理を行った。

27) 水島エチレンは三菱化成と山陽石油化学（旭化成・日本鉱業）の共同投資会社であり，両社が各50％出資で設立。当初，両社による輪番投資も検討されたが，輪番投資の場合，先番争いになるため共同投資の形に落ち着いた。共同投資にあたっては，まず1970年度中に1基の完成を目指し，その後1972年をめどにもう1基の建設を目指すとされた。
28) 第8回協調懇資料に基づくと，1972年度の推定需要は343.2万トンであり，水島エチレン完成後の総設備能力は387万トンであるため，稼働率は88.68％となる。
29) 『日本経済新聞』1968年5月22日。
30) 通産省は，国際競争力の強化の立場から業界をできるだけ集約化しようとしており，両者の提携をあっせんしていた（『日本経済新聞』1968年1月30日）。
31) 三菱化成の篠島社長は，自社のペースで建設を進めていった結果が年産30万トン設備の建設であり，単独で十分に30万トン設備を維持できると述べている。さらに，篠島社長は，旭化成と共同投資を実施するのであれば30万トンを上回る年産40万トン設備を建設した方が良いと述べている（「人物インタビュー」『ダイヤモンド』1967年7月3日号）。
32) 1968年2月に化成水島（三菱化成）のエチレン生産能力は年産16万トンに達していたが，三菱化成によると，同社のエチレン需要は1970年度38.9万トン，1971年度48.6万トン，1972年度52万トンに達する見込みであった。そのため，単独での30万トン設備建設を目指していた（三菱化成工業株式会社総務部臨時社史編纂室編，1981）。
33) 旭化成は，すでに多数の誘導品製造を手がけていたが，参加している川崎地区のコンビナートが敷地の面で手狭となり増設が困難になっていた。また，激化するコスト競争に打ち勝つ点から基礎原料を自社生産したいと考えており，石油化学方式への製法転換を急がなければならない化成品事業も抱えていた。こうした複数の理由からエチレン設備建設を熱望していた（日本経営史研究所編，2002）。
34) 『化学経済』1968年11月号。
35) 『日本経済新聞』1969年3月15日。
36) 例えば，住友化学は1969年頃完成を目指し年産25万トン設備建設を計画していた（『日本経済新聞』1966年9月25日）し，三菱油化も1969年末を目指し年産30万トン設備建設を計画していた（『日本経済新聞』1966年10月14日）。
37) 『化学経済』1970年8月臨時増刊号。
38) 『化学経済』1969年8月号。

39)『化学経済』1970年8月臨時増刊号。
40) 化学経済研究所所員による「第9回石油化学官民協調懇談会取材メモ」1969年より。
41) 通産省は，石油化学産業の国際競争力強化だけでなく，石油化学製品の安定供給にも配慮した行動をとっている。後述するが，例えば最初のエチレン設備休戦の際も製品の安定供給を理由に設備休戦に同調しなかった（『日本経済新聞』1971年4月7日）。1971年には1974年までの設備休戦を求める業界側に対して，通産省は景気が回復し始めた場合，供給不足をもたらす恐れがあるとして設備休戦を容易には認めなかったのである（『日本経済新聞』1971年10月10日）。
42)『日本経済新聞』1969年6月12日。
43) 水島エチレンも同じ資本形態で1969年11月に設立された。水島エチレンは三菱化成側に，山陽エチレンは旭化成側にエチレン設備を建設した。
44) さらに，同書は石油化学工業の高い成長は，9基の30万トン設備完成後の1972年，1973年におけるさらなる大型設備建設を保障しようとしていると述べている。
45)『化学経済』1970年1月号。
46)『化学経済』1969年3月号。
47)『日本経済新聞』1969年9月5日。
48) 第10回協調懇では，以下で説明されている新規設備認可の問題以外にも，原料の多様化という問題に関しても議論が交わされた。通産省は，この時期から新たな政策課題として原料の多様化を考慮し始めた。通産省は，今回の認可から「原料ナフサ依存度が50％以下」という条項を基準に加えようと考えた。しかしながら，これは業界側の強い反発によって立ち消えとなった（『日本経済新聞』1970年5月27日）。結局，第10回協調懇では，基準の運用方針に関して「原料の相当部分についてコンビナートを構成する製油所からパイプによって入手できる見込みがあり，かつ当該コンビナートにおいて技術的，経済的に可能なかぎり多様な原料の使用を図るものであること」という一節が追加されるにとどまった。ただし，通産省は「第10回石油化学協調懇談会の決定事項の趣旨について」という文書を作成し，その中で強く原料の多様化を訴えている（通商産業省化学工業局，1970）。
49)『化学経済』1970年8月号。
50)『化学経済』1970年10月号。
51) 製品価格および企業の収益性に関しては，『化学経済』1972年8月号；8月臨時増刊号を参照。
52) 住友化学の100％子会社で，住友化学千葉工場の運営会社。後に，住友化学に吸収合併される。
53) 住友千葉化学，日本石油化学，三井石油化学，三菱油化，東燃石油化学，新大協和石油化学，丸善石油化学，化成水島，出光石油化学，大阪石油化学，鶴崎油化。
54) 各年度の売上高利益率を見ると，1966年度4％，1967年度4％，1968年度3.1％，1969年度2.1％，1970年度1.3％，1971年度0.3％であるから，一連の30万トン設備が完成し始めた1969年以降の収益悪化が激しいことがわかる。
55)『化学経済』1972年8月臨時増刊号。

56) 『日本経済新聞』1971 年 7 月 20 日。
57) 『日本経済新聞』1971 年 9 月 26 日。
58) 『日本経済新聞』1971 年 11 月 6 日；12 月 2 日。
59) 『日本経済新聞』1971 年 12 月 10 日。
60) 『日本経済新聞』1972 年 1 月 5 日。
61) 新大協和石油化学や東燃石油化学などは 50〜60 % の稼働率が想定される中で，先発の三菱油化，三井石油化学などは生産調整を実施してもなお 90 % 台の稼働を維持しようと考えていた。こうした格差により，利害対立は激しさを増していた（『日本経済新聞』1972 年 1 月 27 日）。
62) 石油化学工業協会エチレンセンター社長会は，エチレンメーカー 12 社の社長から構成されていた。
63) 『日本経済新聞』1972 年 2 月 15 日。
64) 『日本経済新聞』1972 年 3 月 19 日。
65) 『日本経済新聞』1972 年 3 月 31 日。
66) 1971 年度下期に税引き前の利益ベースで利益を計上しているのは最大手の三菱油化，石油精製系の東燃石油化学，出光石油化学のわずか 3 社に過ぎなかった。しかも，三菱油化を除いた 2 社の利益幅は極めて薄かった。
67) 『日本経済新聞』1972 年 3 月 14 日。
68) 『日本経済新聞』1972 年 6 月 17 日。
69) 『日本経済新聞』1972 年 7 月 18 日。
70) 『日本経済新聞』1970 年 9 月 25 日。
71) 『日本経済新聞』1970 年 11 月 13 日。
72) 『化学経済』1971 年 1 月号。
73) 『日本経済新聞』1971 年 4 月 7 日。
74) 背景には，通産省が石油精製設備の認可に絡んで，ナフサ需要を政策的に上積みする必要があったという別の要因も絡んでいる。
75) 『日本経済新聞』1971 年 4 月 29 日。
76) ただし，業界としては，懇談会で通産省側に「できるだけ 1974 年休戦を実施したい」との意向を伝えており，実質的には 1974 年設備休戦は実施されると考えられていた（『日本経済新聞』1971 年 10 月 13 日）。
77) 『日本経済新聞』1971 年 7 月 30 日。
78) 『日本経済新聞』1971 年 9 月 21 日。
79) 『日本経済新聞』1971 年 10 月 12 日。
80) 今後実施される設備調整基準の検討にあたって，その際の基本的な方針として以下のような内容が発表された。今後設定される調整基準は石油化学工業の装置産業としての特質を考慮しつつ，国際化に耐える体質強化を図るため，質的競争を十分に生かしうるものであること，具体的にエチレンおよび誘導品の新増設すべき設備規模は石油化学コンビナート建設に要する新立地の確保，石油精製設備認可時期との整合のため 5 年後の需要に見合う規模を一応設定するが，その間の需要変動に対応するため，中

間年次に新増設規模を再検討すること（石油化学協調懇談会，1971）。
81)『日本経済新聞』1971 年 11 月 27 日。
82)『日本経済新聞』1972 年 1 月 14 日。
83) なお，第 12 回協調懇開催直前の第 6 回政策委員会において，1974 年度末までの新増設の全面休止と 1975 年度も設備休止の方向でエチレンセンター各社間の融通体制を作るなどの具体策を急ぎ検討することが合意され，これを反映しての決定であった（『日本経済新聞』1972 年 8 月 12 日）。
84) 今回の協調懇では，認可枠を算出する際の適正稼働率が従来の 85％ から 90％ に引き上げられた。これは，設備過剰と市況悪化に対して業界としての体質改善案をまとめた「石油化学工業の体質に関する提言」における結論を反映した結果である。石油化学工業協会石油化学工業体質改善懇談会では，複数の提言が出され，その中には需要予測や調整に関する内容も含まれていた。同懇談会では，現行の需要予測は価格という要素を考慮しないものであったことを反省し，需要予測のさらなる客観化，充実の必要性が訴えられるとともに，需要予測の前提として公正な市場価格が維持できることを前提とすべきであるとされた。その上で，設備調整に関しては，石油化学工業はすでに成長期を過ぎて安定期，成熟期に入りつつあるとの基本認識に基づき，所要設備能力を算定する際に使用する適正稼働率を引き上げることを提言したのである（石油化学工業協会石油化学工業体質改善懇談会，1971）。
85) 具体的には，以下のような内容が決定された。①新増設規模は 5 年間の需要見通しに基づいて 3 年後をメドにこれを定め，適正稼働率を 90％ 稼働として算出する。この際に，設備能力は国際経済規模以上のものとし，企業化には販売力などを勘案する。②工事計画は，着工，完工，商業生産開始時期をそのつど事前に協調懇分科会に届け出る。③新規参入の取り扱いは，稼働希望時期，能力，生産品種，販売計画などを分科会に届け出，既存業界と計画企業による新規参入懇話会に諮った上で分科会にて取り決める。④新製品は優先扱いするがその認定，企業化時期などは各分科会で決め，新規参入は③の扱いにする。⑤海外投資で製品が長期間輸入される場合は，原則として新増設枠に含める（『化学経済』1972 年 11 月号）。
86) 三輪（1990）は，鉄鋼業における設備投資調整は，法的強制力がなかったために必ずしも明確な経済的インパクトを伴ったものではなかったと考えているが，石油化学工業の事例に垣間見えるように設備投資調整を成立させるのに必ずしも法的強制力が必要であるとは言い切れない。したがって，法的強制力がないことを理由に，鉄鋼業において設備投資調整は各企業の投資行動に影響を及ぼしていないと完全に主張することはできないと考える。
87) 本項は，石油化学工業協会編（1981）を参照している。
88) 本項は，特に断わらない限り，大東（2014b）に基づいている。

第 4 章

投資調整の継続と設備過剰の深化

　前章で論じたエチレン年産 30 万トン基準に基づく一連の大型設備が完成し設備過剰に陥った後も設備投資が進められ，石油化学産業における設備過剰は一層深化した。この期間の設備投資行動に関しては，先行研究においてはほとんど検討されていないが，当該期間に形成された過剰設備は一連の 30 万トン基準に基づく過剰設備能力分を上回る規模である。

　この期間における投資活動も設備投資調整の結果に基づくものであり，調整の結果としてむしろ大型設備の建設が正当化されていた。1973 年に入ると需要の伸び率が回復し，多数の企業が再び設備の増設を希望した。これに対し，30 万トン基準運用時と同様の認可枠が大きく算出される調整システムが再び採用されたことによって，本来必要とされない設備が認可された。つまり設備が充足しているにもかかわらず大型設備の建設が多数認められる結果となった。その後，需要が大きく落ち込み，設備過剰が危惧されたものの需要予測上問題がなければ，着工が許可されることになった。こうして，需要が低迷している状況下で大型設備建設が着工され完成することで，日本の石油化学産業は設備稼働率，収益性ともに長期的に低迷するという結果に陥った。その後，第 2 次石油危機が発生することでさらに事態は悪化し，最終的には特定産業構造改善臨時措置法（産構法）に基づいて大幅な設備処理が実施されることになったのである。

1　問題の所在——不況下での投資の継続

　イントロダクションの中で検討したように先行研究においては，日本の石油化学産業が設備過剰に陥ったという事実に関して，エチレン年産30万トン基準のみに注目が集まっていた。本書においても，第3章で30万トン基準の制定を中心とした時期に関する考察を行った。そこでは，投資主体の集約化を狙い30万トン基準の制定を含む新たな調整システムが導入され，それに基づく設備投資調整が行われることによって日本のエチレン製造業が設備過剰へと陥ったプロセスが解明された。

　しかし，日本の石油化学産業では，30万トン基準に基づく一連の設備投資が実施され設備過剰に陥った後も，設備投資が継続された。図4-1に示されるように，1972年に9基の30万トン設備が完成し設備能力が約500万トンに達した後，1977年から78年にかけて再び設備能力が急増している。この設備能力の急増は，1977年に昭和油化，1978年に浮島石油化学（千葉）の大型設備が相次いで完成したことに起因する。ただし，当該時期の設備能力の急増は決して各企業による無秩序な投資活動の帰結ではなかった。石油化学官民協調懇談会（協調懇）において必要な設備として認められ，業界の同意も得た上で通産省の着工許可を得て建設されたのである。

　最終的には，これらの設備投資が完了することで日本の石油化学産業は慢性的な設備過剰に陥り，1985年に産構法に基づく設備処理が実施される。図4-1にも描かれているように，産構法に基づく設備処理によって日本のエチレン生産能力は年産431.6万トンに減じられる。設備処理直前の各社の届出による生産能力の合計は年産633.7万トンであったため，過剰設備能力として年産202.1万トン分の設備能力が処理されたことがわかる。

　ここで，「9基の30万トン設備の完成に伴って形成された過剰能力」と「その後の設備投資によって形成された過剰能力」の値を比較すると後の時代に形成された過剰能力分の方が大きいことが判明する（図4-2）。9基の30万トン設備が完成した時点の設備能力は，実働で約510万トンであったという[1]。し

第4章 投資調整の継続と設備過剰の深化　163

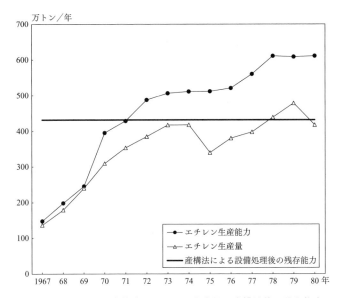

図 4-1 エチレン生産能力，エチレン生産量，産構法後の残存能力
　　　　（1967〜80年）

注）生産能力に関しては，石油化学工業協会総務委員会石油化学工業30年のあゆみ編纂ワーキンググループ編（1989）に掲載のものを使用。それらは通産省『化学工業統計月報』の各年12月の月産能力を12倍したものである。
出所）石油化学工業協会編（1989）より作成。

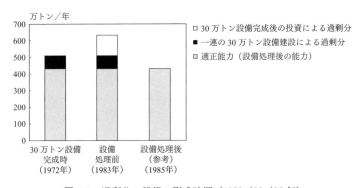

図 4-2 過剰分の設備の形成時期（1972／83／85年）

出所）図4-1より作成。

たがって，産構法による設備処理時点から振り返れば，9基の30万トン設備を建設することによって形成された過剰能力は約80万トンと推定される。この後，産構法による設備処理までに生産能力は約120万トン増えて633万トンになることから，9基の30万トン設備完成後の設備投資によって形成された過剰能力は約120万トンであると考えられる。ゆえに，両者を比較すると9基の30万トン設備が建設された後の設備投資の方が過剰能力をより多く形成していると考えられるのである。

よって日本の石油化学産業における設備過剰形成の問題を考える際には，より問題を深化させたこれらの期間（9基の30万トン設備の完成以降）の考察は欠かすことができないと言える。本章では，9基の30万トン設備が完成した後に，どのようなプロセスを経てさらに設備投資が継続されていったのかを明らかにする。

2　設備過剰下でのさらなる新設の認可

1973年になるとエチレン需要が回復したことにより新増設計画が活発化し，それらを対象に設備投資調整が実施された。この際に多くの企業が投資を望んだために認可枠が大きく算出される調整枠組みが復活した。それに基づき4基の設備新設が認められることになった。これらの設備が認可された1973〜74年は，図4-1からもわかるように生産能力が生産量を大きく上回りすでに設備は充足していた。それにもかかわらず，設備投資調整の結果としてさらに設備の建設が認可されたのである。

1) 需要の回復による投資意欲の高まり

エチレンセンター各社は，1971年，1972年におけるエチレン製造設備の新規着工（1973〜74年完成予定）を凍結し，1972年には不況カルテルを締結するほど深刻な設備過剰に陥ったものの，1972年後半から需給ギャップは徐々に改善の兆しを見せていた。不況カルテル締結から3カ月が経過した1972年7

月には，不況が底を打ち落ち着きを取り戻し始めた[2]。需給のアンバランスで値下がりを続けていた各種合成樹脂も，不況カルテルに伴う生産調整による品薄から値上げが浸透していった。業界側も，想定した以上に価格は堅調になっていると不況カルテルの効果を認めていた。この結果，石油化学業界は各製品とも潜在的な設備過剰下にもかかわらず，秋口からは需要がひっ迫し，販売価格も石油化学製品の国産化以降初めて上昇を示し始めた。主要石油化学製品の在庫率は前年（1971年）の水準を下回るようになった。エチレン不況カルテルが1972年末をもって期限切れとなった[3]後も需給のひっ迫は続き，1973年に入って主要合成樹脂を中心とする石油化学製品の品不足は，期を追うごとに進んでいった[4]。

エチレンセンター各社は，収益性に関しても1972年夏以降本格的な回復を示し，1973年3月期の決算では大幅な増益となった[5]。3月期決算の6社の営業利益増加率を見ると，三井石油化学64.7％増，日本石油化学49.5％増，新大協和石油化学は実に11倍に，大阪石油化学は62.7％増となった。出光石油化学と丸善石油化学は減益となったものの，それぞれ2.2％と9.5％に過ぎなかった。

こうした急速な需要，収益性の回復に対して当初は通産省，業界側ともに戸惑いを見せていたものの，結局は各社の新増設計画が活発化することとなった。需給が回復を見せ始めた頃，通産省および業界首脳はともに需要状況の変化に懐疑的であった[6]。通産省は，需給のひっ迫は長続きしないと考えていた。需給が好調である理由は，過熱気味の国内景気の上昇が続き，これまで遊休設備を抱えていた各石油化学製品の加工業者が能力の限界まで稼働率を上げたためであり，ある種の仮需であると通産省は考えていたのである。エチレンセンター各社も当初は需給環境の改善の理由を摑みかね，各社とも投資意欲は高まらなかった。1973年4月のエチレンセンター各社首脳による社長会では，1975年完成を目指す設備建設に対して慎重論が展開された[7]。しかし，1973年5月に入ると新増設計画が活発化することとなった。石油化学工業協会は，石油化学主要誘導品の需要見通しをまとめ，実際の需要が前年の協調懇での推定需要を上回るのは必至であると発表した[8]。直後に，三菱油化が鹿島第2期

計画として年産40万トンの大規模設備を増設する方針を決め，通産省や業界へ非公式に計画実施の意思を伝えた[9]。引き続き，浮島石油化学（千葉），昭和電工，出光石油化学といった各社が続々とエチレン設備増設に動き始めた[10]。三菱油化を除く3社は，それぞれの事情から30万トン設備を保有しない企業であった。そして，この時点ですでに前回の設備投資調整によっていわば設備建設を我慢した浮島石油化学（千葉）[11]が最初に認可を受ける有力候補であるとの見方が業界内に広まっていた。

ただし，一部の業界関係者は国内市場における急速な需要回復に対してその原因を摑みかね，増設に慎重な意見が消えなかった[12]。例えば，三菱化成の篠島秀雄社長は，「手痛いやけどを負ったばかりの現在，エチレン増設は時期尚早。現有設備をフル操業するまで設備投資をすべきではない。供給不足を防止するためには採算の悪い輸出をストップすればよいし，さらに足りなくなれば輸入すれば済むことだ」との見解を示し，旭化成の磯部一充副社長も「いま，物が足りないといっても，どこまでが本当の実需で，どこまでが仮需要か定かではない。さらに，価格が上がったといっても過去に各社とも数十億円の赤字を出しており，まずこれを解消して経営を正常な状態に戻し，その上で増設を考えるべきだ」と述べた。しかし，新増設を望む企業が多数を占める業界内において，こうした意見は広範な同意を得ることができなかった。通産省も継続的かつ着実にエチレン需要が増え続けると考えるようになっていた[13]。

2）調整枠組みの再変更と4社の認可（1973年）

新増設計画の活発化に伴い，通産省および業界では設備投資調整に関する基本方針の策定が急がれた。石油化学工業協会では，6月のエチレン社長会において，エチレン新増設に関する投資ルールの大綱がまとめられ，従来通り設備新設に際しての最低規模は30万トンに定められた[14]。投資を望む各社は，原料難，立地難などで生産増強が困難な時代に増設ができれば自社が有利になると考え，新増設の順位をめぐってせり合う様相を見せた[15]。一方通産省は需要予測を踏まえた上で，供給安定化のために4基の設備新設を認める方針を固めた。そして，通産省は認可に際しては，①設備過剰を避けるためにこれらは

1976年と1977年に分けて2基ずつ建設し，さらに同一年度でも上期と下期で1基ずつの完成とすること，②増設する際に立地が東日本と西日本にバランスが取れていることを重視することにした[16]。

1973年7月の第13回協調懇では，「エチレン製造設備の投資基準」（石油化学協調懇談会，1973）が定められた。同基準では，「必要な設備能力は当該年度を含む5年間のエチレン需要見通しを策定し，これ〔4年度先の需要——引用者注。以下同じ〕を適正稼働率〔90％[17]〕で割り戻して必要な設備能力を算定する」とされた。この基準に関して注目すべきは，企業側の投資熱の高まりを受けて再び設備投資調整の前提となる基準年が4年後に戻されたということである。このように，業界側が投資を遂行したい場合（30万トン基準制定時および今回の協調懇）は基準年が約4年後とされ，業界側が投資を実施したくないと考える場合（一律設備休戦を決めた前回の第12回協調懇）は基準年を約2年後にして必要な設備能力を小さくするというように，都合に応じて基準年はしばしば変更されたのである。基準年の設定にあたっては，合理的な根拠が事前に存在するというよりも，業界の意向に合致した数値が算出される年を基準年としたという方が正確なのではないだろうか[18]。

第13回協調懇では，設備投資調整に際しての新ルールが策定されると同時に従来通りに将来需要予測と調整の前提となる必要能力の算出がなされ（表4-1），さらに増設すべき設備能力に関しても言及された[19]。なお，年度換算したエチレン需要や現有能力，新たに建設すべき設備能力は，「協調懇資料」には記載されていない。これらは，討議の席上だけで明らかにされた。需要予測によれば，継続した需要の上昇により1976年度には576.7万トン，1977年度には617.7万トンの設備が必要になると考えられた（必要能力）。そして，第13回協調懇時点の既存設備は実働能力で510万トン程度と想定された。それゆえに，必要能力から既存の設備能力を差し引き，1976年度の需要を満たすために1975年度までに66.7万トン，1977年度の需要を満たすために1976年度までにさらに追加して41万トンの設備を建設することが必要であると考えられた。その結果，協調懇では適正な供給を実現するために，1976年度中までに合計4基（30万トン設備と仮定すると120万トン）程度の増設が必要との結論を

表4-1 第13回協調懇（1973年）による需要予測および認可枠

(万トン／年)

	実績	推定				
	1972年	1973年	1974年	1975年	1976年	1977年
高圧法ポリエチレン	101.0	116.6	121.6	126.2	133.3	140.0
中・低圧法ポリエチレン	54.1	59.8	66.0	71.7	77.5	83.3
エチレンオキサイド	36.1	39.8	44.9	50.4	55.3	60.2
スチレンモノマー	28.3	33.0	36.4	40.1	43.5	47.6
アセトアルデヒド	39.9	42.8	45.2	47.7	50.2	52.8
塩ビモノマー	61.1	75.4	82.4	88.1	92.7	98.6
その他	61.1	56.3	51.4	51.8	57.4	63.1
合　計	381.6	423.7	447.9	476.0	509.9	545.6
年度換算		423.7	454.9	485.5	519.0	555.9
必要能力		470.8	505.4	539.4	576.7	617.7
認可枠		-39.2	-4.6	29.4	66.7	107.7

注）90%稼働で需要を満たすことを目標としており、それに基づき必要能力が算出されている。認可枠は、必要能力から既存設備能力および認可済み能力の合計（510万トン）を差し引くことで求められる。なお、既存能力は公称能力ではなく実働能力である。通産省は実働能力を510万トンと仮定した。

出所）石油化学協調懇談会（1973）、ただし、年度換算の数値は化学経済研究所所員による「第13回協調懇取材メモ」を参照し作成。

下した[20]。第13回協調懇では、鳥居保治石油化学工業協会会長も「〔エチレン〕需要見通しから適正な供給に増設が必要」と言明しており、やはりエチレン需要予測が調整の根幹となっていたことが確認できる。

　需要予測の結果から、三菱油化、浮島石油化学、住友化学、昭和油化（昭和電工）の4社が内定を受けるに至ったが[21]、本来ならばこれらの企業をすべて認可する必要はなかった。設備過剰に陥ったことへの反省から、前回の協調懇では調整の前提となる基準年を協調懇開催の約2年後に戻した。この2年という数値は10万トン基準運用時に使用され、設備の建設にはほぼ2年かかるため、設備調整の前提にするのに適当な設定であった。仮に基準年を2年後とした場合には、第13回協調懇の認可枠は29.4万トンとなり1社のみの認可にとどまるのである[22]。また、第7〜9回協調懇に依拠して9基の30万トン設備が認可された時（1967〜69年）とは異なり、現時点では十分にエチレン設備は充足しており、増設に緊急を要する状況でもなかった[23]。

3）着工順位をめぐる争い

　第13回協調懇の討議結果に依拠して4社が設備建設の内定を受けたものの，どの企業から着工するのかという着工順位に関しては激しい争いが展開され，容易には決まらなかった。一度は，1973年8月に各社社長の話し合いによって合意が形成された[24]。その内容は，①東日本地区は浮島石油化学（千葉），西日本地区は住友化学（新居浜）を先に完成させる，②この2基の後は需給動向を考慮して，東は三菱油化（鹿島），西は昭和油化（大分）を完工するというものであった。社長会では，三井石油化学と日本石油化学が前回の設備投資調整時に共同投資会社（浮島石油化学）を設立し，業界全体の過剰投資を避けることに貢献したという経緯を尊重し，浮島石油化学の増設を最優先とすることが決定された。同時に，以前の産業構造審議会などで示唆されたように[25]，エチレン生産能力を東西に均衡させ，生産，資本の両面から石油化学業界の集約化を図るいわゆる「東西ブロック論」を実現すべく，西日本の住友化学と東日本の浮島石油化学と同時に完成させることにしたのである。こうした決定に基づいて，浮島石油化学，住友化学，三菱油化，昭和油化（昭和電工）の各社は，地元自治体との折衝に入った[26]。なお，この当時は公害が非常に大きな社会問題となっており，地元の合意を得ることが着工許可の要件となっていたことから地元の動向次第では着工順位が変わる可能性すらあった。

　着工順に関して一応の合意が形成された後も，石油化学産業は極めて好調な需要と収益を保ち続けた。1973年は極めて内需が旺盛であり，図4-3に示されるように月によっては稼働率が90％近くに達することもあった。そのため，7月になると需要の好調さは仮需ではなく本当の需要ではないかという考えが広まった[27]。また，1973年9月期の決算も好調であった[28]。石油化学製品が全般にわたって需要活発であり，製品価格も向上してきたため，「万年赤字」の状態から一挙に抜け出し収益が大幅に向上したのである。

　さらに，偶発的な外部要因も需給のひっ迫，それによる価格の上昇を引き起こし，エチレンセンター各社に多大な利益をもたらした。1973年7月に出光石油化学の主力設備である第2エチレン設備が爆発事故を起こし，翌1974年3月まで長期間にわたって同設備の操業が休止した[29]。また，大阪石油化学も

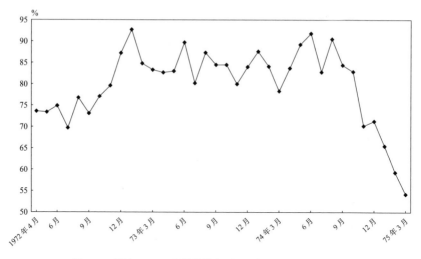

図 4-3　月別エチレン設備稼働率（1972 年 4 月〜75 年 3 月）

出所）『化学経済』1976 年 1 月号より作成。

9月に事故を起こし10月までエチレン生産ができず，住友化学，日本石油化学も爆発を起こすなど各コンビナートで事故が多発した[30]。この結果として，月別のエチレン設備稼働率（図4-3）が示すように1973年11月には稼働率が80％近くまで減少するなど日本全体でエチレン不足が深刻になった。しかし，スクラップ寸前の中小設備が操業を再開する[31]などしたため，一時的な落ち込みこそ見られるものの1973年後半〜74年初頭には85％程度の高い稼働率を維持していた。

これに加え，1973年10〜12月にかけて第1次石油危機が発生するも，極端な石油化学製品の不足により，むしろ大幅な価格上昇が生じることによって，史上最高の高収益を石油化学企業に残すことになった[32]。原料ナフサ価格が大幅に上昇した際に，各社が従来の低収益性を改善するためにコストの上昇を上回る値上げを実施し，結果として大幅に収益性が改善したのである。具体的に各社の状況を見れば，例えば1973年12月決算の昭和電工は6月期の決算に比べ利益が4倍強となり，同社の鈴木治雄社長が消費者からの批判を想定し「もうけすぎではない」と事前に断るほどであった。さらに，三菱油化も石油化学

製品の需給ひっ迫を背景に稼働率が向上するとともに，製品の大幅値上げによって利益が前期（1973年6月期）に比べ2.1倍になった。三菱化成も同様に値上げの効果が大きく創業以来の高収益を記録し[33]，三井石油化学も大幅な利益増となり，従来は大幅な赤字を計上していた丸善石油化学，新大協和石油化学も黒字転換したほどであった[34]。この後，事故で一部休止していた各社の生産状態が平常に戻った1974年春以降は，5月を中心に稼働率が90％近くまでさらに上昇することになる。

　こうした極めて好調な需給環境と収益性の改善が，後で着工とされた企業（三菱油化，昭和油化）に対して合意された着工順を覆そうと企図する動機を与えることになった。着工順位下位にあった三菱油化と昭和油化の2社が，エチレン設備建設を強行することを表明したのである。三菱油化は，これまでエチレン社長会，協調懇において設備投資枠や設備投資順位を決定してきたことに対し，これらの調整は独占禁止法上問題があると主張し，自らの強行着工の正当性を主張した[35]。引き続き昭和油化も当初の予定を繰り上げ，年末にも強行着工し，1976年秋の完成を目指すと発表した[36]。確かに上記2社が主張するように，独占禁止法の運用が強化される中で[37]，従来から行ってきた設備投資調整は法律上問題があった。非公式ながら，公正取引委員会はエチレン社長会が生産制限カルテルの性格を帯びる可能性が極めて強く，場合によっては協調懇自体も法的に問題があるとの厳しい見方を示した[38]。結局，第13回協調懇以降1年を経ても着工順位が定まらず，1974年の第14回協調懇を迎えた。ただし，第14回協調懇においても，浮島石油化学，住友化学，三菱油化，昭和油化の4社すべての増設が必要との判断に変わりはなかった[39]。なお，第14回協調懇においても従来と同じくエチレン需要見通しの推定（表4-2）が実施された。4社の認可に変わりがなかったのは，これらの推定結果や現在のエチレン供給能力のバランスを考えた上での判断であった。また，独占禁止法上の問題から今後の協調懇では，需要予測や供給能力の把握などにとどめ，従来のような具体的な設備投資調整作業は行わないことが決定された[40]。しかしながら，実際には第14回協調懇開催後に石油化学産業は深刻な不況へと陥り，大幅な需給ギャップが常に存在するようになり調整の必要性がなくなることで，

表 4-2 第 14 回協調懇（1974 年）による需要予測

(万トン／年)

	実績	予測				
	1973 年	1974 年	1975 年	1976 年	1977 年	1978 年
高圧法ポリエチレン	111.7	127.4	135.1	145.3	154.5	164.6
中・低圧法ポリエチレン	67.3	69.0	76.9	85.3	93.6	102.3
エチレンオキサイド	39.3	41.6	46.4	52.3	56.1	59.9
スチレンモノマー	30.8	35.7	41.5	46.5	51.4	56.8
アセトアルデヒド	42.3	42.9	48.2	46.9	50.0	53.3
塩ビモノマー	68.5	70.5	74.8	79.3	84.0	89.0
その他	51.3	41.4	37.3	38.3	40.3	42.4
合　計	411.2	428.5	460.2	493.9	529.9	568.3

出所）石油化学協調懇談会（1974）。

協調懇は1975年，1976年と相次いで開催が見送られ，第14回協調懇が最後の開催となった[41]。結局，協調懇は解散が宣言されることもなく，いわば中断のまま消滅したのである。

3　大型設備を保有しない企業の着工（1974〜75年）

通産省の裁断により浮島石油化学の着工が許可された後に需要が大きく落ち込んだため，設備過剰が危惧されたものの，需要予測上問題がなければ結局は調整の枠組みに従って設備建設を望む企業に対しては着工が許可された。着工を許可された企業は，この時点で30万トン以上の大型設備を保有しない企業であり，かつ比較的高い設備稼働率を維持している企業であった[42]。着工が認められた背景としては，これらの企業が着工を希望する以上，投資調整の平等性の観点からこれを止める正当な理由がなかったことも大きい。

1）浮島石油化学の着工許可

設備建設の着工順に関しては，最終的には通産省が行政指導によって決めることになった。その理由は，前年からのインフレに歯止めをかけるべく総需要

抑制政策がとられている中での大型設備の投資には問題があると考えられたためである[43]。こうして，結局は 1973 年の石油化学工業関係の技術導入自由化以降もエチレン設備新造に関する調整権限は通産省に残されることになった。

1974 年の第 14 回協調懇が終了するとすぐに通産省は，浮島石油化学に対して年産 40 万トン設備（公称）の建設を認めた[44]。もちろん，浮島石油化学の建設を行っても需要予測上，設備過剰に陥る危険性はなかった。そして，浮島石油化学が一番に認可されたのは，業界のコンセンサスが得られていたことが大きい[45]。堀深石油化学工業協会会長（旭ダウ社長）も浮島石油化学が最初に着工許可を得たことに関して妥当であるとの見解を示していた[46]。

浮島石油化学の設備建設に関して業界のコンセンサスが得られた理由は，設備投資調整という行為の本質と関わっている。設備投資調整は，各社が一斉に投資し設備過剰に陥る危険性がある場合に，人為的に各社の投資のタイミングをずらすことで過剰となることを防ぐシステムである。したがって，どこかの企業が一時的には投資を我慢することを強いられる。30 万トン基準に基づく一連の設備投資の際に，この我慢をしたのが三井石油化学であった。三井石油化学は有力企業でありながらも自社の敷地に 30 万トン設備を建設することを断念したのである。調整の結果として，三井石油化学のように本来ならば力がありすばやく投資を遂行するはずの企業が，投資をできずに設備投資調整終盤になっても投資の順番待ちをしているというような事態が生じていた。

しかし，三井石油化学に一方的に我慢をさせたままでは済まされない。何らかの形で各企業に平等性が保全されることが暗黙にでも成立していなければ，設備投資調整とはどこかの企業が一方的に損失を被る取引であることになり，こうした企業がアウトサイダーとなることで協調行動自体が成立しなくなる可能性があるからである。そのため業界では，新たに投資機会が発生した際には三井石油化学が共同投資会社浮島石油化学の名義で自社敷地内に設備を一番手で建設することが早い時点から既定路線となっていた[47]。なお，この当時三井石油化学の業績は極めて好調であった（三井石油化学工業株式会社社史編纂室編，1988）。1973 年上半期は，創業以来最高の利益を計上し，設備稼働率も岩国大竹工場は 100 %，千葉工場は 96 % であり，業界でも有数の高い稼働率を維持

していた。旺盛な需要を反映して、同社は既存のエチレン設備を数千トンずつ増強して、生産力を確保していた。

ただし、浮島石油化学に続いて、二番手としてどの企業が設備を建設するのかという問題では各社が紛糾することになった。政府首脳が総需要抑制のためにエチレンセンターの年内（1974年中）着工は1基にするとしたため、翌1975年1月着工の二番手の順位をめぐって残り3社で着工順位争いが繰り広げられた。増設へ向けて各社の思惑が入り乱れ、時には企業の首脳間で激しい論争が交わされることさえあった[48]。通産省は、とりあえず1975年に三菱油化と住友化学に同時着工を認め、昭和油化（昭和電工）は住友化学との輪番投資として着工時期を遅らせるとの基本方針を定めた[49]。しかし、昭和油化（昭和電工）はこの決定に納得せず、1975年着工、1977年完工の当初予定はずらせないと強硬姿勢を崩さなかった[50]。

2）需給状況の急変（悪化）と三菱油化の方針転換

着工順争いが展開されているうちに、需給環境が急変（悪化）していった（図4-3を参照）。1974年の夏頃まで需給はひっ迫し、各社は空前の利益を計上していた。しかし、夏以降、総需要抑制政策の浸透により、需要が減少し始め10月以降は激減するに至った[51]。在庫の増加と需要減退が表面化し、三菱油化、昭和電工、新大協和石油化学などの各社は11月から一斉にエチレンなどを20％程度減産することを決めた[52]。さらに12月には各社とも30％近くまで減産を進め、三菱油化に至っては安全な運転が保てる範囲で最大限の減産幅である35％減産に踏み切った[53]。結果として、1974年上期には80％から90％であったエチレン設備の稼働率は、1974年11～12月には約70％に低下した。

稼働率の低迷を受けて、すでに1974年8月に着工している浮島石油化学を除き、着工を見送るべきであるとの考えが業界に広まった。三菱油化は新規投資に対して消極的になり、以前はエチレン設備の強行着工まで主張していた同社の黒川久社長は「エチレンが減産に入ろうとしているなど景気が悪い、こんな時に投資を決断することはできない」と方針を転換した[54]。エチレン社長会でも1974年のエチレン生産が（前年比）「ゼロ成長」にとどまる公算が明らか

になったことで，設備投資に対して慎重論が相次いだ[55]。しかし，未だに30万トン設備を保有しない昭和油化（昭和電工）はあくまで1977年3月操業開始にこだわりを見せていた。

翌1975年に入ると，日本経済は立ち直りを示す一方で，石油化学業界は一層深刻な設備過剰に悩まされた。エチレン設備稼動率が，1～2月には60％台，3月には54.2％に低下した。エチレン設備増設を強く望んでいる昭和電工も誘導品の在庫が増え，すでに前年12月から稼働率を65～70％に落としていたが遂に在庫が適正水準の2倍以上にも達し，約40日間に及ぶ操業停止の実施を決定した[56]。定期修理以外で操業を全面停止するという事態は同コンビナート開設以降初めてのことであった。

3) 昭和油化の着工許可——不況下での大型投資

このように需給が極めて悪化しているにもかかわらず，昭和油化はあくまでエチレン設備の着工を主張した[57]。同社が30万トン設備にこだわった理由には，この時期が最後の設備能力増大のチャンスであると認識していたことが大きい[58]。昭和油化（昭和電工）は，「高度成長期のような矢継ぎの増設は難しく，今後は既存設備のリプレースの比率が高まる。こうした投資は生産能力の増強に結びつかない。つまり，増産投資のチャンスは将来ますます小さくなる」（昭和電工株式会社化学製品事業本部編，1981）と考えていたのである。

結局，通産省は昭和油化に設備建設の着工許可を正式に与えた。業界側は，「現在の需要の落ち込みが早急に回復するとは思われない。従って昭電が増設すれば需給バランスが崩れる」（堀石油化学工業協会会長）と昭和油化の着工に反対した[59]。これに対し，通産省は完成時期については今後の情勢を見て決めるとの条件を付けることで，設備過剰を恐れる業界側を説得した[60]。通産省がこのように昭和油化（昭和電工）の着工を認める方針であったのは，①公共投資の解禁など景気刺激策を政府がとっている以上着工を止める理由がない，②自己責任で着工を主張する昭電の意志が固い，③通産行政としては供給力確保を優先させた方が良いといった思惑があったためである[61]。結局，業界側もすべての企業が通産省の昭和油化認可の方針を了承し，業界のコンセンサスが得

られたことで，通産省は正式に昭和油化によるエチレン設備建設の着工を認可したのであった[62]。なお，設備建設を希望していた三菱油化と住友化学は，需要の落ち込みが激しいことを理由に自ら設備建設計画の延期を通産省に申し出た[63]。

　もちろん，着工が認められた背景には，昭和油化の着工を許しても長期的需給バランスを考慮した場合，問題ないとの考えがあった[64]。1975年はエチレン生産量が380万トン程度にとどまったとしても，年率6％で成長すれば需要は1976年には403万トン，1977年427万トン，1978年453万トンとなる。一方で，設備能力は既存設備能力に浮島石油化学と昭和油化を加えても1978年には約571万トンにしかならず，1978年で稼働率80％は維持できると予測されたのである。しかも，既存設備能力の中には，現在運転を休止しており，生産の再開が困難な中小老朽設備も含まれているため，生産効率の良い大型エチレン設備の稼働率はかなり高くなると予想された。

　また，昭和油化も浮島石油化学と同様に，これまでの設備投資調整において我慢を強いられてきた企業であり，すでに30万トン設備を建設していた他企業にとってはこれを止める正当性は存在しなかったと推測される。昭和油化は，30万トン基準が制定され各社が30万トン設備新設を申請する中，少しでも30万トン基準で示された国際水準に近づくべく，すでに10万トンで建設認可を受けていた同社の設備計画を20万トンに修正したい旨，通産省に願い出た（昭和電工株式会社化学製品事業本部編, 1981)。しかし，昭和油化と同様に修正を願い出て30万トン設備の建設が認められた大阪石油化学とは対照的に，昭和油化は5万トン追加の15万トンへの修正しか認められなかった。さらに，今回の一連の調整においても，当初1976年完成を目指していたものを通産省の指導に従い1977年完成とすることに合意するなど，調整に従い続けてきた[65]。こうした事情もあり，稼働率が低下するとはいえ需給バランスが取れる範囲内である限りは，すでに30万トン設備を建設済みである他社にとって反論は困難であったものと思われる。最終的には，堀石油化学工業協会会長は，「昭電の着工にあくまで反対することはできない」として，「昭和油化の稼働時期に関しては情勢を見て決める」との条件を入れた通産省による妥協案を前向

きに受け止めたのである[66]。

　こうして浮島石油化学と昭和油化が大型設備建設を認められることによって，1973年の爆発事故によって大型設備建設計画を取り下げた出光石油化学[67]を除いて，日本のすべてのエチレンセンター企業が自社敷地内に年産30万トン以上の大型エチレン設備を保有することになった。設備投資調整の結果として，大型設備建設を望む各社は，そのすべての企業が認可時期こそ異なるものの設備の建設が可能になった。このように，設備投資調整とは投資時期をずらすことによって設備過剰に陥ることを回避するシステムであって，特定の企業に設備建設を諦めさせるシステム，つまり投資を抑制させるシステムではなかったのである。そして興味深いことには，後述するように深刻な設備過剰に陥ったことから大幅な設備処理が実施されることになるが，この設備処理時点で設備能力削減という政策趣旨に反するにもかかわらず大型設備建設を許されたのが事故のために唯一30万トン以上の大型設備を建設できていなかった出光石油化学だったのである[68]。この出光による設備の建設は，産構法による設備処理の検討過程においても認められており，設備処理期間中に出光石油化学の設備能力のみが純増となったのである。

4　設備投資調整の帰結

　上述のように需要が低迷し，設備も充足しているにもかかわらず着工された大型設備が完成することで，日本の石油化学産業は設備稼働率，収益性ともに長期的に低迷するという結果に陥った。その後，第2次石油危機が発生することでさらに事態は悪化し，最終的には産構法に基づいて大幅な設備処理が実施された。

1）大型設備の完成と継続的な稼働率，収益性の低迷

　大型設備建設を着工した昭和油化と浮島石油化学は，それぞれ1977年と1978年に設備を完成させることになるが，着工後も一貫して日本の石油化学

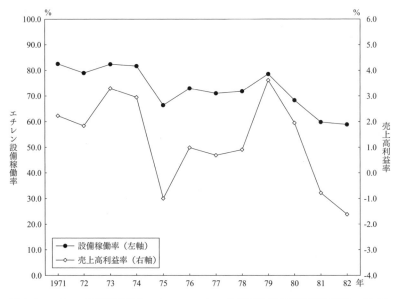

図 4-4 エチレン設備稼働率とエチレンセンター 12 社平均売上高利益率（1971〜82 年）

注）エチレンセンター 12 社とは，エチレン製造を行っているすべての企業である。具体的には，三井石油化学，三菱油化，住友化学，日本石油化学，東燃石油化学，丸善石油化学，三菱化成，旭化成，出光石油化学，新大協和石油化学，昭和電工，大阪石油化学である。なお，各社が設立した子会社（例えば浮島石油化学など）を含む。

出所）石油化学工業協会総務委員会石油化学工業 30 年のあゆみ編纂ワーキンググループ編（1989）より作成。

産業は低迷を続けた。エチレン設備の稼働率は低迷を続け，収益性も極めて低水準にあった（図 4-4）。

昭和油化が設備建設着工を認められた 1975 年に，日本の石油化学産業は史上初めてマイナス成長を記録した[69]。石油化学産業は，大幅な過剰設備を抱え，一方では原料ナフサ価格の上昇を主因とするコスト上昇分を製品価格に転嫁できずに苦しんでいた。石油化学製品の生産は，関連需要産業の停滞を反映し大きく落ち込んだ。前年（1974 年）には 83 ％ であったエチレン設備稼働率は年間で 66.4 ％ と急落した。過剰在庫の負担や低稼働による固定費負担，原料高の製品安により，石油化学企業の収益は 1972 年の不況カルテル締結時よりもひどい過去最低の状態に陥った。1975 年度のエチレンセンター 12 社の経常損

益は，前年度の698億円の黒字から245億円の赤字へと転落した（石油化学工業協会総務委員会石油化学工業30年のあゆみ編纂ワーキンググループ編，1989）。通産省の調べによれば，主要6社の平均で売上高利益率は，1975年上期で－1.3％，1975年下期は－2.2％であった。有力企業である三菱油化も経常赤字67億円，三井石油化学も経常赤字70億円という大幅な赤字に陥った。

　翌1976年は，緩やかに生産量が増加しエチレンに関しても前年の339.9万トンから380.3万トンと回復傾向を示したものの，依然深刻な不況下にあった[70]。設備稼働率は73％と低水準にとどまっていた。また，生産量の増加も実需の増加を反映したものではなかった。前年（1975年）は，それ以前の在庫を処理するために生産を減らした分だけ実需よりも生産量が低下していた。1976年は，そうした在庫処理による減産がなかった分だけ増産となったため生産量が増大したのであって，実需は前年とほぼ同じ水準にあった。

　こうした需要状況であったにもかかわらず，翌1977年4月には昭和油化が年産30万トン設備（公称）を完成させた。これにより，エチレン生産能力が増大し稼働率は，前年の73％から71％へとさらに低下することになった。1977年のエチレン生産量は397.9万トンとなり前年比で4.6％増加したものの，これは内需の回復によるものではなく，安値の輸出を増やした結果であった[71]。内需は中・低圧法ポリエチレンが前年比で4％需要が増大したのを除けば，高圧法ポリエチレンが4％減，ポリスチレンが8％減，ポリプロピレンが6％減，スチレンモノマーが3％減と軒並み減少した。結果として，エチレンセンター12社の売上高利益率は，前年の0.98％から0.69％へとさらに低下し極めて低い水準にあった。

　30万トン設備を完成させた昭和油化も厳しい状況へと追い込まれた（昭和電工株式会社化学製品事業本部編，1981）。昭和油化は，仮に需要が想定しうる最低の線に落ち込んでも現有設備の第1エチレン設備（1EP）と新設の第2エチレン設備（2EP）を並列運転できると考えて着工に踏み切った。しかし，エチレン需要は同社が当初想定した最低線すら下回り，1EPを休止させ2EPのみの運転としても2EPが安全運転可能な水準で操業できるか怪しい状態であった。結局，1EPを休止した上で，新鋭の2EPも規模のメリットが得られない

ほどの低い稼働率で運転せざるをえなかった。

さらに，昭和油化の30万トン設備が完成した翌年に浮島石油化学（千葉）が公称能力40万トンの設備を完成させることで，若干内需が回復したにもかかわらず設備稼働率と収益性の低迷が続いた。1978年にはエチレン需要はやや回復し438万トンとなった。しかしながら，多少の回復があろうとも潜在的な設備過剰下でさらに大型設備が完成したことによって，稼働率は前年比2.1％増の71.9％にしか回復しなかった。収益性に関しても1978年のエチレン12社の売上高利益率は0.9％と相変わらず低水準であり，結局1976年から78年にかけて一度も1％を上回ることがなかった。

2）小刻みな増設による設備能力の増大

上述のように浮島石油化学と昭和油化の大型設備建設の新設が認められ，建設されることで一層設備過剰が深化するのであるが，設備能力はこれらの設備新設のみによって増大したわけではない点を確認しておきたい。すでに述べたように9基の30万トン設備が完成した後に形成された過剰能力は約120万トンであり，これらのうち7割を占める82.6万トン分は浮島石油化学と昭和油化の設備新設に起因する[72]。残りの3割はその他の企業が保有する既存の設備を手直しもしくは分解炉を増設することによって増強されたものである。各コンビナートは，需給がひっ迫すると状況に応じて分解炉の増設を行った。例えば，1973〜74年における需給のひっ迫時に，稼働率が高い企業[73]を中心に多数の企業が既存設備の手直し等によって小刻みな設備能力の増強を図った（表4-3）[74]。この他の時期にも各社の状況に応じて設備能力の増強が図られた。

需給のひっ迫に直面した各社がこうした小刻みな増設という行動を選択した理由は，過去の設備投資時の行動に関連している。序章で検討したように，各社とも将来の増設を見越して単系列プロセスである精製部門を大きく作り，分解炉を増設することによって設備能力を容易に増強できるようにした。その上で，需給がひっ迫するとすぐに分解炉を増設し設備能力を高めたのである。日本全体の効率性を考えた場合，需給がひっ迫した際には稼働率の低い他社からエチレン融通を受けるほうが効率的であるが，そうした行動はとられなかった。

表4-3　1973年の各社稼働率と増設の有無
(万トン／年)

	生産量	設備能力	稼働率（％）
丸善石油化学	38.6	28.0	137.9
昭和油化	19.5	15.0	129.8
三井石油化学	29.7	30.8	96.4
日本石油化学	17.2	18.4	93.5
東燃石油化学	37.7	40.3	93.5
三菱化成	46.7	50.0	93.4
浮島石油化学	28.0	30.0	93.3
山陽エチレン	32.8	36.5	89.9
三菱油化	58.2	68.0	85.6
大阪石油化学	24.5	32.0	76.5
新大協和石油化学	22.5	32.0	70.3
住友化学	39.1	56.0	69.8
出光石油化学	15.8	32.0	49.2

注）網掛けの企業が増設を行った企業である。
出所）『石油化学工業年鑑（各年版）』より作成。

なぜなら，事前に精製部門を大きく作ってあるために，各企業にとっては分解部門を増設しなければ下流の精製部門ではむしろ大型設備を非効率な状態で運転し続けることになるからである。また，日本のエチレンセンターは地理的に離れて立地していることもこうした柔軟性（エチレン融通という選択）を困難にさせた。したがって，各社とも少しでも増設できる可能性が生じると小刻みな増設を始めるのである。このようにして，増設へのバッファーを作っておいたことが産業全体ではさらなる設備過剰をもたらすことになった。

5　第2次石油危機と産構法による設備処理[75]

1975年以降一貫して日本の石油化学産業は低稼働率と低収益性に悩まされていたが，さらに1979年に発生した第2次石油危機によって状況が悪化した。最終的には，1985年に産構法に基づき大幅な設備廃棄が実施された。設備廃棄によって，日本のエチレン生産能力は一連の30万トン設備が完成した時点よりも小さくなる結果に至った。

1) 第2次石油危機の発生と稼働率，収益性のさらなる低迷

　浮島石油化学（千葉）の大型設備が完成した翌1979年には，第2次石油危機が発生し，原油価格が急騰した。イラン革命によって，当時世界第2位の原油産出国であったイランの原油生産量は激減した。OPEC（石油輸出国機構）が1978年12月の総会で1979年の原油価格の10％引き上げを決めていたのに対して，イランの減産などを背景に各産油国が独自に上乗せ値上げを行ったために，1979年11月には原油価格は前年の2倍にまで急騰した。この原油価格の高騰は第1次石油危機をはるかに上回るものであった。

　1979年の日本の石油化学業界では，原料ナフサの価格はすでに高騰していたものの，さらに原油価格が高騰するのではないかとの予測から，先高を見越して需要が急激に増大した。このいわゆる仮需によって1979年はエチレン生産量，収益性とも一時的に急上昇する結果となった（平松，1980）。1979年に限っては，エチレン稼働率は78％まで回復し，エチレンセンター12社の売上高利益率も3.6％に上昇するなど好調に推移したのである。

　しかしながら，この好景気は先高を見越した仮需であったために，翌1980年からは，その反動で深刻な不況に陥った。春先から仮需の反動と実需の減退が表面化し，各社とも大幅な自主減産を余儀なくされた。日本とは対照的に，石油化学原料として天然ガスを利用している米国やカナダといった各国は原油価格高騰の影響を受けず，日本と比較して相対的に低いコストで石油化学製品を生産できることになった。こうした各国からの輸入が増大したことも日本の石油化学企業にとっては痛手となった。

　結局，1980年から82年まで3年連続でエチレン生産量はマイナス成長となった。稼働率は60％を切るまでに低下し，エチレンセンター12社の収支は1981年には赤字に転落し，翌1982年には605億円もの赤字を計上した。この頃，業界は生き残りをかけて熾烈なシェア拡大競争を展開し始めていた。そのため，1981年から結成された低圧法ポリエチレンの不況カルテルも実効性がないままに1982年には打ち切りになった。エチレンセンター12社は遂に10年ぶりに不況カルテル結成を余儀なくされ，1982年10月から翌1983年3月までカルテルを結成し，さらにこのカルテルは3カ月延長された。

2) 設備処理の合意形成に向けて

　こうした状況に対して、通産省は石油化学産業の体制整備に乗り出すことにした。1982年5月のエチレン社長会において、石油化学産業再建のために政府の支援を受け、民間側の自主的な意思で集約化、再編など業界体制整備に取り組むことが基本合意された[76]。この合意内容は6月の産業構造審議会（産構審）の答申に反映された。産構審の答申では、石油化学産業の体制整備の具体策として、①共同生産、生産受委託、②共同投資、③原料の共同購入、④生産者による油化製品の共同輸入、⑤物流の合理化、⑥共同販売、⑦過剰設備の処理および設備投資のルール化、⑧共同研究、技術提携の必要性が唱えられた[77]。この中で特に注目された論題は、過剰設備処理と今後の新増設ルール作りであり、これに関しては通産省と業界側が共同で研究会を設置し検討することになった。

　この当時、石油化学業界はまとまりが極めて悪く、この答申に至るまでも多大な困難が伴った。当時の業界の様相は、深刻な不況下で各社が赤字経営となっていても、業界では値下げ合戦とシェア競争が繰り広げられ、さらにエチレン不況カルテルを結ぶ検討に入ると即座に増産に走るなどの行為が散見されるという具合であった[78]。答申作成に際しても、業界側に賛成論、反対論が併存し、通産省は意見の統一に手間取ったという[79]。先発企業は現在の地位を守る立場から過剰設備処理、新投資ルールの策定に賛成する一方、後発企業は反対に回り鋭く対立したという。答申作成作業の終盤となっても、新法制定による体制整備に関してはエチレンセンター12社中、賛成が6社、反対が6社という状況であった。

　企業間の対立は、産構審の答申以降も再編問題を議論する場において見られた。通産省は、1982年7月に産構審化学工業部会に石油化学産業体制小委員会を設置し、エチレンおよび主要誘導品の需要予測、設備処理の規模、エチレンセンターのグループ化などに関して検討を進めた。実質的な検討は、この小委員会の下部機構である総合企画分科会において繰り広げられた。なお、分科会のメンバーは通産省事務当局、主要石油化学メーカー20社の専務、常務クラスと学識経験者であった。初会合では、設備処理の前提となるエチレンの国

内需要見通しについて，産構審の答申通り「年間400万トン」とする見方と「年間350万トンまで落ちる」との厳しい見方が対立したという[80]。

さらに設備処理を実現するに際して，検討課題の一つとして出光石油化学による大型エチレン設備建設計画も存在していた。このような不況下にもかかわらず出光石油化学は，1984年3月までに年産40万トン設備を新規に建設することを発表していた[81]。この計画は1980年8月に策定され1981年4月に通産省の了承を得ていたものの，保安四法による審査が遅れ，着工に至っていなかった。この新設計画に対して当然のことながら業界内では，「過剰設備処理の論議をしている時に設備能力をふやすのはおかしい」，「軍縮〔設備処理＝縮小──引用者注〕会議を開いている一方で軍備拡張を許せば，軍縮会議は成り立たない」[82]などの批判の声が上がった。しかし，出光側は「国際競争に耐える新プラントの建設こそ，石油化学再生の道だ」と主張していた[83]。

合意形成に向けて転機となったのは，1982年10月に実施された欧州への「石油化学産業調査団」の派遣である（化学工業日報編集局，2007；石油化学工業協会総務委員会石油化学工業30年のあゆみ編纂ワーキンググループ編，1989）。この調査団の表向きの目的は，日本同様に不況に陥った欧州石油化学産業の対応策の研究であった。しかし，真の目的はエチレンセンター企業のトップ間で本音の意見を交換し，今後の石油化学産業のあり方を考えることであった。調査団のメンバーは，エチレンセンター各社の首脳およびこの欧州視察を呼びかけた通産省基礎化学品課長の内藤正久であった[84]。団長は，住友化学の土方武社長が務め，同時に同氏は会議のまとめ役でもあった。11日間の視察中に，不況を脱するには過剰設備の廃棄が不可欠とのコンセンサスが各企業の経営陣の間で形成されていったのである。後にこの視察の際の会議は，「ランブイエ会議」と呼ばれるようになる[85]。

欧州調査団の帰国直後に，団長，副団長を務めた企業をはじめとして各社が相次いでエチレン設備の休廃止を表明した[86]。まず10月21日に昭和電工が年産22万トン設備の凍結を表明し，翌日には住友化学が千葉の10万トン設備の凍結を表明した。これに引き続き，三菱化成も水島の6万トンおよび10万トン設備の凍結を明らかにした。もちろん，これらの企業は現有設備の3分の1

に相当する設備を休廃止しても大型設備が現在の規模のまま維持でき、設備処理を実施しやすい環境にあったという事実も背景にある。しかしながら、このように調査団の欧州への派遣が転機となり設備処理への動きが始まったことも事実である。

その後、12月に石油化学産業体制小委員会は「石油化学工業の産業体制整備のあり方について」（産業構造審議会化学工業部会石油化学産業体制小委員会、1982）を通産大臣へ答申した。答申の中では、日本の石油化学工業は、早急に過剰設備処理、生産、販売の集約化等を内容とする産業体制整備を図り、あわせて高付加価値化等の活性化に努めることにより、中長期的に経済合理性を持った産業として存続を図ることが不可欠であるとされた。設備処理に関しては、1985年度を目標として極力余力を残さない方針で臨むことが適当とされ、1985年度における生産の見通しを適正稼働率（90％）で割り戻して適正生産能力を算出し、当該能力を超える生産能力はすべて設備処理の対象とすることが適当であると考えられた。

3）産構法に基づく設備処理

政府は設備処理の実現のために、1978年5月に施行された特定不況産業安定臨時措置法を改正する形で1983年5月に特定産業構造改善臨時措置法（産構法）を公布、施行し、石油化学工業を含む不況産業の体制整備に乗り出した。産構法では石油化学工業の他にも、電炉業、アルミニウム製錬業、化学繊維製造業、化学肥料製造業など合わせて7産業が法的対象候補業種とされた。石油化学工業では、エチレン、ポリオレフィン、塩化ビニル樹脂、エチレンオキサイド、スチレンの各業種が産構法に基づく特定産業の指定を受け、構造改善基本計画に基づく設備処理が実施されることになった。

エチレン製造業では当初、年産229万トン分の設備処理が目指され、最終的には年産203万トン分の設備が廃棄された（表4-4を参照）[87]。1983年6月に公示された「エチレン製造業の構造改善基本計画」時点では、年産634万7000トンの36％にあたる229万3000トンの設備を過剰設備として処理することが決まった。処理方法は原則として全面廃棄として、休止も認めるとされ

表 4-4 産構法に基づくエチレンセンター各社の設備処理状況

(万トン/年)

企業名	処理前設備能力 (1983年8月)	能力枠	当初計画の 処理量	要処理量
住友化学工業	56.94	37.00	21.90	19.94
日本石油化学	58.30	36.40	23.80	21.90
丸善石油化学	50.50	35.20	17.10	15.30
三井石油化学	78.80	48.90	32.50	29.90
三菱油化	80.00	51.00	31.70	29.00
三菱化成	53.70	39.50	16.30	14.20
東燃石油化学	57.30	36.10	23.10	21.20
昭和電工	54.10	35.10	20.80	19.00
新大協和石油化学	36.13	23.70	13.60	12.43
出光石油化学	38.00	35.40	9.50	2.60
大阪石油化学	32.00	22.70	10.50	9.30
山陽エチレン(旭化成)	39.00	32.20	8.50	6.80
合計	634.77	433.20	229.30	201.57

	処理実施量				処理後設備能力	設備処理達成率(%)	余剰枠
	廃棄	休止	部分休止	新設分			
22.44	22.44				34.50	112.5	2.50
24.10	5.20	18.90			34.20	110.0	2.20
13.20		11.00	2.20		37.30	86.3	-2.10
32.20	23.00	9.20			46.60	107.7	2.30
29.00	8.00	12.00	9.00		51.00	100.0	0.00
17.70	17.70				36.00	124.6	3.50
22.30		22.30			35.00	105.2	1.10
22.10		22.10			32.00	116.3	3.10
9.53	4.13		5.40		26.60	76.7	-2.90
-0.40		21.60		-22.00	38.40	-15.4	-3.00
6.80			6.80		25.20	73.1	-2.50
4.10			4.10		34.90	60.3	-2.70
203.07	80.47	95.50	49.10	-22.00	431.70	100.7	1.50

注)日本石油化学と三井石油化学の処理前設備能力には,浮島石油化学(80.8万トン)の持ち分である34.2万トン(日石)と46.6万トン(三井)を含む。三菱化成の処理能力には,水島エチレン分の36万トンを含む。
出所)住友化学工業株式会社編(1997)より作成。

た[88]。しかし,その後の石油化学業界内での協議により,要処理量は縮小され,表4-4に示されるように年産201万5700トンの削減が実現すべき目標とされた。さらに,通産省が「指示カルテル」を告示することで,カルテル違反には罰金も科されることになった。罰金は設備1トン当たり15万円であり,仮に

30万トン設備を保有しており要処理能力が10万トンの場合，設備処理をカルテル期限までの3年間実施しない場合は罰金が450億円となり，大型プラントを新たに建設するのと同様の負担になると想定された[89]。

設備処理に際しては，各社とも一律にこれを割り当てることが原則とされたため[90]，一部の企業は設備処理に困難を伴った。すでに生産を休止している設備や中小規模のエチレン設備を所有する企業にとって設備処理は相対的に容易であった。例えば表4-5に示されるように，住友化学の場合は30万トン級の大型設備を残し，愛媛や千葉にある中小規模の設備を廃棄すれば，設備処理のノルマをクリアすることができた。これは，日本石油化学，三井石油化学，三菱化成，東燃石油化学，昭和電工の各社にとっても同様であった。しかしながら，山陽エチレン（旭化成）や大阪石油化学のような30万トン級の設備を1基しか持たないような企業は，大型設備の能力を部分的に削減することが避けられず，生産効率が悪化する可能性に直面した。これは，高効率の大型設備への生産の集約化を図るという政策的な意図とは逆行していた。

結局，処理実績が要処理量を上回る余剰分（余剰枠）が発生した企業からそれを30万トン級の大型設備のみを保有する企業に移譲するという解決策がとられた。この枠の融通に際しては，エチレンセンター12社の社長会では「エチレン生産枠は権利化（売買）しない」との申し合わせがなされていた。しかし，三井石油化学および日本石油化学が大阪石油化学にエチレン生産枠を譲った時期に，大阪石油化学の親会社である三井東圧化学から三井石油化学は年産2万トンのポリプロピレン生産枠を，日本石油化学は粗ブタジエンとポリプロピレンの融通を受けるなど，企業間で複雑なやり取りがなされていた[91]。

産構法による成果をまとめれば以下のようになる。まず設備能力に関しては，当初目標の229万トンに対しその88.6％に相当する203万トンの設備が処理され，日本のエチレン生産能力は年産433万トンとなった。この設備処理は1985年3月末までに終了した。大型設備への生産集約化については，設備処理前は18工場32系列で平均生産能力が19.8万トンであったものが，13工場14系列で平均生産能力が30.8万トンとなった。ただし，処理方法に関しては廃棄が原則とされていたものの，実際には全処理量225万トンのうち廃棄は

表 4-5 各企業の設備処理の詳細

(トン／年)

企業名	工 場	プラント名	届出能力(1982年)	処理能力	処理後能力	処理方法	余剰枠
住友化学工業	愛媛工場	第2プラント	64,600	64,600	0	廃棄	
		第3プラント	74,800	74,800	0	廃棄	
	千葉工場	第1プラント	100,000	100,000	0	廃棄	
		第2プラント	330,000	-15,000	345,000		
	(計)		569,400	224,400	345,000		25,000
日本石油化学	川崎工場	第1エチレン	52,000	52,000	0	休止	
		第2エチレン	62,000	62,000	0	休止	
		第3エチレン	127,000	127,000	0	休止	
	浮島石化(浮島・千葉)	日石分	342,000	0	342,000		
	(計)		583,000	241,000	342,000		22,000
丸善石油化学	千葉工場	No.2プラント	110,000	110,000	0	休止	
		No.3プラント	395,000	0	395,000		
	(計)		505,000	110,000	395,000		-21,000
三井石油化学	岩国大竹工場	第2エチレン	87,000	87,000	0	廃棄	
		第3エチレン	92,000	92,000	0	休止	
	千葉工場	第4エチレン	143,000	143,000	0	廃棄	
	浮島石化（浮島）	第1エチレン（三井石化分）	156,000	0	156,000		
	浮島石化（千葉）	第2エチレン（三井石化分）	310,000	0	310,000		
	(計)		788,000	322,000	466,000		23,000
三菱油化	四日市工場	No.1	80,000	80,000	0	廃棄	
		No.2	120,000	120,000	0	休止	
		No.3	250,000	39,300	210,700	部分休止	
	鹿島工場	No.1	350,000	51,000	299,000	部分休止	
	(計)		800,000	290,300	509,700		0
三菱化成	水島工場	No.1	67,000	67,000	0	休止	
		No.2	110,000	110,000	0	休止	
		水島エチレン	360,000	0	360,000		
	(計)		537,000	177,000	360,000		35,000
東燃石油化学	川崎工場	No.1	93,000	93,000	0	休止	
		No.2	130,000	130,000	0	休止	
		No.3	350,000	0	350,000		
	(計)		573,000	223,000	350,000		11,000
昭和電工	大分工場	No.1	220,500	220,500	0	休止	
		No.2	320,000	0	320,000		
	(計)		540,500	220,500	320,000		31,000
新大協和石油化学	四日市工場		41,300	41,300	0	廃棄	
			320,000	0	320,000		
	(計)		361,300	41,300	320,000		-29,000
出光石油化学	徳山工場	第1エチレン	120,000	120,000	0	廃棄	
		第2エチレン	260,000	95,700	164,300	部分休止	
	千葉工場		0	-220,000	220,000		
	(計)		380,000	-4,300	384,300		-30,000
山陽エチレン(旭化成)	水島工場		390,000	40,000	350,000	部分休止	-25,000
大阪石油化学	泉北工業所		319,700	68,000	251,700	部分休止	-27,000

出所）「エチレン設備処理に係る報告書」各社分；住友化学工業株式会社編（1997）；『日本経済新聞』；『日経産業新聞』各誌面より作成。

80万トンで36％と半分にも満たなかった。

　繰り返しになるが，30万トン基準に基づく設備投資以降の設備投資も設備過剰の形成に大きく寄与していた。30万トン基準の制定に伴い一連の30万トン設備が完成した時点の設備能力は，実働で510万トン程度であった。適正能力との差は約80万トンである。この後，調整に基づいて昭和油化（実働能力32万トン）と浮島石油化学（実働能力49.6万トン）の大型設備が完成し，これに各社の小刻みな増設も加わりさらに120万トンもの設備能力が増大したのである。設備過剰への寄与率を求めれば，後半の時期は63％にもなり，30万トン基準に基づく設備投資以上に問題を引き起こしていることがわかる。

　なお，産構法が施行された1983年から石油化学業界を取り巻く状況も急速に改善した。エチレン生産量は，1983年度には前年比2.7％増の369万トン，1984年度には同18.9％増の439万トンにまで回復した。この結果，1984年度の平均設備稼働率は97％にも達し，企業の業績も急激に改善した。1985年度はエチレン生産量が前年比で4％減少したものの，設備処理が完了したことにより，エチレン設備稼働率は100％近い水準となり，通産省は1986年3月末にエチレンの指示カルテルを取り消した。さらに，1987年9月16日に通産省は，エチレン製造業は「経営状況が安定し今後環境の激変がない限り構造不況に陥ることはない」との判断から産構法の特定産業指定も取り消した。

6　石油化学業界におけるその他の変化

　最後に，これまでに述べた点以外の当該時期における国内外の石油化学業界における変化について簡単に言及したい。

1) エチレンセンターの増減と共販会社，ナフサ問題

　当該時期には，初めてエチレン製造を取りやめるエチレンセンターが出現した。住友化学は設備処理を実施する際に，愛媛製造所の全エチレン設備にあたる年産13.94万トン分を廃棄処分とした。この当時，愛媛地区のエチレン設備

は生産規模が小さくコスト競争力を失っており，収益面でも1975年以降赤字となり1981年度には大幅な赤字を計上した[92]。そこで，同社は愛媛地区のエチレン製造を取りやめ，石油化学事業を千葉地区に集約することを自ら決定したのである[93]。第II部で詳述するように愛媛地区におけるエチレン製造の停止が決定されて以降，住友化学は精力的に同地区の事業再構築に取り組んだ。

なお，紙幅の都合で詳述できないが，誘導品部門に関しても構造改善が実施された。高圧法ポリエチレン，低圧法ポリエチレン，塩化ビニル，エチレンオキサイド，スチレンモノマーの各誘導品に関して設備処理が実施された。さらに，ポリオレフィンの共販会社であるダイヤポリマー（出資者：三菱油化・三菱化成），ユニオンポリマー（同：住友化学，宇部興産，東洋曹達，チッソ，徳山曹達，日産丸善ポリエチレン），エースポリマー（同：昭和電工，旭化成，出光石油化学，東燃石油化学，日本ユニカー），三井日石ポリマー（同：三井石油化学，三井東圧化学，日本石油化学，三井ポリケミカル）の4社も設立された。これらの共販各社は，販売窓口の一本化やブランドの統一などの販売統合や組織統合などの合理化を推進することで，設立後の5年間で当初計画を50億円以上も上回る350億円の合理化を達成した（化学工業日報編集局，2007）。しかし，この共販会社は実質的な事業統合とはほど遠い状況であったという。

原料ナフサ問題に関してもこの時期，一定程度の進展が見られた（橋本，2011を参照）。石油化学工業協会は，1979年に原料問題等研究会（第1次）を設置し，①石油化学企業が自由に海外からナフサを輸入できない，②原料ナフサに石油税，関税が課されている[94]，③原料ナフサに備蓄義務が課されている，④原油，ナフサ，NGL（天然ガス液）の生だきが行われている，といった諸点に関して行政へ制度上の改善を求めた。これに対して，政府は1982年に「石油化学原料用ナフサ対策について」を省議決定し，実質的に石油化学企業が自由にナフサを輸入する体制を確保し，割高であった国産ナフサに関しては輸入ナフサと価格を連動させて値決めをする方式を採用することになった。また，原料にかかる税金に関しても国産ナフサと輸入ナフサで同一条件となるように改正がなされた。従来，国産ナフサに関しては石油税の負担が生じていたものを輸入ナフサと同様に免税とした。ただし，ナフサの備蓄義務の撤廃と原料非

課税問題は継続案件とされた。

2）欧米における石油危機への対応

　日本のみならず 2 度の石油危機を経て，欧州においてもエチレン設備の廃棄が実施された[95]。それらには個別企業の戦略的な判断によって実現した事例（西ドイツ）と政府が中心となって実現された事例（イタリアやフランス）の二つのケースが存在する。ただし，いずれの場合も企業合併や事業交換等を含み，削減すべき能力を各社に割り当てることで設備能力を減じさせる日本の方法とは異なっていた。それぞれの企業が設備処理を通じて特色と強みを有する形態へと変化していった。

　西ドイツにおいては，世界有数の汎用樹脂製造業者であった BASF が 1980～83 年にかけて，高圧法ポリエチレン設備の 3 分の 1 を廃棄し，2 基のエチレン分解炉を停止し，ポリスチレンに関しても 7.5 万トン分の製造設備を自ら廃棄した。同時期にヘキストも高圧法ポリエチレン，ポリプロピレン，ポリスチレンに関してそれぞれ 22～28％に相当する設備を廃棄した。これらの結果として，西ドイツのエチレン生産能力は 466 万トン（1981 年）から 399 万トン（1985 年）に減少した。一方で，西ドイツの企業は 1970 年以降海外進出を進め，1980 年以降はこれをさらに本格化し，国内需要への依存から脱却することで成長を遂げるようになった（伊丹・伊丹研究室，1991）。同時に BASF，バイエル，ヘキストの 3 大企業は毎年のように国内外で中・小規模の特定事業を専門とする化学企業への資本参加やこれらの企業を対象とした M&A（合併・買収）を繰り返すことで，製品の高度化（ファイン化）を進めていった。

　イタリアやフランスにおいては，政府の強い影響力の下で石油化学企業の立て直しが進められていった。イタリアでは国策会社である ENI が小規模な石油企業を統合していき，最終的には ENI の石油化学事業部門会社である ANIC がすべてのエチレン分解炉と大半の石油化学工場を傘下に収め，この状況下でエチレン生産能力の縮減を行った。1981 年には 176.2 万トンであったエチレン生産能力は 1985 年には 148.5 万トンになった。フランスにおいても多くの石油化学関係の企業が経営不振に陥り，1983 年には石油化学企業の多くが国有

化された。フランス政府の資金的な援助の下で設備廃棄が実施され，290万トン（1981年）から227万トン（1985年）へとエチレン生産能力が減じられた。

　一方で米国やカナダは，天然ガスを石油化学工業の原材料としており，国産原料の使用優遇から政策的に天然ガスの価格を抑制したために，ナフサを原料とする国々に比べ製品価格が低い状態になった。米国やカナダの製品が東南アジア市場に流入したことで，これらの地域に対する日本の輸出量が大幅に減少するといった影響を受けた（石油化学工業協会総務委員会石油化学工業のあゆみ編纂ワーキンググループ編，1989）。また，国際原油価格が高騰する中で米国の国内原料価格の方が割安になるという効果もあった。米国の化学企業はこうした原料面での優位性を獲得したのである。米国における化学企業の事業再構築は，石油系の化学企業とは異なり自ら原料源を持たない化学系の企業において始まった（大東，2014b）。ダウ・ケミカルとデュポンは，それぞれ上流への事業拡大を試みたものの，両者とも十分な成果を得られずに終わった。ダウ・ケミカルはリファイナリー（製油所）を建設したもののほとんど稼働せずに終わり，デュポンは1981年に石油企業であるコノコを買収したものの結局は1984年に同社を手放している。そうした中で化学系の企業は，事業の中心をバイオや農薬・医薬といったファインケミカルへと移行させていったのである。例えば，ダウ・ケミカルは国内外での大規模な石油化学事業計画から撤退し，その資金を農薬・医薬等の開発に振り向けた。デュポンも研究開発の中心をバイオや医薬品に移していった。また，UCCは技術面で優位性を持つエチレン系製品に経営資源を集中投下し，そのほかの誘導品や海外からの事業からは撤退していった。このような再構築が政策ではなく個別企業の判断の下で進められていったのである。

　また，この時期には産油国においても石油化学産業の発展が始まった。1975年からサウジアラビア政府は石油化学産業の育成に取り組み，1976年には石油化学事業の担い手としてサウジ基礎産業公社（SABIC）が設立された。産油国の大型設備によって生産された製品は圧倒的なコスト優位性を持っており，日本においてもこれらの製品の流入が危惧され，産構法による設備処理へとつながったのである。

3）中規模化学企業による製品高付加価値化の動向

　これまでの第I部においてはエチレンセンター企業に注目してきたのに対して，本項では第II部において一部言及する予定である中規模の化学企業の事業展開を概観したい。特に，1985年までの間にこれらの企業がどのように製品高付加価値化に取り組んできたのかという点に注目して検討を進める。

　製品の高付加価値化が重要な戦略であるということが広く認識されていくのは，2度にわたる石油危機に直面した後の1980年代前半であった。しかし，それ以前の1960年代終わり頃にはすでに高付加価値な化学製品を指す「ファインケミカル」という言葉が出現していた（日産化学工業株式会社編，2007）。ファインケミカルには厳密な定義はなく，医薬品，化粧品，塗料，洗剤，染料，界面活性剤，インキ，感光材料をはじめ多くのものが包含されている。端的に述べれば，多額の設備投資を必要とする大量生産型の基礎化学品とは異なり，多品種少量生産であり高付加価値加工型の化学製品の総称であると考えられる。伊丹・伊丹研究室（1991）は業界誌である『化学経済』の掲載記事を分類し，ファイン化（ファインケミカル製品の比率を増大させる）の必要性という話題は1970年代に出現してきたと述べている。しかし，石油危機や公害問題といった「70年代のつまずき」が化学産業を直撃することでファインケミカルへの注目が後退したという。再び業界誌においてファインケミカルが関心を集めるのは，深刻な構造不況に陥っていた1982年以降であった。また，1980年代後半の状況を見ると，日本の化学企業は三菱化成，住友化学など総合化学企業のファイン化が遅れており，一方でニッチな領域を狙うスペシャルティ化学企業は企業規模が小さすぎるという問題点を抱えていたという。

　こうした状況の中で，2000年代に高収益を記録する中規模化学企業の中にはいち早くファイン化に取り組んでいる企業も存在していた。これらの中規模企業は概ね以下の三つの系統に分類できるように思われる。

　第一の系統は，早期に既存事業が危機に陥ったために，すでに1960年代にはファインケミカル化に着手していた企業である。こうした企業には肥料など早期に斜陽産業化していった化学系の業種の企業が該当している。例えば，信越化学と電気化学工業はともに石灰窒素を主力製品の一つとする企業であった。

しかし，石灰窒素業界は過剰な設備投資によって市況が低迷し，さらに 1956 年，1961 年に政府および全国購買農業協同組合連合会が石灰窒素から尿素，塩安への転換運動を進め，石灰窒素事業が縮小していくという状況に直面した（信越化学工業株式会社広報部編，2009）。

そうした中で信越化学は「シリコーン」を新規事業の核として成長させていった。同社はすでに 1949 年には「シリコーン」に注目しており，1952 年に初出荷，1958 年には日本電気（NEC）の要請により高純度シリコンを同社へ納入するようになっていた。そして，1970 年代になると半導体など新規事業である電子材料事業は同社で中心的な地位を占めるようになっていた。こうした信越化学の電子材料への取り組みは他社に先駆けたものであった。

また，電気化学工業も石灰窒素製造が斜陽産業化していく中で，1960 年代に積極的に新規事業へと着手していく。同社は 1957 年にクロロプレンゴムの研究に着手し，1962 年に同製品の生産を開始した，また，1971 年には高純度シリカ，セラミックスなどファインケミカル分野への進出を進めていった（デンカ 60 年史編纂委員会編，1977）。

また，日産化学は 1948 年から有機合成農薬の生産を開始するなど，古くからファインケミカル事業を持っていた。1957 年に主力製品の一つである硫安が深刻な不況に陥り，1960 年代初頭には希望退職を募るほどの経営危機に直面した。その中で界面活性剤の製造販売（1958 年），プール用殺菌剤（1965 年）など 1960 年前後に新製品を積極的に開発・上市した（日産化学工業株式会社編，2007）。1969 年にはファインケミカル製品を専門に生産する袖ヶ浦工場の建設にも着手し，1970 年の組織改編で化成品事業部からファインケミカル事業部が独立するなどファインケミカルへ注力した。それに加えて，既存製品の用途拡大，副産物の有効利用にも取り組み，ファインケミカル分野を拡張させていった。例えば，同社は 1962 年からシリカゾル（商品名：スノーテックス）の拡販推進会議を開催し，多様な使用用途を発見していった。この推進会議は，1998 年には第 100 回に達したという。こうした努力によって同製品は，1960 年代にはブラウン管の蛍光体のバインダー，触媒などとしても使用されるようになった。同社のシリカゾルは 1970 年代後半にはシリコンウェハー研磨剤と

しても使われるようになった。

　第二の系統は，創業当初より事業範囲が顧客に近い下流に位置していた企業群であり，ファインケミカル企業としての側面を早期に有していた。これらには，電機産業へと製品を納入していた日立化成工業や日東電工といった企業が該当する。例えば，日立化成は1962年に日立製作所化学製品事業本部を母体として誕生し，祖業は日立製作所時代である1914年に生産を開始した電子絶縁材料であった。日立化成として発足した当初から，電子絶縁材料，合成樹脂，合成樹脂加工品，窯業製品，炭素製品，粉末冶金，電子部品と製品分野は多岐にわたっていた（日立化成工業株式会社社史編纂委員会，1982）。また，当時成長産業と言われた家電，自動車などに関連する製品の比重を高め，個人消費に根ざす最終製品分野に進出していった。創業当初から多数の川下製品を有していたことに加え，積極的な新事業の展開によって，日立化成では早い時期に電子材料部門が確立され，1980年代には収益の柱の一つとなった。1986年度には電子材料の売上高が化学会社としては初めて1000億円を超える企業となり，全売上に占める構成比も44.4％にまで高まった[96]。

　第三の系統は，総合化学企業と同様に2度の石油危機を経験した後にファイン化へと取り組み始めた企業群である。これらの企業は石油化学事業で一定の成功を収めていたために，ファイン化への取り組みは遅くなった。例えば，JSRが事業の多角化に重点的に取り組み始めたのは1970年代初頭のことであり，当初の多角化先は建材や，健康食品，サービス事業（ホテル，ファーストフード，ゴルフ場の経営）などであった（JSR株式会社総務部社史担当・日本経営史研究所編，2008）。その後，フォトレジストなど電子材料事業分野へと本格的に参入していった。最初の電子材料であるフォトレジストは1974年に新製品プロジェクトチームが発足し，1979～80年度にかけて事業への本格参入を果たした。しかし，フォトレジスト事業が初めて利益を計上するのは1990年度であった。また，トクヤマは2度の石油危機を経験し，ファインケミカル分野へと参入を進めていった（徳山曹達70年史編纂委員会編，1988）。最初のファインケミカル事業は，歯科医療材料（1978年参入），医農薬原体および中間体（1986年），電子材料に関しては1981年にポリシリコンの開発に着手し，1984

年に同製品の製造設備を完成させた。このように，1985年以前の時期には製品の高付加価値化に関しては目立った動きが見られない企業も存在していた。

おわりに

　本章では，前章で論じた30万トン基準に基づく一連の大型設備が完成したことで設備過剰に陥った後も，石油化学産業では調整に従った設備投資が進められ，設備過剰が一層深化したプロセスが明らかにされた。この期間の設備投資行動に関しては，先行研究においてはほとんど検討されていないが，当該期間に形成された過剰設備は一連の30万トン基準に基づく過剰設備能力分に匹敵するほどの規模なのである。

　この期間における投資活動も設備投資調整の結果に基づくものであり，調整の結果としてむしろ大型設備の建設が正当化されていた。1973年に入ると需要の伸び率が回復し，多数の企業が再び設備の増設を希望した。これに対し，30万トン基準運用時と同様の認可枠が大きく算出される調整システムが再び採用されたことによって，本来必要とされない設備が認可された。設備が充足しているにもかかわらず大型設備の建設が多数認められる結果となった。その後，需要が大きく落ち込み，設備過剰が危惧されたものの需要予測上問題がなければ，着工が許可されることになった。こうして，需要が低迷している状況下で大型設備建設が着工され完成することで，日本の石油化学産業は設備稼働率，収益性ともに長期的に低迷するという結果に陥った。その後，第2次石油危機が発生することでさらに事態は悪化し，最終的には産構法に基づいて大幅な設備処理が実施されることになったのである。

　こうした設備処理は欧州においても実施されたものの，その方法は，一律に削減枠を割り当てた日本とは異なっていた。なお，日本においては設備処理と同時期に誘導品部門に関しても共販会社の設立などの構造改善が実施され，原料ナフサの内外格差などの問題にも一定の対処策が講じられたことに関しても最後に言及した。また，この時期においては，第Ⅱ部において言及する日本

の中規模化学企業の存在感は小さかったものの，一部の企業ではすでにファインケミカル化を実現しつつあった。

注
1) 化学経済研究所所員による「第13回石油化学官民協調懇談会取材メモ」1973年；『日本経済新聞』1973年7月17日。
2) 『日本経済新聞』1972年7月18日。
3) 石油化学業界では不況カルテルの延長を望んでいた。しかし，当時景気の上昇ムードと粗鋼の不況カルテルを遠因とする卸売物価の高騰が問題となっており，公正取引委員会はカルテルの延長を認めなかった（『日本経済新聞』1972年12月27日）。
4) 『日本経済新聞』1973年5月19日。
5) 『化学経済』1973年8月臨時増刊号。
6) 『日本経済新聞』1973年5月19日。
7) 現在の需給動向から判断すると1975年も現有設備で乗り切れるとする意見が多かった。一部に増設不可避の意見も出たものの，①供給余力がまだあり，不足した場合は融通しあえばよい，②原料ナフサの需給がきつくなる，③産業公害批判が高まっている折から増設は難しいなど新増設に否定的な意見が多数を占めた（『日本経済新聞』1973年4月27日）。
8) 『日本経済新聞』1973年5月25日。
9) 『日本経済新聞』1973年5月29日。
10) 『日本経済新聞』1973年6月19日。
11) 30万トン基準制定時に，三井石油化学は岩永巌社長が石油化学工業協会の会長を務めており，そのため業界のために単独での設備建設を我慢し，日本石油化学との共同投資を行った（森川監修，1977）。岩永社長が協会長であったために，同社は業界協調を率先垂範する立場にあったためである（三井石油化学工業株式会社社史編纂室編，1988）。共同投資会社である浮島石油化学は30万トン設備を建設したものの，その設備は日本石油化学（川崎）の敷地内に作られ，三井石油化学は製造されたエチレンをエチレン船で千葉まで運んでいた（日本石油化学株式会社社史編さん委員会編，1987）。このように三井石油化学は，30万トン基準制定時に相当の犠牲を強いられたのである。そのため，三井石油化学の敷地に建設される予定である浮島石油化学（千葉）が一番手として業界内でコンセンサスを得ていたのである。
12) 『日本経済新聞』1973年6月20日。
13) 通産省は景気回復に伴い基幹原料としてのエチレン需要が全体的に高まったと考えた。さらに，通産省は木材の不足による高騰などによりプラスチックなどの樹脂需要が急速に伸びている点にも注目した。その上で，エチレン需要は1974年に440～450万トン，1975年480万トン，1976年には500万トンになると予測した。この予測では1972年の予測に比べ各年ともほぼ80万トンずつ需要が上方修正されている（『日本

経済新聞』1973 年 6 月 21 日)。
14) この他にも,無公害のコンビナートを目指して環境との調和を十分図る,原料ナフサは隣接する製油所から相当量を確保できること,確実な誘導品需要があることなどの条件が取り決められた(『日本経済新聞』1973 年 6 月 29 日)。
15) 『日本経済新聞』1973 年 7 月 5 日。
16) 『日本経済新聞』1973 年 7 月 8 日。
17) 化学経済研究所員による「第 13 回協調懇取材メモ」;『日本経済新聞』1973 年 7 月 17 日による。
18) 技術的に考えるならば,第 13 回協調懇では 30 万トン設備の建設には 2 年半の歳月が必要と考えられていた(「第 13 回協調懇取材メモ」)ため,基準年を 2〜3 年後とするのが適当であり,基準年を 4 年後にする必要はなかった。
19) 橋本 (2010) においては,第 9 回協調懇以降は,設備枠(必要能力と現有能力の差)が割当として機能することはなかったというが,以下に言及するように設備枠はその後も調整の前提であり続けた。しかし,それらは独占禁止法上の問題等から以前ほど公式に言明されなくなってきただけなのである。
20) 第 13 回協調懇における決定事項,討議・発言内容に関しては,「第 13 回協調懇取材メモ」による。
21) 通産省は増設問題に関して,あらかじめ具体的な企業,エチレン設備の増設時期を決めるという方針をとらず,まず立地可能な企業を内定し,その後地元との了解が取れた企業から順次着工するという通産方式を打ち出した。この結果,まずは三菱油化,浮島石油化学,住友化学,昭和電工の 4 社が内定を受けたのである(『日本経済新聞』1973 年 7 月 15 日)。
22) 結局,認可が 1 社のみになるとその選定過程において激しい争いが展開されることを予期して基準年を遠くに設定し,複数の企業を認可したと考えられる。基本的に,少数の設備投資枠をめぐって複数の企業が競合する場合には,設備投資調整の実施に際して一律休戦もしくは複数企業の認可のどちらかしか選択しえないのだろう。1971 年に設備休戦を実施した際にも「一律」休戦にした理由は,各社が一斉に投資すると過剰になり,かといって少数の企業に設備建設を認めれば各社の利害が対立し不公平になるという問題を抱えていたからである(『化学経済』1971 年 1 月号)。
23) 足元の 1974 年の需要は 423 万トンと推定され,それに対して設備能力は 510 万トンであった。
24) 『日本経済新聞』1973 年 8 月 2 日。
25) 産業構造審議会化学工業部会では,今後の新たに設備投資を実施する際の方向性として,特定地域におけるエチレンの大規模集中生産と,複数センターによるその共同利用を可能とする方式を確立させる必要性が指摘された。これを実現する方法として,①地域的に近接する複数コンビナートをもって,単一のエチレン融通圏を形成し,新規投資は原則として域内におけるエチレン需給を基礎として行う,②上記の地域間融通圏は,当面,例えば,東日本グループ(関東内陸,関東臨海,東海)および西日本グループ(大阪以西)が考えられると示唆したのである(産業構造審議会化学工業部

会石油化学分科会，1973）。
26）『日本経済新聞』1973年9月14日。
27）例えば鳥居石油化学協会長（三井石油化学社長）が「どうして需要が増えたのか納得いかない面もあるが，ここまでくると本需要と見なければいけないかなという気になってきた。本需要と見るべきじゃないかという意見が強い。私も本需要かと思っている」と述べたように，需要が継続して伸びるという考えが主流になっていた（『日本経済新聞』1973年7月30日）。
28）『日本経済新聞』1973年9月1日。
29）『日本経済新聞』1973年7月8日；1974年3月12日。なお，爆発事故とは関係のなかった出光石油化学第1エチレン設備も8月下旬まで50日間にわたって操業停止を強いられた（『日本経済新聞』1973年8月28日）。
30）『日本経済新聞』1973年10月4日；10月14日；12月18日。
31）『日本経済新聞』1973年7月13日。
32）『化学経済』1974年8月臨時増刊号。
33）『日本経済新聞』1974年3月3日。
34）『化学経済』1974年8月臨時増刊号。
35）『日本経済新聞』1974年3月22日（夕刊）。
36）『日本経済新聞』1974年3月23日。
37）この当時，石油化学業界は公正取引委員会から多数の警告，勧告を受けていた。1974年1月には，独占禁止法第48条第1項の規定に基づき公正取引委員会はポリプロピレン，中・低圧法ポリエチレンの製造業者，塩化ビニルの製造業者，高圧法ポリエチレンの製造業者に対して相次いで勧告を行った（公正取引委員会，1974a；1974b；1974c）。
38）『日本経済新聞』1974年4月23日。
39）『日本経済新聞』1974年7月31日。
40）石油化学協調懇談会（1974）；『日本経済新聞』1974年7月31日。
41）『化学経済』1976年12月号。ただし，協調懇の分科会に関しては，1976年に協調懇BTX分科会が開催されており，これが最後となっている（『化学経済』1976年7月号）。
42）最終的には，浮島石油化学（三井石油化学の敷地に建設）と昭和油化の2社が設備を建設する。この2社は1973年時点での稼働率が業界で2位と3位であった。各社の稼働率に関しては，詳しくは後に紹介する表4-3を参照されたい。
43）『日本経済新聞』1974年8月2日。
44）『日本経済新聞』1974年8月3日。
45）通産省は，浮島石油化学を最初に認可した理由として①浮島石油化学はすでに工場立地法に基づく着工許可を得ている上，地元も了解している，②浮島石油化学は業界内で増設の一番手としてコンセンサスを得ている点などを指摘している。
46）堀会長の談話によれば，「増設希望の4エチレンセンターのうちで地元の正式な着工許可を取っているのは浮島石油化学1社だけと聞いており，工場立地法に基づく建設

許可を取っているのも浮島だけである。また，同社の一番手着工は過去の経緯からみて問題ないことから順当な線である」という（『日本経済新聞』1974 年 8 月 3 日）。

47) 逆に，9 基の 30 万トン設備が建設された際に単独で 30 万トン設備をすでに建設していたにもかかわらず，今回も大型設備建設を希望した三菱油化に対しては業界の警戒心が強かった。早い段階から業界内部には「三菱油化の独走を許すな」という声が上がっていた（『日本経済新聞』1973 年 7 月 5 日）。このように，設備投資調整を行う場合，平等性の保持は重要だったのである。

48) 例えば，社長会の席上で住友化学の長谷川周重社長と昭和電工の鈴木治雄社長とが激しい論争を交わしたことは，当時の業界において話題になったという。エチレン社長会の席上において，住友化学の長谷川社長は昭和電工によるエチレン設備増設を牽制して「〔新しいエチレン設備が〕4 基も相次いで完成すれば，1977 年の操業率は 82％に落ち，需要も今の不況から見てそう伸びないから，業界が利益なき供給力過剰に苦しむのは目に見えている，これがわからない人は石油化学の素人経営者だ」と発言。それに対し，昭和電工の鈴木社長は「昨年来の石油化学の好況は 80％ 台の操業率で実現した。欧米の経営者は 80％ 操業でちゃんとやっているではないですか」とやり返したという（『日本経済新聞』1974 年 8 月 15 日）。

49) 『日本経済新聞』1974 年 9 月 14 日。
50) 『日本経済新聞』1974 年 9 月 26 日。
51) 『化学経済』1975 年 8 月臨時増刊号。
52) 『日本経済新聞』1974 年 10 月 31 日。
53) 『日本経済新聞』1974 年 11 月 15 日；11 月 26 日。
54) 『日本経済新聞』1974 年 10 月 2 日。
55) 『日本経済新聞』1974 年 11 月 18 日。
56) 『日本経済新聞』1975 年 1 月 21 日。
57) 『日本経済新聞』1975 年 3 月 14 日。
58) もちろん昭和油化（昭和電工）は，ある程度の稼働率は維持できると考えた上で増設を計画した。昭和油化は，設備が完工する 1977 年の需要は通産省が策定した予測よりも高いと考えていた（『日本経済新聞』1975 年 3 月 27 日）。また，設備建設を決断した背景には，需要見通し上も供給過剰となる恐れはない上にエチレンは西日本地区では不足しているとの読みがあった（『日本経済新聞』1975 年 3 月 30 日）。
59) 『日本経済新聞』1975 年 3 月 27 日。
60) 『日本経済新聞』1975 年 3 月 29 日。
61) 『日本経済新聞』1975 年 3 月 29 日。通産省は昭和油化の設備建設に対して，比較的好意的であったと考えられる。通産省は業界と昭和油化（昭和電工）が折り合いをつけることができるように仲介したのである。また，当時の河本敏夫通産大臣はエチレン設備建設に際して昭和電工鈴木社長を励ましたという（昭和電工株式会社化学製品事業本部編，1981）。
62) 『日本経済新聞』1975 年 3 月 30 日。
63) 『日本経済新聞』1975 年 3 月 26 日。

64)『化学経済』1975年5月号。
65) 昭和電工は比較的調整に対して従順であったという。しかし，通産省による操業開始の1年延期（1977年操業とする）の指示に昭和電工が従った後に，通産省は三菱油化と住友化学を優先させ，昭和電工はさらに1年遅らせて1978年操業とするように求めてきた。これに対しては，とうとう昭和電工も猛然と反対するに至った。当時の新聞によれば，学者タイプで温厚な昭和電工鈴木社長が顔を真っ赤にして声を荒げたという（『日本経済新聞』1974年10月2日（夕刊））。
66)『日本経済新聞』1975年3月29日。
67) 出光石油化学は，1973年7月の爆発事故を受けて，同社の千葉県市原地区での進出，それに伴うエチレン設備の新設計画を白紙撤回した（『日本経済新聞』1973年7月10日）。
68) 出光石油化学の千葉工場は，産構法に基づく設備処理完了直後の1985年6月に完成した（石油化学工業協会総務委員会石油化学工業30年のあゆみ編纂ワーキンググループ編，1989）。
69) 1975年の状況に関しては，特に断らない限り『化学経済』1976年8月臨時増刊号による。
70) 1976年の状況に関しては，特に断らない限り『化学経済』1977年8月臨時増刊号による。
71) 需要，輸出動向に関しては，『化学経済』1978年5月号による。
72) 産構法に基づく設備処理時点の設備能力は，各社の届出能力に基づけば1977年に完成した昭和油化の設備の能力は年産32万トン，1978年に完成した浮島石油化学（千葉）の設備能力は年産49.6万トンであった。
73) ただし，増設を行った企業でも出光石油化学のみは1973年の稼働率が49%と著しく低い。これは，同年8月に同社で爆発事故が起こり，長期にわたって生産停止となったためである。ただし，出光石油化学も増設前年の1972年の設備稼働率は，98.6%と高い（生産能力年産30万トンに対し，生産量は29.6万トン）。ゆえに，この時期に設備稼働率の高い企業が小刻みな増設を行ったという結論に変わりはない。
74) 例えば，丸善石油化学は，1974年9月に分解炉4炉を増設し，第3エチレン設備の生産実能力を年産28万トンから同39.5万トンへと大幅に増強している（丸善石油化学株式会社30年史編纂委員会編，1991）。さらに，三菱油化も従来ルーマスⅡ型9基連結であった鹿島第1エチレン設備の分解炉（年産27万トン）を1973年3月と1974年6月に自社開発の三菱熱分解炉M-TCFを用いて各1基（年産2.5万トン）増設した。これにより，生産能力は実能力で年産27万トンから同32万トンに高まった。この他にも，出光石油化学が徳山第1エチレン設備を年産10万トンから同12万トンに，昭和電工が第1エチレン設備を年産15万トンから同22万トンに，さらに水島エチレンも年産30万トンから同32万トンへ，山陽エチレンも年産30万トンから同36.5万トンへと設備増強している（化学経済研究所編，1981）。
75) 本節に関しては，特に断らない限り，石油化学工業協会総務委員会石油化学工業30年のあゆみ編纂ワーキンググループ編（1989）による。

76) 『日本経済新聞』1982 年 5 月 28 日。
77) 『日本経済新聞』1982 年 6 月 10 日。
78) 『日本経済新聞』1982 年 10 月 2 日。
79) 『日本経済新聞』1982 年 6 月 10 日。
80) 『日経産業新聞』1982 年 7 月 8 日。
81) 『日経産業新聞』1982 年 7 月 13 日。
82) 『日本経済新聞』1982 年 10 月 2 日。
83) 不況カルテルを締結し，設備処理を実行するほどの深刻な不況下にもかかわらず，出光石油化学が大型投資に固執した背景には，徳山のコンビナートの弱体化があった。通産省の調査によれば，出光石油化学徳山工場の競争力は，15 のコンビナート中 13 位というものであった（『日経産業新聞』1982 年 5 月 18 日）。同工場は，石油危機による原料ナフサ高の中で，安価な北米からの輸入石化原料には完全に対抗できないコスト構造となっていた。出光石油化学は，新鋭の高効率設備を導入することで，競争力の回復を狙ったのである。当時の出光石油化学社長である大和丈夫は「こんな不況の時に，新プラントを建設するなんて，頭が少しおかしいんじゃないかという人もあるが，明治の大砲じゃ近代戦には勝てない。安い天然ガスを原料とするカナダと対抗するためには徹底的に合理化したプラントが必要なんですよ」と語っていた（『日本経済新聞』1982 年 1 月 5 日）。
84) 調査団のメンバーは，団長・土方武（住友化学社長），副団長・吉田正樹（三菱油化社長），岸本泰延（昭和電工社長），団員・池辺乾治（新大協和石油化学社長），笠間祐一郎（大阪石油化学社長），川島一郎（東燃石油化学社長），鈴木精二（三菱化成社長），田島栄三（丸善石油化学社長），宮崎輝（旭化成社長），森嶋東三（東洋曹達社長），大和丈夫（出光石油化学社長），団員代理・片山寛（日本石油化学副社長），竹林省吾（三井石油化学専務），都筑馨太（旭化成副社長），通産省・内藤正久（基礎化学品課長）であった。この陣容からも，当時の事態の深刻さと解決の必要性の高さが垣間見える。
85) この名称は，1975 年にパリ郊外のランブイエにて開催された第 1 回先進国首脳会議にかけたもの。このサミットではニクソンショック後の国際通貨問題などが討議された。石油化学産業調査団が最後に会議を実施したホテルの部屋名が偶然にも「ランブイエの間」であった（化学工業日報編集局，2007）。
86) 『日本経済新聞』1982 年 10 月 28 日。
87) 以下の記述は，特に断らない限り，主として住友化学工業株式会社編（1997）を参照した。
88) 『日本経済新聞』1983 年 5 月 11 日。
89) 『日本経済新聞』1983 年 9 月 10 日。
90) 『日経産業新聞』1982 年 12 月 2 日。
91) 『日経産業新聞』1984 年 6 月 27 日。
92) 『日経産業新聞』1982 年 5 月 18 日。
93) 『日本経済新聞』1982 年 4 月 17 日。

94) 石油化学原料用のナフサ等に関しては，欧州諸国においては原料非課税の考え方から課税の対象外であった。しかし，日本では原油または石油製品には関税と石油税が課されてきた。ただし，関税については，国産ナフサを石油化学原料として使用する場合には還付され，輸入ナフサを使用する場合には税率が軽減された。石油税に関しては，輸入ナフサを使用する場合は免税となるが，輸入原油は原油の段階で課税され，それらから生産された国産ナフサを使用しても税金の還付はなかった。
95) 本項の記述は，大東（2014b）に基づいている。
96) 『日経産業新聞』1986年11月8日。

第5章

設備投資調整の逆機能

　本章では，イントロダクションで設定した第Ⅰ部の課題に対して，これまでの各章における分析により明らかにされた点を示していくことにする。設定した課題は以下の二つであった。①石油化学産業において，通産省が主体となり実施した設備投資調整が本来の意図通りの機能を果たしえず，むしろ設備過剰を促進した実態を明らかにすること，②石油化学産業における設備投資調整の歴史的考察を行うことを通じて，最終的には設備投資調整が設備過剰を生み出すに至るメカニズムに関して新たな仮説を提示することの2点であった。第1節では①について，第2節では②に関して議論する。

1　調整が設備過剰をもたらしたプロセス――歴史研究としての発見事実

　第Ⅰ部では，先行研究では参照されなかった各回の石油化学官民協調懇談会（協調懇）において討議に際して使用された「石油化学官民協調懇談会会議資料（協調懇資料）」および協調懇の下交渉の場であった政策委員会資料，石油化学工業協会の各種内部資料（例えば，石油化学工業協会内の需要推定委員会の資料など），各企業による設備新設に際しての通産省への申請書類など非公開資料を含む多数の一次資料を参照することにより，エチレン年産30万トン基準制定にとどまらず協調懇を通じた設備投資調整全体の実態を明らかにした。日本の石油化学産業の歴史について論じた先行研究においては，同産業が設備過剰に陥った原因として30万トン基準制定が主に指摘されてきた。また，産業

政策の評価を試みる経済学的な研究において，行政介入が過当競争をもたらした事例としても同基準がしばしば言及されてきた。しかしながら，過去の研究史においてはいずれの場合も30万トン基準が運用された設備投資調整のプロセスに関しては検討されないままにとどまっていた。さらに，30万トン基準制定による設備投資調整以降の時期に関しては，ほとんど検討の対象とすらされていなかった。幅広く注目を集めつつも十分な検討が加えられることがなかった30万トン基準制定時を含む石油化学産業における設備投資調整の実態を詳細に明らかにしたことが第Ⅰ部の貢献であると考えられる。以下では，これまでの第Ⅰ部の分析によっていかなる実態が明らかにされたのか，より詳細に見ていく。

1）市場の先取り戦略とその帰結──30万トン基準に基づく設備投資調整

　第Ⅰ部では新たに，30万トン基準に基づく設備投資調整に関して，設備投資調整を実施したがゆえに設備投資が促進された実態を明らかにした。分析によって主として明らかになったのは，以下のような点である。

　第一に，通産省および有力企業が国際競争力強化のために少数企業による寡占化を狙い，市場を先取りするシステムを構築したことが明らかになった。協調懇では，30万トン基準を制定し最低設備規模を引き上げることによって相対的に力の弱い企業の参入阻止を目指した。その上で，大きな認可枠が算出される調整方式を採用することによって，有力企業のみが大規模な投資を実行しやすい環境を整えたのである。30万トン基準を利用して相対的に力の弱い企業の参入阻止を狙った可能性については，すでに先行研究においても指摘されている。第3章ではそれに加えて認可の運用面での変更に関しても明らかにし，実際に通産省および有力企業がそうした意図を持ち，さらに彼らは市場の先取りによって後発企業の参入阻止を実現しようとしていたという構図も新たに明らかにした。

　第二に，30万トン基準制定後しばらくの期間は，通産省や先発各社の意図が比較的実現しており，設備投資調整が部分的に成功していたことが明らかにされた。1967年の第7回協調懇に基づく認可では，30万トン基準制定を推進

した先発企業を含む有力企業の計画はすべて認可される一方で，相対的に力の弱い企業は認可されず投資主体の集約化が実現していた。当初30万トン設備の認可は3〜4基と考えられていたがこれに近い5基のみの認可にとどまった。先行研究においては，当初3〜4基と考えられていた30万トン基準の認可が9基になったという結果にしか注目しておらず，設備投資調整の途上においては通産省や有力企業の意図が実現していたという経過が見落とされていた。

第三に，30万トン基準に基づく設備投資調整は，大きな認可枠が算出される調整システムを採用したがゆえに，想定以上に実需が伸びるという事態に直面すると，逆に設備投資を促進するシステムとして機能してしまうことが明らかにされた。協調懇では，毎年将来需要の予測を行っていた。この際に，予測は需要実績に基づいてその趨勢から確立されるために，実需が増加すると将来の需要予測も上方修正されることになる。1968年から想定を超える実需の上昇が見られ，それにより事前には予期されなかった需要予測の上方修正が行われた。需要予測が上方修正されると，将来必要とされる設備能力の総量も拡大していく。この際に，以前の設備投資調整時に比べ大きな必要能力が算出される調整システムを新たに採用したために，結果としては後発企業に対して逆に30万トン設備を建設する正当性を与えることになってしまった。最終的に投資を希望するすべての企業が認可枠を獲得するとともに，最低設備規模を30万トンに設定したために当初20万トン設備建設を計画していた企業も30万トンで認可を受けるという形で高い水準に足並みがそろうことになった。これらのことから，調整を実施しない場合よりも調整を実施したがゆえに産業全体の投資量が大きくなるという皮肉な結果が招かれた。

先行研究においては，枠組み上は設備投資調整が成功しており，それにもかかわらず，設備過剰に陥ったという事実が明らかにされていなかった。それゆえ，通産省が強制力を保持しつつも設備過剰に陥った理由は不明確なままにとどまっていたのである。第3章の分析によって，通産省は「外資に関する法律」（外資法）を適用することで過剰設備につながるような設備計画を阻止することは可能であったものの，基準の運用システムがそれを阻んだことが明らかになった。多数の企業による30万トン設備が認可された理由は，需要予測

から見て増設が必要と考えられる設備能力（認可枠）が大幅に増大したためである。運用システムの観点から見れば，需要予測を鑑みた上での適切な範囲内の投資活動である限り，どの企業がそれを満たす設備を建設しようとも過剰投資にはなりえない。そのため，通産省は企業の投資に対する強制力を保持しつつも，後発企業の参入を妨げる正当な理由を失ってしまっていたのである。

なお，30万トン基準をめぐる議論に入る前に，第2章において協調懇が設置されて間もない頃の設備投資調整の実態（10万トン基準運用時）も明らかにした。これらについても先行研究においては十分に検討されていなかった。10万トン基準運用時は，30万トン基準運用時とは異なり，予測期間を短く設定することで認可枠を小さく押さえ，手堅い認可を行っていた事実が明らかになった。10万トン基準に基づく運用システムを明確にすることで，30万トン基準制定時に通産省や有力企業の意図を反映してどのように調整システムがゆがめられたのか，その差異を明らかにすることができた。その意味で，10万トン基準に基づく設備投資調整の運用実態を明らかにしたことの貢献は大きいものと考えられる。

2) 設備過剰下での投資の継続——不況カルテル締結後の設備投資に関して

第4章では，一連の30万トン設備完成後の設備投資によって，設備過剰が一層深化した事実を新たに指摘するとともにその実態を明らかにした。1972年には一連の大型設備が完成する一方で，需要の伸長が減速したために石油化学業界は著しい需給ギャップに悩まされた。結果的に同年に不況カルテルを締結することになる。不況カルテルを締結するほど深刻な設備過剰に陥ったにもかかわらず，その後も設備投資は継続されたのである。この不況カルテル締結後の投資活動に関して，以下のような新たな事実が明らかになった。

第一に，先行研究では石油化学産業における設備過剰を論じる際に30万トン基準の制定にのみ注目が集まっているが，実際にはそれ以降の時期における設備投資が30万トン基準制定時と同等もしくはそれ以上の設備過剰をもたらした事実を指摘した。設備過剰に陥った石油化学産業は，最終的には特定産業構造改善臨時措置法（産構法）に基づくエチレン設備の処理を実施する。この

ときに処理された過剰設備分のうち 63％は，一連の 30 万トン設備完成後に実施された設備投資によって形成されたのである。先行研究においては，1972 年の不況カルテル締結後の投資に関しては検討されておらず，産構法時点から振り返ってその過剰分がいつ形成されたのかを比較するという試みもなされていなかった。

　第二に，1972 年の不況カルテル締結以降に実施された投資も設備投資調整の結果として建設されたものであり，調整を実施することによってこれらの設備建設に正当性が与えられていたことが明らかにされた。30 万トン基準運用時と同じように大きな認可枠が算出される調整システムが継続して使用され，設備が充足しているにもかかわらず新たな建設が認められた。途中，需要の低迷が始まるものの，30 万トン設備を保有していない企業は設備建設を進めた。設備投資調整という行動は，投資を抑制するシステムではなく実質的には投資の順番を調整するシステムであったため，大型設備を保有していない企業には設備を建設する正当性があった。しかも，設備投資調整を実施したために，通常の競争の場合と異なり，企業力と投資順序が一致していなかった。この時期，相対的に力の強い企業がまだ投資を終えていなかったために，市場全体の傾向としては需要が低迷しても投資が断念されることがなかった。

2　投資調整による過剰投資の促進メカニズム

　本節では，第 I 部における石油化学産業に関する歴史分析に基づいて，設備投資調整が設備過剰をもたらすメカニズムに関して新たな仮説を提示する。メカニズムに関して言及する際には，同時にメカニズムの着想に至った事例の該当部分を紹介する。

1）設備投資調整とは

　まず，設備投資調整とはどのような戦略的行為なのか確認したい。イントロダクションで検討したように，装置産業においては各企業が自由に投資を遂行

する場合，規模の経済性の実現を狙って多くの企業が設備建設を希望し，産業全体が設備過剰に陥ることが少なくない。設備過剰に陥れば，大幅な設備稼働率の低下や過度の価格競争が生じることにより産業全体で収益性が低下する。かつ，社会全体から見ても多額の資金を投入して過剰な生産設備を建設することは望ましくない。こうした状況へ陥ることを回避するためには，各社で協調して設備投資を調整する必要性があり，そのために実施されるのが設備投資調整なのである。

設備過剰を回避するためには，産業全体の投資量を将来需要に見合った設備能力と同等もしくはそれ以下に抑制することが必要とされる。抑制に際しては，大別すれば二つの方策が考えうる。第一の方法は，投資を希望する各主体の投資規模をそれぞれ縮減することである。第二の方法は，投資主体の数を削減することである。ただし，規模の経済性が強く働く装置産業では，第一の方法のように投資規模を縮減することは，こうした経済性を犠牲にすることを意味し，通常選択されえない。したがって，設備投資調整では，第二の方法による問題の解決が望ましい。

しかしながら，第二の方法を採用するとしても，そのままの形での実施は困難である。もし，特定の企業に対して投資を認める一方で他の企業に対しては投資を阻止するならば，投資を断念させられる企業にとって協調行動に参加するメリットは少ない[1]。それゆえ，それらの企業がアウトサイダーとして行動することにより，協調行動の成立そのものが危ぶまれる結果となるからである[2]。

結局，協調行動を成立させるために，特定の企業に対して完全に投資を禁じるのではなく，時期ごとに投資をする主体を限定することで投資主体を一時的に削減し，その後状況に応じて順次各社に投資を認めるという形が志向される。つまり，設備投資調整とは，産業全体の投資量を削減するのではなく，一斉に投資しようとする各社の投資活動に人為的に時間差を生み出すことによって設備過剰に陥ることを回避する試みなのである。一時的に投資を遅らせることを強いられた企業も最終的にはいずれ投資を実現することができるという公平性を重視した互恵システムとなっている。例えば，ある時点でA～Eの5社が設

備建設を希望しつつも将来需要の動向から見れば3社のみ設備を建設することが望ましい場合，まずはA，B，Cの3社に建設を認め，その後の需要見込みが増加するにつれて順次D社，E社にも設備の建設を認めていくのである。なお，こうした投資行動は人為的な調整の実施なくしては通常生じない[3]。

石油化学産業の事例で言えば，第8回，第9回協調懇で認可枠が大きくなるに従い徐々に多数の企業の参入が認められた。また，1972年以前の投資で30万トン設備の建設を我慢した三井石油化学は，その後の投資機会では優先権を持つことが業界内で合意されていた。石油化学産業にとどまらず，鉄鋼業などにおいても同様の仕組みが機能していた。基本的に設備投資調整は特定の企業を排除することによって投資を抑制する仕組みではないのである。

なお，設備投資調整の実施に際しては，石油化学産業にとどまらず一般的に以下のような手順がとられることが多かった。①各社の設備投資計画を受け付ける，②将来需要を予測し，現時点で建設を認めるべきである適切な設備投資量（認可枠）を確定する，③認可枠を（投資の順番を迎えた）特定の企業に割り振る。これを繰り返すことによって，各企業が一斉に投資することで設備過剰へ陥るという事態を回避するのである。

そして，この協調の場においては，予測された将来需要に基づき設備の建設量が決定されるため，将来需要の予測を客観的な手法（何らかの定量的な方法）で公平に行うことも協調を成立させる上で重要となる。なぜなら，もし予測に恣意性が介在する余地があれば，結局は手続きの局面で（将来需要が少ないように予測することで）特定企業が排他される結果[4]となりかねず，協調行動そのものの足並みが乱れる危険性をはらむためである。

2) 調整活動の本質に起因する過剰設備の形成メカニズム

上述の設備投資調整は一見合理的な戦略に見えるものの，重大な問題点をはらんでいる。設備過剰回避を目的とするシステムでありながら，むしろ投資量を増やし設備過剰に誘う危険性がある。ここまでの歴史分析の結果，設備投資調整の実施が過剰な投資活動を促進するメカニズムとして以下の2点を新たに指摘できると考える。(1)協調行動の成立には企業間で平等性が保全されるこ

とが重要であるために，設備投資調整は当然投資主体の削減をできないどころか，すべての投資主体を残存させるシステムとして機能し，それらの投資主体が横並び的に投資を遂行することによって，企業間で淘汰を含む競争が実施された場合よりも，過剰な設備投資活動が促進される可能性がある。(2) 設備投資調整の実施に際して，設備過剰を回避するという本来の趣旨以外の目的の実現が狙われる，つまり本来の目的以外に設備投資調整という活動が利用されることによって調整枠組みがゆがめられ，そのゆがんだ枠組みに従って調整が実施されるために過剰な投資活動が引き起こされる可能性がある。以下では上記の2点の内容をさらに詳細に説明する。まずは本項において (1) を説明し，次項において (2) を説明することにする。

① 互恵システムの罠

第一に，すでに述べたように，協調行動をシステムとして成立させるためには各企業間での公平性を担保することが重要な要件となっているが，この公平性の維持が逆に事後的に新たなジレンマを引き起こす可能性がある。

上述の設備投資調整のシステムは一見合理的に「囚人のジレンマ」的状況を回避しているように見受けられるものの，このシステムは最終的にはすべての企業が投資を遂行できるほどに確実かつ十分に市場が成長するという限定的な状況下でしか有効に機能しないのである。この条件が欠如する場合，つまり十分に市場が成長しなくとも，投資が未完了の企業には設備建設を遂行する正当性があるために，需要状況に関わらず常に協調の場はこれらの企業による新規設備建設の圧力[5]にさらされる。それに対して，協調の場は，設備建設を阻止するどころか，逆に協調行動の総意として好ましからざる設備建設を認めざるをえないという事態に陥るのである。場合によっては，需要下降期においてすら新規設備の建設を認めざるをえないような状況に追い込まれることすらもある。結局，設備投資調整は，設備投資に関するジレンマに直面する時期を先送りしているに過ぎないのである。

この際に，事態を複雑にしているのは，調整を行った場合には通常の競争の場合と異なり，企業力と投資順序が一致していない点である。投資順は，政治的な問題も含んだ様々な事情を考慮した上で決定されるため，投資をできずに

参入を待っている企業は必ずしも競争力の弱い企業であるとは限らない。したがって，需要状況が多少悪化しても資金調達力，販売力等がある企業の場合，あくまで設備の建設許可を求めてくることがある。

こうした様相は，特に1972年以降の時期において顕著に見られた。30万トン基準に基づく一連の30万トン設備が完成した後，大型設備を自社敷地内に保有しないエチレン製造企業は，三井石油化学，昭和油化，出光石油化学の3社のみとなった。装置産業では他社と同等の規模を有する設備を建設しなければコスト劣位になるため，日本全体では十分に設備が充足している状態にもかかわらず，これらの企業はあくまで大型設備の建設を希望した。出光石油化学は爆発事故の責任を取る形で設備建設計画を撤回したものの，浮島石油化学（三井石油化学の投資分）と昭和油化は設備建設の認可を獲得し着工した。これらの企業に対して建設許可を与えることに関しては，設備投資調整の平等性の問題から業界でも最終的には異存がなかった。また，これらの企業があくまで設備建設に固執したもう一つの理由としては，この当時2社とも比較的設備稼働力が高く，特に三井石油化学は長年の実績から増産分のエチレンを消化（販売）することができる可能性が高く，資金調達力もある極めて力のある企業であったことも大きい。このように，調整によって相対的に力のある企業が大型投資を実行できずにいたことから，需給状況が少々悪くとも設備を保有しない企業は設備の建設にあくまで固執することができたのである。もし，調整が実施されていなければ，通常は相対的に力の弱い企業の投資が遅れ，需給の状況が悪化すればそれらの企業は投資が遂行できなくなるはずなのである。

上述のような理由から，設備投資調整は囚人のジレンマのような状況を避けるための手段であるはずの制度であるにもかかわらず，実は主たる「ゲーム」の時間やジレンマが生じる場所を変更するだけで，最終的な結果を変えることができないのである。

②正当性の罠

第二に，上述のように投資調整のルール上，認可枠に余裕がある限りは個々の企業状況によらず常に設備建設を希望する企業に対して許可を与え続けなければならない上に，公式に調整を実施したことがこれらの企業の投資活動に社

会的な正当性を与え，より過剰な投資活動を促進させてしまう可能性がある。

協調の場においては，様々な行為主体の利害調整にあたって手続き的な合理性が必要とされるために客観性を重視した方法で将来需要予測，認可枠が算出されている。そのため，認可枠の計算方法の背景に異なる意図が存在しようとも，その数値自体がある種の正当性を保持することになる。算出結果を大幅に修正したり，算出結果とは大幅に異なる認可処理を実施したりすることは，そこに恣意性を挟むことになるために，関係する行為主体間で容認されるものではない。結果として，認可枠に余裕がある限りは設備建設を希望する企業による投資活動を認めないわけにはいかないのである。よって個々の企業力（資金調達力や需要見通し）を考慮して判断する場合には，認可が認められないような企業にまで設備建設を許さなければならない可能性がある。

例えばこうした状況が一連の 30 万トン設備 9 基が認可される過程において見られた。認可枠の範囲内であれば，生産実績に乏しく実際には需要の裏付けのない企業であっても大型建設が認められていったのである。第 7 回協調懇に基づく認可では，すでに平均で年産 21.7 万トンの設備能力を有する比較的販売の見直しが立っている実績のある企業が認可されていた。しかし，需要予測の上方修正による認可枠追加に伴い，第 8 回，第 9 回協調懇では，第 7 回協調懇時に需要の裏付けがないとして認可されなかった企業が次々に設備の新設を認められた。これらの企業は，平均で年産 10.15 万トンの設備能力しか持たない企業であったため，30 万トン設備の建設は自社の製造能力を約 4 倍近くに高める大規模投資だったのである。

また，設備投資調整の根拠となる将来予測は，政府や有力企業が参加する場によって承認されたものでもあり，そのような社会的制度に裏付けられたものに正当性が与えられることがさらに問題を引き起こす。これらの正当性の存在は，外部からの支援を得る際に説得のツールとなる可能性があり，正当性が付与されることによって認可を獲得した企業の投資活動を円滑にしている可能性がある。例えば，資金調達の局面において，社会的正当性が付与されることは大きな意味を持つ。巨額の設備投資を必要とする場合，金融機関など外部からの資金調達が必要となるが，当然ながら，資金を提供するステークホルダーは

リスクを回避するために慎重な姿勢をとる。その際に，公の場で承認を得た将来予測に基づくとともに，政府からの認可を得た投資計画は，実現可能性が高いものであるように認識される。結果として，認可枠というお墨付きがなければ資金調達が困難で投資活動が実施できない企業まで投資が可能になるという経路で，調整の存在が逆に過剰な投資活動を促進している可能性がある。例えば，そうした事例は大協和石油化学の30万トン設備建設時などに見受けられる。同社はわずか年産4.1万トンの設備しか持たず，多額の赤字も計上していた。しかし，政府の認可が獲得できればその企業は生き残り可能と判断されることから，結局は資金調達に成功したのである。

③企業主体温存システムとして機能する罠

第三に，設備投資調整を実施すると，強い企業の出現が妨げられることによって，相対的に力の弱い企業の生存が可能となり，その結果，多くの投資主体が投資を実行してしまうために設備過剰が促進される可能性がある[6]。設備投資調整を実施する場合には，各企業とも投資を決断しても即座に投資を実行に移すことは不可能である。一度，各社の計画が集められ，調整主体がその処理方法を思案し，さらに将来需要の策定や企業の投資順の決定などが行われるため，各企業が建設許可を獲得し投資を実行するまでに時間を要する。ゆえに，資金調達力や需要見通しの点で優位に立つ企業が，大胆な先行投資を行うことで規模の経済の利益を享受し，他企業を振り落とすといった戦略を実行することは困難である。結果として相対的に力の劣る企業が危機的な状況に追い詰められることがなく，調整による有力企業の投資の遅れが生じている間に力の弱い企業も準備を整え投資が可能になることがある。このような経路で調整の実施が逆に多くの投資主体を残存させることで，産業全体の設備投資量を増やしてしまう可能性がある。

石油化学産業においては，こうした傾向が一連の30万トン設備の認可過程において観察された。三菱油化は他社に先駆けて1966年には年産30万トン設備を計画し，1969年末には操業開始を予定していた。また，住友化学と丸善石油化学も年産25万トンの大型設備を1969年に操業開始させる予定であった。しかし，協調懇が1967年に30万トン基準の制定や需要予測の策定などを行い

認可処理に手間取ったことで，各社が設備建設許可を得るのに時間がかかり，設備の完成が遅れた。結局，丸善石油化学が唯一1969年中に設備を完成させたのを除いて三菱油化は1971年1月，住友化学は1970年4月と各社の設備完成は大幅に遅くなった。1969年完成を目指したこれらの大型設備の完工が調整の実施に伴って遅れたために，1969年の需要がひっ迫することになり，同年の第9回協調懇ではむしろ多くの設備建設が必要であると判断されるに至った。そして，1967年当時には資金難や需要の見通しが立たずに30万トン設備の建設認可を獲得できなかった東燃石油化学や大協和石油化学が好調な収益性を維持するとともにこの2年間で資金調達等の準備を整え，最終的に参入を認められる結果になった。なお，この期間，生産能力のハーフィンダール指数は0.13から0.11に低下する結果となった。

3) 調整システムの目的外使用による過剰投資の促進

　設備投資調整という活動が設備過剰の回避という本来の目的以外に使用されることによって調整枠組みがゆがめられ，ゆがめられた枠組みに従って調整が実施されたために，設備過剰回避を目的とした調整が逆に過剰な投資活動を促進させた可能性もある。社会的に必要とされながらも，公式に実行することが困難な施策や政策を実行する際にしばしばこうした状況が発生しうると考えられる。こうした施策の実行に際しては，公に実行可能な他の活動の形を借りて実行に移されることがあり，設備投資調整もそのような手段として利用された可能性がある。その際には，表向きは設備投資調整の形を取りながらも，実際には隠された意図を実現するのに都合の良いシステムが設計される。そもそも目的に違いがあるために，異なる目的のために作られたシステムは，本来（公）の目的を実現するために都合の良いシステムとは齟齬をきたしていることがある。そのために本来の目的を実現する際には機能不全を起こし，結果として調整を実施しつつも設備過剰に陥るという可能性が考えられるのである。

　石油化学産業の場合，30万トン基準制定を含む一連の設備投資調整を実施した際に，その背後には国際競争力強化のために企業を集約化，業界再編を図るという隠された意図があり，そのために設備投資調整の枠組みがゆがめられ，

ゆがんだ枠組みに従って過剰に設備の建設が認められていったのである。1967年頃，本格的な経済の自由化を目前に控えて企業の国際競争力強化が強く要請された。実現にあたって，少数企業による大型設備の建設が必要であると考えられていた。しかし，政策的に特定の企業だけを恣意的に優遇して大型設備の建設を認める一方で，他の企業に対しては強制的に設備投資を取りやめさせることは自由な経済活動が尊重される社会においては到底受け入れられるものではない。また，実行しようとしてもその法的根拠はどこにも求めることができない。したがって，こうした施策を実現するためには何らかの公に認められる活動の形を借りる必要性がある。そこで，設備過剰を回避するという公に認められる活動（設備投資調整）の一環として，施策を実行するという手段が選択されたのである。

　しかしながら，隠された意図を実現するために，設備投資調整はそれに適した本来の調整システムとは乖離することになった。少数の有力企業のみが大規模設備を建設して，市場の先取りを行うという目的の下に，それに適した二つの調整システムが構築された。そのそれぞれが設備投資調整の本来の目的とは逆に結果的に過剰な設備を生み出すシステムとして機能することになった。一つ目のシステムとして，先取り実施に際して先取りにふさわしい大きな認可枠を算出するために新たな認可枠の算出方法が導入された。従来は設備過剰に陥るリスクを小さくするために2年先の需要に目標を設定して認可枠を算出し分配していた。これに対して，4年先の需要に目標を設定するように変更することで先取りにふさわしい大きな設備建設認可枠を算出した。しかし，結局はその枠組みが継続的に使用され，毎年のように大きな認可枠が算出され，認可枠の存在が後発企業に設備建設の正当性を与えてしまった。こうして，一連の30万トン基準に基づく設備投資調整では，当初3～4基にとどまると考えられていた認可が9基にまで達した。すでに述べたように，認可枠の算出方式が従来通り2年後であったならばこうした事態には陥らなかった。さらに，これ以降の投資においても，長期的な予測が使用されるがゆえに，現状では設備が充足していても将来的には設備が不足するという算出結果が出ることで，さらなる大型設備建設が認可され，設備過剰が深化することになったのである。二つ

目のシステムとして，最低設備規模を 30 万トンと高く設定することによって，相対的に力の弱い企業の振り落としを図った。しかし，逆にこの結果として 20 万トンクラスの設備建設を希望していた企業も設備を建設する際には 30 万トン以上にせざるをえず，30 万トン基準に基づく一連の設備投資調整では高い水準に各社の計画の足並みがそろってしまう結果となった。

おわりに

　本章では，石油化学産業の設備投資調整の歴史を考察することで，設備投資調整が過剰な設備投資活動を促すメカニズムを仮説的に提示した。その中では，調整活動がその成立要件として必要としている公平性，平等性の維持が逆に問題を引き起こしていることや，公には実施することのできない施策が他の活動（本書の事例の場合，設備投資調整）の形を取って実行されるために，その活動自体はむしろ目標を達成することができなくなる可能性が指摘された。こうした問題の本質は，石油化学産業という産業や高度経済成長期という特定の時代背景だけに限定されるものではないだろう。

　第Ⅰ部において注目した設備投資調整は，現代の日本に限ってみれば実施されることは少なくなってきているものの，そうした問題に直面しなくなったわけではない。例えば，背景は異なるが 1980 年代に日本の半導体産業では DRAM の設備投資調整を実施する必要性に直面した。この設備調整に際しても，石油化学産業における調整と同様にやはり平等性の原則は重要な地位を占めていた。基本的に調整の実施にあたっては，公平性や平等性がその成立要件として常に求められ，特定の企業だけが得をしたり損をしたりするシステムは成立しないのである。極端に言えば，調整の結果は皆が等しく何かを獲得するか，皆が何も獲得できないかにしか行き着かないのである。DRAM の場合は，全社が抑制的な行動をとることが選択され，強い企業の出現が阻まれた。その結果として，投資抑制した日本企業に変わり米国，韓国企業がシェアを増大させ，後年の韓国による DRAM シェア逆転の契機となった。

また，公には実施することのできない施策が他の活動の形を取って実行されるために，その活動自体はむしろ目標を達成することができなくなるという問題に関しては，設備投資とは完全に離れたところで現代においても発生している[7]。石油化学産業では，特定の企業のみに投資を認めることで集約化を進めようと考えたものの，通産省は恣意的に特定企業を選ぶことができずにいた。このため，通産省が想定する特定の企業以外は満たすことができないと思われるような基準（30万トン基準）を策定したのであった。これと似たような状況が法科大学院の設置にあたっても発生していた。文部科学省は2004年に法科大学院を設置する際に，1年で生み出す法曹の数を3,000人とすることを決め，全国に20～30校の法科大学院を設置し合格率80％としてこれを満たすことを考えていた。しかし，特定の大学のみに法科大学院を設置させ，他の大学には設置させないことはできないので，設置にあたっては相当の専任教員の配置と新たな建物の建設などのハードルを課した。これによって，法科大学院の設置が有力校のみに絞り込まれると考えたのである。しかし，実際には多くの大学がこのハードルを乗り越え，法科大学院は60校を超え，その定員合計も5,000人を大きく上回ることになった。この結果として，法科大学院卒業者の司法試験合格率は40％台に低迷することになり，法科大学院に入学すればほぼ法曹職に就けるようにするということを前提とした当初の構想は完全に破綻することになったのである。

第Ⅰ部の分析の対象とした石油化学産業の事例は高度経済成長期のものであり，その周辺環境は現代と異なるものではあるけれども，本節において例示したように取り扱った問題の本質は決して過去に限定されたものではない。本章で論じた，調整の成立要件としての平等性が引き起こす問題や公にはできない政策の実施に際して他の活動の形を取ってそれを実行することに関する危険性に関しては，石油化学産業や設備投資調整しいては経済活動にとどまるものではなく，幅広い領域において考慮に値するものではないかと筆者は考えている。

注

1）投資遂行を認められた企業が規模の経済性により生産コストを大幅に低減させる中で，

投資を断念させられた企業は必然的にコスト劣位に追い込まれる。断念させられる企業は，調整に参加することでそうした事態に陥るよりは，アウトサイダーとして行動し独自に設備建設を行う方が相対的に高い利益を得られる。
2) 石油化学産業のように，政府の認可なしに設備を建設することが不可能である業界においては，アウトサイダーとして独自に調整の枠組みをはずれ設備を建設することは困難である。しかし，このことはアウトサイダーとして行動する道が完全に閉ざされていることを意味しない。アウトサイダーとしての行動を望む企業は，協調行動の枠組み自身を成立させない（破壊する）ことにより，協調が存在しない状況を作り出し投資を遂行できる可能性がある。Lieberman（1987b）が指摘するように，協調行動は独占禁止法（反トラスト法）に抵触する可能性があり，微妙な法解釈の上に成り立っているのである。そのため，協調に不服である企業は，独占禁止法を根拠に協調自身が不当な行動であると主張し，協調行動自体を破壊する可能性がある。枠組みが成立したときに強制力が発揮できることは，必ずしも枠組みの存在自体を正当化する力を持っていることとは同義ではないのである。
3) なお，Gilbert and Lieberman（1987）の実証研究によれば，このように各社が順番に投資を遂行する行動（round-robin）は，調整が実施されていない米国化学企業の投資行動では見受けられなかった。
4) 例えば，後発各社の設備投資を封じるために，先行企業の投資遂行後に将来予測値を恣意的に低下させ，それ以降の設備投資を認めないという行為も可能である。
5) 低成長下においても設備建設を求める企業のロジックは以下の通りである。設備過剰下では，自社が設備を建設すればさらに供給過剰となり製品価格は低下する。しかし，新鋭の大型設備の建設により，自社の生産コストを価格以上に低下させることで利益を手にするとともに自社の相対的な競争地位を上昇させることができる。
6) 多くの投資主体が投資を行っても個々の企業の投資量が小さければ設備過剰とはならない。しかし，設備投資調整は多くの場合装置産業で行われるため，最低経済単位を満たした投資を行う必要があり，投資主体が減らないと設備投資の総量はなかなか減らないのである。
7) 以下では，法科大学院設置に際してのケースに関して言及しているが，これはあくまで例示にとどまり詳細な分析に基づくものではないことを事前に断っておく。こうした他事例も参照した分析に関しては，今後の研究課題としたい。

第 II 部

化学産業における国際競争力の高まり

イントロダクション

　第 II 部の議論へ入る前に導入として関連する先行研究を整理することで第 II 部における目的を明確化していく。以下では，1985 年以降の日本の化学産業の歴史について言及した先行研究を概観する。それらは，①基礎化学領域（エチレン製造を中心とした汎用化学品）に注目したものと，②機能性化学製品領域に注目した研究の二つに大別できる。なお，1985 年以降の化学産業に起きた変化は，基礎化学領域においては，エチレン生産量が 400 万トン台から 700 万トンを突破するまで増大するという量的な拡大が生じ，機能性化学製品領域では，化学製品の貿易収支が 1987 年から一貫した輸出超過に転じ，対アジア地域の貿易では多額の黒字を計上するようになるなど質的な拡充が生じた。

1) 基礎化学領域に関する研究

　1985 年以降の日本の化学産業の歴史，とりわけエチレン製造業を中心とした基礎化学の領域を概観した研究には，基礎化学領域に関わる「産業全体のマクロな変化を概観した研究」と「特定の対象（例えばコンビナートなど）や企業に焦点化した研究」が存在する。

　基礎化学領域の全体的な変化を捉えた研究である大東（2014b）は，エチレンセンター企業を中心とした基礎化学領域（汎用化学品）に注目し，その通史を記述している。同書は日本経営史研究所より刊行されている「産業経営史シリーズ」（研究史を踏まえつつも，大学の講義の参考書や一般教養書として活用可能な産業経営史のハンドブックとなることを企図して刊行されている）の一部である。1985 年以降の歴史に関しては，第 3 章第 3 節および第 4 章で言及されている。以下ではその内容を詳細に確認してみることにする。

大東（2014b）の第3章においては，1985年から90年代にかけての日本の石油化学産業の歴史に関して以下のような事実が記述されている。①特定産業構造改善臨時措置法（産構法）による設備処理後の1980年代後半には，日本においてエチレン生産量が再び増大し，三菱油化（鹿島）および京葉エチレンがエチレン設備を新設した。②こうした好調な需給環境にもかかわらず，1986年頃から日産化学は石油化学事業からの撤退を開始し，1990年までにそれを完了した。一方で，バブル経済が崩壊した1990年代以降の動向としては，エチレンセンター企業間の合併やポリエチレンやポリプロピレンといった汎用樹脂事業において各社の事業統合が進んでいった様相が記述されている。ただし，1990年代の石油化学産業を取り巻く需給環境は良好であったため，エチレン設備はほぼフル稼働状態にあった。原料供給に関して概観すれば，原油価格は1990年代を通じて低位で安定していたとともに，円高の進行もあったため有利な状況が続いていた。輸出入に関しても，不況と円高による輸入の増加によって国内需要の一部が失われたものの，東南アジアや中国の経済発展による海外市場の拡大がそれを上回り好調であったことが述べられている。

　続く第4章においては，2000年代以降の日本の石油化学産業の歴史について言及されている。この時期には，原料価格の高騰や中東の産油国における大型プラントの生産開始などが生じたものの，中東の安価な製品は供給不足が続く中国へと流れることで日本の市場の流入は少なく，日本の石油化学企業は原油高，ナフサ高という環境にもかかわらず旺盛な中国需要に支えられて高い稼働率を保つことができたという。またこの時期に，石油化学企業による新たな海外進出（住友化学のラービグ計画など）や石油精製と石油化学事業の統合運営や異なる企業間でのエチレン設備の統合運営などの競争力強化策がとられ始めたことも言及されている。

　また，研究書ではないものの，1985年以降の日本の石油化学産業に関して広範に言及している書籍としては化学工業日報編集局編（2007）が存在する。同書は，化学工業に関する業界紙の発行元である化学工業日報社が創立70周年を記念して『化学工業日報』に連載した「検証・日本の石化産業五十年」をまとめたものである。同書の「おわりに」の中で記述されているように，同書

は「歴史を記述したものではない。歴史のひとこまをそこに立ち会った経営者を通して明らかにしたものである」。石油化学産業において生じた大きな事象を取り上げ，その事象に対して特定の個人（それぞれの経営幹部や行政の担当者など）がいかなる考えを持ち，行動した結果として成功したのか，もしくは挫折したのかという一連の物語を同書からは知ることができる。学術書ではないために，事実関係の出所が明らかにされていない等の問題を抱えているものの，歴史の表舞台には表出しないそれぞれの事象の裏事情などを読み取ることができる。なお，本書では紙幅の事情から十分に言及することができなかったイランにおける石油化学プロジェクト[1]に関しても言及されている。

　この他にも稲葉他（2013）のように石油化学産業の特定の領域や企業に注目した研究が複数存在する。稲葉他（2013）は，石油精製業と石油化学との連携事業に注目し，コンビナートにおける競争力強化のプロセスを明らかにしている。同書ではコンビナートを「エチレンセンターを中心に形成された特定地域の工場群・企業群」と捉えている。そして，今世紀に入ってからコンビナートにおいて石油企業や石油化学企業が高度な事業統合を進めることで全体として競争力を高め，石油製品の需要減退や石油化学製品における中東などの安価な製品との競合といった危機へ対処する「コンビナート・ルネサンス」が起こりつつあると述べている。

　同書の内容をやや詳細に述べれば以下のようになる。まず，日本の石油化学コンビナートが抱える問題点として，(1) 生産規模が小さいためにコスト削減が不十分であること，(2) 生産設備が過剰であり過当競争に陥りがちであること，(3) 安値販売の結果，利益率が低いことなどが指摘されている。こうした問題に対する解決策として企業や地域の枠組みを超えた連携が必要であると同書は主張している。その上で，連携に際して必要とされる具体的な施策に関しても言及している。複数のプレイヤーが存在する事業連携の場合，①事業連携を積極的に進めていくための推進母体の設立（この推進母体は，各社の利害調整を行う中立的な第三者機関の役割を担う），②本社協議会組織の設置，③プロジェクトの範囲（参加者）を最初の時点で特定することが必要であると述べている。そして，各社で機密保持契約を結び，データや資料を出しあい，各社の

コストと便益を明らかにした上で,全体の事業スキームの構築および事業連携の形態[2]を選択し実行していくことになる。また,個別企業がそれぞれ連携の重要性に気付いていながらも,その優先順位が相対的には高くない場合は,事業連携の契機(誘発要因)として補助金の設定も有効であると主張されている。

そうしたコンビナートにおける事業連携の枠組みを明らかにしたのちに,同書は各エチレンセンターの簡単な歴史,各地域における具体的な施策に関しても言及している。特に注目しているのは,石油コンビナート高度統合運営技術研究組合(Research Association of Refinery Integration for Group-Operation : RING)が中心となって実施している石油・石油化学連携事業である。こうした取り組みが進行しているコンビナートである鹿島,千葉,水島,周南地域のコンビナートに関してその歴史と現状を明らかにし,今後進展が期待される地域である知多,川崎,四日市,大阪,大分の各地域についてもその現状と現時点における統合の試みについて言及している[3]。

また,特定の企業に注目した研究としては,平野(2012)や平井(2013)がある。平野(2012)はエチレンセンター企業である出光石油化学に注目し,1990年代に同社が経営危機に陥った後,事業再建を行っていく様相を明らかにしている。同社はエチレンセンター企業としては後発であったものの,積極的な設備投資によって1990年までの間に著しい成長を遂げた。しかし,バブル経済が崩壊すると石油化学製品の需給ギャップが生じ,出光石油化学は営業利益が大幅に減少した。かつ同社は1985年からの8年間に4000億円もの投資を行っていたため,売上高が3000億円程度の企業にもかかわらず,有利子負債はそれを大きく超える5200億円(1993年度)にも達していた[4]。こうした状況に対して,それまで独立した関係を保っていた親会社である出光興産は,1990年代半ばに役員を派遣,人件費支援するなど積極的に出光石油化学への支援を行った。同時に出光石油化学は事業の絞り込みや業務提携なども行い一度は経営危機を脱したものの,2000年代に入るとエチレン価格が内外で急落し同社は再び厳しい経営状況に追い込まれた。さらに,住友化学と三井化学が経営統合を発表するなどの競合他社の動きに同社は強い危機感を持った。結局,出光石油化学はポリスチレンなどの汎用樹脂で他社との事業統合を進め,2004

年には石油精製と石油化学のインテグレーションのメリットを実現すべく親会社であり石油精製を手がけている出光興産と合併した。同時に三井化学との千葉地区における包括的提携を行うことで合意し，汎用樹脂事業の統合や共同出資で有限責任事業組合を設立しエチレン設備を一体運営するなどの事業再構築を実施していくことにした。

平井（2013）は，石油および石油化学産業に注目して三菱グループにおける企業集団の成立とその後の展開を明らかにしており，第13章において1980年代以降の三菱系エチレンセンター企業の動向を論じている。同じ企業集団に属しながらもエチレンセンター企業として競合していた三菱化成と三菱油化が合併へと至り，最終的に現在の三菱ケミカルホールディングスが成立するまでの経緯が記述されている。やや詳しく内容について言及すれば以下のようになる。1980年代末から90年代にかけて三菱化成と三菱油化の両社はエチレン設備への投資行動に対して対照的な動きを示していた。三菱油化が積極的に設備投資に取り組み1992年に鹿島地区において大型エチレン設備の操業を開始させたのに対して，三菱化成は既存設備の増設にとどめる一方で1970年代以降は石油化学事業以外への多角化を積極的に進行させていった。また，この両社の関係性は必ずしも良好なものではなかった。しかしながら，1990年代の石油化学業界を取り巻く厳しい状況が両社を提携，その後の合併へと向かわせることになった。両社は合併し三菱化学となった後，旧三菱油化の四日市地区におけるエチレン生産を取りやめ水島地区（旧三菱化成）と鹿島地区（旧三菱油化）へと集約した。さらに，三菱化学は三菱ウェルファーマと共に共同株式会社である三菱ケミカルを設立し，三菱ケミカルは三菱樹脂，三菱レイヨンも連結子会社化するなどして現在に至っている。

また橋本（2011）のように，政府による産業政策の展開に注目した研究も存在する。まずは，産構法へと至る経緯，産構法による石油化学工業の構造改善，産構法による指定業種からの解除後の体制整備といった化学業界に対する一連の政策展開を詳述している。その上で，1990年代以降の石油化学工業に対する政策について言及している。橋本（2011）によれば，1990年代の産業政策は業界全体を対象とした介入的政策から個別企業を単位とした事業構造の転換と

企業組織の調整を図る政策へと重点を移していったという。化学業界，その他の業界人および学識経験者などをメンバーとして「石油化学製品需給協議会国際小委員会」(1992年)，「石油化学産業基本問題協議会」(1995年)，「石油化学産業競争力問題懇談会」(2000年) など多数の委員会が組織され，日本の石油化学産業の国際競争力や商取引慣行などの諸問題に関して議論が展開され，複数の報告書が発表された。また，石油化学原料に関する規制緩和と原料多様化政策も主たる政策課題であったという。

2) 機能性化学領域における事業展開に関する研究

本項では，機能性化学領域における事業展開について言及している先行研究を概観していく。先行研究の多くは特定の製品・生産プロセスの開発過程や特定の企業の行動に注目している。

藤本・桑嶋編 (2009) は，自動車産業に関する過去の研究成果（例えば，Clark and Fujimoto, 1991 ; Fujimoto, 1999など）から得られた知見を援用しつつ，「ものづくり経営学」の視点から日本のプロセス産業の分析を行った。同書の中では，日本の製造業では自動車製造業などインテグラル型[5]（摺り合わせ型）産業の競争力が強く，機能性化学産業もインテグラル型の産業であると指摘されている。そして，日本の化学企業の強さの源泉を製品供給企業と顧客企業との間に「摺り合わせ（密接な相互作用）」が存在していることに求めている。事例の一部としてカネカのMBS樹脂，日本ゼオンのゼオネック，富士フイルムのWVフィルム，新日本石油による日石LCフィルム，新日鐵化学のエスパネックスといった機能性化学製品の開発プロセスを詳細に分析している。こうした事例研究も踏まえた上で，最終的にプロセス産業と組み立て産業の共通点や相違点を明らかにしている。共通点としては，顧客からの厳しい機能要求と制約条件，インテグラル寄りのアーキテクチャの選択，統合型組織能力が指摘されている。一方で相違点としては，化学のようなプロセス産業の場合には製品開発後に機能にあう用途を「逆探知」していくというような粘り強い探索の必要性があること，「統合型ものづくり能力」の構築が自動車産業のように当初より実現していたわけではなくピンポイントの機能達成という新たな競争圧力に直面し

たため事後的に意図してそれを構築する必要性に迫られたことなどが示されている。

　なお，藤本・桑嶋によるアーキテクチャ論の枠組みから化学産業を分析する試みは，すでに2002年に刊行された機能性化学産業研究会編（2002）において提示されている（藤本・桑嶋，2002）。同書は，経済産業省によって設置された「機能性化学産業研究会」において展開された議論とその最終報告書（機能性化学産業研究会，2002）をベースに化学産業のあるべき将来像に関する議論が展開されており，同研究会の委員を務めた日立化成，住友ベークライト，JSR，三菱化学の経営幹部による機能性化学産業の発展へ向けた提言も収録されている。

　また，複数の企業を対象として機能性化学製品領域における事業展開を概観した研究としては橘川・平野（2011）がある。日本の化学企業の中で相対的に収益性の高い12社を対象として各社の機能性化学製品領域における事業展開を分析している。その上で，各社に共通する要素として①顧客と密接な関係性を築いたこと，②積極的に国際化を進行させたこと，③大手企業とは異なる特有の事業展開を見せたこと，④ニッチな領域で寡占的な地位を築いたことという諸点が指摘されている。なお，本書第8章第1節はこの事例分析に基づいて議論を展開している。

　上述のように複数の事例を相互に比較検討した先行研究に対して，稲葉（2014）は徳山曹達（現，トクヤマ）という一事例のみを取り上げ，同社の研究開発体制の変化と新事業（多結晶シリコン事業）の創出のプロセスを明らかにしている。この新事業創出に際しては，企画部の藤井裕二が中心となり，自ら事業計画を立案し，藤井の強力なリーダシップの下で最終的には多結晶シリコンの製品化に成功し，1984年7月には操業を開始させた。事業としては，当初こそ円高やシリコンサイクルによるIC不況のために苦戦するものの，その後に需要が回復するとともに，リスクをとった大規模投資が大きな経営成果を徳山曹達にもたらすことになったという。同社における多結晶シリコンが事業として経営面で成功を収めた要因をまとめれば，以下のようになる。競合他社は，多結晶シリコンは単結晶シリコンの材料に過ぎず，それ単独で事業化する

対象とは見ていなかった。それに対して，徳山曹達は半導体の需要が増大する中で内製された多結晶シリコンだけでは需要は満たされず，外部からの調達が増大すると考え，同製品の研究開発と事業化を進めた。このように，徳山曹達においては多結晶シリコンと単結晶シリコン事業の分業という新たなビジネスモデルを構築したことが経営面での成功につながったのである。

　この他にもオーラルヒストリーを用いて，機能性化学製品を得意とする企業の事業展開や企業経営に迫った研究も存在する[6]。松島・西野編（2010）は，液晶ディスプレイの材料や半導体材料などの機能性化学製品の領域で成功を収めているJSRの社長を務めていた朝倉龍夫にインタビューを試み，生い立ちから経営者としての活動までその半生を克明に記述している。JSRが機能性化学事業において成功したプロセスを経営者の視点から理解することができる。また松島・株式会社ダイセル（2015）は，「ダイセル方式」と呼ばれるプロセス産業版のカイゼン運動に関して，それが確立するまでの過程を当事者へのヒアリングを中心に明らかにしている[7]。

3）第II部の課題と構成

　本項では，上述の先行研究において十分に検討されていない点を明らかにし，本書の第II部における主たる課題を明らかにする。

　まず基礎化学領域に注目した研究を検討すると，1985年以降の日本の石油化学産業を通史として取り扱っているのは大東（2014b）にとどまる。その中では1985年以降の石油化学産業を取り巻くマクロな変化とその帰結について言及されている。しかしながら，個別の企業の具体的な行動については詳述されておらず，結果へと至るプロセスに関しても十分に説明されていない。そのため，1985年以降はそれ以前の時代に比べ，自由な投資活動が認められるようになり，かつ投資意欲も高かったにもかかわらず過剰な設備投資競争が生じなかった背景が十分には説明されていない。また，この他にも以下のような点に関しては，記述が薄い状態にある。①2008年の世界同時不況以降の経済状況が日本の石油化学産業へ与えた影響とそれに対する企業行動と現時点での政策的課題について，②エチレン生産を停止した生産拠点におけるその後の事業

展開，③コンビナート統合に関する内容の詳細など。

　次に対象となる範囲を限定した先行研究（例えば，稲葉他，2013など）においては，個別の事象に関しては詳しく言及されている一方で，それらの事象間の相互関係を把握することは難しい。実際には，大東（2014b）において記述されたような石油化学産業を取り巻くマクロな環境の変化が企業行動へ影響を与えているし，そうした変化に対応して政策が展開され，政策を受けて企業行動も変化し，それがマクロな環境を変化させることもあるだろう。もちろん，これらの先行研究において言及された事象は日本の石油化学産業の歴史を概観する上で重要であり，本書の第II部においても言及する。しかし，それらはあくまで第II部の議論の部分集合に過ぎない。

　したがって，第II部において基礎化学産業領域に関する議論を進める上での課題は，多数の行為主体の相互関係，作用に着目しながら，なぜ1985年以降日本の石油化学産業が量的な拡大を見せたのか，そのプロセスを明らかにすることに定まる。

　次に機能性化学領域における事業展開に関する研究について検討すれば，日本企業がこの領域において競争力を高めていったプロセスが明らかにされていないという点が最も大きな問題として指摘されうる。藤本・桑嶋編（2009）が言及したように，日本が機能性化学領域において強い競争力を有するようになった理由の一つは，摺り合わせ型のアーキテクチャに求められるだろう。しかし，それは原因の一つであり，競争力が強化されていったプロセス全体を示すものではない。日本の化学企業が機能性化学領域に進出した契機は何であったのか，なぜ日本の化学産業は欧米に比して遅れていたにもかかわらずこの領域において競争力を獲得できたのか，そして新興国が台頭する中でもなぜ競争力を維持できているのか，こうした競争力が強化および維持されていく過程に関しては十分に明らかにされていない。

　また，機能性化学の領域に注目した先行研究においては以下のような諸点についての議論がなされていない。第一に，日本企業が機能性化学（特に電子材料）で強い競争力を有することを言及しているものの，その担い手がいかなる企業であるのか必ずしも明確にされていない。第二に，日本の石油化学産業に

おいて中心的な地位を占めるエチレンセンター企業が機能性化学領域においてはどのような事業展開を見せているのかという点も論じられていない。

したがって，本書の第II部においては，先行研究では明らかにされてこなかった諸点を丹念に説明していくことを重視しながら，1985年以降の日本の化学産業において量的な拡大と質的な拡充が生じたそれぞれのプロセスを明らかにすることが課題となる。量的な拡大に関しては，①速やかに生産量を拡大させつつも，なぜ第I部の時期とは異なり設備過剰に陥らなかったのかという点，②以前は同質的であったエチレンセンター企業の戦略に多様性が見られるようになった点，③第I部の時期とは異なりエチレンセンターの閉鎖という問題が生じ，それにいかに対応したのかという点についても検討していきたい。また，質的な充実に関しては，事例横断的に日本の化学企業が機能性化学製品において競争力を獲得・維持したプロセスを明示化する。同時にエチレンセンター企業がこうした質的な充実にいかに対応したのかという点についても述べていくことにする。

第II部の構成について述べれば，第6章においては収益の観点から日本の化学産業および企業を俯瞰することにする。序章で述べたように日本の化学産業は以前に比して高い国際競争力を有するようになった。第6章の収益分析によって，競争力が高まった際にその担い手となった企業を析出する。同時に，企業を収益性の観点から類型化し，それぞれの特徴を明らかにしていくことで近年の日本の化学産業の特徴を明らかにしていく。

第7章では，日本の化学産業における量的な拡大のプロセスを明らかにする。第I部に引き続き，石油化学産業において中心的な役割を果たしているエチレンセンター企業の歴史を概観していくことにする。同章においては，1980年代後半の需要拡大に対応して，産構法において休止措置がとられていたエチレン設備が再稼働していくとともに，エチレン設備の新設も行われた様相が示される。その一方で，相対的に生産性が低い生産設備は廃棄されていった。この際には，産構法に基づく設備処理とは異なり，各企業の自主的な判断で設備廃棄が進められていった。これによってエチレン生産から完全に撤退する生産拠点も出現した。第7章の後半ではこうした事業縮小に直面した拠点においては，

汎用品を中心とした生産体系からどのように事業再編が実施されたのか，その事例も丹念に記述していく。さらに，石油精製業との連携によってコンビナートの競争力強化を目指す動きや地域の自治体が積極的に関与してコンビナートの強化を目指す動きが出現し始めたことについても言及する。

続く第8章においては，機能性化学製品を中心に日本の化学企業が国際競争力を強化していった様相を明らかにしていきたい。同章では，橘川・平野（2011）において行われた日本の高収益化学企業12社のケーススタディに基づいて，日本の化学企業がどのように機能性化学領域で国際競争力を獲得し，それを2000年代以降も維持することができているのか，そのメカニズムを示す。その上で後半部においては，本書が第I部より議論の対象としてきたエチレンセンター企業がどのように基礎化学以外の領域へ事業展開していったのか，企業別に概観していくことにする。

歴史分析としては最終章となる第9章においては，政府と企業との関係性について議論を深めたい。第I部においては，基本的には規制や政府の産業政策の影響を受け，どのように産業や企業が行動したのかという観点から分析を進めた。しかしながら，政府・企業間関係は「政府の施策に対し企業が反応（対応）する」という一義的なものではなく，両者が相互作用を繰り返し，その結果として政策の方向性や産業発展の方向性が規定されていく。日本の化学産業の場合，規制にうまく対応することができなかった企業の方がむしろ1985年以降に成長している様相すらも見受けられる。最終的には，政府と企業の情報交換等の相互作用に注目し，両者の関係性の類型化を試みる。

終章においては，近年提示されている日本の化学産業に対する政策的課題（報告書等）を俯瞰し，その上で本書の第I部，第II部の議論から得られる示唆を踏まえて日本の化学産業の課題と今後について考えていきたい。

注
1）日本企業がイラン企業との合弁で石油化学コンビナートを建設するプロジェクトがかつて存在した。1971年に三井物産，東洋曹達，三井東圧化学，三井石油化学が対イラン投資会社であるイラン化学開発を設立した（1973年には日本合成ゴムも参加）。その後，これらの日本企業とイラン国営石油化学会社（NPC）との合弁でイラン・

ジャパン石油化学(IJPC)が設立される。IJPC はエチレン年産 30 万トン設備を中心に各種誘導品を企業化する計画であった。しかしながら,この計画はイラン革命に続いて,1980 年にはイラン・イラク戦争が勃発したため中断した。最終的には,日本企業は多額の損失を被った上にこの計画からの撤退を余儀なくされた。同時期に進められたシンガポール,サウジアラビアへの日本企業による進出計画が予定通りに進行したのとは対照的な結果に至った(石油化学工業協会総務委員会石油化学工業 30 年のあゆみ編纂ワーキンググループ編,1989)。

2) 最終的な事業形態には以下のようないくつかの選択肢があるという。①新たな法人を設立しプロジェクトを推進する,②参加する企業がそのまま新規投資を行う,③合弁会社や SPC(特定目的会社)を設立する。

3) 同書の第 7 章においては,エチレン製造停止後のエチレンセンターに関する事例も記述されており,本書の第 7 章第 3 節はこれを加筆修正したものである。

4) エチレンセンター企業の中で有利子負債が売上高を超える企業は出光石油化学と東ソーの 2 社のみであり,東ソーの有利子負債額は売上高の 1.1 倍に過ぎなかったのに対して,出光石油化学のそれは 1.8 倍にも達していた(平野,2012)。

5) 製品アーキテクチャの代表的なタイプは,モジュラー型とインテグラル型に分類される(Ulrich, 1995)。モジュラー型とは,部品間の連結部分(インターフェース)が比較的簡単であり,基本モジュールである部品内で機能完結的になっている。そのため,インターフェースのルールにさえ従っていれば,部品設計に際しては他の部品の設計を考慮せずに当該部品を設計可能である。代表的な製品としては,パソコンなどがある。これに対して,インテグラル型では部品間の関係性が複雑であり,部品間で互いに調整をしながら設計を行う必要性がある。

6) このほかにも実務家と経営史家の対談として小林・橘川(2013)などもある。

7) ダイセル方式は近年,多くの化学企業に採用されている。ダイセル方式を簡単にまとめれば,①ミエル→②ヤメル→③カワルの 3 段階のプロセスを実行することであると言える。まず,現状の業務を徹底的に解析し経験や暗黙知の形式知化する(ミエル),その上で不必要な業務を抽出しまずこれを取り除き業務負担の軽減を図る(ヤメル),最後に形式化された知識に必要が生じればすぐにアクセスできるようにシステム化する(カワル)のである(「大企業が教えを請う"ダイセル式"カイゼン活動」『週刊東洋経済』2008 年 11 月 1 日号;小河,2008)。この革新活動の結果,ダイセル化学の網干工場ではシステム構築前に比べ,生産性が 3 倍に,従業員は 740 人から 60% 削減し 290 人となり,それで生じた要員を新規事業の立ち上げに活かし,開発のスピードアップや早期立ち上げに寄与するなどの相乗効果があったという。今では,多数の企業がダイセル方式を採用しつつある。

第6章

日本の化学企業の収益分析

　第II部において1985年以降の日本の化学産業の変容を明らかにしていくのに先んじて，本章では収益面から日本の化学産業の現状を概観してみたい。2000年代の日本の化学企業の売上高営業利益率を概観すると，エチレン生産も行っている大手には高収益企業がほとんど存在せず，高収益企業はエチレン生産を行わない中規模の企業の中に多いことがわかる。これらの企業は製品の高付加価値化に成功し，収益性を高めてきたのである。また，エチレンセンター企業の間にも収益力の格差が生じている。従来のエチレン生産を中心とした基礎化学事業に加えて，より付加価値の高い製品事業領域を有するようになったエチレンセンター企業が相対的に高収益となった。

1　化学企業の収益分析

1）2000年代の売上高営業利益率分析

　序章で述べたように，日本の化学産業への期待が近年高まりつつある。1990年代以降の「失われた10年」とも呼ばれる日本経済の停滞期に，複数の製造業が国際競争力を喪失していった。その中で，機能性化学製品に関しては，日本企業の世界シェアが依然として高い。くしくも2011年3月11日に発生した東日本大震災は，日本企業の機能性化学製品の生産停止が世界のセットメーカーに影響を及ぼすという事実を浮き彫りにし，改めてこの領域における日本の化学企業の強さと存在感を知らしめる結果となった。

一方で先行研究においては，化学産業の競争力を高めた担い手については十分に明らかにされておらず，本節では企業の収益性という観点から日本の化学産業を俯瞰することでこの担い手を明らかにしていきたい。そのために，製品の高付加価値化等の帰結として，高い収益性を保持することになった企業を析出することにする。本章では，2000〜09年度までの10年間を対象として，合計40社の売上高，営業利益の変遷を概観した。

分析に際して，以下の3つの条件をすべて満たす企業に対象を絞った。(1) 2001年3月期において売上高1000億円以上で毎年3月に期末決算を迎える企業。(2) 石油化学，化学品，化成品，樹脂等のセグメントを有する企業。(3) それらおよび化学繊維関連のセグメントの売上高が連結ベースで3割以上を占めている。また「売上高営業利益率7.5％以上」というのを高収益の基準とした。

さらに，高収益企業を以下のように定義した。①10年間のうち半数以上の期間（6期以上）にわたり売上高営業利益率（以下，「利益率」と略す）が7.5％以上を記録している。もしくは，②10年間通算の利益率（10年分の営業利益を10年分の売上高で割ったもの）が7.5％以上である。なお，日本の全製造業の平均利益率は，2000年代前半は3.8％，2000年代後半は4.5％であるため，この7.5％という値は収益性が高いと評価しても問題ないだろう。

分析の対象となった全40社に関する，過去10年間の利益率は，表6-1に示される。表6-1では，各企業に関して収益性の高い時期（利益率7.5％以上）のセルに網掛けをした。その中でも際立って高い場合（同10％以上）は，さらにそれを太字で示した。また10年間通算の利益率は，表の最右列に示されている。

表6-1から，本書の定義に基づく日本の高収益化学企業は，以下の各社であることが確認された。まず，先の①の定義に該当する企業は，売上高順に信越化学，日東電工，日立化成，クラレ，電気化学工業（現，デンカ），ダイセル化学（現，ダイセル），JSR，チッソ（現，JNC），ADEKA，セントラル硝子，日産化学，ニフコの12社であった。中でも信越化学は10年，日産化学は7年，日東電工は5年にわたって10％以上の利益率を記録し，安定的に好業績を上げ

表 6-1 化学系企業の売上高営業利益率推移（2000〜09）

年度	2000	2001	2002	2003	2004	2005	2006
三菱ケミカル HD	3.8	2.0	4.9	5.1	6.8	5.5	4.9
住友化学	8.1	6.8	6.6	5.8	8.1	7.8	7.8
旭化成	7.6	3.8	5.2	4.9	8.4	7.3	7.9
東レ	4.8	1.9	3.2	5.2	6.2	6.5	6.6
三井化学	5.8	4.4	5.4	5.0	6.6	4.0	5.4
信越化学工業	14.0	14.8	15.3	15.1	15.7	16.4	18.5
帝人	5.7	3.2	4.0	4.4	5.7	8.2	7.4
DIC	4.9	3.2	1.1	4.5	4.8	4.9	5.1
東ソー	6.5	3.7	5.9	6.2	9.7	7.3	7.7
日東電工	9.5	5.7	9.0	12.4	13.6	14.2	10.2
宇部興産	5.3	3.3	5.1	4.3	5.7	7.1	7.1
豊田合成	7.1	3.5	6.0	6.1	3.9	3.9	5.3
日立化成工業	7.8	2.7	5.0	6.5	8.4	8.9	8.9
出光興産	4.0	2.4	2.7	4.1	6.4	5.8	7.1
カネカ	6.5	5.8	7.2	8.0	9.8	10.3	7.7
三菱レイヨン	6.3	6.3	6.6	8.8	9.3	11.1	14.3
丸善石油化学	1.9	0.9	2.5	4.5	8.3	5.8	4.7
クラレ	6.4	6.2	7.8	8.4	9.4	10.2	10.4
電気化学工業	10.0	6.7	7.4	8.5	9.1	8.5	9.1
ダイセル化学工業	5.6	5.9	7.5	7.5	9.3	10.0	9.5
東洋紡	5.0	4.3	5.2	6.9	7.3	7.4	7.1
JSR	4.1	4.0	8.4	11.9	14.8	15.8	15.1
トクヤマ	6.4	4.5	5.7	6.0	6.8	9.2	11.9
チッソ	5.2	4.9	6.3	8.3	8.0	8.1	8.7
日本触媒	3.3	5.6	7.8	9.1	11.3	10.0	7.3
東洋インキ製造	4.6	3.1	3.7	4.4	5.3	5.6	4.8
日本ゼオン	4.7	5.4	6.1	8.4	8.3	10.2	10.7
ユニチカ	4.9	3.7	3.5	6.0	6.5	6.6	5.1
新日鐵化学	3.5	3.3	4.2	6.2	9.6	6.9	8.3
住友ベークライト	10.0	3.4	4.0	8.8	8.8	11.3	7.0
ADEKA	9.0	8.0	7.8	8.5	9.7	10.5	9.5
セントラル硝子	9.9	8.1	8.8	10.6	9.9	9.0	8.8
日産化学工業	8.1	6.8	6.5	10.0	10.7	12.8	12.0
大日精化工業	5.1	2.2	4.5	5.2	5.4	5.7	5.2
日油	5.0	4.5	5.2	5.5	6.2	7.8	7.7
クレハ	4.3	4.5	6.0	7.0	7.9	7.2	8.1
日本曹達	3.2	2.3	3.6	3.4	3.5	3.9	6.2
エフピコ		5.5	2.2	2.4	2.6	4.8	6.1
高砂香料工業	5.4	5.1	4.2	3.9	5.3	4.4	5.3
ニフコ	11.4	6.4	8.1	8.8	8.0	9.5	10.4

出所）『化学経済』各号；各社有価証券報告書より作成。

第6章　日本の化学企業の収益分析

2007	2008	2009	期間通算
4.3	0.3	2.6	3.9
5.4	0.1	3.2	5.7
7.5	2.3	4.0	5.9
6.3	2.4	2.9	4.8
4.3	-3.1	-0.8	3.6
20.9	19.4	12.8	16.7
6.3	1.9	1.8	4.9
4.5	2.7	3.7	4.0
7.1	-2.8	2.1	5.3
10.5	2.4	9.3	9.8
7.9	4.6	5.0	5.7
7.9	2.9	5.3	5.2
9.6	4.1	8.4	7.2
2.6	-3.7	1.8	3.3
7.1	1.7	4.2	6.9
9.0	-2.2	1.5	7.3
3.3	-2.2	2.3	3.2
11.5	7.8	9.1	8.9
8.2	3.1	6.7	7.7
7.7	2.8	6.5	7.3
6.3	3.1	3.6	5.7
14.7	8.6	6.5	11.0
11.5	7.6	6.0	7.8
7.7	6.1	10.2	7.5
6.1	0.2	5.7	6.4
4.1	1.6	5.9	4.3
8.4	1.1	4.1	6.9
4.9	3.7	4.7	4.9
8.3	0.4	5.9	5.8
4.0	-0.8	4.4	6.2
8.4	4.0	6.4	8.1
4.9	1.2	2.2	7.4
14.6	10.9	12.8	10.7
4.6	1.8	4.3	4.4
6.3	2.4	3.9	5.5
8.5	6.6	4.2	6.4
6.2	3.8	4.0	4.0
4.8	7.2	9.5	5.0
5.8	4.6	4.7	4.9
10.3	5.9	8.0	8.7

ている。また，②に該当するのは，利益率順に信越化学，JSR，日産化学，日東電工，クラレ，ニフコ，ADEKA，トクヤマ，電気化学工業，チッソの10社であった。①の基準よりも企業数が限定される一方で，トクヤマが新たに付け加わっている。

　上述のように，日本の高収益化学企業は，すべて誘導品製造企業もしくは関連産業企業であり，石油化学コンビナートの中心的存在であるエチレン製造を手がける企業は，1社も含まれていない。しかし，エチレンセンター企業間で比較をすれば，相対的に高収益な企業とそれ以外の企業に分離可能である。住友化学と旭化成は，10年中4期にわたり利益率が7.5%を超え，10年通算の利益率が5%を超えている。これに対して，エチレン製造設備能力シェアの高い三菱ケミカルや三井化学，石油化学工業上流を主たる事業範囲とする丸善石油化学，出光興産などは，3%台の利益率にとどまっている。

2) 三つの利益構造パターン

　次に分析の対象とした40社に関して，その売上高・営業利益の推移を時系列に把握すると三つのカテゴリーに分類可能であると考えられる。本書に

238　第II部　化学産業における国際競争力の高まり

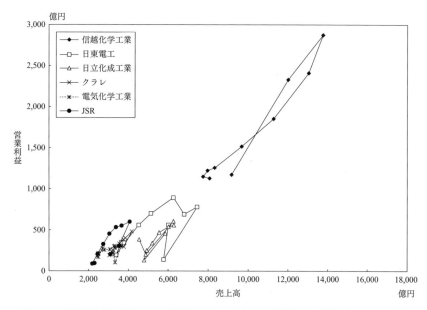

図6-1　高収益企業（売上3000億円以上）の売上高，営業利益の推移（2000～09年）
出所）各社有価証券報告書，決算短信より作成。

おいては，その推移を示した散布図の形状を参考に「斜線型」「水平・不安定型」「ワの字型」と名付けた。この形状（売上高・営業利益の軌跡）は，その背景にある企業の収益構造を反映したものである。以下では，それぞれに関して，詳細に考察する。

①高収益企業──斜線型の軌跡

　過去10年間（2000～09年度）を概観すると，前節で析出した高収益企業の多くは，「斜線型」の収益推移を示している。図6-1は，高収益企業の中でも比較的規模の大きい売上高3000億円以上の企業に関して，売上高と営業利益の推移をグラフ化（散布図に）したものである。

　斜線型の収益推移の特徴は，売上高と営業利益が連動していることに求められる。これらの企業は，2000年度から世界同時不況前の2007年度まで売上高と営業利益を増大させ，2007年度にピークを迎えている。そして，同時不況により売上高と営業利益の双方を減じさたものの，再び営業利益を回復させる

方向に向かっている。世界同時不況により少なからず悪影響を受けたものの，それが発生した2008年度ですら少なくとも100億円以上の利益は計上している。

このような収益推移から，背景にある利益構造の特徴として，以下の2点が指摘可能であるように思われる。

第一に，こうした利益推移を描く企業は，汎用品ではなく軽薄短小型の特殊品を主に取り扱っている。これは，2004～08年の原油価格高騰局面における利益推移から明らかになる。もし，コストに占める原料（原油）価格の割合が大きい場合には，原油価格上昇分を販売価格に転嫁する必要性がある。仮に価格転嫁が成功するならばその分だけ売上高は増大するものの利益は増大せず（図で言えば軌跡が横に伸びる），逆に失敗すれば売上高は変わらず利益のみ減少する（図で言えば軌跡が下方向に向かう）。しかし，斜線型の軌跡はそのどちらの形にも属していない。つまり，原油価格がコストの多くを占めることのない軽薄短小型製品が主力であると考えられる。

第二に，これらの企業は，差別化や高付加価値化に成功した結果，マージンが安定している。2000～07年度にかけて，自社製品の需要増大を反映して，売上高が増大していった。この際に，売上高増大に連動して，着実に営業利益も増大している。つまり，この期間に製品が広く普及することで需要が増大しても，マージンが減少していないことを意味している。これは，製品の差別化，高付加価値化が進んだ結果として，コモディティー化が回避されていることを暗示しているのである。

ただし，斜線型の収益構造にも弱点は存在する。それは，営業利益の絶対額を単独でコントロールすることが困難であるという点である。これらの企業では，自社製品の売上高の増減により営業利益が変動する。その自社製品の売上高は，その製品（例えば，液晶部材）を素材として使用している最終製品（例えば，液晶パネル）の需要によって規定されるのである。したがって，セットメーカーが需要減退に直面すれば，自社も利益の減少局面に直面し，単独でそうした事態を回避する施策をとることは困難であるという問題を抱えている。

②一般企業——水平・不安定型の軌跡

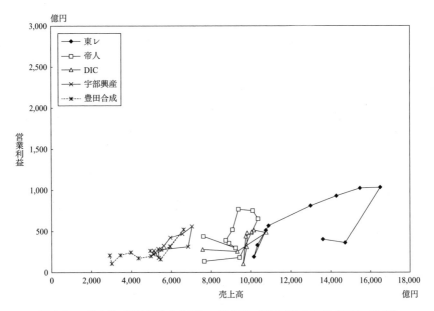

図 6-2 一般企業（売上高上位 5 社）の売上高，営業利益の推移（2000〜09 年）

出所）図 6-1 に同じ。

　上述の高収益企業やエチレンセンター企業に該当しないその他の企業（一般企業）は，水平もしくは不安定な売上高・営業利益の軌跡を描いていることが多い。図 6-2 は，売上上位 5 社に相当する一般企業の収益推移を示したものである。なお，容易に比較できるよう，売上高と営業利益の目盛りは図 6-1 と図 6-2 で統一してある。

　一般企業各社の推移はやや一般性に乏しいものの，大まかな傾向は (a) 水平型：軌跡が横に寝ているもの（例えば，東レ，宇部興産，豊田合成）と (b) 不安定型：いびつな形状をしているもの（例えば，帝人，DIC）の 2 種類に大別できる。(a) の企業群は 2000 年代においては量的な成長を見せるものの，収益の向上が十分には伴わず，利益なき拡大に陥っていた様相を示している。一概に，売上に比してマージンは低位にとどまった。ただし，角度の浅い斜線型を示しているとも考えられ，今後，高付加価値製品が増大すれば斜線型企業へと移行していくことも期待できる。一方でいびつな形状をした (b) の企業群は，単に

第6章 日本の化学企業の収益分析　241

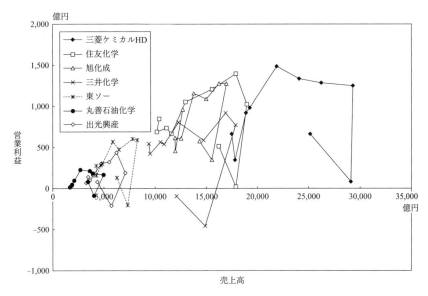

図6-3 エチレンセンター企業の売上高，営業利益の推移（2000～09年）

出所）図6-1に同じ。

売上に比して利益が少ないだけでなく，マージンの不安定さにも直面していたことがわかる（マージンが安定していれば売上と利益は比例関係になる）。

③エチレンセンター企業——ワの字型の軌跡

エチレンセンター企業の売上高・営業利益の軌跡は，図6-3に示されるように，いずれの企業もカタカナの「ワ」の字に近い形状を示している。

「ワ」の字型に至った経緯は，以下のような業界の動向を反映している。まず，これらの企業では，2001年度の半導体不況を谷として2004年度まで順調に売上高および営業利益が増大した。その後，2004～08年にかけて，売上高は増大するものの利益は増大しないといういわば「利益なき繁栄」を続ける。この動きの背景には，原油価格の高騰が存在する。主たる製品が原油多消費型であるため，原油価格の高騰分を製品価格に転嫁させたことにより売上は増大する一方で，マージンは増加しないので利益額が増大せず，軌跡がほぼ水平になっているのである。そして，最後に世界同時不況発生（2008年度）により，

売上高を維持しつつも利益のみを急落させる事態に見舞われたのである[1]。

エチレンセンター企業は，上述のように原油価格の動向に業績が左右されるとともに，製品需要の増減にも大きな影響を受けている。世界同時不況後の2009年度は，各社とも売上高の減少以上に営業利益を減じさせている。売上高が約4年前と同程度であるのに対して，利益水準は同時期の半分以下程度にまで落ち込んでいる。これは，売上の減少が原油価格の下落ではなく，製品需要の減少に起因するからである。仮に売上高の減少が原油価格の下落だけに起因するなら利益額は減少せず，辿ってきた軌跡通りに元に戻るにとどまるのである。これに対し，製品需要の低迷による売上高の減少は，利益の絶対額を減じさせる。景気変動によって需要が大きく増減する石油化学事業が大きなウエイトを占める企業ほど，収益を悪化させる結果となった。

このように，2000年代後半においては，日本のエチレン製造業は石油を大量に利用して基礎化学製品を生産するために原油価格の高騰の影響を受け，さらにそれらの製品は景気変動によって大きく需要が増減するために世界同時不況に翻弄される形となった。そのため，2008年以降，エチレンセンターの再編は避けられずという主張が多く見受けられるようになったのである[2]。なお，コストに占める原料費の割合の大きい汎用品を製造する企業は，エチレン分解炉を持たずともエチレンセンターと同じ理由から類似した利益の軌跡を描くことがあるだろう。斜線型の利益構造が「電子材料型」「機能性化学型」とも言えるように，ワの字型の軌跡は「石油化学型」「汎用品型」と考えることもできるだろう。

3）エチレンセンター企業のセグメント分析

第Ⅰ部より検討の対象とし続けてきたエチレンセンター企業に関して，もう少しその特徴を収益の観点から掘り下げてみたい。その理由は，日本のエチレンセンター企業は，極めて似たような売上高・営業利益の軌跡を示しながらも，企業間で収益格差が存在しており，その原因を明らかにする必要性があるからである。住友化学（5.7％），旭化成（5.9％），東ソー（5.3％）の10年間通算の利益率は5％を超えている（表6-1を参照）。それに対して，三菱ケミカル

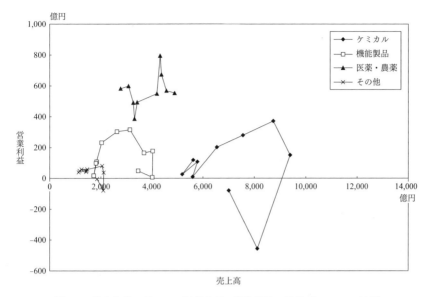

図 6-4 住友化学セグメント別売上高, 営業利益の推移 (2000〜09 年度)

出所) 図 6-1 に同じ.

(3.9%), 三井化学 (3.6%), 出光興産 (3.3%), 丸善石油化学 (3.2%) の各社はそれぞれ 3% 台にとどまっている.

ここでは, 利益率格差の要因を明らかにするために, 相対的に収益性が高かった住友化学および旭化成と, エチレン製造を行う総合化学企業の中で 2000 年代においては収益性が最も低かった三井化学を比較してみよう. 比較に際して, 今度は各企業に関してセグメント別の売上高・営業利益の軌跡のグラフ (散布図) を作成した (図 6-4, 図 6-5, 図 6-6)[3].

作成した図からは, 利益率格差を生んだ二つの要因が浮上する. 第一の要因は, 石油化学部門以外の事業の貢献度である. 住友化学と旭化成は, 石油化学事業に比べて平均的に収益性が高く, 不況期においても一定の利益を計上する事業を有していた. 具体的には, 住友化学は医薬・農薬, 旭化成は住宅, その他事業 (医薬・医療, エレクトロニクスなど) という, ケミカル事業とは利益構造の異なる収益の柱を持っていた. 特に住友化学の収益性が高い理由は, この

244　第Ⅱ部　化学産業における国際競争力の高まり

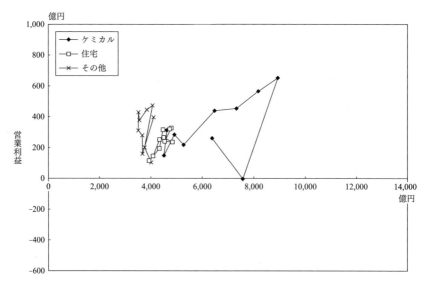

図 6-5　旭化成セグメント別売上高，営業利益の推移（2000～09 年度）

出所）図 6-1 に同じ。

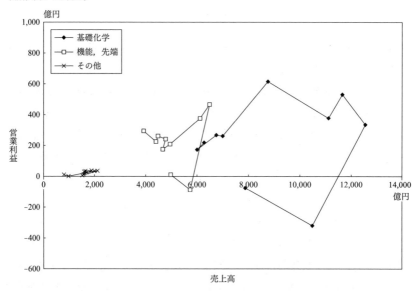

図 6-6　三井化学セグメント別売上高，営業利益の推移（2000～09 年度）

出所）図 6-1 に同じ。

第一の要因によるものが大きい。住友化学は，景気変動に左右されずに常に医薬・農薬で大きな利益を獲得している[4]。リーマンショックの翌年の2009年4～6月期には早くも日本の総合化学5社で唯一の連結営業黒字を確保した[5]。また，旭化成は，2008年度の決算において総合化学大手5社の中では唯一最終黒字を確保した。ケミカル事業の落ち込みを堅調な住宅，医薬・医療事業がカバーしたのである。図6-5からもわかるように旭化成の住宅事業は斜線型の収益構造を持っており，かつ振れ幅が小さく安定した状態にあることがわかる。さらに，2008年度の収益では，医薬・医療部門の利益率が10.1％に達していた他に，サービス・エンジニアリング部門も9.4％の利益率を計上した。旭化成は，かつて何でも手を出す「ダボハゼ経営」「多角化のデパート」などと呼ばれ，広がり過ぎた事業範囲の整理に苦労した時期もあったものの[6]，多角化を進行させていることが石油化学不況の中で強みを発揮した形となった[7]。これに対して，三井化学は，ケミカル事業（基礎化学）以外に機能・先端製品という名のセグメントを有するものの，この事業は汎用品と同じワの字型の収益構造を示し，十分な収益源となっていない[8]。さらに，その他の事業も存在するもののそれは事業規模が小さく，前述の一般企業の項目に出現した横に寝た形の軌跡であり売上に比して利益が小さいのである。

　第二の要因は，石油化学（ケミカル）事業の収益性の違いである。石油化学事業に関しては，各社とも「ワの字型」の収益構造となっている。しかし，形状は同一であっても，旭化成の方がケミカル事業の収益性が高い。ケミカル事業の10年通算の利益率は，三井化学が2.7％であるのに対して，旭化成は5.2％に達しているのである。その背景には，旭化成は世界的に競争力のある製品を汎用品分野に有していることが挙げられる。旭化成はアクリロニトリルにおいて世界第3位の事業規模（生産能力年産45万トン，世界シェア7.4％）を持ち，世界最大のアクリロニトリルの生産者であるイネオス・ニトリル（生産能力年産72.4万トン）に大きく引き離されてはいない。そのため旭化成は，日本企業が苦手とする汎用製品でありながらも，アクリロニトリル市場において一定の競争力を保持しているのである。

2 日本の化学産業の特徴

　前節の分析によって，日本の化学産業においては，石油化学上流部門であるエチレン製造も行う総合型の化学企業よりも特定品目の生産に特化している信越化学に代表されるような中規模の化学企業の収益性が高いことが明らかになった。序章でも検討したように，日本の化学産業は欧米の化学産業に比べて競争力が劣るという主張が支配的であった[9]。確かに，序章の表序-2に示されるように世界の売上高上位10社の中に日本企業は入らず，20位まで広げて考えても三菱ケミカル（11位），三井化学（17位），住友化学（19位）がランクインするに過ぎない。しかも，三菱ケミカルや三井化学の利益率は諸外国の企業と比べて低水準にある。したがって，大企業間で国際比較をすると日本の化学産業の国際競争力は弱いという結論に達する。

　しかし，やや売上規模の小さい化学企業にまで探索範囲を広げれば，日本の化学企業は国際競争力が強いことがわかる。世界上位10社の企業と本書で高収益企業として抽出した企業を比べたところ（表6-2），これらの企業はBASF，ダウ・ケミカル（Dow Chemical），デュポン（Du Pont）といった欧米の有力企業と比べ遜色ない高い利益率を記録しており，国際的に見て強い企業であることがわかる。信越化学に関してはすでに広く知られているが，それ以外にも化学部門だけで比較すれば，クラレ，日産化学なども利益率が10％を超えている。このように，日本においては中程度の売上規模の企業が高い競争力を保持し，しかも多数の高収益企業が存在することがわかった。したがって，産業レベルでは日本の化学産業は必ずしも諸外国に劣っているわけではない。

　ここで日本の高収益化学企業は，どのような企業であるのかその歴史的背景を若干振り返ると，コンビナートへの参加企業という共通点が見られる。これらの企業の多くは，エチレン設備を持たずに，エチレンセンター企業から原料を購入しコンビナートにおいて誘導品を生産していたか，現在も生産している企業である。1985年頃の各社の状況[10]を見れば（なお，カッコ内は工場を配置していたコンビナート所在地を示す），信越化学（三菱油化・鹿島，出光石油化学・

表 6-2 化学製品の売上高・営業利益に見る世界のトップ企業 10 および日本の大規模・中規模化学企業（2013 年）

順位	企業名	国名	化学製品の売上高		化学製品の営業利益	
			2013 年 (百万ドル)	総売上高に 占める割合(%)	2013 年 (百万ドル)	売上高営業 利益率 (%)
1	BASF	ドイツ	78,615	80.0	6,317	8.0
2	Sinopec	中国	60,829	13.0	103	0.2
3	Dow Chemical	米国	57,080	100.0	4,715	8.3
4	SABIC	サウジアラビア	43,589	86.5	12,795	29.4
5	Shell	オランダ	42,279	9.4	na	na
6	ExxonMobil	米国	39,048	9.3	5,180	13.3
7	Formosa Plastics	台湾	37,671	60.2	2,352	6.2
8	LyondellBasell Industries	オランダ	33,405	75.8	5,087	15.2
9	Du Pont	米国	31,044	86.9	5,234	16.9
10	Ineos	スイス	26,861	100.0	2,137	8.0
11	三菱ケミカル HD	日本	26,685	74.4	507	1.9
17	三井化学	〃	18,916	100.0	306	1.6
19	住友化学	〃	18,116	78.8	688	3.8
22	東レ	〃	16,665	88.5	1,152	6.9
29	信越化学工業	〃	11,945	100.0	1,781	14.9
-	日東電工	日本	7,285	100.0	702	9.6
-	クラレ	〃	4,014	100.0	481	12.0
-	ダイセル	〃	3,814	100.0	269	7.1
-	JSR	〃	3,950	100.0	374	9.5
-	日産化学	〃	1,164	71.0	150	12.9

出所）日本化学工業協会 (2015)；各社アニュアルレポートより作成。

徳山），日立化成（丸善石油化学・千葉），クラレ（三菱油化・鹿島，三菱化成・水島），電気化学（住友化学・千葉，丸善石油化学・千葉），ダイセル化学（三井石油化学・岩国），JSR（三菱油化・鹿島，住友化学・千葉，三井石油化学・千葉，丸善石油化学・千葉，新大協和石油化学・四日市，三菱油化・四日市），トクヤマ（出光石油化学・徳山），チッソ（丸善石油化学・千葉，旭化成・水島），ADEKA（三菱油化・鹿島），セントラル硝子（東燃石油化学・川崎。ただし 2003 年に撤退），日産化学（丸善石油化学・千葉。ただし 1980 年代後半に撤退）がコンビナートに参加していた。コンビナートに参加せずに表 6-1 で示した高収益企業に入ったのは，日東電工とニフコだけである。そして，コンビナートに参加してい

たものの，一般企業に分類されている（高収益企業に該当しなかった）のは，カネカ，日本ゼオン，宇部興産，日本触媒，新日鐵化学，日油と少数なのである[11]。

　上述の結果から，日本の化学産業はコンビナート形式を採用したことが問題視されてきたものの，コンビナートで経験を積むことが現在の競争力につながっているとも考えられるのではないだろうか。日本ではコンビナート形式をとるがゆえに総合化学は大規模化できず，競争力がなく，顧客からの情報も伝わらない，さらに，コンビナートの拡大などに関して統一的な意思決定ができないなどの批判がなされてきた（伊丹・伊丹研究室，1991）。しかし，分業することによって，逆に事業範囲が絞り込まれ，自社が手がける特定の製品に関して深い技術の蓄積や市場の開拓が可能となり，今日，日本の化学産業の強みとなっている世界シェアの高い製品を開発していくことができたのではないだろうか。

　こうした中規模の化学企業が強い競争力を持つという結果から，日本の化学企業の主たる競争相手は，従来考えられてきたBASFやダウ・ケミカルといった欧米化学企業や，現在大規模な設備投資によって競争相手となりつつある中東の化学企業ではないという可能性が浮上する。ここでは，機能性化学製品の代表例としてリチウムイオン電池と液晶ディスプレイの部材（材料）に関して日本のライバル企業に注目してみよう。表6-3からわかるとおり，世界で売上高上位10社に入るような企業は，これらの部材においてほぼ競合相手とはなっていない。

　こうした競合関係から考えうることは，現在，日本企業が得意としている情報電子材料等の機能性化学製品は，小規模な企業の方が有利な業態であるという可能性である。その理由は，ユーザーが要求する性能やコストダウンに対して，安定的，かつきめ細かく対応することが可能だからである。例えば，前述のリチウムイオン電池部材の場合，それぞれの部材に関して何種類もの候補が存在し，電池メーカーと材料メーカーである化学企業が何度も試作と評価を繰り返しながら電池全体に最もパフォーマンスの良い材料を選別する必要性がある。さらに，評価項目も多岐の項目にわたり評価期間も長期にわたるという[12]。

表 6-3　主要部材における競争の動向

部材名	リチウムイオン電池材料 (2013 年)		部材名	液晶ディスプレイ材料 (2012 年)	
	主要メーカー	日本企業が占めるシェア / 市場規模 / 主要企業数		主要メーカー	日本企業が占めるシェア / 市場規模 / 主要企業数
正極材	Umicore (白), 日亜化学工業, 上海杉杉 (中), L&F (韓), 湖南瑞翔 (中), 天津巴莫 (中), Samsung SDI (韓), 北京当昇 (中), 住友金属鉱山, LG Chemical (韓), 三井金属鉱業, AGC セイミケミカル, 戸田工業, 日本電工, 日本化学工業, パナソニック, 三徳, 本荘ケミカル, 等	22 % 2128 億円 約 30 社	カラーレジスト	JSR, LG Chemical (韓), 住友化学, トーヨーカラー, Cheil Industries (韓), 三菱化学, DNP ファインケミカル, 富士フイルム, 等	63 % 814 億円 約 10 社
負極材	日立化成, BTR (中), 上海杉杉 (中), 三菱化学, JFE ケミカル, 日本カーボン, クレハ, 昭和電工, 中央電気工業, 信越化学, チタン工業, 新日鉄住金, 等	50 % 673 億円 約 20 社	ブラックレジスト	東京応化工業, Cheil Industries (韓) 三菱化学, CMC (台), 新日鐵住金化学, ADEKA, Daxin (台), 等	61 % 156 億円 約 7 社
電解液	三菱化学, 宇部興産, 張家港国泰 (中), Panax E-tec (韓), LG Chemical (韓), 天津金牛 (中), 新宙邦科技 (中), SoulBrain (韓), セントラル硝子, 富山薬品工業, 三井化学, ダイキン, 東洋合成工業, 等	42 % 687 億円 約 20 社	偏光板	日東電工, LG Chemical (韓), 住友化学 CMMT (台), BMC (台), サンリッツ, Cheil Industries (韓), ポラテクノ, OPTIMAX (台), SAPO (中), SunnyPOL (中), WINDA (中), QIAOYE (中), 等	60 % 7,822 億円 約 13 社
セパレータ	旭化成イーマテリアルズ, SK Innovation (韓), 東レバッテリーセパレータフィルム, Polypore (米), 住友化学, 宇部興産, 星源材質 (中), 新郷市中科科技 (中), Entec (米), W-Scope, 三菱樹脂, ニッポン高度紙, JNC, 帝人, 等	55 % 1063 億円 約 15 社	カラーフィルタ	LG Display (韓), Samsung Display (韓), Innolux (台), AUO (台), 大日本印刷, 凸版印刷, 住友化学, 東レ, アンデス電気, BOE (中), SVA-FF (中), 等	11 % 1兆4595億円 約 40 社

出所) 経済産業省製造産業局化学課機能性化学品室 (2015)。

　現在, リチウムイオン電池のセパレータで業界首位の旭化成で開発に携わった藤原信浩は, 海外大手メーカーの参入を阻止してきた理由として,「電池メーカーからの厳しい要求特性に, 辛抱強く付いていった努力の結果」という点を指摘している[13]。かつて日本の化学企業は, 顧客のニーズに対応して汎用品に関しても多数のグレードを用意したため, 少数の規格品を大量に販売する欧米化学企業と比べて価格競争力で劣っていた。しかし, そうした顧客へのきめ細

かな対応というものが電子材料の開発で活きてきている。今後の化学産業は大規模であることがデメリットとなるような，従来とは異なる産業構造を持つ可能性も否定はできないと思われる。

最後にエチレンセンター企業について言及すれば，すでに述べたようにエチレンセンター企業間の利益率格差は，まずは基礎化学事業以外に競争力があり，収益構造の異なる事業を有しているかという点に起因している。短絡的に言えば，他に柱となりうる事業を有している場合には，基礎化学事業から撤退すれば日本の総合化学企業はより競争力を強化することができる。しかし，三井化学の事例からも垣間見えるように，そうした柱となる他事業の育成は容易でない。また，旭化成におけるアクリロニトリルのケースのように，エチレン製造事業から撤退するという戦略以外にも基礎化学事業自体を強化していくという道筋も十分残されているように思われる。

おわりに

第6章では，化学産業の現時点における全容を把握することを容易にするために，2000年代における日本の化学企業の収益性を分析した。この分析によって，日本の化学産業における質的な充実を実現した担い手も明らかにされた。本書では国際シェアの高い製品を有する企業は寡占の利益を獲得し，高収益となると考え，高収益企業を特定することで日本の国際競争力を高めた担い手を特定することにした。

本章の分析においては，2000〜09年度までの10年間を対象として，一定の売上規模以上の日本の化学企業に関して，その利益率の推移を明らかにした。この分析の結果，収益性の高い企業はエチレンセンター企業ではなく，中規模の化学企業に多いことが明らかにされた。また，これらの化学企業の売上高と営業利益の推移を散布図で表現すると2000年代における化学企業の業績推移は，以下の三つの類型に大別できることもわかった。①斜線型：売上高と営業利益が連動する。多くの高収益企業がこの形態に属する。②水平・不安定型：

エチレンセンター企業以外の企業で収益性が相対的には低い企業は，売上高と営業利益の散布図を作成すると売上高が変動しても利益が増大しない水平型の軌跡や，同じ売上高に対して利益が一定しない不安定な軌跡を描いていた。③ワの字型：エチレンセンター企業はいずれの企業もカタカナの「ワ」の字に近い形状を示していた。これらの企業は原油価格の推移や景気の動向に大きな影響を受けていた。

　次章においては，まずは第Ⅰ部と同様に売上高の面で日本の化学産業において大きな地位を占めるエチレンセンター企業の動向を概観し，続く第8章において，本章で析出された高収益企業がいかにして高付加価値製品を開発することに成功し，収益性を高めていったのか，そのプロセスを明らかにしたい。その際には，エチレンセンター企業による高付加価値製品の展開（基礎化学製品以外への事業展開）についても言及していくことにする。

注
1) 2008年度は，前年度に比べ，売上高に変化は乏しいものの，利益だけが急落している。この原因は，①2008年度前半は需要が極めて好調であったために年度通算の売上高は確保された。しかしながら，②リーマンショック以降は需要が減退し，売上高と利益が急減した。この後半期の不調が，通年で評価した場合の利益のみ急落という結果をもたらしたと考えられる。
2) 例えば，経済誌などではエチレンセンターの再編がこの時期の主たる論調となっていた。例えば，「中東勢台頭で高まる石化業界の再編機運」『週刊東洋経済』2008年12月6日号；「中国需要で神風吹くが再編必至の石油化学」『週刊東洋経済』2009年4月18日号；「世界見ない民と官」『日経ビジネス』2010年8月2日号。しかし，これらの論調が必ずしも適切でないことが終章で論じられる。
3) 各図表は有価証券報告書，決算短信より作成。セグメント変更を行っている企業に関しては，可能な限り連続データとなるよう修正を施し，同時に企業間の比較を可能とするためセグメントを再整理した。
4) ただし，住友化学においても，機能性化学製品セグメントの売上高・営業利益の軌跡はまだワの字型に近い形状をしており，十分に競争力を獲得するには至っていないように思われる。
5) 住友化学が利益を回復する一方で，農業部門が手薄な化学会社は苦戦しており，特に日本企業が目立ったという。三井化学は殺虫剤などの販売を強化しているが，成熟した国内が中心で年間売上高は住友化学の2割程度に過ぎなかった。三菱ケミカルは2002年に農薬事業を売却済みで，石油化学事業が業績の足を引っ張った（『日本経済

新聞』2009 年 9 月 4 日)。
6)「多角化路線と決別」『日経ビジネス』1999 年 8 月 2 日・9 日号。
7)『日経産業新聞』2009 年 2 月 6 日。
8) 当然のことではあるが,旺盛な需要があり石油化学事業が好調であるような局面では三井化学は強さを発揮する。例えば,2007 年 4～6 月期には連結の経常利益が前年同期比 47 % 増, 純利益は同 2 倍となった。経済誌によれば,「三井化学は他の総合化学企業に比べて利益に占めるコモディティーの割合が高く,今〔2007 年──引用者注〕それが当たった」という(「三井化学　市況好調,上方修正期待で高値」『日経ビジネス』2007 年 10 月 22 日号)。
9) 例えば,石油化学産業競争力強化問題懇談会(2000)なども日本の化学産業は弱いとしている。
10) 石油化学工業協会総務委員会石油化学工業 30 年のあゆみ編纂ワーキンググループ編(1989);日産化学工業株式会社編(2007);セントラル硝子ホームページによる。
11) 表 6-1 を参照すればわかるように,これらの企業も一般企業の中では比較的収益性は高い。カネカと日本ゼオンの利益率は 6.9 %, 日本触媒は 6.4 %,その他の企業も 5 % 以上の利益率を記録している。ここからもコンビナートへの参加は現在の競争力につながっていると考えられる。
12) リチウム電池の部材の開発に関しては,大久保(2010)による。
13)「基盤技術とすりあわせ　主要材料は日本が席巻」『週刊東洋経済』2008 年 11 月 22 日号。

第 7 章

エチレンセンター企業の変革

　本章では，特定産業構造改善臨時措置法（産構法）に基づく設備処理後，現在に至るまでの日本におけるエチレンセンター企業を中心とした基礎化学領域の変化を概観していきたい。この期間，エチレン生産量は大幅に増大した。設備処理完了時の 1985 年には約 422 万トンであったものが，2007 年には過去最高の約 774 万トンと約 350 万トンも増加したのである。その中で 1990 年代初頭には大型のエチレン製造設備新設も行われた。一方で，企業合併やエチレン製造を取りやめるエチレンセンターの出現といった集約化の動きや RING 事業（後述）を中心としたコンビナート連携，地方自治体も関与した形でのコンビナートの競争力強化の取り組み・支援も広がるなど従来とは異なる大きな変化が見られた。前半部では現在に至るまでのエチレンセンターを中心とした歴史を概観し，後半部ではエチレン生産を停止した三つの拠点（新居浜，岩国，四日市）の事業転換の様相を明らかにしていく。

1　エチレン生産量の再成長

1）景気の回復と休止設備の再稼働

　産構法による設備処理が実施されると同時に，石油化学産業を取り巻く環境も改善し，エチレン生産量は再び増加に転じた。エチレン生産量は，1983 年度には前年比 2.7％増の 369 万トン，1984 年度には同 18.9％増の 439 万トンにまで回復したのである。

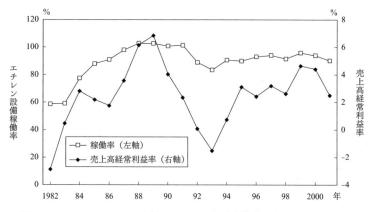

図 7-1 エチレンセンター全社のエチレン設備稼働率と売上高経常利益率（1982〜2001 年）

出所）『化学経済』各号より作成。

　その後，1980 年代後半に入ると石油化学業界は，空前の好景気に遭遇した。その理由としては，①原油安[1]に伴い原料ナフサ価格が低位安定し，内需が着実に増加したこと，②設備処理等の成果もあり，日本の石油化学産業の国際競争力が回復するとともに，産構法による設備処理決定時の想定とは逆に輸出が急増したこと（特にアジア諸国の需要の増加），③合成樹脂などで新しいニーズに対応したグレード開発が進み需要が拡大したことが指摘されている（石油化学工業協会編，2008）。また，すでに第Ⅰ部で述べたように欧米においても過剰設備が処理されたので，石油化学製品の世界的な需要のひっ迫とエチレン設備稼働率の高まりが見られた[2]。これに従い，日本の化学企業の業績も大幅に改善したのである。エチレンセンター全社の売上高経常利益率を概観すると，1982 年には－2.9％だったものが年々急速な改善を見せ，最終的に 1989 年には 6％を超えるまでになるのである（図 7-1）。

　こうした業績改善を背景に，各社は次々と休止中のエチレン設備を再稼働させていった。通産省は情報不足による過剰投資を回避し適切な設備投資を行うよう，「デクレア方式」（事前報告制度）を実施することにした[3]。この制度は，年産 3 万トン以上の新増設は着工の 6 カ月前，年産 3 万トン以上の設備を改造

する場合は着工の 3 カ月前,休止設備を再開する際には稼働開始の 3 カ月前に通産省へ報告して公表するというものであり,1987 年 11 月 13 日から発効した。

エチレン製造を手がける企業のうち,三菱油化と出光石油化学は発効と同時に休止設備の再開をデクレアした。また,休止設備を有するその他の企業も順次デクレアした。この結果,産構法による設備処理完了時には年産 433 万トンであった日本全体のエチレン生産能力は,1988 年末には年産 506 万トンと約 73 万トンも増加することになった。こうした生産能力の増加により,1988 年のエチレン生産量は 505 万トンとなり初めて 500 万トンを上回った。増加した生産能力のうち,休止設備の再開など設備面での要因が約 42 万トン,運転条件の改良など操業面での要因が約 31 万トンであった。また,1986 年の高圧ガス取締規則の改正により,政府の承認を受けた事業所は,年 1 回義務付けられていた定期修理を 2 年に 1 度実施すればよいことになった。先ほどの生産能力は定期修理を実施した場合の生産能力であるため,実際の生産能力は年産 506 万トンを上回るものであった。

結局,産構法では国内のエチレン生産能力を約 3 分の 2 にまで減少させたものの,景気が回復すると処理済(休止中)の設備が次々と再開し,5 年後の 1990 年には設備処理前の水準である年産 600 万トンに戻ってしまった[4]。産構法に基づく設備処理時に中心的な役割を果たした住友化学の土方武は「設備をつぶさず,陰でパイプを磨いてきた企業が荒稼ぎした」と後に振り返っている[5]。

2) エチレン設備新設計画の活発化

1980 年代後半は景気拡大,需要の回復を受け,休止設備の再開や既存設備の増設のみならず,新たなエチレン設備新設計画も活発化する。1988 年末に東ソー系のエチレン生産会社である新大協和石油化学は,四日市コンビナートに年産 30〜50 万トン級のエチレン設備を新設すると表明した[6]。それに引き続き,翌月には丸善石油化学,住友化学,三井石油化学の 3 社も共同でエチレン生産設備の建設を前提とした企業化調査に着手した[7]。結局,1989 年 6 月ま

でに上述の2計画に加えて，三菱油化の鹿島計画（年産45万トン），昭和電工の大分計画（年産50万トン），宇部興産・三井東圧化学・日本石油化学の宇部計画（年産60万トン)[8]，旭化成の水島での新設計画（年産30～50万トン）と六つの企業・企業グループが大型エチレン設備の建設を計画したのである[9]。これに対して，計画がすべて具体化すると大幅な供給過剰を招くとして「行政指導」に固執する通産省と「自主調整」を主張する業界側との対立が生じることもあった[10]。

こうした状況に対して，産業構造審議会（産構審）により「当面のエチレン設備新設は年産能力40万トン級1基が妥当」との見方が示された[11]。その根拠は，①休止設備の再開やデボトルネックによって既存設備による供給力が増大すること，②中国，台湾，韓国のエチレン製造能力が1995年までに倍増し500万トンに達することで輸入が増加すると考えたためである。したがって，新規エチレン設備建設の6計画が実施されれば大幅な過剰供給を招くことが予見され，共同化など新たな協力態様を通じて需要に応じた供給力を整備することが望ましいとされた[12]。同時にこうした共同化などは企業の自己責任原則の下で行うことが望ましいとされた。

結局，各社の計画の中ですでに環境アセスメントをクリアしていた三菱油化（鹿島）の年産45万トン計画が他の計画に先行することになった[13]。なお，この鹿島計画においては三菱油化と三菱化成がポリオレフィンに関して共同化を行うことが決まったため，これに伴い水島で三菱化成との連携を期待していた旭化成の計画は後退することになった（丸善石油化学株式会社50年史編纂委員会編，2009；石油化学工業協会編，2008）。三菱油化は，1990年7月に年産30万トン（最終的には年産45万トン）のエチレン設備の建設を開始した[14]。

三菱油化に引き続く2番手については，1991年9月に当事者同士の話し合いによって丸善石油化学・住友化学・三井石油化学グループへと決着をした[15]。丸善石油化学と東ソーの両社は，着工の前提条件となる工業再配置促進法に基づく環境アセスメントの承認をすでに受けていた。しかしながら，通産省は1995年までに必要なプラントは1基程度と考えていたため，両社によって着工順争いが生じていた。最終的に両社の社長が話し合い，丸善石油化学が先行

し1993年秋にエチレン設備を完成させ，1995年春に東ソーが完成させることで決着した。なお，この2社以外にエチレン設備の建設を目指していた企業である昭和電工は，休止設備の再開や分解炉の増設によって1990年10月には産構法時の2倍以上となるエチレン年産73万トン体制を構築したため，エチレン設備新設の必要性が薄れていったという（丸善石油化学株式会社50年史編纂委員会編，2009）。

丸善石油化学は，住友化学・三井石油化学と共同投資を実現するために1991年9月に京葉エチレン株式会社を設立し，1992年2月にはエチレン年産60万トン設備の建設を開始した（丸善石油化学株式会社50年史編纂委員会編，2009）。なお当初，京葉エチレンの出資比率は丸善石油化学55％，住友化学，三井石油化学が各22.5％，製品引取り比率は50：25：25とされた[16]。

3）景気後退と新規エチレン設備の完工

しかしながら，1991年になると石油化学産業の経営環境は次第に悪化し始めた[17]。内需の減退が明らかになり，1991年秋から各社によるエチレンの自主減産が行われた。その後，需要の急激な減退に対応して，1992年7月からは各社一斉に10～20％の減産体制に入ったのである。この結果，経営業績も悪化しエチレンセンター企業の売上高経常利益率は2％にまで低下した。特に，石油化学部門における収益の悪化が目立った。

こうした需要の減退に直面し，大型設備の建設に着手していた三菱油化と京葉エチレンの2社は大きな影響を受けることになった。三菱油化は1992年12月に年産32.6万トンのエチレン設備を鹿島に完成させた。しかし，需給関係の悪化に伴い，新エチレン設備は運転を開始した翌1993年には，早くも在庫調整のために営業運転を一時的に停止するほどであった[18]。また，同様に京葉エチレンも困難に直面した（丸善石油化学株式会社50年史編纂委員会編，2009）。同社の新型大型設備は，当初の予定通り1993年7月末に完成の見込みであった。しかし，バブル経済の崩壊によって石油化学製品の需要が減退していることから，この環境下で新型設備を稼働させれば需給の悪化を招くことが予見された。そのため，同社は稼働時期を遅らせ，結局営業運転開始は1994年12月

にまでずれ込むことになったのである。

　当然，エチレン設備新設を計画していた他の各社は，次々と新設計画を延期させていった[19]。最後まで丸善石油化学と2番手争いを繰り広げていた東ソーは，1995年春の完工を目指し環境アセスメントの承認を受けただけでなく，プラントの発注先も内定し企業化調査まで終えていたものの，エチレン設備の新設を延期した[20]。その上で，東ソーは不足するエチレンを国内遠隔地や海外からの安価な品に求め，コスト競争力を高める戦略へと転換した[21]。そのために南陽工場にエチレンの貯蔵タンクを1基増設し，韓国からの輸入も試験的に始めた。さらに東ソーは丸善石油化学とエチレンの委託生産契約を結び，丸善石油化学からエチレンの供給を受けることにした[22]。そして，最終的には，東ソーは四日市におけるエチレン設備新設を断念することになった。また，同様に宇部興産・三井東圧化学・日本石油化学のグループもエチレン設備新設計画を延期し[23]，その後も同地にエチレン設備が建設されることはなかった。

　結果的には，1989年に計画された6社のエチレン設備新設計画のうち，実現に至ったのは内需減退前に着工した三菱油化（鹿島）と京葉エチレンの2社のみにとどまったのである。この2社のエチレン設備建設以降，現時点まで日本国内におけるエチレン設備の新設は止まっている。

　また，この時期に三井石油化学の岩国大竹工場におけるエチレン生産がその歴史に幕を下ろした。同工場では，産構法に基づき一度は1985年2月にエチレン設備を休止させたものの，その後の内需拡大により石油化学製品の需要が増大したため，1989年2月にエチレン設備が再稼動された[24]。しかし，再び需要が減退したために1992年5月の定期修理からエチレン設備の操業が停止され，三井石油化学の岩国大竹工場のエチレン設備は再び生産を開始することなくそのまま廃棄となったのである。

2　生産量の安定と産業内で生じた変化

1）エチレン生産量の安定と企業合併

　1993年度にはエチレンセンター12社のうち10社が経常赤字に転落するなど厳しい局面を迎えたものの，1994年5月から石油化学製品の出荷は急激な上昇を見せ，1996年6月まで増加を続けた。これに伴い，エチレンセンター各社の収益も改善し，1994年度には東南アジア，中国の需要増加と国際市況の上昇という要因で，各社は黒字転換を果たした。1995年度の収益はさらに前年度の4.6倍と急速に回復していった。このように，事前の想定に反したエチレン生産量の増大に関しては，アジア地域における需要増が大きく寄与していたのである。

　この時期のエチレン生産およびエチレンセンター企業に関しては，三つの大きな変化が見られた。第一に，エチレン生産量の増大が止まった。エチレン生産量は1996年に過去最高の700万トン台に達したものの，その後，リーマンショックの直前の2007年まで10年間にわたり700万トン台を推移し，それ以上に増大することはなかった。第二に，大手のエチレンセンター企業において相次いで合併や合併交渉が見られた。1993年12月に三菱化成と三菱油化が合併を発表し[25]，1994年10月に三菱化学が誕生した。両社の合併の背景には，自動車，家電向けの石油化学製品の需要が大幅に落ち込み，両社とも営業赤字に陥るほど業績が悪化しており，合併により抜本的なリストラに乗り出さないと共倒れになりかねないと首脳陣が相当な危機感を抱いていたことが指摘されている[26]。また，1997年10月に三井石油化学と三井東圧化学が経営統合し[27]，三井化学が誕生した。両社の合併の背景には，国内市場の伸び悩みや欧米・アジア企業との競争激化に対する共通した危機感があったという。さらに，とどまることなく2000年11月には，財閥の枠を超えて住友化学と三井化学が2003年10月をめどに経営統合すると発表したのである[28]。しかし，この両社の合併は，統合比率などをめぐり調整がつかず白紙撤回となった[29]。第三にエチレン設備に関しては，三菱化学が四日市事業所にある設備（年産27万トン）

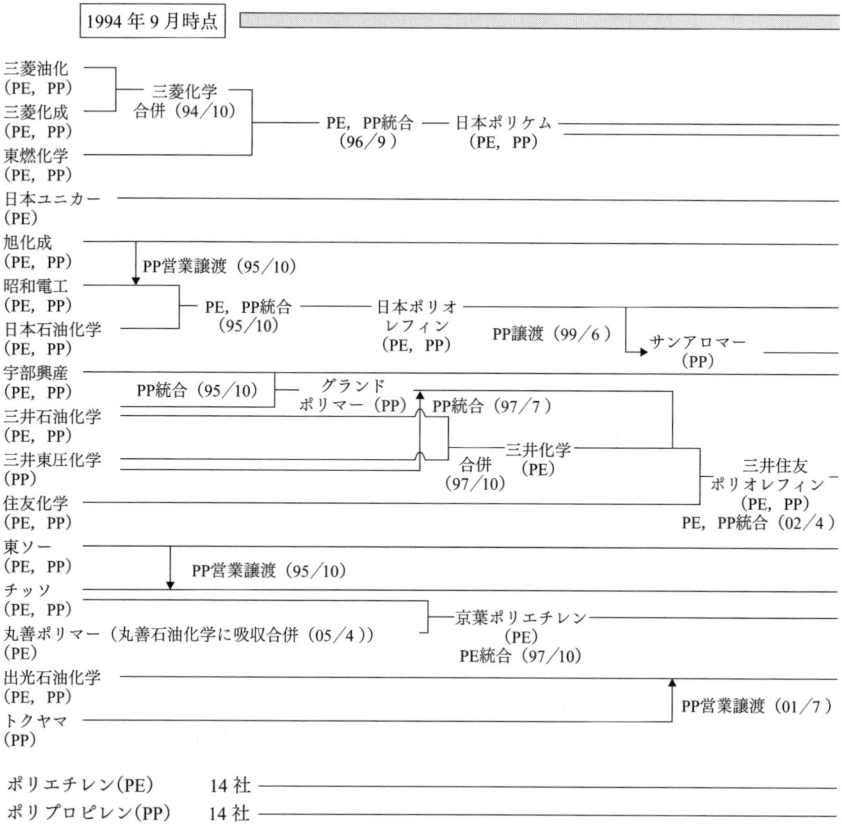

図 7-2 ポリオレフィン（PE,

```
1994年9月時点

三菱油化(PE, PP) ┐
三菱化成(PE, PP) ┼ 三菱化学合併(94/10) ── PE, PP統合(96/9) ── 日本ポリケム(PE, PP)
東燃化学(PE, PP) ┘

日本ユニカー(PE)

旭化成(PE, PP) ── PP営業譲渡(95/10) ┐
昭和電工(PE, PP) ┐                  ├ PE, PP統合(95/10) ── 日本ポリオレフィン(PE, PP) ── PP譲渡(99/6) ── サンアロマー(PP)
日本石油化学(PE, PP) ┘

宇部興産(PE, PP) ┐ PP統合(95/10) ── グランドポリマー(PP) ┐
三井石油化学(PE, PP) ┘                                   ├ PP統合(97/7) ┐
三井東圧化学(PP) ┐ 合併(97/10) ── 三井化学(PE) ──────────┘              ├ 三井住友ポリオレフィン(PE, PP)
                                                                       │  PE, PP統合(02/4)
住友化学(PE, PP) ──────────────────────────────────────────────────────┘

東ソー(PE, PP)
チッソ(PE, PP) ── PP営業譲渡(95/10) ┐
                                   ├ 京葉ポリエチレン(PE) PE統合(97/10)
丸善ポリマー(丸善石油化学に吸収合併(05/4))(PE) ┘

出光石油化学(PE, PP) ─────────────────────────────── PP営業譲渡(01/7)
トクヤマ(PP)

ポリエチレン(PE)  14社
ポリプロピレン(PP) 14社
```

注)（ ）内年月は営業開始または営業譲渡の時期。
出所）石油化学工業協会（2014）。

を 2001 年に廃棄したのが大きな変化であった。エチレン製造企業が 10 万トン規模以上の設備を廃棄するのはこの時が初めてであった[30]。

また，1994 年以降は誘導品分野においても統合が進行した。図 7-2 に示されるようにポリエチレン，ポリプロピレン，ポリスチレン，塩化ビニル樹脂といった汎用樹脂部門で事業統合や提携が相次いだ。この結果，ポリエチレンに関しては 1994 年 9 月時点においてこれを生産する企業は 14 社に達していたも

第 7 章　エチレンセンター企業の変革　261

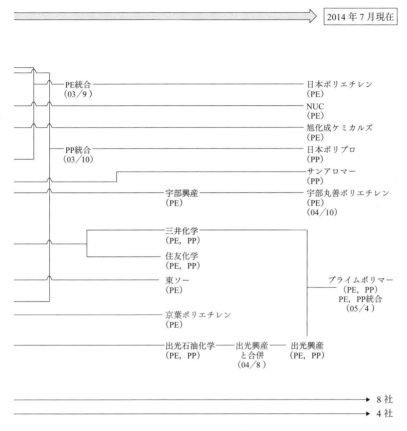

PP）業界の再編状況

のが 2014 年 7 月時点では 8 社に減少している。同様にポリプロピレンも同時期に 14 社から 4 社へ，ポリスチレンは 9 社から 3 社，塩化ビニル樹脂は 15 社から 6 社へと生産する企業数が減少した。産構法の時代には実現しなかった誘導品領域での事業統合が急速に進行したのである。

　しかし，この時期日本のエチレン生産能力が大きく減ることはなかった。なぜならば，すでに述べたようにアジア向けにエチレンの輸出が急増しており，大幅な能力削減が必要とされなかったからである。むしろ各社は，アジアで欧

米のメジャーや現地資本が大型エチレン設備の新増設計画を相次いで打ち出しているのに対して，新鋭設備の導入で競争力を高める戦略をとったのである[31]。前述の三菱化学は，老朽化した四日市事業所のエチレン設備を停止する一方，2003～04年度をめどに鹿島事業所のエチレン生産能力を年産82.8万トンから同100万トンに高めることにした。また，昭和電工も老朽化した大分コンビナートのエチレン設備1系列を2000年6月に停止・廃棄する一方で，2号機のエチレン生産能力を15％増強した。さらに，出光石油化学も徳山工場のエチレン生産能力を増大させたのである。

　国内のエチレン生産量が安定する中で，日本の化学企業の中には海外にて大規模なエチレン設備を建設し，生産活動を開始する企業も出現し始めた[32]。住友化学は2005年9月に世界最大の石油会社であるサウジ・アラムコ社等とともに，サウジアラビアにてラービグ・リファイナリー・アンド・ペトロケミカル社（ペトロ・ラービグ社）を設立し[33]，2009年4月にはエチレン年産130万トンの生産能力を持つエタンクラッカーの操業を開始した（住友化学株式会社，2009）。さらにペトロ・ラービグ社の事業拡大は，今後も生産規模の拡大が続く予定である。2015年に同社は，第2期計画（新たに確保する3000万立方フィート／日のエタン，約300万トン／年のナフサを主原料にエタンクラッカーの増設や芳香族プラントを新設し，さらに付加価値の高い様々な石油化学製品を生産する）のプロジェクト・ファイナンス契約を銀行団と結んだと公表した（住友化学株式会社，2015）。これらの設備は2016年前半から順次稼働するという。この他にも出光興産と三井化学は2008年4月にベトナムにてニソン・リファイナリー・ペトロケミカル・リミテッド社の設立に参加し，ベトナムにおける石油精製・石油化学事業への参入に着手した。この計画は，ベトナムのニソンに製油所と石油化学設備を建設し，クウェート産の原油を原料に石油・石油化学製品を生産し，それらをベトナムおよび中国で販売するというものである（橘川他，2012）。

2）石油・石油化学事業連携の動き

　なお，業種や資本を超えたコンビナートの競争力強化に向けた取り組みが本

格的に始まったのもこの時期である。2000年に石油・石油化学企業等20社が集まり，石油コンビナート高度統合運営技術研究組合（RING）が設立され，同組合がコンビナート連携において中核的な役割を担うようになった。これ以降，石油・石油化学企業が多く存在するコンビナートにおいて，業種と資本の枠組みを超えて石油系の企業と化学系の企業が連携することにより，効率化と最適化を目指すための様々な活動が開始された（詳しくは稲葉他，2013）。例えば，最初の事業期間であるRING I（2000～02年度）[34]では，副生成物高度利用統合運営技術開発（鹿島地区），先端的総合生産管理システム技術開発（水島地区），重質油高度統合処理技術開発（川崎地区），コンビナート操業情報システム技術開発（徳山地区），動的最適統合操業計画システム技術開発（瀬戸内地区）といった技術開発が行われた（石油コンビナート高度統合運営技術研究組合，2003）。そして，現在においてもこうした競争力強化に向けた諸事業は継続している[35]。

橘川・平野（2011）によれば，こうしたコンビナート高度統合には以下のような三つのメリットがあるとされている。第一に，原料使用のオプションを拡大することによって原料調達面での競争優位を形成することができる。例えば，同一コンビナート内において石油精製・石油化学企業間，石油精製企業間が連携することによって，安価な原料（例えば，コンデンセート）の利用拡大が可能になるといったメリットがある。天然ガスに随伴して産出されることが多いコンデンセートは，ナフサに近い性質を有しながら，国際的にはあまり利用されていなかった。水島地区においては，これを石油精製企業が一括脱硫し，得られた脱硫軽質ナフサと脱硫ガスオイルは石油化学原料として化学企業へ供給し，脱硫重質ナフサは石油系製品の原料とする技術開発が進められた（石油コンビナート高度総合運営技術研究組合，2010）。

第二に，石油留分の徹底的な活用によって石油精製企業と石油化学企業の双方がメリットを享受できる。石油精製設備と石油化学設備の統合が進めば，石油精製の過程で発生したプロピレンや芳香族など付加価値の高い化学原料を石油化学企業側に供給できるようになり，石油化学企業は原料の多様化を実現できる。また，石油化学企業が化学製品の生産に使用しない留分を石油精製企業

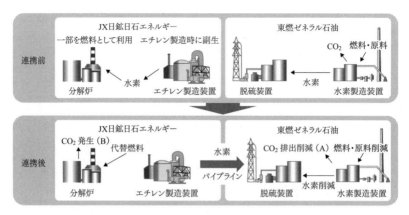

図 7-3　JX 日鉱日石エネルギーと東燃ゼネラル石油の連携事例

注）CO_2 に関しては，削減量（A）の方が新たに発生する量（B）よりも大きい。
出所）京浜臨海部コンビナート高度化等検討会議（2014）。

にガソリン基材として提供することも可能になる。こうして石油留分を余らせることなく，付加価値の高い製品の生産に振り向けることができるようになる。

　第三に，コンビナートに潜在化しているエネルギー源をより有効にかつ経済的に活用することが可能になる。石油精製によって発生した残渣油を利用した共同発電や，熱・水素などの相互融通などがこれに該当する。こうした事例はすでに出現しつつあり，例えば川崎地区においては以下のような取り組みが見られる（京浜臨海部コンビナート高度化等検討会議，2014）。①水素の有効活用（2012年開始）：連携前には，JX 日鉱日石エネルギーは，エチレン等を製造する際に副生する水素を自社工場内で燃料として使用していた。一方で同社に隣接する東燃ゼネラル石油の工場では多大な燃料や原料を投じて石油精製に必要な水素を製造し，使用していた。この両社が連携し，両社間にパイプラインを敷設することで JX 日鉱日石エネルギーの水素を東燃ゼネラルに供給できるようになった。これによって，東燃ゼネラル石油は自社での水素の生産を減少させることが可能になり，コスト削減と二酸化炭素の排出削減を同時に実現した（図 7-3）。②蒸気供給（2006年開始）：連携前には川崎地区の各工場は個別にボイラーを保有・稼働させ生産活動に必要な蒸気を製造していた。この状況に対

して，東京電力，日本触媒，旭化成ケミカルズの3社が川崎スチームネット株式会社を設立して各企業を結ぶ蒸気配管を整備し，東京電力川崎火力発電所の最新鋭コンバインド発電設備から発生する蒸気を各社に供給するという連携事業を行った。これによって，原油換算で年間1.6万キロリットル分のエネルギー節約が実現された。

　また，石油・石油化学事業の連携の重要性が唱えられるのと歩調を合わせるように2000年代以降の時期には，石油化学事業を子会社にて行っていた石油精製企業がその子会社を吸収合併する動きも見られた。これらの動きは，石油精製と石油化学品の生産現場の連携を強め，競争力を強化することにその狙いがある。出光興産は，三井化学との包括的提携の締結と同時に子会社の出光石油化学の吸収合併を決定し，2004年8月に両社は経営統合した[36]。同社は，経営統合により，製油所と石油化学工場との間で製品や原材料の融通がより一層実現しやすくなり，管理部門の合理化も可能になることを期待したのである[37]。同様に新日石も石油製品と石油化学製品の一体化を進め，まずは2006年に新日石化学の本社部門を新日石本体に統合し，さらに2008年には残された製造に携わる部門も合併することを決め，新日石化学は発展的に消滅した[38]。

　さらに，石油精製企業，石油化学企業のみならず，鉄鋼業なども含めコンビナートに立地する企業が広く連携することによって，コンビナートの競争力強化を実現しようとする動きも各地で現れるようになった。例えば，茨城県・鹿島コンビナートは2003年に国が認定する構造改革特別区域「鹿島経済特区」（素材産業再生）に認定された。同計画では，国際競争力のある次世代コンビナートへの構造転換が目指された（常陽地域研究センター，2014）。千葉県においては，京葉臨海コンビナート地域の競争力強化，環境調和および企業と地域の共生を推進し，持続的な発展を目指す「エネルギーフロントランナーちば推進戦略」が2007年に策定された（千葉県・エネルギーフロントランナーちば推進戦略策定委員会，2007）。また，コンビナートの競争力強化を目指して，各地域で地方自治体とコンビナート立地企業が連携して協議会等を設立する動きが相次いでいる。例えば，京浜臨海部コンビナート高度化等検討会議（神奈川県，2008年設置），水島コンビナート発展推進協議会（岡山県，2011年設立），大分

コンビナート企業協議会（大分県，2013年設立），山口県コンビナート連携会議（山口県，2015年設置），鹿島臨海工業地帯競争力強化検討会議（茨城県，2015年設置）などがある。

3）金融危機以降の時代

長年にわたり700万トン台で安定して推移していたエチレン生産は，2008年に発生した金融危機，それに端を発する世界経済の失速（世界同時不況）により縮小した。自動車や家電向け樹脂などエチレンを使う石油化学製品の需要が急減したことにより，過去最高であった2007年から一転し，2008年のエチレン生産量は688万トン（前年比11.1％減）となり13年ぶりに700万トンを割り込んだ。2009年1月には，石油化学大手の各社は一斉にエチレンの減産を拡大させた[39]。生産能力比で三菱化学と三井化学は過去最大幅となる30％減，住友化学は20％減に生産を落とした。これは，エチレン設備の運転維持が難しい生産水準に等しい。

当然の帰結として，国内ではエチレン設備の縮小，集約化が再び論じられるようになった。金融危機直後には，「エチレン生産設備は国内で3～4社あれば十分」との声もあった[40]。また，経済産業省は2009年11月に国内化学産業の国際競争力を高める方策などを議論する「化学ビジョン研究会」を発足させ，その中でも議論が展開された。同研究会のサブワーキンググループでは，各企業に将来時点での適切な生産量（設備能力）を問うアンケートが実施された。それによれば，日本全体の適切なエチレン生産規模は年産600万トンという回答が多かった（化学ビジョン研究会石油化学サブワーキンググループ，2010）。ただし，こうした集約化，縮小には困難が付きまとう。前述のアンケートにおいて，日本全体では600万トンが適切という回答であったのに対して，各社が申告した自社分の将来の適正能力を合算すると770万トンにも達した。つまりここからは，全体では減少することが望ましいが，自らの設備能力削減には躊躇する日本の化学企業の姿が浮かび上がる。

ただし，エチレン設備の集約化，統合に向けた取り組みは急速に進み始めている。2009年に出光興産と三井化学は共同出資で有限責任事業組合（LLP）を

設立し，千葉コンビナートにおいて，出光の石油精製設備と出光・三井化学の両エチレン設備を一体運営することを決めた[41]。この両社は，段階的に連携関係を深めていった。両社はすでに2004年には千葉地区の石油化学事業の提携で合意していた。この時点では，①各工場で余剰となっている原料や製品，電力，蒸気などの相互融通による一体運営，②生産から購買，物流までの幅広い分野で協力しコストを引き下げることが目指された[42]。さらに2009年4月には出光の製油所と三井化学の工場を配管で結び，石油化学製品の原料であるナフサを共同利用することを両社は決めた[43]。

また，三菱化学と旭化成の両社も西日本エチレン有限責任事業組合を設立し，2011年4月から両社のエチレンセンターを一体運営するとともに，エチレン設備の集約などの検討を進めた。両社は水島地域に各1基のエチレン設備を有しており，これを1基に集約することで生産稼働率を高めコストを下げることを企図したのである。2009年には集約化の方針で基本合意していたものの，両社のうちどちらのエチレン設備を停止させるのかという決断は長引いた。ようやく2013年8月に「2016年春をめどにエチレン設備を三菱側設備に集約する」予定であることが発表された[44]。そして，1基に集約したエチレン設備を運営する合弁会社として三菱化学旭化成エチレン株式会社が2016年4月に設立されることになった[45]。三菱化学は，これとは別に2014年5月の定期修理をもって鹿島の第1エチレンプラント（年産39万トン）を停止し，第2エチレンプラントの生産能力を年産5万トン分追加した[46]。

京葉地区においても大きな変化が生じ始めている。住友化学は千葉工場のエチレン設備を定期修理時期である2015年5月に停止した。当該設備は同社が保有する国内唯一のエチレン設備であり，エチレンセンター企業としては初めて国内でのエチレン製造から撤退することになったのである。ただし，同社は京葉エチレンからのエチレンなどの基礎化学製品の調達量を増大させることにしている。老朽化し生産規模の小さい自社設備による生産よりも，国内最新鋭かつ大型の設備に生産を集約することで競争力を強化することを企図しているのである。一方で，京葉エチレンに資本参加（出資比率22.5％）していた三井化学は，京葉エチレンから離脱することを表明した[47]。

こうした動きとは逆に積極的な投資活動によって競争力強化を実現しようとしている企業もある[48]。昭和電工は，大分コンビナートの年産約70万トン設備のうち，分解炉1系列（3万トン×7基）を停止し，10万トン×2基にリプレースする投資を行った。さらにこの新しい設備は原料多様化にも対応している。多くの企業がナフサを原料としているのに対して，最大65％までナフサ以外の原料（液化石油ガスやコンデンセートなど）を使用できるようにしたのである。これによって，市況に応じて安価な原料を選択して使用できるようになった。特に昭和電工はコンデンセートの利用について，同物質の中に含まれる重金属の除去技術など原料多様化のためのノウハウも蓄積してきたという。

上述のように，1985年以降の石油化学業界においては，企業の意思決定の多様化が見られた。その中で，産構法時の想定とは逆に日本の石油化学産業においては，むしろエチレン生産量が大幅に増大していった。エチレン設備の新設，増設は各企業の判断にて行われ，必ずしも一様ではなくなった。1990年代前半の新設ブームにおいてもすべての企業がエチレン設備の建設を望むことはなく，2000年代以降の集約化に向かう過程，世界同時不況を経た後も昭和電工のようにエチレン製造に関する投資活動に積極的な企業も存在している。また，同業他社，異業種の他社との連携による競争力の強化など，設備投資に偏重せず多様な戦略的行動が見られるようになったのである。

4）世界の化学業界の動向

本項ではこれまでに論じた期間（1980年代半ばから現在に至るまで）に海外で生じた変化について概観する。

第一にエチレンの供給構造が大きく変化した。2000年代半ばまでの間に中東や中国の生産能力が増大し，米国，欧州，日本が占める割合は低下した。世界のエチレン生産能力のうち，米欧日が占める割合は1990年には約64.5％（米：30.8％，欧：25.5％，日：8.2％）であったものの，2006年には43.3％（米：20.0％，欧：17.8％，日：5.5％）と半分を切るまでに低下した（化学ビジョン研究会，2010）。しかしながら，その後のシェール革命により安価な原料を使用したエチレン増産の動きが活発化し，北米においては生産能力が再び増加す

ることが見込まれている。さらに，中国における石炭化学プラント（Coal to Olefin：CTO，石炭からメタノールを製造し，さらにメタノールからエチレン，プロピレンなどを製造する）の新設，中東における石油化学産業への設備投資の継続などによる石油化学製品の生産能力の拡大が見込まれている（経済産業省，2014）。

　第二に，世界の化学業界においては大規模な業界再編も生じた。大手企業が事業再編を進める中で，ICI，UCC，ヘキストといった名門企業が消滅し，イネオスなどの新興勢力の台頭もあった。欧米の大手化学企業は，1990年代後半から現在にかけてアグリ（種子，農薬），バイオ，ニュートリション，パーソナルケア，コンシューマー分野に注力していった（経済産業省製造産業局化学課機能性化学品室，2015）。こうした機能性化学製品の市場は約50兆円（化学品全体の約15％）と推定され，北米，欧州，日本が市場の54％を占めている。なお，機能性化学製品の需要家は上位から洗浄剤・化粧品（機能性化学製品全体のうち16％），食品・飲料（同12％），建築（同10％），電気・電子（同10％），自動車（同8％）となっている。日本はこのうち電気・電子で強い競争力を有し，その他の領域では欧米企業の方が強い状況にある。

　BASF，ダウ・ケミカル，デュポンといった主要化学企業は，事業再編によって以前とは姿を変えつつある。過去には，これらの企業はいずれも石油化学，機能性化学，医薬品といった事業をすべて内包していた。しかし，いずれの企業も医薬品事業を売却し，特定の領域に特化する傾向が見られる。また，事業再構築によって分離された各社の事業を買収することで急成長を遂げる企業もあった[49]。事業再編の様相を捉えるために，以下ではBASFやダウ・ケミカルなど主要な化学企業の動向を見てみよう。

　世界最大の化学企業であるBASFは総合化学企業であり続け，その最大の特徴は原油・ガスといった原料部門を有している点である。同社は，欧州，北アフリカ，ロシア，南米，中東などにおいて原油・ガスの探索と生産を行っており，売上高の約2割をこの部門が占めている。BASFは原料部門を持つことで原料価格の変動リスクを抑えることが可能となり，それが同社の強みの一つとなっている[50]。また同社は機動的な研究開発によって常に事業を組み替えて

いる。さらに自社資源のみでは対応しきれない場合には，積極的に異業種や研究機関との提携をすることで多様かつ複雑なニーズに対応している[51]。社内にベンチャーキャピタル部門も持ち，常に次世代の提携先を探索している。

BASFの事業再編の歴史を概観すれば以下のようになる。1990年代に入り石油化学不況に直面したBASFは1994年にICIからポリプロピレン事業を買収するなど汎用樹脂部門を強化した。しかし，2000年代に入るとポリオレフィン事業をスピンオフし，スチレン事業をイネオスに売却，事業交換によってナイロン繊維からも撤退，ロイヤル・ダッチ・シェルとのポリオレフィン合弁事業も売却するなど一部の汎用製品からは撤退しつつある。また，医薬品事業も2001年に米国企業に売却し撤退をした。その一方で，2000年代には農薬事業，自動車用触媒事業，化粧品・機能性食品事業を買収した。過去10年で売却した事業の売上高は70億ユーロに相当し，140億ユーロの売上高が見込める高付加価値の事業を買収した[52]。

なお，「脱石化，脱医薬，機能性化学強化」といった事業の選択と集中は，Bayer，Evonik，Arkemaなど多くの欧州企業にも見られる傾向であるという（みずほ銀行調査部編，2015）。ただし，BASFの化学品事業（石油化学品・モノマー・中間体）は，現在でも全売上の22.8％を占め，売上高営業利益率も18.5％と高い水準にある。大東（2014b）は，BASFが現在でも石油化学において高い競争力を維持している要因として，(1)原料・エネルギーの自給体制，(2)差別化された製品群，(3)高度に統合された生産システムとその世界的な展開といった諸点を指摘している。

米国において最大の化学企業であるダウ・ケミカルの戦略は，BASFと比較的類似している。同社は，汎用品部門に関して安価な原料による競争力強化を図りつつ，一部の汎用樹脂からは撤退する動きも見せている。ダウ・ケミカルは，1995年に医薬品事業を売却し，多角化事業の売却資金などを用いて化学・合成樹脂事業などのグローバル化を進めたという（旭リサーチセンター，2007）。例えば，1990年代後半は多数の海外の基礎化学品企業を買収し，2001年には石油化学大手のUCCと合併し，エチレン生産能力は年産1000万トン近くに高まった。ダウの競争優位の源泉は，①カナダや中東に大きな原料基盤を構築

していること，②積極的に生産能力を拡大して規模の経済を実現していることに求められる（大東，2014b）。現在でも，テキサスにシェールガスを利用した大型のエチレン設備（年産150万トン），サウジアラビアにおいてはサウジアラムコと合弁会社を設立し同規模の設備の建設を行うなど原料基盤の優位性を活用する戦略を遂行している[53]。その一方で，汎用品であっても不採算分野に関しては撤退を進めている。例えば，ポリスチレンなどの汎用化学品事業を一括売却し，2013年には世界首位であった塩素事業からの撤退などを遂行した[54]。その上で，電子材料大手のローム・アンド・ハースの買収など高機能製品を強化する事業再編を進めた。このように有利な原料基盤による競争力のある汎用品生産と高機能化学品の拡充という2正面作戦を展開している。

　一方で，デュポンはこれらの企業とは異なり，早期に川下の機能性化学製品へと事業を集中させていった（大東，2014b）。デュポンは原料基盤の弱さを克服するために，1981年に石油会社のコノコを買収したものの，買収後に原油価格が下落し，失敗に終わった（1999年にコノコを売却した）。その後，電子，コミュニケーション，機能性材料，コーティング剤および塗料，農業と栄養，安全と防護の5部門を主軸とすることにし，2001年に医薬品事業，2006年には繊維事業を売却した。近年は選択と集中をさらに進め，農業や食品事業へのシフトと化学品からの撤退をさらに加速させ，アフリカの農業関連会社（種子会社）や欧州の食品加工原料会社の買収を進めた[55]。その上で，化学品に関してはケマーズとして分離独立させた[56]。

　上述のダウ・ケミカルとデュポンは，経営統合することを2015年12月に発表した[57]。統合新会社の社名は「ダウ・デュポン」となる予定であり，この統合によって化学部門の売上高でBASFを抜き，世界最大となることが見込まれている。両社は合併後，遺伝子組み換え種子や農薬などの農業関連，プラスチックや汎用樹脂などのマテリアルサイエンス，自動車やエレクトロニクス向けなど高機能化学品という事業グループごとに3社に分割されるという。両社が合併した背景としては，両社が注力していた種子や農薬などの農業関連ビジネスが穀物価格の下落の影響を受け低迷していたことや汎用化学品においても中国勢の攻勢などを受け世界市場で単独で勝ち残る戦略が描きにくくなってい

たことが指摘されている[58]。

　また事業再編の結果として消滅した企業としては ICI がある（詳しくは，湯沢，2009）。ICI は 1990 年代後半に事業再編に取り組み，工業化学製品事業を次々と売却する一方で，1997 年にユニリーバからナショナル・スターチ，香料のクエスト，化粧品用界面活性剤のユニケマなどを買収しファインケミカルを中心とする企業へと転換を狙った[59]。しかし，コア事業と考えた事業は必ずしもコア事業になりえず，主要 4 部門（塗料，香料，特殊化学，産業用でんぷん）のうち 1998 年から連続増益だったのは塗料部門だけという状況であった。1998 年には約 90 億ポンドであった売上高もその後 5 年間で約 60 億ポンドに縮小した。その後も ICI は業績が改善せず 2006 年には香料部門を売却，オランダの化学大手アクゾ・ノーベルの買収提案に同意し消滅することになった。同社の末期の売上高は 48 億ポンドにまで減少していた。

　一方で，このように事業再編を進める企業から分離された汎用品事業を買収することによって成長した企業がイネオスであった。イネオスは 1992 年に BP のエチレン製造部門などが切り出されることで誕生し，ICI，BASF などの基礎化学部門を吸収し，事業を拡大させていった（A. T. カーニー株式会社，2014）。同社は 2013 年時点では化学製品の売上高で世界第 11 位に入る規模となっている。

3　エチレンセンターの生産停止後の事業再構築

　本節においては，エチレン製造を停止した製造拠点における事業再構築の様相を生産停止前の歴史も踏まえつつ明らかにしていく。これまで本章においては，1985 年以降のエチレンセンター企業を中心とした化学産業の歴史を概観してきた。その中で複数の拠点がエチレン生産を停止したこと，現在もエチレン設備は集約化の方向性にあることを言及してきた。しかしながら，本書においても先行研究においても，エチレン生産を停止した後にそれらの拠点がどのような歴史を辿ったのかという点については十分に明らかにされてこなかった。

本節の狙いは，これら歴史を検討することを通じて，集約化が進むことが予見される今後の日本のコンビナートのあり方について何らかの参照点を与えることにある。

本節において具体的に考察していくのは，住友化学・愛媛地区，三井化学・岩国大竹地区，三菱化学・四日市地区である。いずれのコンビナートも石油化学工業第 1 期計画でエチレン製造業に参入し，1980 年代以降ほぼ 10 年間隔でエチレン生産から撤退していった。1983 年に住友化学・愛媛地区，1992 年に三井化学（当時は三井石油化学）・岩国大竹地区，2001 年に三菱化学・四日市地区でエチレンの生産が終了した。なお，直近では 2015 年に住友化学・千葉地区においてもエチレン生産が終了した。しかし，同地区においては，パイプラインを通じて京葉エチレンより原料の供給を受けることによって基本的な生産活動は継続されるため，本節における検討対象とはしない。

1）住友化学・愛媛地区——初めてエチレン生産を停止した拠点
①歴史的展開[60]
住友化学の愛媛地区（愛媛工場・大江工場）は，同社の創業の地である。同社は新居浜にある別子銅山から排出される亜硫酸ガスを利用した肥料製造事業からスタートした。その後，1925 年には株式会社住友肥料製造所となり，1930 年にアンモニア・硫安の工場も完成した。また，1936 年にはアルミニウムの製錬も新居浜地区で始まり，同事業は住友化学を中心に行われていた。ただし，同事業は円高等により国際競争力を失い，1986 年に住友化学は事業撤退している。

住友化学の石油化学事業も同様に愛媛地区において始まった。戦後，住友化学においてはコスト削減のためアンモニアのガス源の転換が大きな課題となっていた。同社は，新たなガス源としてエチレンオフガスを使用するためにエチレン製造業への進出を決め，石油化学工業第 1 期計画の一員として 1958 年 3 月にエチレンセンターの操業を開始した。エチレン設備は現在の愛媛地区・大江工場に建設された。

愛媛地区における同社の石油化学事業は，高度成長期に成長，拡大を続けた。

エチレン生産能力と高圧法ポリエチレン生産能力の増強が続けられるとともに，1961年以降，ポリプロピレン，アクリロニトリル，芳香族などエチレン系以外の誘導品へも進出していった。ただし，愛媛地区は大市場である関東から遠く，原料面でも製油所と直結していない等の問題があり，住友化学は第2拠点として千葉地区にも進出していった。

石油危機が発生し石油化学業界が構造不況に陥ると状況が一変した。不況が深刻化する中で，愛媛地区のエチレン設備は2系列とも年産7万トン規模に過ぎず，急速にコスト競争力を失っていった。収益面でも愛媛製造所（当時）は1975年以降赤字となり1981年度には大幅な赤字を計上した[61]。そこで，住友化学は愛媛地区におけるエチレン生産を取りやめ，石油化学事業を千葉地区に集約することを自ら決定したのである[62]。その後，この愛媛地区のエチレン設備は産構法に基づく設備処理によって，正式に廃棄されることになる。エチレンセンターがエチレン生産から撤退したのは，この住友化学愛媛製造所が国内初であった。

愛媛地区におけるエチレン生産の停止が決定されて以降，住友化学は精力的に同地区の事業再構築に取り組んだ。特に愛媛地区特有の既存原料を活用する形で，新居浜地区では新製品への進出とともに既存製品の拡充によるファイン化率の向上，石油化学センターであった大江地区はエレクトロニクス関連を中心とした新規製品のセンターへ，菊本地区は塩素系製品の拡充に取り組むことになった。具体的には，MMA樹脂，アニリン，メチオニンの増強（新居浜地区），エポキシ樹脂，光ディスク製造への進出（大江地区），ウレタン原料のMDIの増強，医農薬原料の製造開始（菊本地区）などが進められた。

1980年代以降に上述のような事業再構築を行い，その後いくつかの製品分野からの撤退，新規進出等を経て，現在では住友化学・愛媛地区は住友化学における重要な高付加価値製品の製造拠点となっている。同地区は，人員こそ最盛期の7,000名超から約1,700名に減じたものの，2008年の金融危機以降も順調な操業を続けている。同地区の現状に関しては，次節において詳しく言及することにする。

②継続的な製品の高付加価値化[63]

住友化学・愛媛地区は，2009年4月に大江地区が愛媛工場から大江工場として独立し，現在は愛媛工場（新居浜地区，菊本地区）と大江工場の2拠点体制となっている。基本的にそれぞれの地区において高付加価値製品の製造が行われており，その分担はすでに述べた事業再構築の際の決定を踏襲している。

　主力である愛媛工場・新居浜地区においては，アンモニア系の製品が主軸となっている。現在ではアンモニアの生産は行っておらず[64]，外部から購入し肥料，アクリロニトリルなどの製品を生産している。また得意とする酸化技術を用いて，アクリロニトリルから青酸を製造しそれをメチオニンやその他のファイン製品の原料にしていたり，イソブチレンからメタクリル樹脂なども生産したりしている。後述するように，メチオニンに関しては新製法が開発され，現在でも新居浜地区において設備増強が続いている。

　愛媛工場・菊本地区では，過去に事業撤退したアルミニウム製錬事業で培った技術を用いて，高純度アルミナなど高付加価値のアルミニウム製品および電解技術を活用した各種製品を生産している。住友化学は，高純度アルミナに関して積極的に技術開発を進め，高い世界シェアを有する製品を育ててきた。まず，住友化学は1980年にファインケミカル路線の戦略商品として10年以上市場開拓を進めてきた高純度アルミナに関して，電子材料分野での用途開拓に成功し[65]，1983年には世界に先駆けて純度をファイブナイン（99.999％）に高めることにも成功した。この高純度アルミナは製造が難しく大手メーカーは世界で3社程度である。特に住友化学は基板への加工技術などに強みを持ち，LED用では5割弱の世界シェアを持っている[66]。なお，菊本地区では電解技術を核にポリカーボネートなど各種ファイン製品も生産している。

　かつてはエチレン製造の拠点であり，2009年に愛媛工場から分離独立した大江工場は，情報電子部材の生産拠点へと生まれ変わっている。現在の主要製品は，液晶ディスプレイ用光学フィルム，リチウムイオン電池のセパレータなどである。また，大江工場に併設される形で研究開発機関である「デバイス開発センター」が設けられている。こうした研究機関が隣接しているのも大江工場の強みとなっている[67]。なお，電子材料はライフサイクルが短いため，大江工場で生産する製品もそれに応じて変化している。例えば，1980年代の事業

再構築の際に生産を開始したエポキシ樹脂や光学ディスクはすでに生産を終えている。また，カラーフィルターは生産を海外に移管した。

③**事業再構築の成果**

最後に住友化学・愛媛地区における競争力強化の取り組みとその特色，成果をまとめれば，以下のような点が指摘可能であろう。

第一に，住友化学・愛媛地区においては，失われた20年と呼ばれる1990年代以降の時期においても技術革新を背景とした積極的な設備投資が続いている[68]。例えば，飼料添加物として使われる必須アミノ酸の一つであるメチオニンに関して概観すれば，住友化学は2000年代初頭にメチオニンを低コスト生産できる技術を開発した[69]。この技術を用いて，同社は愛媛工場には年産4万トンの既存設備に加えて新たに同5万トン設備を増設した。さらに2010年春には年産14万トンにまで増強され，メチオニンは住友化学の農業化学部門の約2割を占める主力製品に成長した[70]。メチオニンの他にも，住友化学・愛媛地区では2003年にカプロラクタムの生産設備も増強されている[71]。この増設も新技術の開発が背景にある。住友化学は大手化学会社エニケムと共同で硫安が副生されないカプロラクタムの製法を開発したのである[72]。従来の製法では，カプロラクタムを生産すると肥料原料となる硫安が副産物として発生し，硫安を製品化するための設備が必要とされていた。新製法では硫安が副生されないため，それらに関する付帯設備の建設費を抑制できる上，生産コストも大幅に引き下げることが可能となったのである。増設の結果，現在では住友化学はカプロラクタムで世界第7位のメーカーにまで成長している。

第二に，住友化学・愛媛地区は新技術を用いた生産方法（プロセス），新製品の確立の拠点となっている。同地区には，基礎化学品研究所のみならず，新規プロセス開発や既存プラントの改善に関する工業化研究や加工技術やプロセスシステム技術など生産を支えるために必要とされる各種技術の支援を行うために生産技術センターが置かれている。すでに述べたように，メチオニンやカプロラクタムは愛媛工場において生産方法が確立されていった。そして，確立された技術は海外の生産拠点へと広がりを見せている。例えば，同社は中国にメチオニンの工場を新設し，成長市場での現地生産を通じ，世界シェア2割を

目指している[73]。また，成熟製品は愛媛工場から海外へと生産が移管されつつあり，この際に愛媛工場のスタッフが活躍することもある。例えば，アクリル酸と誘導品，MMAモノマー・樹脂の生産設備はシンガポールへと移され，その際に愛媛工場から支援部隊として約20人がシンガポールに派遣されたのである[74]。このように国内の工場・研究所はグローバル展開を支えるための基盤となっている。

また，愛媛県の新居浜市においては，同市と同市に生産拠点を置く企業，経済団体が官民一体となって地域のものづくりの技能レベル向上を目指す取り組みが見られる[75]。「新居浜市ものづくり産業振興センター」が開設され，「新居浜ものづくり人材育成協会」や「東予産業創造センター」など様々な支援施設，組織が同市には整備されている。住友化学も同市内に拠点を置く企業の一つとして，講師，受講生を派遣するなどしている。

2) 三井化学・岩国大竹地区——石油化学専業コンビナートの事業再構築

①歴史的展開[76]

三井化学岩国大竹工場は，日本初のエチレンセンターとして1958年2月からエチレンの生産を開始した。当時の経営主体は，三井化学工業[77]，三井鉱山，三池合成などによって石油化学事業参入のために新たに設立された三井石油化学工業株式会社であり，同社岩国工場は岩国（山口県）の旧陸軍燃料廠跡地に建設された。後に石油化学工業第2期計画の際に，小瀬川をはさんで隣接する大竹地域（広島県）に工場が拡張され，1962年に山口・広島両県にまたがる現在の形となり，岩国大竹工場へと名称も変更された。

黎明期の三井石油化学における中心商品は，低圧法ポリエチレンであるハイゼックスであったが，同社がこれを生産し，販売を軌道に乗せるまでは多大な努力が必要とされた。なぜなら低圧法ポリエチレンは，住友化学など多数の日本企業が生産に着手した高圧法ポリエチレンとは異なり完全な新商品であり，生産技術の確立から市場開発，銘柄の確立，加工技術サービスなどすべてを自ら新しく確立する必要性があったからである。

他社とは異なる完全な新製品を工業化したがゆえに，販売面でも三井石油化

学は苦戦した。低圧法ポリエチレン以外の化成品は順調な販売実績を重ねていったのに対して，本来中心商品として考えていた低圧法ポリエチレンは品質的に多くの問題を抱え，その市場開発は困難を極めていた。しかし，ハイゼックス（低圧法ポリエチレン）の販路開拓のため，品質改良，加工研究の推進に惜しみなく人材と資金を投入したことで，1960年代にハイゼックスの需要は急速に増加し，同社の主力商品に成長したのである。

完成技術を輸入した企業とは異なりこうした苦労を経ることによって，結果として三井石油化学の技術力は高まり，同社は技術輸出によって大きな利益を手にすることになる。低圧法ポリエチレン，ポリプロピレン，高純度テレフタル酸の3大技術輸出品目のうち，ポリエチレン，ポリプロピレンは苦労して工業化したチーグラー重合法がベースになっていた[78]。1980年代には，三井石油化学は松下電器産業，日立製作所などと並び，毎年の技術料収入ランキングでは全企業中ベストファイブの常連となっていた[79]。技術収入は収益面での貢献も大きく，例えば，1987年度の経常利益（184億円）のうち3分の1近くは技術料収入（55億円）が占めていたのである[80]。

しかし，上述のような技術の確立に貢献した岩国大竹工場もその設備規模の小ささゆえにコスト競争力を失い，エチレン製造に終止符を打つことになる。三井石油化学は1982年3月期に約70億円という過去最大の経常赤字に陥った。その大半は岩国大竹工場が原因で，同工場の総生産量はピーク時の半分近くに落ち込んでいた[81]。すでに本章で述べたように，産構法に基づき岩国大竹工場は，1985年2月にエチレン設備を休止，その後再稼働させた後，1992年にエチレン生産を終えた。

こうした状況に対処すべく，三井石化は岩国大竹工場をファインケミカルの生産基地と位置づけ，様々な施策を講じていった[82]。例えば，ファインケミカル分野の新製品開発を加速するため，多目的試験生産設備「FCL（ファインケミカル・リトル）」を同工場内に建設した[83]。FCLはリアクター（反応基），蒸留設備，結晶槽，遠心分離機などからなり，試験生産する品目に応じて組み合わせを変えることができ，製造技術の開発，サンプル出荷が可能な数量の確保が可能になった。また，ハイモント社と共同で開発したポリプロピレン製造技

術の供与先が 20 件以上に増え，ハイモントと独占供給権を共有する高活性触媒も不足気味のため大竹地区で同製品を生産するための第 2 プラントの建設にも着手した．さらに，既存事業では注射器や電子レンジ用食器に使う TPX（ポリメチルペンテン），ポリエステルの主力原料である PTA（高純度テレフタル酸）の年産能力も拡大させた[84]．川下分野では 1983 年からポリエチレン製ガスパイプの製造も開始した．

②既存の資源を活かした新規事業の展開

現在の岩国大竹工場は，①幅広い機能性化学製品の生産拠点，②アジア各国にある関係会社のマザー工場，③工業化に向けた研究開発拠点として機能しているという（原，2012）．同工場では基礎化学製品から機能性化学製品まで幅広く生産している．以下では，もう少し詳しく同工場の製品を紹介していきたい．

基礎化学品である PTA（高純度テレフタル酸）やポリエチレンテレフタレート（PET）樹脂は，岩国大竹工場において生産が開始され，現在では海外でも生産が行われている．岩国大竹工場は国内供給を担っているとともに，マザー工場としての役割を果たしている．一例として PTA に関して概観すると，岩国大竹工場では操業当初からテレフタル酸が生産されており，1976 年には高純度テレフタル酸のプラントが完成し，その後増設を重ね岩国大竹工場の基幹プラントの役割を果たしてきた（三井石油化学工業株式会社社史編纂室編，1988）．岩国では現在も年産 40 万トンのプラントが稼働している．さらに，1997 年 5 月にはタイで高純度テレフタル酸（PTA）の合弁工場を稼働させ[85]，このタイ子会社の設備能力は東南アジアで最大規模の年産 140 万トンにまで増設された[86]．これらの設備には，三井化学の持つ最新鋭技術が導入され，徹底した省力化が実現している[87]．

機能樹脂であるポリメチルペンテンコポリマー（TPX）は，岩国大竹工場が不振に陥った 1980 年代前半に三井石油化学が次世代の注目商品として積極的に増設を行った商品である[88]．ポリメチルペンテンはプロピレンの二量体を重合したもので，耐熱性，耐薬品性などに優れた樹脂である．ICI から事業を全面的に継承し，1975 年から同工場で生産を開始した．TPX はこの当時から現

在に至るまで三井化学が世界で唯一の生産者である。TPX は，1980 年代に電子レンジ用食器として需要が急拡大し，最盛期の 86 年には 3,000 トンを生産し念願の黒字化も達成した[89]。しかし，その成功は長くは続かず 1987 年に安価な耐熱性ポリプロピレンが登場すると一気に駆逐され，事業存続の危機に陥ったのである。しかし，その後，10 年以上の時を経て電子材料向けを中心に新たな需要を見出し，再度収益源として期待を集めるようになった。例えば，折り曲げ可能なフレキシブルプリント基板の製造工程で基板から接着剤が流れ出さないように覆うフィルムや LED を作るのに使う型枠向けの需要，液晶パネル用の反射シートの改質剤などに需要が拡大していった。これにより収益も黒字化され，岩国大竹工場における生産能力も年 7,500 トンから年産 1.3 万トンに増設された。

　これらの各種製品に加えて，オレフィン重合用触媒（ポリエチレン製造用触媒，ポリプロピレン製造用触媒）も三井化学岩国大竹工場特有の重要な製品である。前身である三井石油化学は「技術重視」を早くから打ち出し，世界的に定評のあるポリプロピレン触媒などの技術開発を成し遂げてきた[90]。この触媒を自社向けに使用するだけでなく，1982 年頃から同工場において触媒そのものを商品とする触媒事業が始まり，次第に成果を上げるようになってきた。現在では，同社の隠れた収益源に成長したのである[91]。

③生産プロセス確立の現場としての工場

　最後に以上の議論から三井化学岩国大竹工場における競争力強化の取り組みとその特色，成果をまとめれば，以下のような点が指摘可能であろう。

　第一に，岩国大竹工場は単に生産を行う工場ではなく，工業化（生産プロセスの確立）を成し遂げる研究所兼工場という役割を果たしている。フラスコスケールから数百リットルスケールのテスト設備が用意され，目的に応じてこれらの設備を使い分けて生産技術開発が実施されている。さらに数千リットルスケールのセミコマーシャルプラントまでも用意してあるため，多様で迅速な製品開発，市場開発が可能となっている。さらにこのようにして開発された製品はまずは岩国大竹工場で実際に生産され，さらに製品のリファイン，市場開拓が進められ，国内事業で培った技術を基盤として海外へと事業展開されていく

第 7 章　エチレンセンター企業の変革　281

のである。
　第二に，旧来からの製品や技術とのつながりを残しつつ，新規の事業展開をしているのも岩国大竹工場の特徴である。例えば，オレフィン重合用触媒（ポリエチレン製造用触媒，ポリプロピレン製造用触媒）は三井石油化学が黎明期に苦労して低圧法ポリエチレンやポリプロピレンを事業化した際の技術開発が基盤となっている製品である。また，TPX は 1980 年代に技術導入されたものであるけれども，その重合の技術はポリエチレンと同様の技術である。また，エチレン系の誘導品も生産し続けていることも同工場の特色である。前述の住友化学や次項で言及する三菱化学は，エチレン設備を廃棄するとエチレン系の誘導品からは基本的に撤退しプロピレン系の誘導品に集中している。これに対して，岩国大竹工場では，超高分子量ポリエチレンやポリエチレンワックスなどエチレンを原材料とした機能性化学製品の生産を続けている。
　残念ながら 2012 年 4 月 22 日未明，岩国大竹工場において爆発火災事故が発生した[92]。同社の事故調査委員会の中間報告によれば，緊急停止装置を解除した人為的なミスが爆発の原因であった可能性も指摘されている。従前より三井化学岩国大竹工場では，年齢構成が他工場と比較して高く，世代交代への対応が課題とされていた。そのために，生産革新への取り組みが積極的に展開されている最中の出来事であった[93]。
　しかし，この不幸な事故により三井化学岩国大竹工場の果たす役割の重要性も浮き彫りとなった。『日経産業新聞』の記事によれば[94]，爆発したのはタイヤ補強材の接着原料に使う「レゾルシン」の設備で供給過多の化学品であったため，三井化学は事故当日「取引先に迷惑をかける事態にはならない」と予想していた。しかし，この事故で生産が停止した別の製品である「メタパラクレゾール（MPCR）」に関して，事故の翌週からシャープ，サムスン電子，トヨタ自動車，三菱自動車といった企業からの供給不安を訴える声が続々と届いた。三井化学内部では従来，MPCR を「利益が薄く重要度の低い化学品」と位置づけていたが，調べてみると「実は金のタマゴ」（首脳）であったことがわかったのである。液晶や自動車分野で使う純度の高い製品は三井化学と独化学会社ランクセスの 2 社寡占だったのである。今後は，以前にも増して安全・安

定運転ができる工場の体制が構築され，高付加価値製品を製造する工場として岩国大竹工場がその役割を果たし続けることが望まれる。

3） 三菱化学・四日市地区——汎用品からの徹底的な撤退
①歴史的展開

三菱化学四日市事業所は，三菱化成と三菱油化が合併し1994年に三菱化学となった際に，両社の四日市地域の拠点（三菱化成四日市工場，三菱油化四日市事業所）が統合されて誕生したものである[95]。

三菱化成は，四日市地域にて各種誘導品を生産するもののエチレンの生産は行っていなかった。同社は黒崎事業所（福岡県北九州市）にて戦前から各種化学製品の生産を行っていた。石油化学産業への進出に際しては，単独で総合的に石油化学事業を行うと投資額が大きすぎる等の理由から別に新会社を設立し，三菱グループの力を結集してこれを行うことにした。三菱化学，三菱レイヨン，旭硝子等の各社が中心となって，1956年に石油化学企業である三菱油化が設立された。エチレンおよび各種大型誘導品に関しては三菱油化において企業化された。三菱化成は，石油化学工業第1期計画の一環として2-エチルヘキサノールの生産を四日市で開始したに過ぎなかった。なお，後に三菱化成は水島地区にエチレン設備を建設し，三菱油化とは別に同地区においても石油化学事業を展開していくことになる。ただし，四日市工場においても投資は継続された。

三菱油化は，石油化学工業第1期計画において石油化学工業への参入を認められ，1959～60年にかけて四日市地区にてエチレン，ポリエチレン，スチレンモノマー，エチレンオキサイド，エチレングリコールを企業化していった。また，参入に際しては，旧海軍四日市燃料廠の払い下げを受けることにも成功し，その地に同社の四日市事業所が建設されたのである。三菱油化は基本的には基礎化学品の領域において成長を続けた。1968年にはエチレン生産能力は工場全体で年産38.2万トンにまで増大した。なお1970年には第2拠点である鹿島地区にエチレン年産30万トン設備も完成した。また1973年にはファインケミカル事業にも本格的に参入した。1984年からはリチウムイオン・コンデ

ンサー用電解液の販売も始まった。

②汎用品からの撤退と事業転換

　三菱化学四日市事業所となった後に，徹底的な事業再構築が実施され，その内容は大別すれば①エチレン設備廃棄を含む汎用品分野からの撤退と②自動車向け素材および既存の高付加価値製品の能力増強という二つの方向性に分けられる。つまり，工場全体での高付加価値化，高収益化が企図された改革であった。

　先に汎用品分野からの撤退に関して概観すれば，1995年以降，四日市では次々と汎用品からの撤退が行われ，その中で1999年にはエチレンプラントの廃棄が決定されたのである。1995年12月に四日市事業所にある年産27.7万トンのスチレンモノマー設備のうち一系列（年産9.3万トン）と低密度ポリエチレン樹脂設備のうち一系列（年産4万トン）の休止が決められ，このうちスチレンモノマーの設備については1998年に設備廃棄されることが決定された[96]。そして，1999年にはついに四日市事業所にあるエチレンプラント（年産27万トン）を停止および廃棄することが決定され[97]，2001年1月にエチレンおよびエチレンオキサイド・グリコールの生産が停止された（石油化学工業協会編，2008）。四日市事業所のエチレン設備は，老朽化し能力も年間27万トン程度と小さく，汎用品を支える競争力も低下していたためである[98]。なお，日本において30万トン級の設備が廃棄されるのは初めての出来事であった。その後も，四日市ではポリプロピレンの生産停止[99]，JSRと合弁で四日市にてABS樹脂生産を行っていたテクノポリマーの全株式売却[100]など四日市における樹脂事業の停止，撤退が続いた。現在では，四日市事業所においてポリエチレン，ポリプロピレンなどの汎用樹脂，エチレン系の誘導品は生産されていない。

　付加価値の低い製品からは徹底的に撤退する一方で，高付加価値製品は拡充されていった。四日市事業所における高付加価値製品拡充の第一の軸は，「自動車」である。四日市はトヨタ自動車の本拠地である中京圏に位置するという地理的条件を活かした取り組みが見られる。例えば，2000年には自動車向けなどに需要が拡大し始めた高機能樹脂PBT（ポリブチレンテレフタレート）の生産設備を四日市事業所において増強することが決められた[101]。さらに，2008年には四日市事業所内に，自動車向け素材の開発施設「ケミストリープラザ四

日市棟」を新設した[102]。同施設に自動車メーカーなど顧客企業の開発担当者を招き，車体を軽量化する樹脂部品などを共同で開発することが可能となった。

第二の軸は，「既存の高付加価値製品の生産能力増強」である。三菱化学は，2000年に150億円を投じて，伸縮性に優れた弾性繊維向け原料である「1.4ブタンジオール（BD）」の生産能力増強を決めた[103]。三菱化学の製造技術はブタジエンを原料にしていることが特徴であり，相対的に価格が高いアセチレンを使うBASFなどの技術より生産コストが安いという。また，2010年には四日市事業所におけるリチウムイオン電池用の電解液の生産能力を約6割増の1.35万トンに引き上げることも決定した[104]。

四日市事業所におけるこの他の取り組みに関しては，コンビナート連携石油安定供給事業の一環として，2011年度から「コンビナート重油分解最適連携事業」に着手したことが指摘されうる。また，住友化学，三井化学のコンビナートでは見られなかった取り組みとしては，自社敷地内への事業誘致[105]を行っていることが挙げられる。同社の四日市事業所は，エチレンプラント操業停止等の影響で各種プラントの停止が相次ぎ，停止後の遊休地（空き地）の有効活用を考えたのである。四日市事業所では，新規事業・企業の積極的な誘致に取り組んでいる。

おわりに

本章では，産構法に基づく設備処理後の1985年から現在に至るまで，日本におけるエチレンセンター企業を中心とした基礎化学領域における変化を概観した。

すでに述べたようにこの期間，日本のエチレン生産量は大幅に増加し，その主たる原因としては，海外需要の増大が指摘されうる。1980年代以降，アジア諸国の需要の増大を取り込み輸出が急増した。この時期は，バブル景気に突入し内需も増大した。その後，景気減速によって内需は1990年代前半に後退するものの，引き続き東南アジアや中国といったアジア地域の需要が増加する

ことで日本のエチレン生産量は増大し，1996年に700万トンを突破した。また，需要増の他の原因としては，1980年代後半には原油価格が大幅に下落したことや設備処理等によって日本の石油化学産業の国際競争力（コスト競争力）が回復した効果も指摘されうる。

　こうした急速な需要の増大へ対応できた理由は，産構法による設備処理の中心が設備廃棄ではなく休止が大部分を占めたため，迅速な設備能力の拡大が可能であった点に求められる。第4章で概観したように，設備処理された203.07万トンのうち設備廃棄は80.47万トンと処理量の39.6％に過ぎなかった。残りは休止もしくは部分休止であった。したがって，需要が増大すると各企業は次々と設備を再稼働させていった。これに加えて，1980年代後半の好景気時に計画された大型エチレン設備計画のうち2基が完成したことも大きい。

　一方で需要の増大という局面を迎えつつも設備過剰に陥ることがなかった理由は，エチレン製造に関する各社の戦略が均一ではなくなってきたことに求められる。1985年以前は，需要拡大期には各社が一斉に自社単独での設備の建設を計画していた。しかし，1980年代後半の需要拡大期には単独での新規建設を計画する企業は東ソー，昭和電工，旭化成，三菱油化の4計画となり，残りの2計画はそれぞれ3社の共同投資計画という具合に，通産省の調整がなくとも共同投資の計画が生まれる素地が出来上がってきた。また，着工順を決める際にも丸善石油化学と東ソーが話し合いによって建設順を決定するなど，業界内で調整ができるようにもなっていた。その後もこうした各社の戦略の相違は続き，これが1985年以前との大きな違いとなっている。例えば，昭和電工は近年になってもエチレン製造を重視し，そのコスト競争力を高めるべく積極的な投資活動を続けている。一方で，住友化学のように日本国内でのエチレン製造から撤退し，汎用品は海外にて生産するという選択をする企業も現れた。さらに，設備廃棄に関しても個別企業が独自に判断し，それを進めるようになった（例えば，三井石油化学・岩国，三菱化学・四日市など）。このような結果として，設備投資調整を実施している時期よりもむしろそれが行われなくなってからの方が柔軟な生産設備能力の調整が実現した。

　なお，生産能力が調整される過程においては，特定地域においてエチレン製

造から完全に撤退するという施策もとられるようになった。この際には，工場全体の閉鎖は回避し，可能な限り高付加価値製品の生産拠点へと工場を再構築することが試みられた。住友化学の愛媛地区など複数の拠点がこうした再構築に成功した。こうした一連のプロセスに関しては，先行研究では十分に明らかにされてこなかった。

　企業や業種を超えた協業によって競争力を強化する動きが広まったのも1985年以前との大きな違いである。以前は，コスト競争力強化の施策としては大型設備の建設による規模の経済性の獲得に注力する傾向があった。しかし，2000年代以降は業種の枠を超え，石油精製企業と石油化学業の連携による範囲の経済性を活用しようとする動きが見られるようになった。さらに，多くの地方自治体が石油，石油化学のみならず鉄鋼業，電力，ガスなど多様な業種を含めて，コンビナートとしての競争力を強化するための支援策を検討するようになったのである。

　また，この時期にはエチレン生産量の増大とともに日本の国際競争力が高まり，化学製品の輸出も増大した。日本企業は特定の機能性化学製品領域で強い競争力を有するようになってきたのである。この点については，次章で議論していくことにしたい。

注

1) 石油危機時に大きく上昇した原油価格（アラビアンライト公示価格）は，1980年代後半には急落し，「逆オイルショック」とも言える状況が発生した。第1次石油危機の際は3.0ドル／バレル（1973年10月）から11.7ドル／バレル（74年1月）に上昇し，第2次石油危機の際には12.8ドル／バレル（78年9月）から42.8ドル／バレル（80年11月）に急騰した。逆に1986年には1月には26.0ドル／バレルであったものが約半年後の8月には7.7ドル／バレルまで暴落した（小宮山，2005）。
2) 『日本経済新聞』1987年3月25日；1988年5月1日。
3) デクレア方式とその後の休止設備の再稼働に関しては石油化学工業協会総務委員会石油化学工業30年のあゆみ編纂ワーキンググループ編（1989）；『日本経済新聞』1987年11月14日を参照。
4) 同様の動きは欧州においても見られた。大東（2014b）によれば，西欧諸国においても1980年代初頭から半ばにかけて年産410万トン分の過剰設備の処理が実施された。しかし，1980年代後半に世界の石油化学製品市場が需要超過基調で推移すると一転

して増設が行われ，結局1990年には設備処理前の1980年を上回る生産能力を有するようになった。1980年には年産1418.6万トンであった欧州のエチレン生産能力は，1990年には同1600.5万トンにまで増大したのである。

5）『日本経済新聞』1992年11月26日。
6）『日本経済新聞』1988年12月31日。
7）『日本経済新聞』1989年1月18日。
8）宇部計画に加わった三井東圧化学は，実績を作ることで認可を確実にするために，エチレン設備の建設に先行して宇部でスチレンモノマー設備の建設まで行った。この設備は約180億円の費用を要し，1994年4月に操業を開始した。年間生産能力24万トンと一設備としては当時国内最大規模を誇った（『日経産業新聞』1998年8月28日）。しかしながら，最終的に宇部におけるエチレン設備建設はかなわず，このスチレンモノマーの設備も2004年に太陽石油化学（太陽石油が70.1％，三井化学が9.9％を出資）に譲渡された（三井化学株式会社，2003）。
9）『日本経済新聞』1989年6月10日；1991年3月20日。
10）『日本経済新聞』1989年5月25日。
11）以下の産構審の答申に関する記述は，丸善石油化学株式会社50年史編纂委員会編（2009）を参照。
12）また産構審は，1995年のエチレン需要は590万トンにとどまるという見通しを示した。通産省は，すでにエチレン設備能力（定修年と非定修年の平均）は627万トンに達しており，現状のままでもデボトルネックによって20万トン分の増設余地があるため当面の需要は満たせると考えていた。
13）『日本経済新聞』1990年1月9日。
14）『日本経済新聞』1990年7月28日。
15）『日本経済新聞』1991年9月4日。
16）製品引取り比率に比べて丸善石油化学の出資比率が高いのは，①丸善石油化学は敷地を提供し，操業・運営を全面的に受託するために主導権を持つ必要があった，②丸善石油化学の株式を37％持つコスモ石油が直接出資によって新会社のマジョリティ確保を希望していたのに対してこれを認めず代わりに丸善石油化学の持ち分を高めることを選択したためであった。
17）『化学経済』1993年9月号。
18）『日本経済新聞』1993年6月13日。
19）『日本経済新聞』1993年2月13日。
20）『日経産業新聞』1993年2月25日。
21）『日本経済新聞』1994年6月1日。
22）契約内容は，①期間は京葉エチレンの新設プラントが操業を開始してから東ソーが新設するエチレン設備が稼働する1995年4月頃まで，②受委託量はエチレンで年間4〜7万トンとするというものであった。この契約は同条件で再延長し2002年まで継続した（丸善石油化学50年史編纂委員会編，2009）。
23）『日本経済新聞』1993年5月21日。

24）『日本経済新聞』1992年4月8日。
25）『日本経済新聞』1993年12月25日。
26）『日本経済新聞』1993年12月24日（夕刊）。
27）『日経産業新聞』1996年10月8日。
28）『日本経済新聞』2000年11月17日（夕刊）。
29）『日本経済新聞』2003年4月1日。
30）『日本経済新聞』1999年2月8日。
31）『日本経済新聞』2000年10月3日。
32）後述の住友化学はすでに1970年代後半からシンガポールでのエチレン年産30万トン設備の建設や同地でのエチレンセンターの運営に携わり、国際化が進んでいた（住友化学工業株式会社編、1997）。
33）同社の出資比率は住友化学37.5％、サウジ・アラムコ社37.5％、サウジアラビアの一般投資家が25％であった。
34）それぞれの地域での参加企業は以下の通りである。鹿島地区：鹿島石油、三菱化学。水島地区：新日本石油精製、ジャパンエナジー、三菱化学、旭化成、山陽石油化学。川崎地区：東燃ゼネラル石油、昭和シェル石油、東亜石油。徳山地区：出光興産、出光石油化学、帝人ファイバー、日本ゼオン、トクヤマ、日本酸素、東ソー、三井武田ケミカル。瀬戸内地区：新日本石油、コスモ石油。
35）RING II（2003～05年度）では、分解オフガス高度回収統合精製技術開発（鹿島地区）、コンビナート先端的複合生産技術開発（千葉地区）、副生成物高度異性化統合製造技術開発（千葉地区）、冷熱・副生ガス総合利用最適化技術開発（堺・泉北地区）、副生炭酸ガス冷熱分離回収統合利用技術開発（水島地区）、熱分解軽質留分統合精製処理技術開発（水島地区）、コンビナート原料副生成物マルチ生産技術開発（周南地区）とRING Iよりもさらに事業範囲は広がりを見せた。引き続きRING III（2006～09年度）では、石油・石化原料統合効率生産技術開発（鹿島地区）、コンビナート副生成物・水素統合精製技術開発（千葉地区）、コンビナート原料多様化最適供給技術開発（水島地区）が行われた。その後もRING組合は石油コンビナートを中心とした企業間連携事業に取り組み続けている。
36）こうした出光興産の動向に関しては、橘川他（2012）が詳しい。
37）『日経産業新聞』2004年5月18日。
38）『日本経済新聞』2007年8月1日。
39）『日本経済新聞』2009年1月7日。
40）三菱化学の高下悦二郎常務の発言（『週刊東洋経済』2008年12月6日号）。
41）『日本経済新聞』2009年5月12日。
42）『日本経済新聞』2004年2月4日。
43）『日本経済新聞』2009年4月8日。
44）株式会社三菱ケミカルホールディングス（2013）。
45）旭化成株式会社・株式会社三菱ケミカルホールディングス（2015）。なお、この合弁会社は三菱化学と旭化成ケミカルズの折半投資によって設立される。

46) 株式会社三菱ケミカルホールディングス（2012）；『日経産業新聞』2014 年 5 月 21 日。
47) 三井化学株式会社（2013）。
48) 昭和電工の戦略に関しては，『日経産業新聞』2010 年 3 月 1 日を参照。
49) これらの各社に関する動向は，各社のアニュアルレポートに加えて，旭リサーチセンター（2007）；大東（2014b）；みずほ銀行調査部編（2015）も参照した。
50) 『日経産業新聞』2014 年 1 月 22 日。
51) 『日経産業新聞』2014 年 1 月 24 日。
52) 『日経産業新聞』2015 年 12 月 15 日。
53) 『日経産業新聞』2012 年 4 月 23 日；2013 年 6 月 17 日。
54) 『日経産業新聞』2010 年 1 月 15 日；『日本経済新聞』2013 年 12 月 3 日。
55) 『日経産業新聞』2012 年 8 月 24 日。
56) 『日経産業新聞』2015 年 8 月 27 日。
57) 『日本経済新聞』2015 年 12 月 12 日。
58) 『日本経済新聞』2015 年 12 月 9 日（夕刊）。
59) 『日経産業新聞』2003 年 6 月 20 日。
60) 特に断わらない限り，住友化学工業株式会社編（1981）（1997）および石油化学工業協会編（1971）に基づく。
61) 『日経産業新聞』1982 年 5 月 18 日。
62) 『日本経済新聞』1982 年 4 月 17 日。
63) 特に断わらない限り，住友化学工業株式会社編（1997）；住友化学プレスリリースおよび愛媛工場・大江工場のパンフレットを参照。
64) 『日本経済新聞』1984 年 8 月 8 日。
65) 『日本経済新聞』1980 年 11 月 11 日。
66) 『日本経済新聞』2011 年 2 月 7 日。
67) 『日本経済新聞』2005 年 10 月 5 日（四国地方経済面）。
68) 本段落で紹介した事例以外にも，住友化学・愛媛地区ではセパレータ，大型水槽用の樹脂版（メタクリル樹脂），メチオニン，パソコン用導光板シート（メタクリル樹脂），高純度アルミナなど多数の製品に関して設備増強が継続的に行われている。
69) 『日本経済新聞』2003 年 6 月 4 日。
70) 『日本経済新聞』2009 年 6 月 4 日。
71) 『日本経済新聞』2000 年 10 月 12 日。
72) 『日経産業新聞』2000 年 10 月 12 日。
73) 『日本経済新聞』2009 年 12 月 10 日。
74) 『日本経済新聞』2000 年 5 月 16 日（四国地方経済面）。
75) 『日本経済新聞』2010 年 9 月 1 日（四国地方経済面）。
76) 本項は，特に断わらない限り，三井石油化学工業株式会社編（1978）に基づく。
77) 三井化学工業は，三井鉱山三池染料工業所を譲り受けて 1941 年に誕生した現在の三井化学とは異なる企業である。1968 年に同じ三井系の化学企業である東洋高圧工業と合併し，三井東圧化学となった。その後，三井東圧化学と三井石油化学工業が合併

し，現在の三井化学となった。
78)『日経産業新聞』1987 年 5 月 1 日。
79)『日経産業新聞』1987 年 5 月 1 日。
80)『日本経済新聞』1988 年 8 月 31 日。
81)『日本経済新聞』1985 年 4 月 30 日（夕刊）。
82)『日本経済新聞』1985 年 9 月 27 日。
83)『日本経済新聞』1985 年 12 月 4 日（中国地方経済面）。
84)『日本経済新聞』1985 年 4 月 30 日（夕刊）。
85)『日本経済新聞』1997 年 10 月 30 日。
86)『日経産業新聞』2005 年 11 月 22 日。
87)『日経産業新聞』2002 年 3 月 19 日。
88) TPX に関しての記述に関しては，『日経産業新聞』1983 年 7 月 21 日；1984 年 6 月 12 日；1985 年 7 月 16 日を参照。
89) TPX 販売の苦労とその後の成功に関しては，『日経産業新聞』1986 年 2 月 14 日；2005 年 11 月 28 日を参照。
90)『日経産業新聞』1985 年 8 月 1 日。
91)『日本経済新聞』1997 年 10 月 4 日（広島地方経済面）。
92) 爆発事故に関する記述は，『日本経済新聞』2012 年 8 月 7 日（沖縄朝刊社会面）を参照。
93) 詳しくは「三井化学　岩国大竹工場の生産革新」(http://www.meti.go.jp/policy/mono_info_service/mono/chemistry/6mitui.pdf) を参照のこと。
94) 以下の記述は，すべて『日経産業新聞』2012 年 9 月 11 日に依拠している。
95) 以下の歴史的事実に関しては，特に断わらない限り，三菱化成工業株式会社総務部臨時社史編纂室編 (1981) および三菱油化株式会社 30 周年記念事業委員編 (1988) に基づく。
96)『日本経済新聞』1995 年 12 月 27 日；1998 年 7 月 17 日。
97)『日本経済新聞』1999 年 2 月 8 日。
98)『日本経済新聞』1999 年 2 月 8 日。
99) 2002 年 2 月に三菱化学系の合成樹脂会社である日本ポリケムは，四日市工場のポリプロピレン生産を打ち切ると発表した（『日本経済新聞』2002 年 2 月 15 日）。
100)『日本経済新聞』2008 年 11 月 26 日。
101)『日本経済新聞』2000 年 12 月 5 日。
102)『日本経済新聞』2008 年 10 月 25 日。
103)『日本経済新聞』2000 年 4 月 11 日。
104)『日本経済新聞』2010 年 10 月 19 日。
105)「積極的な事業誘致活動を始めました！」『ときめき化学 21』11 号，三菱化学四日市事業所，2005 年 1 月。

第8章

機能性化学事業の成長による国際競争力の獲得

　本章においては，機能性化学製品を中心に日本の化学企業が国際競争力を強化していった様相を明らかにする。序章においても検討したように，日本の化学企業の国際競争力は強化されていった。それが可能となった背景には，日本の化学企業が機能性化学の領域，特に電子材料という世界的に強い製品分野を確立できたからである。

　本章の前半部においては，まずは以下の2点を明らかにする。①日本の化学企業はなぜ国際競争力を高めることが可能であったのか，つまりどのように電子材料という製品領域を確立していったのか，②新興国が台頭する中にあって日本の化学企業はなぜ国際競争力を現在でも維持しているのか，その理由を明らかにする。本章では，橘川・平野（2011）における日本の高収益化学企業12社の事例研究を再考察し，上述の論点に答えることにする[1]。これらの高収益企業は，自社技術を活用できるニッチな市場を意図的に選択し，顧客である電子企業との相互作用（共同開発）の結果，他社には模倣困難な寡占的な独自商品（電子材料）を開発することが可能となり，最終的に国際競争力を獲得していった。そして，これらの企業は，製品を共同開発する相手先であった日本の電子企業が競争力を喪失していったのとは対照的に現在も一定の競争力を維持している。この理由は，迅速に共同開発の相手を海外企業へと変更していったこと，電子材料の開発に不可欠な貴重な情報をうまく独占していったことなどに求められる。

　本章の後半部においては，エチレンセンター企業はこうした機能性化学製品を含む，基礎化学以外の事業の拡充にどのように取り組んできたのかを明らか

にする。この際には，各社の事業セグメント別の利益率から強みのある事業を見つけだし，それを手がかりに機能性化学製品等の高付加価値事業を展開してきたプロセスを明らかにする。なお，エチレンセンター企業に関してのみ別に言及する理由は，それらの企業は日本の化学産業において中心的な存在でありながらも上述の高収益企業には1社も該当しておらず，石油化学産業史としては別途その展開について取り扱う必要性があるためである。エチレンセンター企業の製品高付加価値化（機能性化学製品の拡充等）の程度は企業間で一律ではなく，その展開に先行して相対的に収益性を高めた企業とそれ以外の企業群に分かれている。また，高付加価値製品事業も医薬，農薬，住宅と多岐にわたる。

1 高収益化学企業による競争力獲得・維持のプロセス

1）国際競争力の高まり

①国際競争力の高まりの背景

序章で検討したように，かつての日本は化学産業における技術蓄積が乏しく，化学製品の生産量こそ多いものの，1980年代までは国際競争力に乏しかった。伊丹・伊丹研究室（1991）においては，日本の化学産業の競争力の弱さを示す事実として，貿易収支が赤字であるという点が指摘されている。当時（1988年）の化学製品に関する各国の貿易収支を概観すると，米国は124億ドルの黒字，西ドイツが199億ドルの黒字であるのに対して，日本は9億ドルの赤字であった。

しかしながら，現在では日本の化学製品の国際競争力は大きく向上した。表8-1に示されるように，2013年度の化学製品の貿易収支は，約1兆円の大幅な黒字であった。この貿易収支を地域別に見れば，米国やEU圏への貿易は若干の赤字である一方で，アジア地域に対しては大幅な黒字となっている。

貿易収支が黒字になった背景には，電子材料という日本独自の強い製品群を持てるようになったことがある。第6章の表6-3にも示したように，日本企業は半導体材料，液晶材料，リチウムイオン電池の素材などで支配的な地位を築

いている。なお，第6章の収益分析において売上高営業利益率が首位であった信越化学も半導体材料の一つであるシリコンウェハーで世界シェア1位の企業である。

日本の化学製品の貿易収支がアジア地域に対して大きく黒字となって

表8-1　化学製品の輸出入金額（2013年度）
（百万円）

	輸出	輸入	収支
世界	7,689,567	6,612,486	1,077,081
米国	744,695	1,180,081	-435,386
EU	656,450	2,200,139	-1,543,689
アジア	5,788,964	2,361,113	3,427,851

出所）財務省「平成25年度分貿易統計（確報）」。

いる理由も，日本の化学企業が電子材料分野を得意としていることに関連している。現在，サムスンなどの韓国の電子企業は，液晶ディスプレイ（LCD），スマートフォンなどで強い競争力を有している。その結果，韓国の貿易収支は1998年以降黒字となっている。しかし，韓国の貿易収支を2国間の関係で概観すると，日本に対しては例外的に赤字となっているのである。その理由は，韓国企業が得意とするIT製品の部品や素材（電子材料など）を日本からの輸入に依存しているからである。韓国の対日貿易赤字の8割はこうした部品部材の輸入に起因しているという。したがって日韓両国は，韓国の電子企業が売上を伸ばすほど，日本の化学企業の売上も増大するという共存関係にある。

ただし，電子製品のサプライチェーン全体を見渡すと従来とは大きな変化が見られた。以前は，電子製品に関しては完成品，部材ともに日本企業が強い競争力を有していた。例えば，LCDやリチウムイオン電池の世界シェアは100％近かった。しかし，近年では最終製品（電子製品）に関しては，日本は競争力を失い，部材のみが競争力を保持している状態となっている。日本の化学企業は，自らの顧客である日本の電子企業と運命をともにすることはなかったのである。

②電子材料とは

ここでは，電子材料は化学製品全体の中において，どのような位置にあるのかという点について説明したい。化学製品を大別すれば，汎用品を中心とした「基礎化学」および「特殊化学（ファインケミカルともいう）」の2種に分類される。

基礎化学製品には，合成樹脂や合成繊維など多様な製品が存在する。基礎化

学製品の特長は，①付加価値が低く，②大量生産による規模の経済性が働き，③汎用品が中心であるため，価格が競争の軸となっていることが指摘される[2]。そのため，原料を安く入手できる地域や大規模かつ高効率な生産設備を持つ地域が競争優位を持っている。

　これに対して特殊化学の製品とは，基礎化学製品より生産量が少なく，付加価値の高い化学製品群の総称である。その中には機能性化学製品，農薬などの農芸化学製品，医薬品原体など広範な製品が含まれる。こうした特殊化学製品の価格は，コストではなく，使用時の価値で定まる傾向がある（Grune et al., 2014）。これらの付加価値の高い製品に関しては，化学工業に関する技術蓄積の進んだ欧州や米国の企業が強い競争力を保持してきた。

　本節において検討の対象とするのは，特殊化学の製品の一部である機能性化学製品（特に電子材料）である。経済産業省によれば，機能性化学産業とは，「独自技術により材料に特殊な機能を持たせることで解決策を提案し，顧客の製品の付加価値向上を実現する化学産業」であるとされている。その中でも電子材料とは半導体やLCDなどの電子製品に用いられる材料のことである。例えば，半導体の材料としてはシリコンウェハーやフォトレジスト，液晶材料としてはカラーレジストや偏光板，偏光板保護フィルム，スペーサーなど多種多様な材料が存在している。また，これらの製品の開発に際しては，顧客である電子企業との共同開発が非常に重要な意味を持っている。その理由は，部品である電子材料と最終製品である電子機器との関係性が極めてインテグラルなものだからである。

2）競争力獲得のプロセス

　本項では，欧米企業に比べて競争力の弱かった日本の化学企業がどのように電子材料という新しい化学製品の市場を開拓していったのか，そのプロセスを明らかにする。結論を先取りすれば，日本企業が競争力を獲得したプロセスは図8-1に要約される。

　なお，本研究においては以下のような条件を満たす企業から考察対象を絞り込んだ。その条件とは「化学事業のセグメントを有し，それらのセグメントと

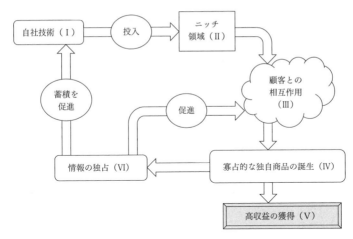

図 8-1　競争力獲得のプロセス

出所）筆者作成。

化学繊維関連のセグメントを合わせた売上高が連結決算において 30％以上を占める会社」というものである。その上で 2000 年の時点で売上高が 1000 億円を超える企業を母集団とした。こうして抽出された企業は第 6 章の表 6-1 に示される 40 社であった。その中から，2000〜09 年度における通算の売上高営業利益率が 7.5％を超えた企業 10 社に加えて，10 年中半数以上に相当する 6 年にわたって利益率が 7.5％を超えていたダイセル化学（現，ダイセル）と日立化成の 2 社を加えた 12 社を対象とした。具体的には，信越化学工業，JSR，日産化学工業，日東電工，クラレ，ニフコ，ADEKA，電気化学工業（現，デンカ），ダイセル，チッソ（現，JNC），トクヤマ，日立化成工業の 12 社である。これらの企業のうち，世界上位 30 社に入っている大企業は信越化学工業（世界 29 位）のみである。その他の高収益企業は，中規模の企業である。また，本書が注目してきた旧財閥系企業を含むエチレンセンター企業各社は一つもこの基準に該当しなかった。

①競争力獲得プロセス (1)：ニッチな市場の意図的な選択

それでは，日本の化学企業が競争力を獲得したプロセスを詳細に見てみよう。第一に，これらの企業は事業展開に際して，意図的に競合が少なく市場規模の

小さな事業領域（ニッチな市場）へと狙いを絞ったことが指摘される（I）[3]。例えば，日東電工においては「市場規模は大きくなくとも世界的に成長するマーケットを事業領域に選択し，その市場でトップシェアを獲得すること」が会社の方針とされている。同様にクラレも「小さい市場であり，その中で自社が高いシェアを確保して主導権を握れること」「他社に追随しないこと」を新規事業への参入基準としている。また，ダイセルも「参入時点で競合他社は3社以内。いずれ見込まれる市場シェアが30％以上」というように勝ち目のある事業に絞り込んで新規事業に参入した。

一方でこうした中規模企業の動きとは逆に大企業は電子材料の市場を相対的に軽視する傾向にあった。日本の大手化学企業は，欧州や米国の化学大手企業の戦略を参照し，ライフサイエンス事業（医薬品など）への多角化を志向していたのである（島本，2009）。前述の中規模の化学企業と同じ日本という地域に立地しながらも，大企業が電子材料事業を軽視した理由は，それらの市場の小ささにあった。例えば，半導体の製造に使用するフォトレジストは，初期時点においては成功しても数十億円程度の売上にしかならないと考えられていた[4]。したがって，日本の大手化学企業は，この事業が将来のメイン事業とは考えなかったのである。これとは別にそもそも中規模の化学企業は大企業と同様にライフサイエンス事業に進出しようとしても，資金面で難しかったという事情もある。このようにして日本の大手化学企業と中規模化学企業の方向性が分かれていったのである。結果的に電子材料分野は，欧州・米国の大手化学企業と日本の大手化学企業がともに軽視することになり，同分野は一種のエアポケットとなっていた。

②競争力獲得プロセス（2）：自社技術の活用

第二に，中規模の化学企業は事業参入に際して，市場がニッチであるだけでなく，その市場において自社技術が活用できることも条件の一つにしていたことも重要である（II）。先ほど言及した日東電工とクラレの両社も新規参入の基準として「自社の高い技術力を活かせる」ことを重視している。

例えば，クラレの場合，主力商品の多くは自社が世界で初めて工業化に成功した製品であるポバール（ポリビニルアルコール，PVA）という物質に関連して

いる。第二次世界大戦後，クラレはポバールを原料としてビニロンという化学繊維の生産を開始した。同社は1953年からビニロンを用いた学生服を生産しヒット商品となったものの，高度経済成長期に入るとビニロンよりも繊維としての性能が高くかつ安価なポリエステルの誕生によって，ビニロンは繊維としての競争力を失った。しかしながら，クラレは自社技術であるポバールを応用して，次々に新製品を生み出していったのである。クラレの主力製品の一つはこのポバールを原料として生産されているポバールフィルムである。ポバールフィルムはLCDの偏光板の原料として使用されており，現時点ではポバールフィルムを代替する素材は存在しない。さらにポバールフィルムを供給できる企業は世界中でクラレ（世界シェア80％）と日本合成化学（同20％）のみであり，クラレは寡占的な地位を構築している。さらに，ポバールを改良する研究の中から開発されたエバールという製品もクラレの主力商品である。エバールはプラスチック容器の遮蔽性を高める役割を果たす物質であり，ガソリンタンクなどの生産に欠かせない。クラレはこのエバールに関しても世界で65％シェアを獲得している。

③競争力獲得プロセス (3)：電子企業との密接な相互作用

第三に，こうして事業参入した日本の化学企業は，その製品の顧客である電子企業との製品の共同開発を中心とした相互作用によって，自らの技術を深耕させていった (III)。例えばソニーなどに代表されるように，日本の電子企業は1980年代まで強い国際競争力を保持していた。こうした最先端の企業と相互作用することによって，日本の化学企業は欧州・米国の化学企業とは異なる経験をし，独自の技術を蓄積することができた。また，この時期，日本の電子企業と電子材料を供給する化学企業は共同で新しい画期的な製品を開発していたのである。代表例としてLCD開発がある。LCDはシャープが世界に先駆け事業化を進めた。そして，その開発過程では，化学企業であるJSRが存在していたために，LCDの画質や耐久性の向上が可能になったという。ある電機メーカーの役員によれば，「JSRの製品無しにLCD事業は成り立たない。JSRは今の液晶テレビ市場を創造した最大の功労者の一人である」という。同様の関係は，リチウムイオン電池の開発（ソニーと旭化成の組み合わせ）においても

見られた。このような形で日本の電子企業が新たに発明したり事業化を進めたりした製品に関しては、日本の化学企業が独占的にその素材である電子材料を提供していた。そのため、1980年代に日本の電子企業が強い競争力を持っていたことは、日本の化学企業にとって極めて有利に働いた。この当時、日本企業は素材と完成品の双方で高い市場シェアを獲得していた。

　電子企業との相互作用によって化学企業に発生したメリットとしては他にも以下のようなものがある。①技術が磨き込まれる。例えば、JSRの場合、東芝などの顧客の厳しい品質要求に応じていくことで、一層自社の技術が磨かれ、社内に高度な技術が蓄積されていったという。また、日立製作所を親会社に持つ日立化成の場合、日立製作所という当時の半導体のリーディング企業との厳しい付き合いの中で日立化成側の技術が磨かれていったという。②さらなる新製品の発見。時として親密な顧客から得た情報によって新商品が生まれることもあった。例えば、日東電工の商品の一つに家庭用の流し台の保護シールというものがある。この保護シールをある顧客が半導体の工程材へと転用した。そして、その顧客から同商品を半導体工程材として使用すると剥離性に問題があるとの苦情が日東電工へ寄せられた。そこで日東電工は、半導体工程材専用の商品を新たに開発し、広く新商品として売り出すようになった。企業側の事前の想定から逸脱した方法で顧客が製品を使用し、その情報が企業にフィードバックされることで新商品が生まれるケースは多く見られる。化学企業が顧客と頻繁に情報交換を行っていたことが新たな製品の創出へとつながった。

　④**経営成果——寡占市場の成立による高収益獲得**

　日本の化学企業は、このようにして差別化製品を開発することに成功し（IV）、高い利益率の獲得に成功している（V）。これらの市場は寡占的構造を持っており、それが収益性の向上へと結びついた。例えば、液晶素材のデパートとも称されるJSRの売上高営業利益率は、1980年代には4.0％、1990年代には2.9％に過ぎなかったものが2000年代に入ると11.0％と飛躍的に向上した。同様に日東電工の利益率も1990年代には4～6％を推移しており、2000年代に約10％に向上したのである。

　利益率が高まった理由は、市場が寡占的であったとともに、電子製品の機能

への化学部材の貢献度が高まったことにも起因している。近年，様々な産業の生産プロセスと製品の根幹部分に化学技術や化学製品が必須の部分として使われるようになる「産業の化学化」が進みつつある[5]。例えば，半導体などの電子デバイスにおいてその品質改善の手法が，加工技術の改善から化学材料の物性の改善へと移行していき，化学素材の改良の重要性が無視できなくなってきた。さらに，先端的な化学素材抜きに最終製品を生産することが不可能となるケースも存在する。大規模集積回路（LSI）の場合，新世代の製品へと切り替わるたびに，次々と新材料を導入しなければ，LSI が電気的に動作しない状況に陥っている。こうしてサプライチェーン内での化学企業の立場が強化され，マージンが増加した。例えば，クラレのサプライチェーン内での価格交渉力は強く，2006 年に最終製品である液晶パネルは 16％，その部材である偏光板やカラーフィルターも 14～20％ 価格が下落したにもかかわらず，逆に偏光板の素材であるポバールフィルムは 15％ 値上げを実現できたほどである。

一方で同じ日本企業であっても，後述するように三菱，住友，三井といった旧財閥系を中心とした大企業の収益性は相対的に低い。その背景には大企業特有のトレードオフが存在している。上述の事例からもわかるように，企業は収益性を重視するならば意図的に小さな市場へ参入する必要性がある。しかしながら，大企業にとっては小さな市場へ参入しても，全社的な売上に対するその市場の貢献は極めて小さい。そのため企業規模に見合った成長性を追求する場合，こうした市場に積極的に参入するインセンティブに乏しく，こうした状況下では収益性と成長性はトレードオフの関係になっている可能性がある。

3）競争優位継続の背景
①部材のみが競争力を維持した理由

本項では，様々な産業分野で新興国の企業が台頭する中，日本の化学企業が電子材料に関して一定程度の競争優位を持続できている理由を明らかにしていきたい。この問題には，二つの論点が存在する。

第一の論点は，日本の化学企業にとって重要な顧客である日本の電子企業が競争力を喪失する中で，なぜ化学企業は一緒に競争優位を失っていくことがな

かったのかというものである。すでに述べたように，日本の化学企業は日本の電子企業と密接に交流することができるという点で，様々な優位性を持っていた。同じ日本に技術的に優れた顧客が存在することは，化学企業にとって有利に働いた。しかし，2000年代に入り日本の電子企業の競争力が低下するとともに，そうした優位性は失われたのである。

　この論点に関する答えは，「これらの化学企業は積極的に新たな協業相手を探し，その相手を日本企業に限定しなかった」というものである。1990年代以降，日本企業は徐々に協業相手を日本の電子企業から欧州や米国，韓国企業に広げていった。例えばJSRの場合，1990年にベルギーの化学会社と提携し子会社を設立するとともに，欧州と北米にフォトレジストの事業拠点を設けた。そして，インテルやIBMなど半導体技術を主導する企業に接触し始め，共同開発を重ねていった。また，JSRは1992年から韓国や台湾メーカーに対して，積極的な技術サービス活動も開始した。この結果，1980年代にはJSRの製品の90％以上が日本企業向けであったのに対し，2003年には7割が海外企業向けと大きな転換が生じた。韓国，台湾などの新興国が電子産業で競争力を持ち始めるとJSRのみならず多くの日本の化学企業がサムスンなどと積極的に取引を行うようになった。そして，現在では多くの日本の化学企業が韓国にも工場を所有し，操業している。

　逆に，日本の素材企業の存在があり，それらの企業から高機能な素材が供給されたからこそ，韓国の半導体産業や液晶産業は成長可能であったと考えられるのである。例えば，顕著な事例としては日産化学のARC（半導体用反射防止コーティング材）がある。このARCは当初，日本の電子企業には採用されなかった。なぜなら，日本企業はARCという最新素材を使用しなくとも，十分に精度を出せる加工技術を持っていたためである。むしろ，加工技術が未熟な韓国・台湾の半導体メーカーが貪欲に新技術（新素材）を採用していったのである。もしこれらの新素材を含め，韓国や台湾の企業が日本の部材を入手することが困難であったならば，新興国の企業は最先端の電子機器分野で現在のように競争力を持つことはなかったかもしれない。また一方でARCのような新技術への日本の電子企業の消極性を考慮すると日韓の半導体シェア逆転は必然

であったと考えられる。

②新興国が苦戦する理由（1）：寡占がさらなる寡占状態を創出する

　第二の論点は，新興国の企業は最終製品に関しては競争力を高めることに成功したものの，なぜ素材の生産に関しては競争力を高めることができなかったのかというものである。最終製品である電子機器に関しては，例えば液晶テレビの場合，2002年には日本企業の世界シェアは77％であったものが，2004年には50％を切り，2010年には30％を下回り（西野，2012），新興国の企業がシェアを奪っていった。それに対して，日本の化学企業はLCDの素材において依然として高いシェアを維持している。こうした関係性は，リチウムイオン電池とその素材との間にも見受けられる。

　第二の論点に関する答えとしては，すでに述べたように電子材料の開発には顧客からの情報の獲得が重要であり，この貴重な情報を日本企業が独占できている点が指摘可能である（Ⅵ）。

　日本企業による情報の独占が可能となっている理由は，顧客側が最も高い問題解決能力を保持しているのは業界首位企業であると認知していることにある。この点に関しては顧客企業の視点で考えると理解しやすい。顧客企業が何らかの問題を抱え，その解決を望んでいる状態にいる場合，自らの問題を解決してくれる可能性が最も高い企業を相談相手として選択する。そして，顧客企業は，最も優れた技術を持っている企業とはすなわち業界首位の企業であると考える。したがって，一度業界首位企業となれば，問題解決を求める顧客の側から幅広い情報が首位企業へと集まる構図が出来上がるのである。その結果として，そうした情報に基づいて首位企業はさらなる新製品の開発が可能になるという好循環が発生する。実際に日東電工の技術企画部長であった六車忠裕は以下のようにコメントしている。「トップシェアをとると，幅広い情報が真っ先に入ってくるようになります。お客様からは，新製品開発の構想段階から色々とご相談いただける。これは非常にありがたいこと」と述べている。逆に言えば，業界首位もしくは第2位でなければ顧客と企業は密接な関係を築けず，新鮮な情報も得られないという。つまり，機能性化学製品の領域では，「寡占状態がさらなる寡占を生み出す」構図がある。

また，電子材料の領域においては技術の先読みが大変重要であり，この際に顧客からの情報が非常に重要な判断材料となる。電子産業においては，速いスピードで様々な技術転換が生じている。電子材料を供給する企業は，技術転換に対応して新しい素材をいち早く開発する必要性があり，技術の方向性を先読みしなければならない。しかし，主流となる技術には複数の選択肢があり，事前にそのうちでどの技術が主流になるのか判断しなければならないのである。例えば，1990年代中葉には，LCD業界では次世代の表示方式として，STN液晶とTFT液晶という二つの選択肢があった。この際にJSRはTFT液晶が主流になると考え，トレンドを先取りして技術開発を進めたことで，TFT液晶の時代に急成長を遂げた。この先読みに際して，顧客からの情報が重要な役割を果たすのである。前述の六車技術企画部長（日東電工）によれば，「電子材料の研究開発においては，製品のライフサイクルが早いので顧客の開発情報の先取りがきわめて重要な意味を持つ」という。そしてJSRの場合，世界のトップクラスのメーカーとの関係を通じて先端技術を収集することができ，研究開発の方向性を絞ることができたという。

　もちろんこうした情報収集力の維持は，こうした顧客との関係性を維持すべく日本企業が情報収集を効率的，有効に行うために様々な独自の努力を行っている成果でもある。特に各企業が力を入れているのは，研究開発と営業との一体化である。例えば，JSRではこの顧客との対話を円滑にするために，研究開発部門と営業部門を一元的に取り扱う人事制度を構築した。研究開発と営業の両部門間で人材をローテーションさせることにしたのである。「元研究員」が様々な製品分野で営業を行うことで，技術に関して深い対話が可能となり，顧客のニーズの把握や最終製品に関する今後の技術進歩の方向性を知ることができるようになった。日立化成も同様の認識を持っている。日立化成においては，「世の中の動きを捕まえる最良の方法は，最良の技術者を最良の顧客の下に派遣することだ」と認識されている。そのため，同社では総合研究所の主任研究員クラスでも顧客を訪問し，新製品の事業化に自ら携わるという。

　さらに，顧客との対話能力の向上のために，研究所の設備に関しても多額の投資も行った。半導体材料などの電子材料を開発する時には，試作品が顧客の

要求を満たす品質に達しているのかどうか，製品（試作品）の物性を評価しながら進めることが望ましい。評価設備を自社保有すれば，開発の質を高めるとともに開発期間の短縮化が可能となるものの，この評価設備は非常に高価である。JSRや日産化学といった高収益企業は，自社でこの評価設備を導入し，研究開発に積極的に利用したのである。

こうした日本企業の優位性の持続に対して，新興国は政府レベルで電子材料などの素材産業の育成にも取り組んでいるものの，順調には推移していない。韓国政府は2001年に部品素材特別措置法を制定し，先端分野の部品・素材の国産化を進めてきた。このような努力にもかかわらず，同分野に関しては輸入超過が続き，2001年には105億ドルであった対日赤字は，2011年には228億ドルと倍増した。そこで韓国政府は，特別措置法を10年延長する一方で，自国での育成方法を目指す方針を転換し，近年では日本企業の誘致にも積極的に乗り出し始めたのである。

③新興国の企業が苦戦する理由（2）：日本企業による先行投資

第二の論点に関するもう一つの答えとしては，市場の拡大期に日本企業が積極的な設備投資を先行して実施することで，新規参入の余地を小さくしたという事実がある。例えば，JSRはLCDの部材である表示材料に関して，需要の増加に合わせてタイミング良く設備の力を次々に拡充させていった（JSR株式会社総務部社史担当・日本経営史研究所編，2008）。これにより，他社による新規参入の機会の拡大を抑えたのである。他の日本の化学企業も自社が高いシェアを持つ電子材料の需要拡大期には，積極的な設備投資を遂行していった。

この際に，これらの企業が小さなニッチ市場を意図的に選択して事業展開したことが積極的な設備投資による新規参入阻止という戦略の実現に寄与した。先行投資による市場の先取り戦略が困難である点については第Ⅰ部のイントロダクションで述べた通りである。先取り戦略の成功要件の一つとして，「期待される市場規模に見合うだけの，大規模な設備拡大を行う。設備拡大が期待される市場の拡大規模と比べて十分に大きくない場合は，先取り効果は望めない」という点が指摘されている（Porter, 1980）。もし，市場が非常に大規模になる事業領域であれば，先取り戦略に必要とされる投資金額は巨額となり，規

模の小さな既存の企業(中規模の化学企業)では投資が追い付かず,他の企業に参入余地を与えてしまうことになったであろう。市場が小さかったがゆえに,日本の化学企業はこの戦略に成功したということができるだろう。

また,「企業規模が中規模であること」と,「電子材料市場での事業活動」とは親和性も高かった。電子材料のようなライフサイクルの早い製品分野では,素材の供給業者は市場へ即応することが求められる。規模が相対的に小さい企業の方がこうした柔軟性を持っており,電子材料分野では有利なのである。例えば,2004年当時に日産化学の社長であった藤本修一郎は,中規模企業が持つ設備投資の面での優位性に関して,以下のように語っている。「電子材料事業のキーワードはスピードである。経営会議に上がってきてから〔設備投資の案件を――引用者注。以下同じ〕認識するのではなく,上がってきたときには即日通すという体制が必要である。リスク負担力において〔中規模企業は〕大手にはかなわない。しかし,組織には素早く動けるある適正な規模というものがあると考えている」。企業規模が大きくなかったからこそ,新規参入の阻止を企図した迅速な設備投資にも対応でき,日本の中規模化学企業はシェアを維持できたと考えられる。

④プロセス産業の固有性

すでに述べた点以外に,日本の化学企業の競争力が持続した理由としては,プロセス産業が持つ固有の特性も指摘されうる。第一の特性としては,他のプロセス産業の製品と同様に化学製品はリバースエンジニアリングが難しいというものがある。多くの組み立て型製品の場合,後発企業はリバースエンジニアリングをすることによってその製品の仕組みや仕様,構成部品,要素技術などを把握することができる。それに対して,化学製品の場合,簡単には物質の組成が判明しない。また,それが判明しても,最終製品を吟味しただけでは生産方法が容易にはわからない。化学製品の生産においては,生産時の圧力,温度,時間や使用する触媒などに無数のノウハウが存在している。同様の状況は,鉄鋼業において生産される商品(高機能な鋼板など)でも生じている。

第二に,プロセス産業の中でも特に機能性化学製品においては,顧客のスイッチングコストが大きいという特性がある。化学素材を使用するユーザーは,

一度採用した材料を容易には変更できない。例えば，薄型テレビの場合，電機メーカーは素材メーカーが供給する材料の熱収縮率などの性質を前提に自社の設備を構築する。もし，少しでも違う材料を使用すると，赤，緑，青の各色を塗布する位置がずれるなどの不具合が生じたりする。したがって，一度素材がユーザーに採用されれば，長期間にわたって自社の優位性が継続することになるのである。

ただし，こうしたプロセス産業特有の条件は，日本の化学企業が1980年代以降に躍進し，その競争力を維持した理由としては副次的なものに過ぎない。なぜなら，こうした条件は以前より存在しており，また鉄鋼業など他業種にも存在するプロセス産業における一般的な外部条件だからである。

⑤**本節の結論とインプリケーション**

最後に本節の冒頭で示した課題に対する結論を述べる。まず，欧州や米国の企業に比べ，技術的に劣り国際競争力の弱かった日本の企業が機能性化学製品という高付加価値化学製品において国際競争力を高めることができた理由は，以下のような諸点にある（なお，これらの市場で競争力を高めたのは，日本の大規模化学企業ではなく中規模の化学企業であった）。第一に，これらの企業は大手企業が事業展開しないニッチ市場を意図的に選択して事業の展開を試みることで，競合を徹底的に回避した。これによって，市場は小さいもののその中で寡占的な地位を獲得することが容易になった。第二に，これらの企業は強みを持つ自社技術を徹底的に活用した。第三に，こうして事業参入した企業は，その製品の顧客である電子企業と製品の共同開発を進めた。これによって，独自の技術が一段と蓄積されていった。結果的に，他の企業には容易に生産できない独自の高付加価値製品を生産することが可能になり，さらにニッチ市場で市場支配力を発揮することによって高収益を獲得できるようになったのである。

次に新興国が台頭する中での日本の化学企業が簡単にキャッチアップされない理由は，以下の諸点にある。電子材料の世界においては顧客からの「情報」が極めて重要な役割を果たす。日本企業はこれを上手に，かつ独占的に入手し続け，それが勝因となった。まず，日本の電子企業が競争力を失っていくと，日本の化学企業は新たに出現した新興国の電子企業と迅速に取引関係を構築し

た。これによって，貴重な情報を獲得する源泉を維持し続けることが可能になった。また，寡占的な地位がさらなる寡占を生み出すという現象もあった。電子企業は自らの製品の品質向上のために，電子材料に関する要望や問題点を化学企業へと伝達する。この際に電子企業が対応を求めるのは業界首位企業であった。なぜなら自身の抱える問題を解決できる可能性が最も高いのは業界首位企業だからである。したがって，一度業界首位企業となれば，貴重な情報が独占的に入手できるのである。これにより，下位企業や潜在的な新規参入者は情報を入手できないことで製品開発の面で一層不利になり，業界首位企業である日本企業の優位性が継続することになったのである。

　最後に本節の議論から導出されるインプリケーションについて述べたい。まず後進国によるキャッチアップへの対応に関しては，単に技術水準が高いのみならず，追随を困難とする付随的要件が必要となるように思われる。例えば，本節の事例ではそれは「情報」であった。技術を高めるための情報を独占することによって，技術的優位性がより堅固なものとなり，新興国によるキャッチアップを妨げている。もちろん，この付随的要件は情報に限らず，技術開発する人員や生産に不可欠な希少な資源等，様々なものがあるだろう。技術に加えてもう一つ付随的な要件を満たせば，成熟期から衰退期への移行を遅らせることが可能となるだろう。次にキャッチアップする側の立場から見れば，収益性を重視するのならば，先行する諸国が支配的な地位を持つ市場以外の市場でまずは技術を蓄積することが有益である。仮に先行する諸国と同じ市場領域へ参入した場合，先進国と同等の技術水準を持つようになったとしても，自らの生産によって供給が増えた分だけ価格は下がり，最終的には価格競争に至ることだろう。むしろ，先進国とは異なる市場で先行者となることを目指し，その市場の拡大に努めた方が独自の競争優位の構築を可能にすることだろう。

2 エチレンセンター企業における化学製品の高付加価値化

1）エチレンセンター企業 6 社の収益比較

　本節では，日本の石油化学産業において大きな役割を果たしているエチレンセンター企業が基礎化学製品以外の事業をどのように展開しているのかを概観することにする。本項においては，まず各社の収益性を比較することによって分析を始めたい。なお，住友化学は 2015 年にエチレン生産から撤退したが，2000 年代は生産を行っており，現在でもエチレン生産を行う専業企業である京葉エチレンに 45％の出資をし，同社より基礎原料を仕入れて基礎化学製品事業を継続しているため，本分析ではエチレンセンター企業として取り扱う。

　第 6 章の収益分析において明らかにされたように，エチレンセンター企業の中に本章において定めた高収益企業の基準に該当する企業は 1 社も存在しない。そして，第 6 章の図 6-3 において示されたように，2000 年代の収益推移を概観すると各社の状況が極めて類似していることがわかる。いずれの企業も，2001 年から 04 年まで順調に売上と利益を伸ばした後に 2004 年から 08 年にかけて売上高のみが増大する「利益の増大なき繁栄」を続ける。そして，2008 年に発生した世界同時不況によって収益だけが急落するといういわば「ワの字型」の収益推移を示している。

　エチレンセンター企業の利益率を概観したものが表 8-2 である。表 8-2 は，これらの企業に関して，2000 年代の売上高営業利益率と同期間の通算の売上高営業利益率（10 年間の営業利益の合計を 10 年間の売上高の合計で割ったもの）を示している。なお，第 6 章の分析においては，3 月に決算期を迎える企業を比較検討の対象としたために昭和電工が欠落していた。本章の分析では 12 月が決算期である昭和電工も加えて分析を行う。ただし，昭和電工のデータは決算期の違いから，すべて「年度」ではなく「年」が基準になっている。また，この他のエチレンセンター企業としては，東燃化学合同会社と JX 日鉱日石エネルギーが存在する。東燃化学は東燃ゼネラル石油の非上場子会社であるため，単独での売上高，営業利益は開示されていない。ただし，同社を含む東燃

表 8-2 エチレンセンター企業の売上高営業利益率の推移（2000～09 年度）

(％)

年度	2000	2001	2002	2003	2004	2005	2006	2007	2008	2009	期間通算
三菱ケミカル HD	3.8	2.0	4.9	5.1	6.8	5.5	4.9	4.3	0.3	2.6	3.9
住友化学	8.1	6.8	6.6	5.8	8.1	7.8	7.8	5.4	0.1	3.2	5.7
旭化成	7.6	3.8	5.2	4.9	8.4	7.3	7.9	7.5	2.3	4.0	5.9
三井化学	5.8	4.4	5.4	5.0	6.6	4.0	5.4	4.3	-3.1	-0.8	3.6
東ソー	6.5	3.7	5.9	6.2	9.7	7.3	7.7	7.1	-2.8	2.1	5.3
出光興産	4.0	2.4	2.7	4.1	6.4	5.8	7.1	2.6	-3.7	1.8	3.3
丸善石油化学	1.9	0.9	2.5	4.5	8.3	5.8	4.7	3.3	-2.2	2.3	3.2
昭和電工	4.0	2.7	4.6	5.6	7.0	7.0	7.5	7.5	2.7	-0.7	4.9
東燃ゼネラル石油	1.3	2.3	4.3	11.0	19.0	16.3	14.9	14.8	3.4	1.7	9.8

注）昭和電工，東燃ゼネラル石油は決算期が 12 月であるため，データは年度ではなく年単位である。
出所）『化学経済』各号；各社有価証券報告書より作成。

ゼネラル石油グループ全体での石油化学事業については，セグメント情報として開示されており，売上高も 2009 年の段階で 2000 億円と大きいため，参考として表 8-2 に加えた。なお，東燃ゼネラル石油も 12 月決算である。同社の石油化学事業は極めて高い利益率を記録しているものの，この利益はエチレン製造を中心とした化学事業というよりもむしろ石油精製に付随する化学事業（パラキシレン等の製造）に起因するため，本節最後に別途議論する。また，JX 日鉱日石エネルギーは，エチレンセンター企業であるものの，石油化学事業が会計セグメントとして独立していないため，今回の分析からは除かれている。

表 8-2 を概観すると，収益推移では類似していると思われた企業が，東燃ゼネラル石油を除けば，収益性の面から 2 分割することができることがわかる。なお，本節においては，エチレンセンター企業を①2009 年度の段階で売上高が 1 兆円を超える大企業群と，②同じく 1 兆円未満の中規模企業群に分けて考えていくことにする。すると大企業群と中規模企業群の双方において，10 年間の通算売上高営業利益率が 5 ％前後の相対的高収益企業（住友化学と旭化成，東ソーと昭和電工）と高収益期間がそれ以下であるようなその他の企業（三菱ケミカルと三井化学，出光興産と丸善石油化学）に分かれていることが判明した。以下では，事業セグメント別に分解して各社の売上高・営業利益の推移を考察することで，収益性に差異をもたらした要因が各社における基礎化学事業以外

の事業展開であったことを明らかにする。

　この際，相互に比較可能とするために各社のセグメントを「ケミカル」（基礎化学品，汎用樹脂など），「機能製品」（電子材料などの高機能性化学製品），「医薬・農薬」の3分野に集約した（ただし，例外的に他のセグメントをそのまま残存させた図表も存在する）。さらに，比較を容易にするために売上高と営業利益の目盛の範囲も統一している。

2）大規模なエチレンセンター企業による事業展開の比較

　住友化学と旭化成は，エチレンセンター企業の中では，相対的に利益率が高い。表8-2 からもわかるように，10年度のうち4期にわたり7.5％以上の売上高営業利益率を記録し，世界同時不況が発生した2008年度においても営業赤字に転落することがなかった。こうした背景には，両社ともに石油化学事業以外に強い事業が存在したことが大きい。ただし，旭化成が前節で述べた企業群と同様に電子材料で優位性を持つのに対して，住友化学は医薬・農薬といった事業に優位性を持つという違いが見られる。

　また，三菱ケミカルと三井化学の両社は，長い歴史を有すること，企業規模が大きいこと，ともに2000年代の収益性は相対的に低かったことという共通点が見られるものの，事業別に概観すると大きな相違があることが明らかになる。三菱ケミカルは機能性化学事業の展開が進みつつあるのに対して，三井化学はそうした新たな展開に若干の出遅れが見受けられる。

　以下では，まず相対的に収益性の高い住友化学と旭化成，次いで相対的に収益性の低かった三菱ケミカルと三井化学の事業展開を概観していきたい。

①住友化学——医薬・農薬事業における成功

　住友化学は，長い歴史を有する化学企業であるとともに，エチレンセンター企業の中ではいち早く積極的にファインケミカル化に取り組んだ。その結果，現在では基礎化学，機能製品，医薬・農薬の各事業をバランスよく手がける企業となっている。また，国内における事業展開では，すでにエチレン製造から撤退し，誘導品およびファインケミカル事業に注力している。一方で汎用品の製造に関してはシンガポールやサウジアラビアなどへ事業展開するなど他の総

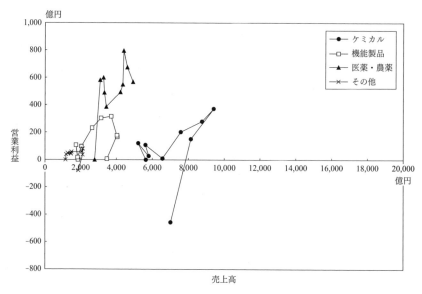

図 8-2 住友化学セグメント別売上高，営業利益の推移（2000～09 年度）

出所）有価証券報告書，決算短信より作成。

合化学企業とは異なる戦略を積極的に推進している。

　売上高で見た住友化学の特徴はバランスの良い事業構成である一方で，収益の多くは医薬・農薬事業に依存している。売上高の構成比は，約 4 割がケミカル，約 2 割が機能製品，約 3 割が医薬・農薬となっている。しかし，利益に関しては，その大半も医薬・農薬事業で稼ぎ出しているのが実態であり，医薬品事業が住友化学全体の利益の 5 割強（2010 年 3 月期）をもたらしている[6]。医薬・農薬事業が重要であるという様相はセグメント別のデータ（図 8-2）からもわかる。2000 年代の 10 年間において，機能製品とケミカルは基本的にはワの字型の収益構造を持ち，好調時には利益に大きく貢献しているものの，不調時にはほとんど収益を生まないか，赤字に転落している。それに対して，医薬・農薬事業はコンスタントに高い収益をもたらし住友化学を支えている。前節で述べたように製品高付加価値化を志向した際に大手化学企業は医薬・農薬などを重視した。そして，その戦略に一定程度成功したのが住友化学であると

言える。

　住友化学が医薬品事業に成功した背景には，ファインケミカル化が日本の化学企業の検討課題となる以前，つまり石油危機に先立ち医薬品事業を手がけていたことがあるだろう。同社の医薬品事業の歴史[7]は非常に古く，創業から7年後の1932年には研究を開始し，1936年には医薬品工場を建設し，この分野への参入を果たした。1938～39年にかけては次々と医薬品を上市するなど順調な成長を遂げた。戦後になり，1961年には医薬事業部を設置，1968年には医薬品と農薬の研究を推進するために宝塚に研究所を設置するなど強化していった。また，研究開発力もあり，1967年にはインテバン（リウマチ治療薬），1968年にはセレンジン（精神神経用剤）を開発し，これらは海外企業に技術輸出されるなど，医薬品業界において地位を確立していった。

　近年は企業規模の拡大を伴う競争力の強化に取り組んでいる。2004年に子会社である住友製薬と大日本製薬を合併させ，大日本製薬を実質的に傘下に入れた。さらに国際展開にも積極的に取り組んでいる。大日本住友製薬は，統合失調症の治療薬ルラシドンで米国進出を目指し，そのための販売網構築のために米製薬会社セプラコールを買収するなど積極的な事業展開を遂行している[8]。

　住友化学の農薬事業も医薬品と同様に収益性が高く，かつ長い歴史を有している。住友化学の農薬事業は，売上高ベースで世界第9位と事業規模が大きく[9]，家庭用殺虫剤および生物農薬では世界首位である[10]。同社の農薬事業の歴史は，1953年に殺虫剤であるパラチオンの輸入販売に始まり，翌1954年にはエチルパラチオンの自社生産を開始したことに始まる。その後，マラソン（殺虫剤），ピナミン（合成蚊取線香の原料）など製品を増やし，1965年には住友化学の事業の中で主要な地位を占めるようになった。1970年代後半にはスミサイジン，スミレックスなど大型農薬を次々と生み出し，農薬部門の業績は急上昇した。

　なお，世界同時不況後，化学業界では農薬部門の重要性が高まってきている[11]。デュポンでは農業部門が業績の下支えをする構図となっており，BASFも農業部門が収益の4分の1を生み出す安定した利益源となっている。反面で，農薬部門が比較的手薄な三菱ケミカル（2002年に農薬事業を売却済み）や三井

化学（国内中心で売上高は住友化学の2割程度）はこの時期に収益面で苦戦することになった。

　これに対し，電子材料に関しては，総合化学企業の中では早期に事業展開した方に属するものの，前節で考察したような中規模化学企業に比すればその収益性は低い。住友化学の電子情報材料事業の10年通算（2000～09年度）の売上高営業利益率は3.4％にとどまるのである。そもそも1970年代初頭に同社が注力したファインケミカル製品は，すでに展開していた医薬・農薬に加えて染料，顔料，ゴム薬品・添加剤，加工樹脂・接着剤等広範囲に及んだものの，その中に電子材料は含まれなかった（住友化学工業株式会社編，1981）。同社が本格的な電子材料事業に参入したのは，1983年から販売を開始したポジ型フォトレジストであろう。しかし，競合他社が先行する市場への参入は難しく，機能改良や評価技術の高度化を進め，フォトレジストの販売と量産が軌道に乗ったのは1987年であった（住友化学工業株式会社編，1997）。

　ただし，こうした努力の成果として，近年は住友化学の電子材料は業界内で一定の地位を占めるようになってきた。転機は2003年の韓国への進出であった。住友化学はサムスン電子の求めに応じて韓国での液晶テレビ用フィルムの生産を決定し，この決断によってLCD用偏光板で世界シェア3位という現在の住友化学の地位が築かれた[12]。同社の米倉弘昌社長（当時）によれば，「住友化学は合弁で電子情報材料の一つである光磁気ディスクも手がけていたものの，強いユーザーとの関係が築けず，厳しい状況にあった。カラーフィルターも最初の頃は失敗をしかけました。しかし，これを諦めたら液晶表示材料分野に出て行けない。偏光板もダメになるということで思い切ってこ入れした」という[13]。韓国でのカラーフィルターの生産開始とともに同社の情報電子化学部門の業績は伸びていった。

　最後に住友化学がエチレンセンター企業の中では比較的高収益な企業になった要因を指摘すれば，やはり基礎化学以外の事業，とりわけ医薬・農薬といった高付加価値化学品の典型とも言える事業分野を以前より手がけ，育ててきたことに求められる。同社が老舗の化学企業であることを活かしている。そして，かつては花形産業であった石油化学（特にエチレン製造）に売上面で過度に依

存しなかったことも大きい。第Ⅰ部で概観したように，石油危機後に大型エチレン設備建設を断念した後，単独での建設は計画せず他社と共同で新設を行った。さらに，エチレンセンター企業の中で最初にエチレン製造拠点を削減し，最終的には国内でのエチレン製造からの撤退まで行った。ただし，そうした先進的な取り組みを行う企業であったものの，電子材料などの領域においては事業参入に遅れた。その結果，広範な製品群を抱えているにもかかわらず，フォトレジストで世界3位，カラーレジストでも世界3位という具合に世界1位は獲得できていないことが同社の電子材料事業の問題点であろう。一般に，受注の際は「1社目が8割の儲けをもっていってしまい，2位は4割の儲け，3位がゼロで，4位はマイナス2割ぐらい」と言われることから[14]，この領域においても競争力強化は依然として課題として残存している。

②旭化成——機能性化学化，事業多角化に成功

旭化成は，早い時点から積極的に事業の多角化に取り組んでいた。同社は戦前に設立され，祖業はレーヨン製造とアンモニア製造であった。そして，高度成長期以降，石油化学，住宅，情報電子，さらには焼酎・清酒・合成酒・低アルコール飲料などの飲料や食品事業にも進出した[15]。しかしながら，それらの多角化事業の中には収益性が高くないものも多く，2000年代に入り事業の整理が行われた。繊維や医薬分野の中の不採算事業から相次いで撤退，飲料事業からも撤退し，経営資源を成長分野に振り向ける改革が実行された。現在は化学，住宅，繊維，エレクトロニクス，医薬・医療などを展開している。

現在の旭化成は，過去の多角化による事業領域の広さと，2000年代の改革によって強化された成長分野の双方が収益に寄与し，エチレン設備を持つ企業の中では相対的に収益性が高い。世界同時不況の影響が化学企業を襲った2008年度の決算では，石油化学事業の落ち込みを堅調な住宅，医薬・医療事業が補い黒字を確保した[16]。また，同社が成長分野と考えているリチウムイオン電池材料も収益を支えた。

次に旭化成をセグメント別の売上高・営業利益の推移（図8-3）の側面から概観すると以下のような特徴が見受けられる。

第一に，化学事業に関しては，エチレン設備を有する競合他社と同様にワの

第 II 部　化学産業における国際競争力の高まり

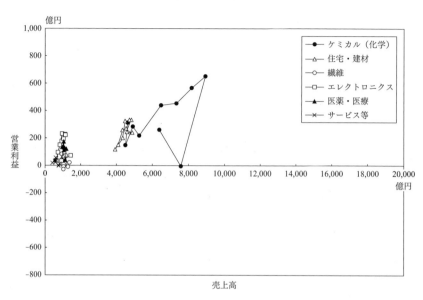

図 8-3　旭化成セグメント別売上高，営業利益の推移（2000〜09 年度）
出所）図 8-2 に同じ。

字型の収益構造となっている。ただし，旭化成が同業他社と異なるのは，世界同時不況が発生した 2008 年度も大幅な赤字は計上せず，その後はかなりの程度収益を回復させていることである。2008 年度を異常値として取り除けば，前節で考察したような中規模の化学企業と同じ斜線型（売上高と営業利益の増減が相関している）であると考えられる。この背景には，旭化成のケミカル事業には水処理膜（旭化成は浄水向けの MF 膜で世界シェア上位[17]），イオン交換膜（世界首位）などのニッチな高付加価値製品が含まれていることと，この当時，汎用品のアクリロニトリルで世界シェア 2 位でありこの分野の支配権を握っていることが背景にあると考えられる。

　第二に，図表では読み取りが困難であるが，住宅事業，エレクトロニクス事業に関しても斜線型の収益構造を有し，エレクトロニクス事業は極めて収益性が高い。10 年間通算の売上高営業利益率を計算すると，住宅事業は 5.4％ にとどまるものの，エレクトロニクス事業は 14.7％ と信越化学の利益率に迫る

勢いである。同社のエレクトロニクス事業に大きく貢献しているのは、リチウムイオン電池の主要材料であるセパレータで、世界シェアの45％を握り支配的な地位を確立している。

　第三に、医薬・医療分野は住友化学の同分野と同様に高収益で安定した状態（売上1000億円、営業利益130億円前後）が保たれている。医薬に関しては、旭化成は医療ニーズが満たされていない疾患領域を狙う「アンメットニーズ」を重視している[18]。その理由はMR（医薬情報担当者）をそれほど増加させなくとも利益体質を維持できるからである。また医療分野では人工腎臓や血液浄化など特殊分野に特化している[19]。このように、旭化成はややニッチな医薬・医療のゾーンを狙うことによって、開発競争の激しいこの領域における事業の確立に成功したと言える。

　最後に旭化成の事例をまとめれば、同社はエチレンセンター企業の中では基礎化学事業以外の事業への展開に幅広く成功したと言える。エチレンセンター企業が過去に重視していた医薬のみならず、前節で検討した高収益企業と同様に電子材料においても高い収益性を誇り、住宅という化学産業に属する企業としてはやや遠い事業分野でも一定の成功を収めている。さらに、得意とする技術の活用にこだわりそれらを多方面で展開し、ニッチな市場で高い世界シェアを獲得し、収益を得るという戦略は前節の高収益企業と類似している。旭化成の場合、同社が得意とする膜技術をセパレータ（エレクトロニクス事業）、水処理膜・イオン交換膜（ケミカル事業）、人工腎臓（医薬・医療事業）と様々な事業において利用し、それぞれの製品領域において世界的な製造業者となっている[20]。また、エチレン製造に関しては後発企業であったため、生産能力が相対的に小さくとどめられた結果として、収益性の低い事業のウエイトが小さくなっている。ただし、それでもなおケミカル事業に比して他の高付加価値事業の企業規模が必ずしも大きくはない。

③三菱ケミカルホールディングス──機能性化学企業への転換が進行

　日本最大の化学企業である三菱ケミカルに関して、2000年代の収益動向を概観すれば、典型的なエチレンセンター企業の収益構造（ワの字型）であったと言える。同社の営業利益は、2004年度をピークにその後は原油価格の高騰

表8-3 セグメント別の売上高営業利益率の比較（2000〜09年度通算）
(%)

	三菱ケミカル	住友化学
ケミカル	1.0	1.0
機能化学	5.1	5.1
医薬等	12.6	14.8
その他	3.4	2.0

出所）有価証券報告書より作成。

が響き2007年度の決算では原燃料高による減益幅が1500億円に達する[21]など収益が落ち込んだ。さらに世界同時不況の影響で2008年度には売上高営業利益率が0.8％にまで低下した。

しかし，表8-2に見られるように3月決算のエチレンセンター企業の中で営業利益が赤字転落しなかったのは住友化学，旭化成と三菱ケミカルの3社のみであった。これは各社とも比較的景気変動を受けにくい医薬品などの非石油化学事業が収益を大きく補ったためである[22]。住友化学と三菱ケミカルの利益率を比較すると，10年間の通算では住友5.7％，三菱3.9％と差が見られるけれども，実はセグメント別に見れば，両社の差は非常に小さい。表8-3に示されるように，各事業のセグメント別の利益率はほぼ同一と考えても構わないだろう。では，なぜ三菱ケミカルの利益率が低いのだろうか。

三菱ケミカルのセグメント別の売上高・営業利益の推移（図8-4）[23]を見ると，三菱ケミカルは巨大なワの字型の収益推移を示す事業（ケミカル事業）を有していることがわかる。巨額の売上高を有する事業の収益性が低いために，三菱ケミカルは全体の収益性が低下しているのである。

しかし，着目すべきはこのケミカル事業を取り除いた場合の三菱ケミカルの状態である。利益率は日東電工やJSRなどには及ばないものの，医薬品や機能性化学製品に関しては，これらの企業と同様に斜線型の収益構造を描いている（図8-5）。つまり，三菱化学は石油化学事業以外に関しては，機能性化学企業へと変貌を遂げつつあると考えられるのである。

三菱ケミカルはすでに複数の機能性化学製品の領域において，強みを持っており，その中でも同社が競争優位を持つ製品は，DVD素材である。記録形ディスクの記録層には有機系の色素が使われ，三菱化学の子会社である三菱メディア化学はこの色素（AZO色素）に関して世界シェア40％で首位に立っている[24]。この色素は世界シェア2位のADEKAと合わせて世界シェアの60％を占める寡占商品である。

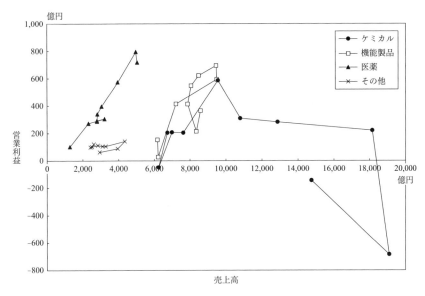

図 8-4 三菱化学セグメント別売上高, 営業利益の推移（2000〜09 年度）

出所）図 8-2 に同じ。

　この領域に関しては，日本企業が特許の 9 割を握っていることが優位性の源泉であるが，それにも増して素材レベルでデファクトスタンダード（事実上の標準）を獲得していることが大きい[25]。三菱ケミカルは最終製品レベルでの競争を避け，DVD 生産への新規参入を狙う新興国企業へ DVD の素材である AZO 色素の採用を積極的に働きかけることで，素材レベルで標準を握る戦略をとった。また，自社で生産する DVD に関してもその生産は台湾企業へ委託し，組み立てではなく，素材で利益を獲得することに徹している。この結果，素材で寡占的な地位を獲得し，多くの利益を獲得したのである。現在，同社は DVD に引き続き，同様の戦略で競争優位を獲得すべく，照明等に使用する白色 LED での標準獲得に注力している。

　以上から三菱ケミカルの特徴をまとめれば，同社は相対的に収益性の低い石油化学事業の売上高が大きいために表面的には収益性が低いものの，その実態は各種の機能製品や医薬品などの高付加価値製品を有し，いわば複数の機能性

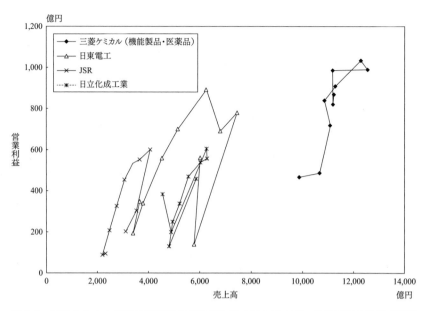

図 8-5 三菱ケミカル機能素材部門と高収益化学企業の売上高，営業利益の比較（2000〜09年度）

出所）図 8-2 に同じ。

化学会社を束ねたような企業に変貌しつつあると言えよう。そして，現在もその変化を加速させる施策を講じ続けている。例えば，2009 年に三菱化学は日本合成化学を子会社化した。日本合成化学は，クラレが世界シェア 8 割を占めるポバールフィルムの残り 2 割を生産する企業であり[26]，同様にクラレが世界シェア首位を占めるエチレン・ビニルアルコール共重合樹脂（EVOH）もクラレと日本合成化学の 2 社による寡占商品である。さらに，三菱ケミカルは 2009 年に三菱レイヨンの買収も行った。これにより，三菱ケミカルは三菱レイヨンが手がける炭素繊維や水処理膜など高機能素材を取り込み，世界市場を開拓する動きを見せている[27]。そして，2017 年には三菱化学，三菱レイヨン，三菱樹脂の 3 社が統合することも計画されている。このように，次々に機能性化学領域への展開を進め，総合化学から総合機能性化学企業へと変わりつつある。最後にこうした現状から課題を考えれば，三菱ケミカルは，「総合」であ

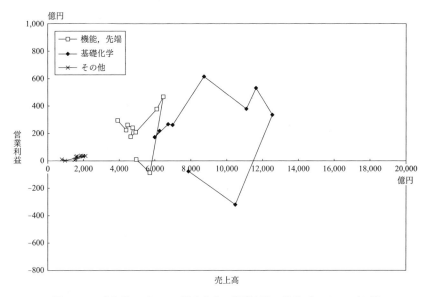

図 8-6 三井化学セグメント別売上高，営業利益の推移（2000～09 年度）

出所）図 8-2 に同じ。

ることを競争優位の源泉にすることができるかという点が問われるように思われる。事業・製品間でシナジーが相互に発生しなければ，事業ポートフォリオに過ぎず，総合であることは競争優位に直結しないだろう。

　④三井化学──高い石油化学比率，樹脂を中心とした事業展開

　三井化学は，三菱ケミカルと対比すると基礎化学事業以外への展開が若干遅れている。また，総合化学企業の中で唯一 2008 年度，2009 年度と 2 年連続して営業赤字に転落している。同社は三菱ケミカルや住友化学と以下の 2 点で異なっている。第一に，三井化学には医薬・農薬といった収益性が高いとともに景気変動を受けにくい事業が存在しない（図 8-6）。三井化学は 2000 年に傘下の三井製薬を独シェーリング社に売却し 1970 年代から続けてきた医薬品事業から撤退した[28]。第二に，三井化学は売上高に占める石油化学の比率が 57.8％とエチレンセンター企業の中で最も高く，それに加えて三井化学の機能製品事業（機能材料・先端化学品）も十分に高付加価値化が進んでいない。すべ

ての事業がワの字型の収益構造を示し，原油価格や石油化学製品の需要の変動による影響を避けられない状態になっている。

　上述のような三井化学の石油化学事業に依存している事業構造と機能性化学製品領域への脆弱性は，三井化学の成り立ちに起因するように思われる。1997年に化学製品を広範に手がける三井東圧化学と石油化学専業に近い三井石油化学が合併し三井化学が誕生した[29]。三井東圧化学は事業範囲が広い反面で利益率の低い事業が多く，合併前の1994年3月期には赤字に転落するなど体質が脆弱であった。それに対して，三井石油化学は合成樹脂や中間原料が主力で，財務体質も健全であり，この合併は単独では生き残れない三井東圧を三井石油化学が半ば救済した格好のものであった。したがって，新生三井化学は発足時から石油化学に強く，機能性化学製品には弱い構造にあった。

　この構造を改善すべく，ファインケミカル製品に強みを持つ住友化学との合併が模索されたものの，これも破談に至り機能性化学製品の強化は順調には進まなかった。この結果，石油化学製品が好調であるとき（例えば，2004年度は基礎化学製品の売上高営業利益率が7.0％に達し，これにより全体の利益率も6.6％を記録）は高収益を記録するものの，石油化学製品が不調に陥ると一転して利益率が大きく低下する構造となってしまった。こうした状況は三井化学首脳も認識しており，2005年に当時の社長であった藤吉健二は「2004年度の決算は当社としては合併以来，最高の利益を確保するなど数字的にはよい業績だったと思います。ただ，中身は石油化学，基礎化学ではそれなりの利益を上げましたが，機能性材料分野，特に機能化学品が遅れているという構造です」と述べている[30]。

　このように三井化学は高付加価値製品分野の展開にやや出遅れが見られたものの，近年になって樹脂に強みを持つ三井化学らしい事業展開も始まっている。三井化学は金属の表面に特殊な処理を施すことで，従来は不可能であった様々な金属と樹脂を強固に接合する新しい技術を開発した（三井化学株式会社，2015）。この技術を用いれば，自動車などの各種最終製品において，部材の軽量化，部品点数の削減，製造工程の削減などが可能になる。用途も自動車用からスマートフォンなどの電機・電子機器まで幅広い。三井化学はこの技術を自

動車部品の軽量化につながる特殊な加工技術として顧客に売り込むために，金型製造を手がける企業の買収も行った[31]。樹脂と金型を一体で顧客に提案することで部品の開発期間を短縮することができると考えたのである。この技術を利用した部品は，ソニーなどが設立したドローン（無人飛行機）事業会社であるエアロセンスの新型機体に採用された[32]。炭素繊維複合材とアルミニウムと独自技術で一体化することによって，複数の部品を組み合わせる従来の方式に比較して重量を半分にすることが可能になり，飛行距離も4割伸ばせるという。

3）中規模のエチレンセンター企業による事業展開の比較

　本項では，エチレン設備を有する企業の中でも，相対的に売上高の小さい各社に関して，機能性化学製品の展開について検討していきたい。前半に検討する東ソーと昭和電工はともに当初は誘導品生産企業であった。その後，エチレンセンター企業となった。両社とも一定程度の機能性化学製品を展開しており，収益性に関しても売上高利益率が5％前後と相対的に高い。一方で出光興産と丸善石油化学はともに石油系化学企業であり，おもに石油化学上流に事業の中心がある。両社とも1980年代以降は既存事業からは離れて，やや飛び地的に機能性化学製品を展開してきている。一部それらの製品は実を結びつつあるものの，事業の中心が基礎化学製品であり，収益性は低水準にとどまっている。

　①東ソー――高い石油化学比率ながら製品高付加価値化も進行

　東ソーの事業はソーダ工業から始まりセメントなど無機化学，塩化ビニルへ進出し，1990年代には総合化学企業を目指し事業規模を拡大し，新大協和石油化学と合併することによりエチレンセンター企業となった。ところが石油化学事業における急速な拡大の結果として，同時不況後の東ソーの収益性は低下している。同社のセグメント別の売上高・営業利益の推移を概観すると，ケミカル事業（石油化学・基礎原料）が巨大なワの字型の収益構造となっている（図8-7）。総売上高に占めるケミカル事業の割合は57.4％と三井化学（同57.8％）に迫るほど，高水準にある。この結果，石油化学・基礎化学の比率が高い三井化学や東ソーは，世界同時不況後の2009年3月期決算で営業赤字に転落した[33]。また，図8-7を参照すると機能製品に関しても東ソーはややワの字型の

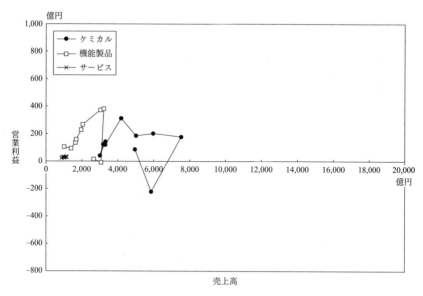

図 8-7 東ソーセグメント別売上高，営業利益の推移（2000〜09 年度）
出所）図 8-2 に同じ。

収益構造となっている。

　ただし，同時不況の影響がある 2008 年度，2009 年度は例外と考えることもでき，その場合，東ソーは高付加価値化に成功しつつあるとも考えられる。実際に，10 年通算で見た機能製品部門の売上高利益率は 7.9％ と高い。また，同社ではすでに複数の機能製品が育ちつつある。東ソーは，乾電池などに使う電解二酸化マンガン（EMD）で世界シェアの 2 割強を占める最大手であり[34]，携帯電話部品などに使うジルコニアと自動車排ガス処理などに使うハイシリカゼオライトはともに高機能製品で東ソーの世界シェアも高い[35]。それに加え，遺伝子検査装置やその関連の検査薬といったバイオサイエンス商品，液晶パネル製造装置向けの合成石英とターゲット材など機能製品の幅も広い[36]。今後，同社の持つ石英などに関連する技術を活かした高付加価値事業の展開が進んでいくものと思われる。

②昭和電工──基礎化学と高付加価値製品の双方に注力

昭和電工はエチレンセンターとして基礎化学領域の競争力強化に取り組むとともに「個性派化学」を目標として掲げ，積極的に高付加価値製品の育成に取り組み，その成果が現れてきている。

　昭和電工の特徴は，機能性化学製品の領域のみならず，エチレンセンターとしても競争力がある点にある。昭和電工はエチレンセンター企業としては最後発の企業であり，その拡大期が構造不況の時期と重なったことで，逆に不況時においても利益を生み出すことが可能となるような石油化学コンビナートが構築されたのである。現在でも石油化学事業への積極的な投資を進めており，2010年に稼働した新設のエチレン分解炉では最大65％までナフサ以外の原料が使用可能[37]であるなど国内トップクラスの競争力を有している。その上で誘導品に関しても，酢酸エチルが世界トップを競うなど酢酸系を中心とする個性的な展開を進め，原油価格の乱高下や海外の安価な石油化学汎用品への対処策がとられている[38]。

　近年の収益動向を概観すると，2000年代通算で売上高営業利益率が4.9％と健闘している。2008，2009年には大きく収益性が落ち込むものの，2010年末の決算では4.9％にまで利益率が回復している。同社の現状をセグメント別に分析すると，図8-8に示されるように電子情報分野といった機能性化学製品とセラミックス製品，カーボン製品といった無機化学事業が斜線型の収益構造を持ち，収益性も高いことがわかる。さらに，化学事業に関しても原油価格や市況の影響を受けているワの字型の収益構造であるものの，営業利益が赤字にまで転落することはなかった。このように，昭和電工は高付加価値製品と石油化学の双方の事業が一定の競争力を有していると考えられる。

　昭和電工が電子情報分野において競争力を保持している背景には，ハードディスク（HD）で世界トップシェアを獲得していることが大きい。昭和電工は，自社の持つセラミックスや電解めっきなどの技術をベースとして，1988年にHDの生産を開始した。市況製品とも考えられるHDに関して，同社が優位性を持っている理由としては以下の2点が指摘可能であろう。

　第一に，昭和電工は飛躍的な高容量化につながる「垂直磁気記録方式」のHDを世界で初めて量産するなど[39]，同社には技術優位性がある。例えば，現

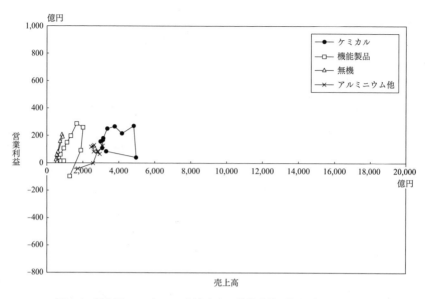

図 8-8 昭和電工セグメント別売上高，営業利益の推移（2002〜09 年）
出所）図 8-2 に同じ。

在店頭に並ぶハードディスクドライブ（HDD）はすべてこの垂直磁気記録方式を採用しており[40]，iPod に内蔵されている 1.89 インチ型ハードディスク基盤もほぼすべてが昭和電工製であった[41]。

第二に，技術優位性を武器として，同業他社の HD 事業や生産設備を積極的に買収し，スケールのメリットを獲得していったことも大きい[42]。同社は自社の拠点で生産能力を増強するだけでなく，2003 年に三菱化学の HD 事業，台湾の HD 製造会社の買収，600 億円を投じてシンガポールで HD の生産設備を増強するなど，内外で積極的な買収・設備投資を行った[43]。この結果として，昭和電工は HDD 向け磁気ディスクの外販で世界最大手となったのである[44]。

以上の事例をまとめれば，昭和電工は機能製品事業と石油化学事業がバランスよく展開されつつあると言えよう。高付加価値化に関しては，顧客からファーストベンダー，ナンバーワンとして評価されるようになることを目標とする「個性派化学」を目指し，積極的な展開が進められることだろう[45]。すで

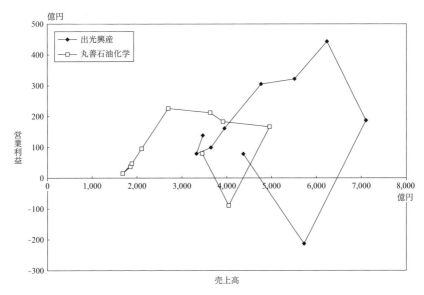

図 8-9 出光興産と丸善石油化学の売上高,営業利益の推移（2000〜09 年度）
出所）図 8-2 に同じ。

に同社は，オンリーワン，ナンバーワン製品は 33 ％ にまで拡大してきており，超高輝度 LED の生産ライン建設，カーボンナノファイバーのリチウムイオン電池向けの事業展開など積極的な動きが見られる[46]。

③出光興産——石油事業関連の機能性化学製品の展開

　出光興産は，石油関連事業（石油開発，精製，販売）が主たる事業であるために石油精製業との統合による効果が得られる石油化学上流部門に強みを持つ一方で，機能性化学製品分野への進出は発展途上である。同社の化学事業に関してはセグメント別の詳細はわからないものの，化学事業の売上高営業利益の推移は図 8-9 のようなワの字型を示している。これは同社の化学事業が石油化学上流の基礎化学品に偏っていることを示しているのだろう。その結果，全体的な石油化学製品の市況や原油価格に大きく影響を受ける形となっている。そして，10 年間通算の売上高営業利益率も 3.3 ％ と相対的に低い。

　しかしながら，出光興産においても徐々に電子材料などの高付加価値製品が

育ちつつある[47]。例えば、同社の製品であるアダマンタンは Krf, ArF 用フォトレジスト原料として世界シェア 70 % を獲得している。また、有機 EL ディスプレイに関しては多くの特許を持ち、蛍光発光材料で世界シェア 50 % を有している。その他にも剥離剤、配向膜溶剤として用いられるアミド溶剤も事業化している。

同社の高付加価値製品の展開についてまとめれば、本業に近い部分から展開された製品の方が早期に競争優位を獲得していると考えられよう。出光興産では、中央研究所を中心としてやや飛び地的に複数の技術開発に着手したものの、それよりもむしろ既存事業や既存事業からの展開である製品（アダマンタン、アミド溶剤など）の方が大きく成功を収めている。例えば、アダマンタンは、1980 年代に出光興産の製品である潤滑油の添加剤として、製造技術を確立されたものである。当初は用途が広がらなかったものの、2000 年前後にフォトレジスト原料としてのニーズが突如発生した。アミド溶剤も既存事業であるアクリル酸、アクリル酸エステルからの展開である。一方で中央研究所において開発された製品の事業は有機 EL や微生物農薬などで一定の成功を収めているものの、炭素繊維やカラーフィルター、強誘電性高分子液晶、除草剤などはいずれも開発中止となるなどしている。

④丸善石油化学──基礎原料供給企業による機能性化学事業の展開

丸善石油化学はコンビナート各社への基礎原料の供給を主たる事業としているため石油化学上流部分が主たる事業領域であり[48]、図 8-9 に示されるように丸善石油化学もワの字型の収益構造となっている。

しかし、近年では同社も機能性化学製品事業を積極的に強化している。1996 年度からの第 3 次中期経営計画では、機能性化学製品事業の確立を目標として掲げ、フォトレジスト用樹脂、アセチレン誘導体関係、C5 留分の有効活用などを重点分野とした。こうした強化策によって、同社の機能性化学製品事業の部門別損益は、1990 年代は赤字であったが 2000 年度から黒字に転じ、2004 年度以降はフォトレジストが立ち上がりを見せたことで順調に推移した。個別製品の観点から見ても、同社の KrF レジスト用樹脂、ArF レジスト用樹脂におけるシェアはトップクラスとなった。このポリパラヒドロキシスチレン（PHS）

という樹脂は，丸善石油から事業移管を受けたものであるが，当初はその使用用途を見つけることができなかった。しかし，開発後25年が経過した1990年代後半に同製品を半導体フォトレジスト向けに改良した高機能の特殊グレードを販売したところ，国内外のユーザーから高い評価を受けるようになり今日の地位を確立するに至った。

丸善石油化学の事例は，出光興産と複数の類似点を持つ。両社とも石油精製業から化学事業へと進出したために，事業範囲が石油化学上流にあり，それゆえに売上高営業利益率は他のエチレン設備を有する企業に比べると相対的に低い。しかしながら，近年では機能性化学製品事業が育ちつつある。これらの事業に関して興味深い点は，出光興産のアダマンタンは祖業とも言える潤滑油からの展開，丸善石油化学のPHSも丸善石油から移管された製品であり，両社ともに石油に近い得意分野から競争力のある技術が発生していることである。

4) 東燃ゼネラル石油による石油化学事業の展開

すでに述べたように東燃ゼネラル石油の石油化学事業は極めて高い利益率を記録している。2000～09年度の通算での売上高営業利益率は9.8％であり，7.5％を超える期間は通算で5期にも達している。これは第6章で定義した高収益化学企業に該当する値である。期間通算の利益率で信越化学，JSR，日産化学に次いで日東電工とともに第4位に相当する。

しかしながら，東燃ゼネラル石油の石油化学部門を他のエチレンセンター企業と同等に捉えることはできない。なぜならば，東燃ゼネラル石油の石油化学事業の利益の多くは，エチレンセンター企業である東燃化学以外，つまり石油精製企業である東燃ゼネラル本体で生み出されていると考えられるからである[49]。まず，この期間における利益の源泉を確認したい[50]。東燃ゼネラル石油が高収益を記録していたのは2003～07年度であり，この期間の有価証券報告書を概観すると各年の石油化学事業における増益要因として言及されている製品は以下のようになっている。2003年：パラキシレン等の芳香族系製品，2004年：ほぼすべての化学品目（および経費削減効果），2005年：オレフィン，パラキシレン，2006年：ベンゼン，オレフィン，パラキシレン，スペシャリ

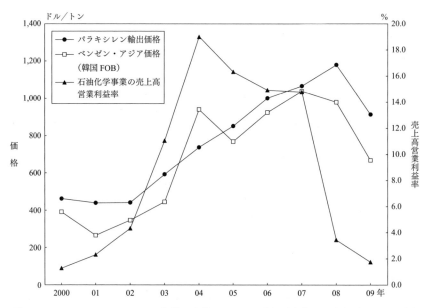

図 8-10　パラキシレン・ベンゼン価格と東燃ゼネラル石油化学事業の利益率（2000～09 年）

注）パラキシレンの価格は当該年の輸出数量と輸出金額から算出。ベンゼンは各四半期の価格（韓国 FOB）の平均，2005 年からは年間平均。
出所）『化学工業白書』（各年版）より作成。

ティケミカル[51]，2007 年：芳香族およびオレフィンなどの基礎化学品と特殊石油化学品分野。つまり，これらからはベンゼン，パラキシレン，オレフィンが主たる収益源であったことがわかる。このうち，東燃化学が生産しているのはオレフィンのみであり，すべての年度において言及されているパラキシレンなど芳香族系化学品は東燃ゼネラル石油にて石油精製に付随して生産されているものである[52]。そして，図 8-10 に示されるようにパラキシレン，ベンゼンの輸出価格と東燃ゼネラル石油の利益率の推移はほぼ一致している。そのため，この事業における収益の多くはエチレンセンター企業の東燃化学以外で獲得されていたと推察されるのである。

ただし，石油精製に付随する部分が高収益であるとしても，石油化学事業において利益率が高い理由については考察する必要性がある。これに関しては，

以下の二つが原因として想定されうる。

　第一に、東燃ゼネラル石油の石油化学事業の売上高は他のエチレンセンター企業に比べて相対的に小さいため、市況の影響が大きく出る可能性がある。東燃ゼネラル石油の2009年の段階での石油化学事業における売上高は、第6章の分析に当てはめれば全40社中の第27位に相当し、エチレンセンター企業の中で最も小さく、規模としては日本ゼオンや新日鐵化学といった企業と近い。一方で、基礎化学製品は市況の影響で時折利益が跳ね上がり突如巨額になることがある（業界ではこの状況のことを「噴く」と表現したりもする）。この場合、大手化学企業であっても利益率が大きく向上し、東燃ゼネラル石油の石油化学事業のように売上規模が小さければ一層大きな影響が出る。実際にパラキシレン、ベンゼン価格が高騰すると東燃ゼネラル石油の化学事業の営業利益率は急上昇し、低迷すると急落している（図8-10を参照）。

　第二に、東燃ゼネラル石油という企業そのものが高効率経営を実現しているという点がある[53]。同社の製油所はエネルギー効率が高いことが知られている。エクソンから受け継いだ世界レベルの製油所設計や運転、メンテナンス技術を駆使することで、同じ油の量を精製するのに必要なエネルギー量や処理費用の面で国内にある他社の製油所を大きく上回るコスト競争力を持つという[54]。そのような競争力のある製油所をベースにパラキシレンやベンゼンといった石油化学製品事業を拡大していったと言われる。

　こうした東燃ゼネラル石油の経営からは二つの大きな含意が得られる。第一に、日本においては収益性が低いため縮小の対象として考えられている基礎化学の領域であったとしても、設備や運営上の効率性を高めれば輸出産業として存続が可能であるばかりか、高収益を獲得することもできるという点が指摘されうる。第二に、基礎化学の領域が石油精製企業にとって、今後注力すべき魅力的な事業領域の一つであるという点である。石油精製業に関する産業競争力強化法第50条に基づく調査報告書においては、競争力強化に製油所の生産性向上が必要とされている（資源エネルギー庁、2014）。その中では、実現のための方策として、過剰精製能力の削減とともに製品の高付加価値化も指摘されている。ただし、精製能力削減に比して、石油・石油化学事業の統合運営や高付

加価値化は副次的な取り扱いを受けているように思われる。石油精製業、石油化学の両産業を一体的に捉える政策的展開がより望まれる。

最後に東燃ゼネラル石油の機能性化学製品への展開について若干の言及をすれば、やはり前述の出光興産や丸善石油化学と同様に石油精製業に近い領域での展開が目立つ。機能性化学製品としては、潤滑油や溶剤（メチルエチルケトン、炭化水素溶剤）、石油樹脂などを生産している。メチルエチルケトン以外はいずれも石油精製業に関連した製品である。かつては、子会社の東燃機能膜においてリチウムイオン電池用セパレータも生産し、1991年に世界で初めて商用化されたリチウムイオン電池にも採用され、旭化成に次ぐ世界シェア第2位と強い競争力を有していた[55]。しかし、2010年に東レとの合弁事業になった後、本業との関連が薄い事業の見直しを進める中で、東燃ゼネラル石油は2012年にセパレータ事業から撤退をすることになった。

おわりに

本章においては、機能性化学製品を中心に日本の化学企業が国際競争力を強化していった様相を明らかにした。前半部においては、まず高収益化学企業12社の事例分析に基づいて、電子材料を中心とした機能性化学領域で日本企業が国際競争力を獲得したプロセスを明らかにした。

競争力獲得のプロセスは、以下のようなものであった。自社技術を活用することができるニッチな市場を選択して、意図的にそうした市場へ参入する⇒顧客との綿密な相互作用を繰り返し、独自の製品を開発する⇒ニッチな市場においては自社が寡占的な地位にあるため、高収益を獲得する。このようなプロセスが比較的各社に共通して見られた。

その上で、なぜそうした競争力を維持することが可能であったのかという点も明らかにした。電子材料の世界においては顧客からの「情報」の獲得が研究開発等において極めて重要な役割を果たしており、日本企業はこの貴重な情報を上手に、かつ独占的に入手し続けることができた。それが競争力を持続させ

る原因となったのである。まず，日本の電子企業が競争力を失っていくと，日本の化学企業は新たに出現した新興国の電子企業と迅速に取引関係を構築した。これによって，貴重な情報を獲得する源泉を維持し続けることが可能になった。また，顧客は相互作用の相手として最も問題解決能力の高い企業，すなわち業界首位企業を選択して様々な開発上の相談を持ちかける傾向があった。その結果，ひとたび業界首位企業となればその企業に情報が集中し，寡占構造がさらなる寡占構造を生み出す構図が成立し，日本企業の競争力が持続することになったのである。

　本章の後半部では，エチレンセンター企業が基礎化学以外の領域にどのように事業展開を進めたのかという点を各企業のセグメント別の利益率を手がかりとして明らかにした。エチレンセンター企業の製品高付加価値化（機能性化学製品の拡充等）の程度は企業間で一律ではなく，その展開に先行して相対的に収益性を高めた企業とそれ以外の企業群に分かれている。売上高1兆円を超える大企業においては，住友化学と旭化成の収益性が相対的に高く，三菱ケミカルと三井化学の収益性は低かった。その理由は，住友化学は医薬と農薬，旭化成は電子エレクトロニクス事業と住宅事業という基礎化学以外の領域において一定の競争力を有していることに求められた。住友化学は古くより医薬・農薬事業を手がけていたことが成功要因であり，旭化成のエレクトロニクス事業における成功要因は前述の中規模化学企業と類似していた。また，売上高が1兆円未満の企業群においても，電子材料分野の開拓に比較的成功している2社（東ソー，昭和電工）の収益性が高い傾向が見受けられた。出光興産や丸善石油化学といった石油系のエチレンセンター企業においては，本業である石油事業から派生した機能性化学製品に強みがあることもわかった。また，本論とは別に最後に議論した東燃ゼネラル石油の事例からは，こうした高付加価値な機能性化学製品への展開ではなく，やや汎用品に近い領域であっても生産の効率性を高めることによって高収益を獲得することが可能であるという示唆に富む含意が得られた。

注

1) 第1節で述べる事例に関しては，橘川・平野（2011）を参照した。事例の詳細や事実関係に関しては，同書の第3章（63-176頁）を参照されたい。
2) もちろんポリエチレンなどの汎用品であっても，用途に応じて様々な仕様（グレード）の樹脂が存在する。特に日本の化学企業はこうした差別化を志向する傾向があり，そのための多品種生産のプロセスも開発されてきた。多品種対象生産のプロセスに関しては，中村（2014）が詳しい。ただし，こうした差別化に比べると電子材料等の差別化の程度の方がはるかに大きい。むしろ，汎用樹脂に関してはグレードが多すぎることが問題視されている（石油化学産業競争力強化問題懇談会，2000）。
3) 以下の本文中で現れるローマ数字Ⅰ〜Ⅵは，図8-1で示されるローマ数字と対応している。
4) フォトレジストに関する記述は，JSRの社長であった朝倉龍夫へのヒアリング記録である松島・西野編（2010）を参照した。
5) 産業の化学化に関しては，伊丹（2009）が詳しい。
6) 『日本経済新聞』2010年5月14日。
7) 住友化学の医薬品の歴史に関しては，住友化学工業株式会社編（1981）を参照。
8) 『日本経済新聞』2004年11月27日；2009年2月2日；9月4日。
9) 「製品・業種編」『化学経済』2010年3月臨時増刊号。
10) 「企業変革度ランキング」『日経ビジネス』2002年7月8日号。
11) 『日本経済新聞』2009年9月4日。
12) 『日本経済新聞』2011年1月1日。
13) 「トップインタビュー・住友化学工業社長米倉弘昌氏――真に存在感のあるグローバル・ケミカルカンパニーへ」『化学経済』2003年10月号。
14) エネルギー総合推進委員会（2010）。
15) 旭化成の多角化については，『日経ビジネス』2010年3月22日号を参照。
16) 『日経産業新聞』2009年2月6日。
17) 『日経産業新聞』2010年7月30日。
18) 「トップインタビュー・旭化成社長藤原健嗣氏――システム型ビジネスで新社会構想に貢献」『化学経済』2010年8月号。
19) 「「分散と融合」で創造」『日経ビジネス』2010年3月22日号を参照。
20) 旭化成は1966年にイオン交換膜法による海水濃縮・製塩技術を確立した。このイオン交換膜開発で蓄積された技術を海水濃縮・脱塩以外に活かすべく，食塩水の電気分解にイオン交換膜を応用する技術が開発された。この交換膜法食塩電解プロセスは世界中に普及し，旭化成は電解プロセスおよび交換膜の両者とも世界で圧倒的なトップシェアを誇っている。そして現在，膜事業は同社の重点拡大分野に位置づけられている（『化学経済』2007年10月号）。
21) 『日本経済新聞』2008年5月10日。
22) 『日経産業新聞』2009年5月13日。
23) 三菱ケミカルでは2007年度の有価証券報告書から事業セグメントの変更が実施され

たため，本書では可能な限り前後のデータを接合したものの，厳密に言えば 2006 年度と 2007 年度の間でデータが断絶している。
24)『日経産業新聞』2007 年 2 月 28 日。
25) 三菱の DVD 事業に関しては，『日経産業新聞』2009 年 7 月 20 日；『日本経済新聞』2010 年 7 月 20 日；2011 年 11 月 18 日を参照。
26)『日経産業新聞』2010 年 4 月 15 日。
27)『日本経済新聞』2009 年 8 月 10 日。
28) 三井化学の医薬品事業に関しては，島本（2009）を参照。1970〜2000 年代の三菱・住友・三井の各社の事業展開に関しては同研究が詳しい。
29) 三井化学誕生に関係する事実関係は，「三井化学　シビアな業績管理奏功，リストラ軌道に」『日経ビジネス』1999 年 10 月 25 日号を参照。
30)「トップインタビュー・三井化学社長藤吉健二氏――新のグローバル企業へ，得点力を高める」『化学経済』2005 年 8 月号。
31)『日本経済新聞』2014 年 11 月 20 日。
32)『日経産業新聞』2015 年 10 月 16 日。
33)『日経産業新聞』2009 年 5 月 13 日。
34)『日経産業新聞』2011 年 11 月 9 日。
35)『日経産業新聞』2008 年 9 月 30 日。
36)『日経金融新聞』2007 年 1 月 22 日。
37) 昭和電工の戦略に関しては，『日経産業新聞』2010 年 3 月 1 日を参照。
38) 昭和電工の大分コンビナートの状況については，「事業鳥瞰図・世界で戦える競争力を維持，強化――昭和電工大分石化コンビナート」『化学経済』2005 年 7 月号を参照。
39)『日経産業新聞』2007 年 7 月 3 日。
40) 垂直磁気記録方式の概要や昭和電工における同方式の HD 開発の経緯に関しては，「技術を創る（第 3 回）・テラバイト実現の立役者は最後発のディスクメーカー――ハードディスク昭和電工」『日経 WinPC』2009 年 7 月号が詳しい。
41)『日経産業新聞』2005 年 9 月 20 日。
42)「特集・わが社の設備投資――昭和電工」『化学経済』2005 年 10 月号。
43)『日経産業新聞』2002 年 10 月 16 日；2004 年 6 月 1 日；2006 年 12 月 15 日。
44)『日本経済新聞』2010 年 4 月 29 日。
45)「トップインタビュー・昭和電工社長高橋恭平氏――"成長のスパイラル"キーワードは 1 つの P と 5 つの C」『化学経済』2005 年 6 月号。
46)「昭和電工，中計初年度に目標を超過達成」『化学経済』2007 年 1 月号。
47) 出光興産の高付加価値製品の事業展開に関しては，島本（2012）；橘川・平野（2011）を参照。
48) 丸善石油化学の事例は，丸善石油化学 50 年史編纂委員会編（2009）を参照。
49) 2009 年時点での東燃ゼネラル石油の石油化学事業は，東燃ゼネラル石油，エクソンモービル，東燃化学，東燃化学那須，東燃機能膜，東燃機能膜韓国，日本ユニカーの 7 社によって担われていた。

50) 以下の収益面での分析は東燃ゼネラル石油の有価証券報告書，決算短信に基づく。
51) リチウムイオン電池のセパレータに使用される微多孔膜（MPF）の製造装置2系列が新規に稼働したことから販売数量が増加したと記述されている。
52) 東燃ゼネラル石油では，オレフィンの生産は川崎工場で行われているのに対して，パラキシレンは堺工場，和歌山工場，ベンゼンは堺工場，和歌山工場，千葉工場で製造されている。エチレン製造設備があるのは川崎のみであり，他は石油精製工場である。
53) 以下で言及する生産面でのコスト優位のほか，同社は財務面での工夫や早くから高付加価値な石油製品の生産に向けた投資を行ったことによって，高収益企業となったことが知られている。1994年度の日本の石油会社の売上高と経常利益額を概観すると，東燃は売上高では11位に過ぎないものの，利益額では第1位であった（橘川，2012）。
54)『日経産業新聞』2013年5月1日。
55)『日本経済新聞』2012年1月21日。

第9章

政府・企業間関係と産業発展のダイナミクス

　第II部の最終章である本章においては，政府・企業間関係の視点から第I部，第II部を通じた石油化学産業の歴史を再考察し，最終的にはそれらの関係性の類型化と産業発展との関連性を仮説的に提示する。これまでの各章においては，エチレンセンター企業の歴史を概観する際，基本的には規制や政府の産業政策の影響を受け，どのように産業や企業が行動したのかという観点から分析を進めた。しかしながら，政府・企業間関係は「政府の施策に対し企業が反応（対応）する」という一義的なものではなく，両者が相互作用を繰り返し，その結果として政策の方向性や産業発展の方向性が規定されていくのである。

　本章では特に情報交換等の相互作用に注目し，政策の形成過程を明らかにしていく。分析の結果として，企業側の政府への働きかけには多様性があり，その多様性が次の企業行動に影響している様相が明らかにされる。さらに，関係性には多様性が存在するものの，大別すれば個別企業の行動様式は三つの類型（パターン）に集約されうることが事例研究から仮説的に発見される。

1　政府・企業間関係への注目

1）政府・企業間関係に関する先行研究の検討

　本章が注目している政府・企業間関係については，すでに多くの先行研究が注目している。特に政策の意義や効果に関しては，多数の研究蓄積が見られる。例えば，日本が高度経済成長を成し遂げていた際には，その要因として産業政

策の存在がしばしば指摘されていた（例えば，U.S. Department of Commerce, 1972；Johnson, 1982；Okimoto, 1989）。一方で日本が先進国の地位を得た後の産業政策（1970年代以降の先端技術に対するもの）に関しては，否定的な見解が示されている（Vestal, 1993；Callon, 1995）。同様に近年の日本国内の研究においても，産業政策の産業発展に対する寄与に関しては，全体として懐疑的な見解が多い（例えば，橘川，1991；1998；島本，2001）。さらに，歴史的な観点からのみならず，経済学的な観点からも産業政策の意義と効果に関する評価がなされてきた（例えば，小宮他編，1984）。

　また，本章が注目している政府と企業（業界）間の相互作用に関しても複数の研究蓄積が見られる。この政府と業界の相互作用において，特に重要な役割を果たしたのが業界団体と審議会であったという。Okimoto（1989）によれば，業界団体が個々の会社の利害をまとめることで産業内の合意を成立させていた。その上で，業界のリーダー，財界人，官僚OBなどから構成される審議会において，関係者の利害調整が行われていたことが指摘されている（小宮，1984）。さらに，こうした構造はすでに戦時期に成立していたことが明らかにされている（岡崎，1993）。同様に本書が題材としている石油化学産業においても，通産省の政策は必ずしも同省オリジナルではなく，企業の先進的な計画がその前に存在していたことが指摘されている（橘川，1991）。つまりこれらの先行研究においては，政策が「業界側からの働きかけ」を通じて形成されてきたことが明らかにされているのである。

　産業政策の受け手である企業側の対応に着目すると，規制や支援等の産業政策が広範に展開された業界であっても，それらの政策に対する企業の反応や企業行動，成果には多様性が見られたことが明らかにされている。例えば，石油精製業を見れば石油業法という強い縛りがあった場合でも，東燃や出光興産が競合他社とは異なる戦略を採用して成長を実現していったことが明らかにされている（橘川，2012）。また，島本（2001）は，ファインセラミックス産業に関する詳細な事例研究から，技術政策と産業発展の間には多様な主体による意図と行為の連鎖が存在しており，当初の政策担当者の意図とは離れて産業の発展経路が決定されていく可能性を指摘している。簡潔にまとめれば，これらの先

行研究では，政策の展開に関して企業の反応に「多様性」が見られたことが明らかにされてきている。

こうした先行研究を踏まえ，本章では新たにこの両者の先行研究（業界側からの働きかけに注目した研究と企業の反応の多様性に注目した研究）の視座を取り入れ，石油化学産業における政府・企業間関係の分析を行う。具体的には，「業界側の働きかけ」にも「多様性（働きかけの有無および強弱）」が存在していないか，企業の反応の「多様性」は過去の「業界側の働きかけ」のあり方によって規定されていないかという点に着目する。さらに，多様性が存在しつつも，その中に一定の類型が存在していないかを検討し，そうした類型を石油化学産業の事例に依拠して仮説として発見することを最終的な目標とする。こうした試みは，先行研究において十分に行われてこなかった。

2）石油化学産業における産業政策

本章においては，石油化学産業の中でも特にエチレン製造業に注目して，政府・企業間関係を考察していく。考察に入る前に今後の議論に関係する石油化学産業に関する諸事項を簡単に再確認したい。

第I部で論じたように，エチレン製造業では基幹設備であるエチレン製造設備（ナフサ分解炉）の建設は通産省による許認可制となっており，通産省による認可なくして設備の新設や増強は不可能であった。石油化学技術の大半や製造設備の一部は海外からの導入であったため，許認可は「外資に関する法律」（外資法）に基づく強制力が担保されていた。なお，こうした規制が課された理由は，石油化学工業は規模の経済性が強く働く産業であるため，先行する海外の大企業との競争を鑑み，（1）小規模投資，（2）過剰設備を回避する必要性があると考えられたためである。

エチレン製造業に対して実施された主要な設備投資調整を時系列で再度振り返れば以下のようになる。①石油化学工業第1期計画，第2期計画（1955～64年）：通産省が立案し，個別企業の設備建設を認可した。石油化学工業第1期計画に基づいて1958～59年に先発4社（三井石油化学，住友化学，三菱油化，日本石油化学）がエチレン製造を開始，その後第2期計画に基づいて1962～64

年にかけて後発5社（東燃石油化学，大協和石油化学，丸善石油化学，化成水島[1]，出光石油化学）が参入するという構図であった。②石油化学官民協調懇談会（協調懇）による調整（1964～74年）：1964年以降は政府および業界の代表者からなる協調懇において設備投資調整が実施された。③特定産業構造改善臨時措置法（産構法）に基づく設備処理（1983～85年）：第2次石油危機によって石油化学産業が深刻な過剰設備に陥ると，政府主導の下，産構法に基づいて法的に過剰設備の処理が実施された。

　これら一連の設備投資調整は，基本的に二つの枠組みから成立していた。(a) 最低設備規模の設定：これにより，規模の経済性の確保を企図した。(b) 認可枠の配分：将来需要を予測し，それに見合った設備量を算出した。その設備量から現有能力を減じた量を認可枠とし，これを各社に配分することによって過剰投資・過剰設備の回避を企図した。(a)，(b) のそれぞれは前述の規制が課された理由の (1) と (2) に対応している。

2　設備投資調整をめぐる政府・企業間の相互作用

　前節で言及したように，石油化学産業（エチレン製造業）における主要政策である設備投資調整においては，最低設備規模の決定と認可枠の配分が重大な構成要素であった。本節では，それぞれに関して，政府と企業がどのように行動していたのかを明らかにしていく[2]。

1）最低設備規模決定をめぐる経緯

　企業が政府と政策の立案（最低設備基準の設定）に関してどのような相互作用をしていたのかを時系列に概観することにする。結論を先取りすれば，以下では，基準の制定に際して，①企業が先進的な計画を提示する，②その計画に依拠して通産省と業界側が望ましい方向性を協議する，③政策の決定と実行という段階を経ていたことが観察可能である。

　最初に，後発5社が参入した石油化学工業第2期計画の時点を概観する[3]。

第2期計画の際に，殺到する各社の計画に対して，通産省は1960年時点では自らの判断でエチレン年産4万トンを最低設備規模として認可を進めた。その後，1960年に三井石油化学が年産6万トン設備の計画を示したことで状況が変化する。通産省は1960年に化学工業基本問題懇談会を設立し，その下にオレフィン部会を設け，三井石油化学，住友化学，三菱油化，日本石油化学の4社の担当者を集めた。そして，彼らにエチレン価格の試算を実施させ，最適な生産規模は年産4〜6万トンであるという結論が導き出された。これに従って，1961年に通産省は「化学工業に関する懇談の総括」を公表し，それ以降は年産6万トンが認可の中心となった。

　次に協調懇によるエチレン年産10万トン基準制定局面を概観しても，上述の状況と類似した様相が見受けられる[4]。またしても1962年に他社に先駆けて三井石油化学がエチレン年産10万トンという大型設備の建設を打ち出した。これに対して，通産省は，1963年に「昭和38年度日本開発銀行融資期待対象工事（第6次分）」において，「将来できるだけ早く年産10万トン規模以上への拡大を図るための基礎を確立することが重要」との見解を示し，エチレン設備新設の際の認可基準を従来の4〜6万トンから10万トンへ引き上げることを検討し始めた。1964年になると通産省は三井石油化学，住友化学，三菱油化，三菱化成，日本石油化学（これ以降，これらの企業群を便宜的に「企業Aグループ」と呼ぶことにする）の担当者を招集し，エチレン設備の建設費に関する予測を実施させた。彼らの作成した資料が1964年12月に設置された協調懇の討議の基礎資料として使われた。当該資料の中では，エチレン年産10万トンが望ましい設備規模として指摘され，1965年1月にエチレン年産10万トン基準が制定された。

　そして，企業Aグループと通産省との相互作用が最も見受けられるのは，10万トン基準の次に協調懇で制定されたエチレン年産30万トン基準の決定局面である。この30万トン基準は，通産省と業界有力企業（企業Aグループ）の合作であると考えられる。当時住友化学の社長であった長谷川周重によれば，「〔30万トン基準は――引用者注〕通産省と業界の合作でしょう。当時うちだけでなく，三菱油化も三井石油化学もこの基準には賛成していたんですから」と

いう[5]。この基準においては，有力企業である三菱油化が後発企業の振り落としを狙ってこの基準を通産省に叩きつけたという三菱油化陰謀説も存在した。この説に関する真偽は定かではないが，三菱油化が30万トン基準制定前年の1966年9月に鹿島での30万トン設備建設を通産省に示したなど，30万トン基準制定時も先に先進的な企業の計画が存在していた。

こうした業界と通産省との相互作用は，企業Aグループとの間に限られていたと考えられる。すでに述べたように，財閥系企業の間では，最低設備規模を30万トンとすることは了解事項であった。しかしながら，後発企業である丸善石油化学はそうした動向をまったく察知していなかった。当時丸善石油化学で常務を務めた林喜世茂は，「〔30万トン基準が制定される前年である――引用者注〕1966年10月（中略）年産25万トンの増設計画を策定して通産省に提出したわけです。そうしたら，通産省は30万トンだと言うんですよ。もうこのときには決定的ないい方で，さいわい，（中略）改定した増設計画もすぐに再提出できたからよかったんですが…」と回想している。

最後に，産構法に基づく設備処理の実施局面に関しても，同様に一部企業との相互作用が通産省との間に存在していることを指摘したい。深刻な設備過剰に陥った石油化学産業に対して，当時の通産省基礎化学品課長の内藤正久は「実効性のある政策を実施するためには，経営者から信頼を得て本音で話し合う必要がある」との思いから，1982年10月に住友化学の土方武社長を団長にエチレンセンター13社の首脳と内藤からなる石油化学産業調査団を結成し，欧州へと赴いた。そして，11日間の欧州視察中に各首脳の間で過剰設備処理に関する合意が形成され，その後の産構法に基づく設備処理につながった。重要なのは，調査団結成に至る過程である[6]。この調査団が結成される前に，内藤は問題意識を共有する住友化学，三菱油化，三井石油化学，三菱化成の4社の部長を集め，毎週日比谷にて非公式なミーティングを行った[7]。内藤は，4氏から業界の実情に関する様々な情報を仕入れ，設備処理へ向かう道筋を描いていったのである。さらに，調査団結成前の1982年5月に住友化学は他社に先行して，創業の地である愛媛のエチレン設備の廃棄を前提とした愛媛地区工場再構築案を策定している。このように，企業Aグループの関係者は，政策

決定に際してのブレーンとしての役割を果たしていた。つまり，この局面においても企業Aグループは，政府と相互作用を持ち，政策の受容者であるとともに，政策立案の担い手だったのである。

2）認可枠の配分をめぐる攻防——参入成功企業のケース

　設備投資調整におけるもう一方の重大な要素である認可枠の配分に関して，本項ではその攻防を概観していくことにする。前項で言及した企業Aグループは，優先的に認可枠の配分を受ける傾向があった。例えば，石油化学勃興期において，これらの企業はいずれも第1期計画で参入を認められた。さらに，エチレン年産10万トン基準運用時においても最初（第3回協調懇に基づく認可処理）に10万トン設備の建設認可を獲得したのは三井石油化学，三菱油化，住友化学の3社のみであった。また，エチレン年産30万トン基準時は，最初に認可された5社のうち3社は企業Aグループに属する企業であった。

　他方で，企業Aグループとは異なり，石油化学産業分野での事業展開を計画しつつも，容易にそれが認められない企業も複数存在した。例えば，石油化学勃興期（石油化学工業第1期計画）の局面においては，協和発酵（大協和石油化学の母体となる），東亜燃料（東燃石油化学の親会社）の各社は，石油化学産業（川下に該当する誘導品分野）への参入を申請していたものの認められず，石油化学工業第2期計画でエチレン製造計画に変更の上，ようやく参入を認められた。また，30万トン基準運用時を概観しても，東燃石油化学や大協和石油化学は，30万トン基準の制定後すぐに30万トン設備建設を申請したものの，その認可は一連の30万トン設備が認可された中でも最終年であった[8]。

　これら企業Aグループに属さない企業は，通産省との相互作用が乏しかったと考えられる。例えば，30万トン基準制定に対する対処を概観すると，多くの企業が基準を満たすために年産20万トンから1.5倍の規模にあたる年産30万トンへと急ぎ計画を上方修正させていることから，政策（基準）の変更を事前に察知することができなかったと推察される。実際，すでに前項で述べたように，そうした企業の1社である丸善石油化学も30万トン基準の制定を事前には察知していなかった。なお，これらの企業群には東燃石油化学，大協和

表 9-1 東燃石油化学第 1 エチレン設備（1EP）の規模

(万トン／年)

	申請	認可	実現能力
1960 年 5 月	6.2		
11 月	4.0		
12 月	↓	4.0	
1961 年 11 月	7.0	↓	
1962 年 3 月	↓	↓	4.0
7 月	↓	6.0	↓
1963 年 5 月	8.3	↓	↓
7 月	↓	8.3	↓
1964 年 8 月	↓	↓	8.3
? ?	9.5	↓	↓
? ?	↓	9.5	↓
1965 年 8 月	↓	↓	9.5

出所）東燃石油化学株式会社編（1977）より作成。

石油化学，丸善石油化学，出光石油化学などが該当し，いずれも後発企業かつ非財閥系企業である。これ以降では便宜的にこれら第二のグループを企業 B グループと呼ぶ。

では，このように政府との相互作用が少なく，設備投資において優先的な扱いを受けることができなかった企業は，いわば与件としての政策にどのように対応していったのか，その点をこれ以降明らかにしていきたい。まず，それを理解するためにはエチレン製造業を技術的に理解することおよび規制はどの装置に課されていたのか知ることが不可欠となる。エチレン製造の技術プロセスは序章の図序-6 のように簡略にまとめられる。極めて単純化して述べれば，ナフサを分解する工程（前工程：分解部門）と分解後の混合物からエチレンやプロピレンなどの各種の留分（製品）を抽出する工程（後工程：精製部門）に分かれている。そして，製造装置は前工程に関しては，多系列プロセスとなっている。このため，前工程は分解炉を追加することで事後的に設備能力の増強が可能である。一方で，後工程である精製工程では，装置は巨大な塔の形状をしており，生産量は製造装置の直径によって規定される。この製造装置は各設備とも 1 塔のみで事後的に製造能力を増強できない単系列プロセスである。そして，一連の設備投資調整においては，前工程のエチレン分解炉の能力が調整の対象であった。

以下では，後発企業の一つである東燃石油化学の投資行動を考察してみる[9]。東燃石油化学が第 1 エチレン設備を建設していく過程は，表 9-1 に示される。当初，1960 年 5 月時点で東燃石油化学は年産 8 万トンのエチレン設備の建設を希望していた。なぜなら，①国際競争力の視点から見て 8 万トンが最善，②需要も将来的には 8 万トンが見込めると考えていたからである。しかし，その時点で販売可能と見られたエチレンの量は 4.2 万トンに過ぎなかった。そのた

め東燃石油化学は，やや控えめに年産 6.2 万トンで通産省に建設認可申請を行った。これに対し通産省は東燃石油化学によるエチレンの供給先の需要は 4 万トン分に過ぎないので，年産 4 万トン設備が適当と言明した。結局，東燃石油化学は 1960 年 11 月に年産 4 万トンで再度認可を申請し，翌 12 月には認可を獲得した。しかし，この際に東燃石油化学は前工程に関しては認可通りの設備を建設したものの，後工程に関しては自らの判断で 8 万トン規模にて建設を行った。その後，表 9-1 に見られるように設備が完成する前に，需要増加を理由に次々と修正認可申請を行い，最終的には当初の認可規模の 2.4 倍に相当する年産 9.5 万トンのエチレン設備を完成させたのである。また，東燃石油化学と同時期にエチレン製造業に参入した出光石油化学も同様に，当初 7.3 万トンで認可を得た設備を最終的には 12 万トンにまで拡張させたのである。

この東燃石油化学の事例からは，B グループの企業が事後的にうまく規制に対処していった様相が浮かび上がる。具体的には，与えられる認可枠が少ないのに対して，規制の対象となっている前工程に関しては認可枠の通りに小さめの設備を建設し，後工程に関しては相当に大規模な設備を建設したのである。そして，事後的に修正を願い出て，前工程の設備を後工程の設備に応じた規模へ増設していったのである。それによって，得られた認可よりも大きな投資を実行していったのである。この点で，石油化学企業における設備投資調整はある種の穴が存在しており，その実効性には疑念が生じる[10]。先行研究では，こうした事実は見過ごされてきた。

また，これらの企業は認可枠の不足を補うために，他の手法も採用していたようである。エチレン設備の能力は，書類上では「年産能力＝日産能力×運転日数」で求められる。企業 A グループの各社は 1 年の日数を 325～348 日に設定したのに対して，東燃石油化学，丸善石油化学，出光石油化学といった各社は 291～330 日の間に設定した（通商産業省，1983）。上の式から考えると同じ年産能力の場合，運転日数を少なくするほど日産能力を高くすることができる。実際には，年間の運転日数は各社でほぼ同等であるため，B グループの企業は運転日数を少なく設定して日産能力が相対的に高い設備を建設することで，認可能力 1 万トン当たりの実生産能力が A グループの企業よりも高い設備を建

設していったのである。

　このように認可枠の配分をめぐる動向を考察することにより，政府とあまり密接な関係を持たず，結果として，自らの意思が直接的に政策に反映されることが少ない企業グループの存在（Bグループ）が浮かび上がった。そして，これらの企業は，政策をある種の与件としてそれに対応して企業経営を行っていた。政策等の外部環境に適応して，様々な工夫を凝らすことによって自社の成長を追求していった可能性が高いと考えられる。

3) 認可枠の配分をめぐる攻防——参入失敗企業のケース

　認可枠の配分に関しては，それを受けることができなかった企業，つまりエチレン製造業への参入が実現できなかった企業も少数ながら存在している。石油化学工業第2期計画までにエチレン製造業への参入を申請した企業は12社あり，そのうち日産化学工業と宇部興産を除く10社は最終的に参入を果たした。また，第2期計画以降にも旭化成と昭和電工がエチレン製造業へ参入している。したがって，参入に失敗した企業は，最終的に日産化学と宇部興産の2社にとどまる。石油化学産業においては，政府の許認可が必要でありその参入は困難であったものの，実際には参入を希望した企業はほぼ参入することができたというのが実相だったのである。なお，参入を果たせなかったこの2社をこれ以降は企業グループCと呼ぶことにする。この第三のグループは，そもそもエチレン製造業に参入できず，エチレン製造業者としての政府との相互作用をなしえなかった企業である。

　参入に失敗した2社は類似した経路を歩んでいる。両社とも石油化学工業第2期計画の際に，エチレン設備建設を申請した（日産化学は富山にて年産1.2万トン，宇部興産は宇部にて年産2.12万トン規模）。しかしながら，両計画とも過少規模であることを理由に参入を認められなかった。結局，両社はともに千葉地区の丸善石油化学へと資本参加し，丸善石油化学がエチレン製造を行うことになった。以下では，この両者のうち，日産化学に関してその展開をより詳細に検討してみることにする。

　創業者は渋沢栄一であり1887年創立の老舗の化学企業であったにもかかわ

らず，日産化学が石油化学産業の中核であるエチレン製造業への参入に失敗した理由としては，同社の政府への対応力の不足が指摘されている[11]。エチレン製造業への参入に限らず，通産省とのつながりの弱さは同社の事業展開の上でネックになっていた。エチレン参入計画を表明する前に，日産化学はポリプロピレンの企業化を計画していた。しかし，ポリプロピレンの技術提供元であるモンテカチーニ社は技術の提供に際して，旧財閥系の資本力，石油化学で先発した技術力に加え，「通産省を動かす政治力」を重視したため，日産化学は苦しい立場に立たされ，結局同社のポリプロピレン進出計画は中止に追い込まれた。また，1961年に満を持してエチレン参入計画（年産1.2万トン）を通産省に説明するも，通産省はすでに4万トン以上を最低基準と考えており，同社の計画は小規模で総合性に欠けるとして認可が下りなかった。同社の社史においても，石油化学事業の失敗の要因として第一に「許認可に向けての対応力の欠如」が指摘されている。

　結局，参入失敗により，同社はエチレン製造を除いた川下の化学事業だけの展開を強いられ，低収益性に悩まされた。同社において2000年代に社長を務めた藤本修一郎によれば「〔日産化学の石油化学産業への参入は——引用者注〕まさに最終列車に無理やり乗り込んだというか，遅すぎました。当時は全てが許認可の対象であったため，ボリュームが必要な事業であるにもかかわらず，最後発ではそのボリュームをもてませんでした。そのうちにオイルショックで逆に体力の方が悲鳴をあげるという事態に追い込まれました」という。日産化学は1980年から急速に業績が悪化し，1981年度，1982年度は大幅な経常赤字を計上した。この際，特に落ち込みが激しかったのは石油化学部門であった。1983年度には全社レベルでは黒字経営に転換するものの，石油化学部門の赤字が同社の経営再建にとって大きな重石になっていたという。

4）相互作用の三つの類型

　これまでの事例研究から，石油化学産業において，政府に対する個別企業の対応を考察すると，大別すれば表9-2のように三つの相互作用のパターンが観察可能である。まず，企業Aグループは，政府と相互作用を持ち，政策の受

表 9-2 相互パターンの類型

	パターン A	パターン B	パターン C
相互作用の特色	政策の受容者と立案者	事後的に対応	相互作用できず
該当企業名	三井化学 住友化学 日本石油化学 三菱油化 三菱化成 ※財閥系，先発企業中心	東燃石油化学 大協和石油化学 丸善石油化学 出光石油化学 昭和電工 旭化成 ※非財閥系，後発企業中心	日産化学 宇部興産 ※特殊ケース
政策への働きかけ	先進的計画の提示 政策立案への協力	政策への影響力は小さい 非公式な交流も少ない	政策への影響力なし
政策への反応	政策の受容 政府による優先的扱いを享受	事後的にうまく対応 技術的に制約を超える	対応力に乏しい（結局，参入すら認められず） 異分野に進出。自己革新で成長

出所）筆者作成。

容者であるとともに，政策立案の担い手となっている。諸政策の立案において，通産省はこれらの企業に情報を求めることが多く，また各企業はそれに応じ，場合によっては政策に働きかけるという能動的な対応を行った。企業 B グループは，政府から情報を求められることは少なく，結果として相互作用や政策への影響力は小さかった。そのため，これらのグループの企業は，決定された政策に対し，事後的にうまく対処することによって環境の制約要因を克服することに注力した。企業 C グループは最も制約を受けたグループであった。そもそも，これらのグループの企業は，参入を認められなかったことで，政府との相互作用そのものが十分にできなかった企業群である。

3 三つの類型と産業発展のダイナミズム

本節では，前節の事例研究で考察された前後の時期における企業行動を補足的に概観していく。具体的には，①政府が特定の企業（企業 A グループ）と交流するようになったコンテクスト，②本章における事例研究の対象時期以降に

各グループの企業が現在に至るまでにどのような展開を見せたのかという点に関して言及する。

1）相互作用の始まり

　本項では，政府と企業間の相互作用が開始された時点で，どのような計画を立案した企業がその相手として選択されたのかという点に関して概観する[12]。

　まず，化学系企業の中では，すでに明らかになったように住友化学，三井系，三菱系の企業が政府の相互作用の相手となった。これらの企業は，ナフサの分解を起点として総合的に石油化学工業の事業化を計画した企業であり，さらに石油化学企業化前の時点において石油化学工業に関するある程度の知見を有していた。例えば，住友化学は戦時中から高圧法ポリエチレンの研究開発を進め，1954年には試作品の生産にも成功していた。逆に，相互作用の相手とならなかった企業（協和発酵，日本ゼオン，旭電化，古河化学）は，当初は単一の製品の企業化を目標とし，その後に他の石油化学製品の生産も計画したという経緯を辿っていた。そのため，前者の企業に比べると，その計画は総合性に欠けるものであった。

　次に石油精製系の企業を概観すると，企業Bグループに該当する企業が多い。企業Aグループに該当すると考えられる日本石油を含め，石油精製系の企業はいずれも石油精製事業の延長線として石油化学事業を捉えていた。各企業とも原料を石油精製で副生される廃ガスや改質油に求めており，総合的な石油化学計画とは異なっていた。ただし日本石油は石油化学事業へのコミットメントが競合他社に比して高かったと考えられる。第一に，他の企業はエチレン参入が認められた後に，石油化学専業の子会社を設立したのに対して，日本石油はエチレン参入が認められる以前の1955年8月に日本石油化学を設立した。同社は三井石油化学に次ぐ日本で2番目の石油化学専業企業であった（平川，1986）。第二に，1951年には日本石油中央技術研究所に石油化学の研究を主体とする研究室を立ち上げ，1953年には技術的検討を行うために石油化学技術委員会を発足させるなど（日本石油化学株式会社社史編さん委員会編，1987），研究面でも他社に先行した。第三に，同社は他社と異なりエチレンも生産品目に

含まれていた。ナフサ分解ではないものの，液化プロパンを原料としてエチレンを生産することを計画していた。

これらの事実から，通産省が相互作用する相手に求めていた要件は，①計画の総合性，②当該事業領域における情報の豊富さの2点であった可能性が高い。①が重要視された背景としては，当時の日本では経済の自立化が重要な政策課題であったことが指摘されうる。自立化の必要性にもかかわらず，化学製品を概観するとそのほとんどは輸入に依存している上に，今後も需要が増大することが見込まれた。このような状況で化学製品の国産化比率を向上させるためには，様々な製品を同時に国産化する必要があり，総合的な計画が優先されたと考えられる。また，相互作用の相手として②が求められた理由としては，通産省内部の石油化学工業に関する情報量の欠如が指摘されうる。そもそも，日本曹達によって初めての石油化学工業計画が通産省にもたらされた際，急遽石油化学工業について調査を実施するという状況であり（平川，1986），通産省は産業政策の展開に際して十分な情報があったとは言い難い。その後も通産省は1954年に企業の有志とともに石油化学研究会を結成するなど企業側からの情報収集を進めたのである（平川，1986；遠藤，1995）。

2）発展のダイナミクス

本項では，1980年代以降の化学産業の歴史的展開を概観した上で，政府・企業間の相互作用の類型と産業発展との関連性について言及する。

第8章において明らかにされたように，日本が強い競争力を持つ高付加価値製品に関して支配的な地位にあるのは，企業Cグループのように政策的な保護を受けられなかった企業群である。エチレン製造部門を持たない中規模化学企業は，原料面での優位性がなかった。そこで，川下への展開を重視し，高付加価値化を実行せざるをえなかった。前章で述べたように，これらの企業が選択した電子・電機産業向けの素材（電子材料）領域は欧米の大手化学企業との競合も少なく，日本の中規模化学企業は寡占的な地位を築くことに成功した。やがて，「産業の化学化」によって，世界シェアの高い製品を有するこれらの化学企業は高収益な企業へと変貌を遂げたのである。

こうした企業 C グループの動向に関して，前節で言及した日産化学の事例を概観してみる。経営不振に陥った日産化学は大胆な事業再構築に取り組んだ。日産化学では，1981 年 3 月に当時社長であった草野操が「非常事態宣言」を出し，不採算部門の休廃止に取り組むとともに，重点分野（医薬品，電子関連，無機ファイン，農薬）への大胆な戦力シフトを行った。これに成功し，その後これらの事業分野が日産化学の中心的な事業となり，同社に高い収益をもたらすことになった。さらに不採算事業に関しても，草野社長の後継者である中井武夫社長の下で石油化学からの完全撤退が計画され，1988 年に撤退を完了させた。なお，現在までに日本において石油化学事業から完全撤退した企業は同社のみである。1980 年代にこうした「第二の創業」とも言えるほどの大胆な事業転換を遂行した結果として，日産化学は収益性が回復するとともに，事業構造もファインケミカルを中心に大きく変わり，安定して高収益が得られる現在の体制が構築されたのである。第 6 章で明らかにされたように，日産化学は 2000 年代の売上高営業利益率が 10.7 % に達し，これは信越化学（16.7 %），JSR（11.0 %）に次ぎ，国内第 3 位の高収益化学企業となっているのである。

　一方で，企業 A グループの企業は，先行する欧米の大手化学企業を手本とすることにし，その情報が政策の立案に影響した。例えば，欧米の設備規模を参照して，日本のエチレン設備の大型化が政策的に進展し国際競争力が獲得された。それらの設備は建設から 40 年を経た現在でも使用され続けている。しかし，日本の大手化学企業は，設備の拡大でも高付加価値化でも欧米化学企業の後追いとなり，企業グループ C のような独自の競争優位を築けなかった。

　最後に企業 B グループに関して言及すれば，政策（規制）にうまく対処することによって，後発企業群が形成され，産業内に競争のダイナミズムを発生させた点で産業の発展に大きく寄与している。しかし，企業 B グループの企業が必ずしも永続的に発展を遂げたわけではない。例えば，出光石油化学は，規制の存在をうまく利用して規制行政下で最も成長を遂げたものの（平野，2010），同社は積極的な設備投資を規制撤廃後も止められず，規制が撤廃されると同時に逆に経営危機に陥った。

　若干一般化して考えれば，相互作用の類型と産業発展のダイナミズムに関し

て，以下のような点が指摘可能ではないだろうか。①政府の保護や規制が企業の自己革新を阻害している可能性がある。企業Aグループ，Bグループに属する企業は，構造不況時のような危機に陥っても政府による支援（産構法による設備処理）を受け，エチレン製造業に関する根本的な問題解決を先送りすることができた。逆に政府の支援が受けられなかった，もしくはそれを受容しなかったグループ（企業Cグループ）は早期に危機に直面し，かつ政府の支援が得られないために，自己革新を迫られた。②有力企業（企業Aグループ）が海外の大手企業を研究し，政府とともに合理性のある計画立案，支援を取り付けるという一連の動きは，当該産業を一定の成功へと導くことを可能とする。しかし，ベンチマークとした海外企業とは異なる戦略を描けなければリーディング産業となることは難しい。③政策による優遇を受けられなくとも，企業Bグループのように規制が不完全であることをうまく活用することで企業成長を実現することは可能である。こうした方法があったからこそ，日本では多数の後発企業の参入が可能となった。時として，多数の後発企業が存在することにより，日本の産業では熾烈な競争が生じることで，当該製品の低価格化，高品質化などが実現された。しかし，これら企業Bグループは，規制への過剰適応という問題に直面することもある。

おわりに

最後に，本章で新たに明らかにした論点をまとめれば以下のようになる。まず，政府・企業間の相互作用という点に関しては，(1)政府との情報のやり取りに関しては企業によって多様性があり，その働きかけの違い（多様性）が，政策に対する企業行動（反応）の違いをもたらしているという経路依存的な相互作用が存在すること，(2)政府と企業との関係性にはある種の類型が存在しうることを仮説的に提示した。次に石油化学産業の歴史研究としては，①石油化学産業において政府は一部の企業とのみ継続的に密接な関係性を持ち，それらの企業からの情報が政策の決定に影響した，②政府と密接な関係を構築でき

なかった企業は，政府の規制にうまく事後的に対応することで成長を実現したという点を明らかにした。石油化学産業史に対する貢献を端的にまとめれば，30万トン基準への対応などエチレン製造業を分析の対象とした先行研究においては，企業間の同質性に多くの注目が集まっていた[13]。それに対して，本章では規制への対応等に注目し，エチレン製造業者の行為に見られる多様性の側面に新たに光を当てたと言えるだろう。

注
1) 三菱化成の100％子会社でエチレン製造を専門的に行った。
2) 事実関係に関して特に断わらない限り，本書の第I部に基づいている。
3) 一連の経緯に関しては平川（1986）；石油化学工業協会編（1971）に基づく。
4) 非公式な討議については平川（1986），事実関係に関しては石油化学工業協会編（1971）；三井石油化学工業株式会社編（1978）；石油化学協調懇談会（1964）〜（1972）に基づく。
5) 本段落の長谷川周重，林喜世茂の証言および三菱油化陰謀説に関しては森川監修（1977）を参照。
6) この産構法の設備処理過程に関しては，当時，住友化学の企画部長を務め，後に同社の副社長に就任した小林昭生へのヒアリングに基づく。
7) 中盤以降の会合では日本石油化学，昭和電工の部長もこれに加わった。
8) ただし，丸善石油化学は30万トン基準運用時に例外的に最初に建設が認可されている。この理由は，同社の実働エチレン生産能力が競合他社の半分程度しかない一方で，同社の需要は大きく外部のエチレンセンターからエチレンを購入している状態にあり，設備拡張が喫緊の課題であったことが挙げられる。
9) 東燃石油化学の事例に関しては，東燃石油化学株式会社編（1977）および遠藤（1995）に基づく。
10) ただし，通産省もこうした行為を部分的には織り込んでいた可能性もある。すでに述べたようにこうした投資行動を初めて行った企業は，出光石油化学であった。同社は，1962年3月13日に認可を獲得した時点では年産7.3万トンの生産能力しか認められなかった。しかし，1962年4月11日に通産省と「分解能力は年産7.3万トンとするものの，分解炉以外については年産10万トンをベースとし，事後的に年産10万トンに増強する」との念書を取り交わしたのである。ただし，この設備は最終的には実働12万トンになっている。いずれにしろ，表面的な数値だけを追っても，設備投資調整の本質は見えてこない。なお，この出光石油化学に関する一連の事実関係は，出光興産株式会社（1964）に基づく。
11) 本段落の日産化学に関する記述は日産化学工業株式会社編（2007）に基づく。
12) 本段落の事実関係は，特に断わらない限り，石油化学工業協会編（1971）に基づく。

13) 例えば，工藤（1990）によれば，1950年代，各企業はこぞって同質的な戦略を採用し，1960年代にはエチレンセンターをはじめとするスケールアップ競争という形で戦略における同質性はさらに継続することになったという。

終 章

石油化学産業の現状と課題

　本章では，近年提示されている化学産業における政策的課題を取り上げ，それらの課題に対して本書の歴史分析の視点からの検討を加えることにする。具体的には，経済産業省が取りまとめた化学産業に関係する報告書の要点を簡潔に記述し，その上で本書にて明らかにした歴史的経緯に基づく見解を述べることにする。なお，基礎化学領域に関しては2014年に公表された「石油化学産業の市場構造に関する報告書（産業競争力強化法第50条に基づく調査報告）」（経済産業省，2014），機能性化学領域に関しては2015年に公表された「機能性素材産業政策の方向性」（経済産業省製造産業局化学課機能性化学品室，2015）を参照する。

1　基礎化学領域に関する政策的課題の検討

1）産業競争力強化法第50条に基づく調査報告

　2014年11月に公表された「石油化学産業の市場構造に関する報告書」（50条報告書）においては，日本の石油化学製品の需要が大幅に減少する可能性があることが示された。同報告書では，国内の製造拠点の海外移転や少子高齢化等による国内需要の減少に加え，様々な国際的な需給構造の変化（リスク要因）が今後5年程度の間に顕在化し，アジア向けの輸出が減少する可能性があるとされた。その結果として，国内のエチレン生産量は2020年には470万トン，2030年には310万トンまで減少する可能性があるという。

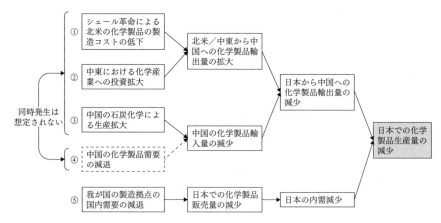

図終-1 我が国の石油化学製品の将来の需給に影響を及ぼしうる要素とリスクシナリオⅠの構成

出所）経済産業省（2014）。

　同報告書では，複数のリスクが同時に発生するリスクシナリオを想定した。想定されるリスクシナリオに関してやや詳細に説明すると以下のようになる。まず，リスク要因として想定されるのは，①北米の安価なシェールガス由来の化学製品がアジア市場へ流入，②中東の化学産業への投資拡大による安価な化学製品がアジア市場へ流入，③中国における安価な石炭を原料とした化学製品の増産，④日本の化学製品の最大の輸出先である中国の経済成長の減速（需要減），⑤日本国内の各種製造業の製造拠点における需要の減退である。その上で，これらの要因のうち，①・②・③・⑤のリスクが発現したものを「リスクシナリオⅠ」とした（図終-1）。なお，①・②・③・⑤と④が同時に発現しない理由は，北米，中東および中国における生産体制が強化される状況下では，中国の需要が減退に向かうケースは想定されえないからである。一方で，②・④・⑤のリスクが発現したものを「リスクシナリオⅡ」とした（図終-2）。この場合，①・③と④が同時発生しない理由は，中国と日本における需要が減退する中で北米や中国で生産体制が強化されることは想定されないものの，市場原理とは独立した国内産業育成の観点から中東における生産体制強化は同時に起こりうるためである。

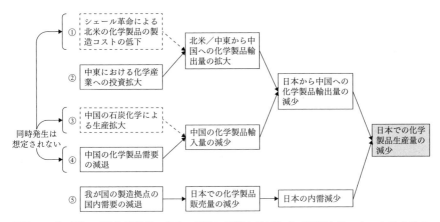

図終-2 我が国の石油化学製品の将来の需給に影響を及ぼしうる要素とリスクシナリオⅡの構成

出所）図終-1に同じ。

表終-1 我が国のエチレン・プロピレンの将来需給動向（ベースケース・リスクシナリオⅠ、Ⅱの比較）

(万トン)

	現状	2020年			2030年		
		ベースケース	リスクシナリオⅠ	リスクシナリオⅡ	ベースケース	リスクシナリオⅠ	リスクシナリオⅡ
エチレン	670	580	470	500	570	310	430
プロピレン	530	420	370	370	390	330	330

出所）図終-1に同じ。

　その上で，各リスク①〜⑤が個別に発生した場合のエチレン需要量を求め，それらをシナリオに沿って組み合わせることで表終-1のように将来需要を予測した[1]。報告書が作成された時点では約670万トン（2013年）であった国内エチレン生産量は，リスク要因が発現しない場合（ベースシナリオ）であっても，2020年には580万トン，2030年には570万トンへと減少することが予測された。さらに，リスクシナリオⅠの場合，2020年に470万トン，2030年には310万トンとなることが想定され，リスクシナリオⅡの場合は，同様に2020年に500万トン，2030年で430万トンまでエチレン需要が減少する可能

性があるとされた。

　このような厳しい需給環境が予想される中で，報告書においては，取るべき指針として以下の四つを示している。①生産設備の集約や再編による生産効率の向上（国内全体での設備能力を縮小，集約化による処理効率の向上およびエチレン分解炉1基当たりの規模拡大等），②石油精製企業との連携強化による生産体制の最適化，③隣接する企業とのエネルギーの相互融通や発電設備等の共有化や設備メンテナンスや調達等の共通部門の集約統合によるコスト削減，④安価な原材料の獲得や独自の生産技術を活用した海外展開の促進。

2) 歴史研究に基づく政策課題の検討

　本項では，上述の報告書で示された方向性に対して，歴史研究に基づく考察を加えることにしたい。基本的には本書のこれまでの分析から検討を加えても，想定される日本の基礎化学事業の方向性は報告書の見解と一致する点は多い[2]。日本の基礎化学領域において，最も重要な課題はやはりエチレン製造設備の集約化の問題であろう。日本のエチレン生産能力は縮減されることが望ましいと考えられている。しかし，必ずしもそれが唯一の選択肢ではない。

　本書において議論されたように，エチレンセンターの歴史を振り返れば，それは常に将来の需要を予測し，それに設備能力を一致させようとする歴史であったが，こうした取り組みは必ずしも成功せず，特に需要予測は重要な局面ではずれ続けた。その様相を時系列に概観すると以下のようになる。

　投資が盛んであり，調整が不可避とされていた1969年の見通しでは，エチレン需要は1985年には1400万トンから1700万トンになると予測する論文が石油化学工業協会から出されていた（片山，1969；原，1969）。また，丸善石油化学で30万トン設備建設の際に中心的な役割を果たした林喜世茂常務（当時）も，エチレン需要は1975年に580万トン，1980年には1030万トンに達するのではないかとの見解を示していた（林，1970）。ところがその後エチレン製造業は深刻な不況に陥り，1970～85年にかけて日本のエチレン生産量は，300万トン以上500万トン以下で推移し続けるという結果に至る。

　このように低水準の生産量にとどまる中で，1983年の特定産業構造改善臨

時措置法（産構法）に基づく設備処理の議論の場では，日本の適切なエチレン生産能力は 400 万トン，場合によっては 350 万トンとの議論が繰り広げられた。この際には，エタン系の原料を使用するサウジアラビアのエチレン設備の完成により，同国製の安価な製品の輸入が増大するために，日本のエチレン生産量は今後伸びることはないと考えられていた。特にサウジアラビアなど資源国の石油化学事業が始まる昭和 60 年（1985 年）は，製品の輸入圧力で国内業界も大きな打撃を受けるという「60 年危機説」という悲観論一色であった[3]。現在のシェールガスを取り巻く我々の認識と類似した状況である。

しかし，予想は大きくはずれた。サウジアラビアの製品は原料費やエネルギーコストは日本の 3 分の 1 程度と安いものの，輸送費が約 6 倍，投資関連費用を回収するには輸出価格を高く設定しなければならないという事情から価格は事前の想定より高止まりし，結局日本への流入はごくわずかであった。また，エチレンベースで年産 160 万トンのサウジアラビアの石油化学製品は世界的需要増で完全に吸収され，結果論としてサウジアラビアの脅威は現実にならなかったのである[4]。なお，この 1985 年前後の時期と現在の類似点としては，危機感が持たれた時期以降に急速に原油価格が低下する逆オイルショックとも言える現象が発生したことも指摘されうる。結局，1980 年代初頭の予想とは大きく反し，日本のエチレン生産量は 2007 年に過去最大である 774 万トンを記録するに至る。その中で，エチレン設備の新設まで行われた。

このように歴史を振り返ればエチレン製造業の設備投資においては，好調になると楽観論が蔓延し各社が増設を計画し多くの設備投資が行われ，不調になると悲観論が蔓延し設備の集約化が叫ばれるという歴史の繰り返しであったと考えられる。そうした点を踏まえると世界同時不況後に主張されている「（国内のエチレン生産能力は）年 500 万トンでバランスが取れる」という「500 万トン説」や 50 条報告書において明らかにされたリスクシナリオもどの程度の妥当性があるのか，その正しさは時間が経過しなければ明確にはならないだろう。現時点においては，日本のエチレン生産量は 2012 年の 614.5 万トンを底として，2015 年には 688.3 万トンまで再び回復している。

むしろ，これらの歴史から浮上してくる日本のエチレン製造業における問題

点は，常に需要に生産能力を合わせようとする受け身の姿勢そのものにあるように思われる。現在求められていることは，自ら目標とする設備能力を定め，それを実現することにあるのではないだろうか。そうした事例は，エチレン製造業ではないものの，一部の日本の化学企業に見受けられる。塩化ビニルの世界最大手である信越化学工業は，生産した製品は確実に完売するという基本方針を貫徹し，積極的な設備増強とほぼ同じテンポで売上を急伸させるという行動をとっていた（信越化学工業株式会社社史編纂室編，1992）。もちろん，信越化学とは逆に生産能力を減少させるというのも目標の定め方の一つである。例えば，中・低圧法ポリエチレン，塩化ビニルモノマーなど多数の石油化学製品の製造を行っていた日産化学工業は，石油化学事業からの撤退を決め，1980年代には同事業から完全撤退をした（日産化学工業株式会社編，2007）。その背景には，医薬，農薬，電子材料への注力があった。くしくもこの両社が2000年代において，日本の石油化学企業の売上高営業利益率ランキングで1位と3位を占めているのは偶然ではないだろう。

3）基礎化学事業・エチレン製造業の将来

ここからは，日本のエチレン製造業の将来像について，可能な範囲で考察を進めていきたい。選択可能なシナリオは複数存在する。選択に際しては，短期的な動向や当座の楽観論や悲観論といった「時代の空気」に翻弄されることのない長期的な視座から主体的な選択がなされる必要性があるだろう。

日本のエチレン製造業にとって現実的と考えられているシナリオの一つは，50条報告書と同様に内需に合わせた生産能力へと減少をさせていくものであろう。すでに述べたように事態は急速に進みつつある。過去の歴史では，1983年に住友化学の愛媛工場，1992年に三井石油化学の岩国大竹工場，2001年に三菱化学の四日市事業所にてエチレン製造が終了するという形でほぼ10年に1カ所のペースで集約化が進行した。しかし，2014年からは，同年に三菱化学の鹿島事業所の第1エチレン設備，翌2015年に住友化学の千葉工場，2016年に旭化成ケミカルズの水島製造所と3年連続でエチレン生産の停止が連続する予定となっている。従来の設備廃棄・休止は，産構法の際のように法令や行政

指導に従う形，もしくは個社の判断に基づくものであったのに対して，今回の生産停止は企業間の垣根を越えて最適を目指すという動きであるという点で，エチレン製造業の業界においては画期的であるとも言える。時代が確実に移り変わっていると言えよう。

今後，より集約化を進行させていくためには大別して二つのハードルがあると考えられ，第一のハードルは製品の供給問題であろう。日本では千葉地区，水島地区を除き，エチレンセンター間でパイプラインを通じた誘導品の融通ができない状況にある。そのため，ユーザーへの安価で安定的な誘導品の供給を考えると容易に集約化を実施することはできない。したがって，コンビナート間での海上輸送の拡充や連結パイプラインの敷設，場合によっては工場の移設等が重要となるだろう。

第二のハードルとしては，どの企業が設備を停止されるかという「痛み」の負担の問題である。過去の歴史を概観すればエチレンの将来需要予測がいかに脆弱なものであるかということがわかる。特に外需の動向に関して，完全にそれを読み切ることは困難である。したがって，各企業とも将来的に設備を保有していることで収益を得られる可能性があるため，設備の廃棄・統合に際しては交渉に時間を要する結果となっている。また，自社の設備を維持すれば輸送費の点で設備を廃棄した企業よりコスト安になるというメリットもある。これに関して，過去の歴史を参照して考えれば，設備の休止という選択肢が有効であったことがわかる。産構法による設備処理が成立した背景には，完全な廃棄ではなく大多数を休止という形で処理し，将来に含みを持たせたことがコンフリクトを和らげた。現在の状況に当てはめれば，地域ごと（例えば，東京湾岸，中部，関西，瀬戸内・九州），もしくは西日本，東日本といったブロックごとに有限責任事業組合などを設立し，個社の利害を離れて需要動向を勘案しながら輪番で設備を休止させることで，最適生産を目指し調整を図る方法もある。そうした取り組みの中で自然発生的に次の段階（設備の統廃合）へ移行することも期待できるだろう。もちろん，この取り組みの際にもやはり海上輸送の拡充や連結パイプラインの敷設を含む各コンビナートの連携強化，統合運営が欠かせない。

上記のシナリオ以外にも様々な方向性がありうる。例えば，極端な方向性としては，ほとんどエチレン生産を行わないシナリオもあるだろうし，逆に現状のエチレン生産能力を維持，もしくは増大させるシナリオもあるだろう。

　エチレン生産を国内で行わないことを思考実験的に考えれば，この際には大多数の企業が国内生産から撤退したアルミニウム製錬業の事例が参考になる。エチレンやプロピレン，それから生産する汎用樹脂など，化学産業という巨大産業の基礎原料を海外企業からの輸入に依存することは，顧客企業にとって安定供給や製品品質などの点で不安がある。アルミ製錬業の場合，日本企業が海外においてアルミ製錬事業に関わり，自社で生産したアルミ地金（開発地金）を日本へ輸入することによってこの問題を解決した[5]。三和（2016）の中では，例えば「昭和電工はこの開発地金を持っていることによって国内製錬撤収が躊躇なく実行できた」との事例が紹介されている。これを石油化学業界に援用すれば，日本のエチレン製造企業が海外で自ら基礎原料を生産しそれを日本国内へ輸入することによって，高品質の原料を継続的に入手するといった仕組み作りが必要となることを示唆している。また，エチレン生産の停止に伴い，各地域の雇用が失われることに対しては，徹底的な高付加価値化によって川下部門での雇用増大を目指すなどの対策も不可欠だろう。第7章において言及した住友化学愛媛工場の事例にも見られるように，アルミにおいても高純度アルミナなど高付加価値品に関しては，日本企業は現在でも強い競争力を有している。

　逆に国内のエチレン生産能力を維持もしくは増大させるというシナリオも有力な選択肢の一つとなる。韓国の状況を見れば，このシナリオにも実現の可能性があることがわかる。2011年の日本のGDP（国内総生産）が5兆9047億ドルであるのに対して，韓国のGDPは1兆1162億ドルである（総務省統計局，2013）。したがって韓国の内需は日本よりも少なく2011年時点で440万トンに過ぎない（日本は510万トン）[6]。ところが生産能力は日韓ともに750万トンであり，生産量は韓国が670万トン（稼働率89.3％）であるのに対して日本は620万トン（同82.7％）に過ぎない。韓国はさらに生産能力を2017年までに820万トンに増強するとされている。この数値から，韓国は輸出産業としてエチレン製造業を位置づけ，成長させている様相が浮かび上がる。日本企業も単

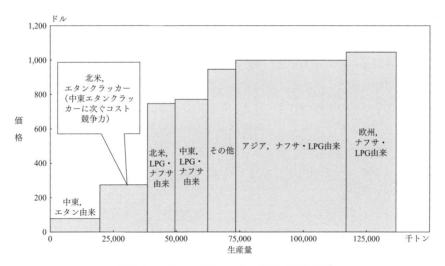

図終-3　エチレン製造コストの比較（2012 年）

出所）図終-1 に同じ。

純に内需に合わせて縮小するのではなく，輸出を主眼として新規に投資を行うことで再び競争力を回復させうる可能性があることを示唆している。

　日本が基礎化学事業を継続することが可能であるのかを考察するために，世界的な競争状況（2012 年）を概観すると，現時点においては継続に問題がないことがわかる。図終-3 は，地域・使用する原料別に各地域のエチレン製造コストを比較したものである。縦軸はエチレン1トン当たりの生産コストを示し，横軸は生産量を示している。生産コストが低い順に，①中東・エタン由来，②北米・エタン由来，③北米・LPG およびナフサ由来，④中東・LPG およびナフサ由来，その他，⑤アジア・ナフサおよび LPG 由来，⑥欧州・ナフサおよび LPG 由来となっている。その他を除けば，このうち日本が属するのは第5グループである。一方で，2012 年の世界需要は1億 2370 万トンであった。もし，顧客が価格の安い順にエチレンを購入するとしたら，第5グループまでは完全に消化され，第6グループである欧州のエチレンは売れ残る可能性がある。つまり，第6グループの企業間でエチレン需要の最後のパイを奪い合う形になる。このような状況下の場合，日本の基礎化学事業の継続には何ら支障がない。

ただし，今後も日本において継続可能であるかどうかという点に関しては，以下の二つの要因の動向に依存している。第一の要因は，世界需要の動向である。世界需要が小さくなれば，図終-3 の右側に位置する地域から順に市場からの退出を余儀なくされる。逆に世界需要が大きくなればすべての地域において基礎化学事業の継続が可能になる。第二の要因は，第 5 グループである日本（アジア地域）よりコストの安い製造拠点の設備投資動向である。これらの拠点で設備の新設が続いたり，もしくはシェールガス革命の場合と同様にコストの安い新しいグループが出現したりすれば，図終-3 の右側の地域から順に退出を余儀なくされる。

　現時点で入手可能なデータによって二つの要因を検討すれば，最終的には状況が悪くとも，第 5 グループ内でのパイの奪い合いとなり，日本が完全に撤退を余儀なくされる可能性は低いと言えるだろう。第一の要因に関しては，経済産業省の予測によれば世界のエチレン需要は，2012 年には 1 億 2370 万トンであったものが 2019 年には 1 億 5890 万トンに達すると予測されている。そのため，各国の設備能力やコスト構造に変化がなければ日本の基礎化学事業の継続に問題はない。ただし，第二の要因に関しては前者よりもやや厳しい状況にある。50 条報告書によれば米国では 2020 年まで 1100 万トンのエタンクラッカーの新設が見込まれている。また中国では，CTO や MTO（Methanol to Olefin：購入メタノールを原料としてエチレンやプロピレンを製造する）の建設が多数計画されている。CTO は北米エタン由来に次ぐ競争力，MTO はアジア・ナフサ由来並みのコスト競争力を有すると見られている。仮に 60 万トン程度の能力の CTO が 30 基建設されれば，1800 万トンの設備能力が追加されることになる。これらに中東における設備能力の追加も加えれば，日本を含む第 5 グループ内でのエチレン需要の奪い合いになる可能性がある。

　したがって，日本の基礎化学事業の直接の競合相手は，中東の産油国やシェールガス由来の石油化学製品ではなく，第 5 グループ内の各国が生産する石油化学製品となる。第 5 グループ内で相対的に安い製造コストを達成することが可能であるのならば日本の基礎化学事業は今後も存続可能であると考えられる。

表終-2 アジアのナフサクラッカーの生産能力比較

	総生産能力 (2012年)	基数	うち百万 トン以上	平均生産能力
韓国	8,270	8	4	1,033.8
シンガポール	2,800	3	1	933.3
台湾	3,820	5	2	764.0
タイ	4,436	6	1	739.3
欧州	26,124	36	9	725.7
中国	17,620	27	7	652.6
マレーシア	1,770	3	0	590.0
日本	7,605	15	0	507.0
インド	4,080	11	1	370.9
インドネシア	590	2	0	295.0

出所) 図終-1に同じ。

　韓国・台湾など同じナフサ由来の原料を使用する第5グループ内の各国との競争を考慮すると日本においてはエチレン設備の大規模化を伴う更新やその他の事業環境の整備が重要な政策課題となる。基礎化学領域においては，規模の経済性が働くものの，日本のエチレン分解炉は東アジア諸国に比べて相対的に小さい（表終-2）。また，現在の日本ではエチレン設備の老朽化も進行しており，相対的に生産性は低い。近い将来には1970～80年代に建設された30万トン級のエチレン設備も更新時期を迎えることから，これを早期に置き換えることによって規模の経済性を享受し，「しっかりと化学で稼ぐ」というシナリオも存在しているのである。また，第8章の東燃ゼネラル石油の事例においても見られたように，製品が汎用品であることが必ずしも低い収益に結びつくわけではなく，基礎化学製品事業から利益を生み出す方策は残されているだろう。独占禁止法の適用改善や海外事業環境とのイコールフィッティングの確保，輸出に向けた港湾整備，保安面での規制緩和，輸出向けの優遇税制等の諸条件を整備するなどといった方策があり，日本は依然として生産コスト削減の余地があるため，基礎化学事業の存続は可能と考えられる。

　また，エチレン設備の更新は，その他の理由からも近い将来の課題であると言えよう。現状のまま新設を行わない場合，仮にエチレン設備の寿命を50年とすれば，2022年にはエチレンの生産能力は現行の半分以下（約260万トン程

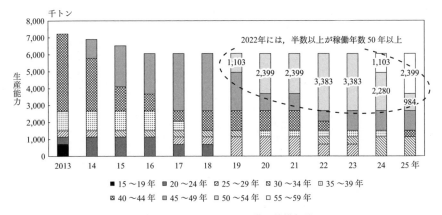

図終-4 国内のエチレン設備の稼働年数

出所）図終-1に同じ。

度）になり，リスクシナリオで示された日本の国内需要さえも賄えなくなる可能性もある（図終-4）。さらに設備が老朽化すればメンテナンスコストが上昇しさらなるコスト要因となるばかりか，保安上の問題が生じる可能性も高まるだろう。

　最後に日本の基礎化学が目指す全体的な方向性を考えれば，その方向性は「柔軟な化学（フレキシブル・ケミカル）」にあるように思われる。「柔軟性」は日本の製造業の競争力の源泉である。例えば，自動車産業を概観すれば，日本企業は諸外国に先駆けて生産体制に柔軟性を持たせてきた。一つのラインで複数の車種を生産する体制（混流生産）の構築，複数の作業ができる多能工の育成，必要な部品を必要な時に必要なだけ納品するカンバン方式など，需要動向の変化に合わせ柔軟かつ迅速に生産の調整を行う体制が構築されてきた。こうした努力は，生産規模の大きい米国の巨大自動車メーカーへの日本企業による対抗策であった。

　化学産業に援用すれば，欧米や中東，中国など規模で勝負する競合相手に対して生産規模で勝負するのではなく，市況に合わせて，必要な留分を必要な時に必要なだけ生産し，逆に需要が減ればその生産を減らすことができるような柔軟な生産体制を目指すことになるだろう。もちろん，組み立て型の製造業と

異なり化学産業は副生品の問題があるため，困難が待ち受けているものの，副生品の扱いこそが化学産業の醍醐味であるので今後の展開に期待したい。現実的には，エタンベースの石油化学ではほとんど生産できない芳香族の生産能力の増強が当面，目指される方向性になるだろう。すでに，アセトアルデヒドとエタノールを特殊な触媒で反応させてブタジエンをつくるなどの技術開発が昭和電工において進められている[7]。

また，日本の石油化学の歴史を概観すれば，常に原料劣位に悩まされていた様相が浮かび上がる。相対的に安価なナフサを原料としてスタートしたものの，石油危機でナフサ価格が大幅に上昇し1980年代には危機に陥った。その後，1980年代には中東エタン系の原料を使用するサウジアラビアのエチレン設備が深刻な脅威と考えられた。そして，現在では米国のシェールガスを原料とした安価な石油化学製品との競争が懸念されている。

しかし，各誘導品レベルではこうした原料劣位を技術で乗り越えることも可能である（詳しくは橘川・平野，2011）。そうした事例は電気化学工業（現，デンカ）によるクロロプレンゴムの生産などに見受けられる。通常，クロロプレンゴムは石油系原料を利用して生産するブタジエン法が主たる製法となっている。これに対して電気化学工業は，自社の持つ低廉な石灰を自家水力発電の電力を用いてアセチレンにし，それを原料としてクロロプレンゴムを生産する独自製法を採用している。こうして生産したクロロプレンゴムは原油価格が高騰する局面では相当なコスト優位を持つ。技術の力によって油価リンクから脱却しているのである。

2　機能性化学領域に関する政策的課題の検討

1）機能性素材産業政策の方向性の概要

2015年6月に公表された「機能性素材産業政策の方向性」においては，まず日本の機能性化学製品を取り巻く環境に関する危機感が示された。例えば，同報告書においては，液晶ディスプレイやリチウムイオン電池の素材市場にお

いて，アジア企業の伸長が著しく，日本企業のシェアが失われつつあるという事実が指摘された。例えば，リチウムイオン電池の主要4部材について日本企業の世界シェアを概観すると，2006年から13年の間に正極材は77％から22％，負極材は99％から50％，電解液は54％から42％，セパレータは75％から55％へと低下した[8]。また，高い成長潜在性を持つ，ニュートリションや化粧品原料等の消費財市場において，日本勢の存在感が薄く欧米勢に後塵を拝しているという問題点も指摘されている。

　また，同報告書においては，機能性化学産業を取り巻く欧米企業の戦略についても紹介されている。それによれば，欧米企業はアグリ（種子，農薬），バイオ，ニュートリション，パーソナルケア，コンシューマー分野に注力していること，スペシャリティケミカルの中でも自社の弱い事業を売却し，強みを持つ事業に集約していることが示されている。

　こうした環境下で日本企業がとるべき方向性として，報告書においては下記の三つが示されている。①グローバル競争への対応：自社の「強み」に経営資源をより集中させる必要性がある。欧米勢が先行しているインフラ分野やニュートリション等のコンシューマー分野など大型有望市場を積極的に獲得する。②顧客との「摺り合わせ」の質の向上：外部リソース（技術，外国人材等）やビックデータやAI（人工知能）を活用しつつ，主体的に情報収集し，先回りして素材開発・付加価値提案を行う。③IoT（Internet of Things：モノのインターネット），ビックデータ等を活用したビジネスモデルの再構築：デジタル化の進展は新たな製品を生み出すだけでなく，その情報基盤等を他の分野へ応用することにより，まったく新しい付加価値を創造しうる。このようなデジタル化の流れを捉え，官民一体となってその取り組みを加速化する。

2) 歴史研究に基づく政策課題の検討

　それぞれについてこれまでの歴史分析の観点から言及すれば，②および③についてはその動きは以前より生じており，今後も継続的に進めていくことが必要であると思われる。例えば，②に関しては，三井化学は金属の表面に特殊な処理を施すことで，従来は不可能であった様々な金属と樹脂を強固に接合する

新しい技術を開発し，この技術を自動車部品の軽量化につながる特殊な加工技術として顧客に売り込むために金型製造を手がける企業の買収も行った（第8章）。また，日産化学は ARC（半導体用反射防止コーティング材）という部材自らを日本企業に提案したものの，日本企業はそれをすぐに受け入れなかったこともあった。また③に関して概観してみれば，例えばダイセルが開発したプロセス産業版カイゼン運動である「ダイセル方式」はプロセス産業の多くの企業がそれを採用している[9]。産業は異なるものの，新日鐵住金ソリューションズに見られるように，プロセス産業の情報システム部門が他産業を顧客とするITソリューション企業に変貌を遂げた先行事例もある。

ただし，①において言及された「欧米勢が先行している大型有望市場を積極的に獲得する」という戦略に関しては，これまでの歴史的分析とは一致しない方向性であると考えられる。なぜならば，日本の化学産業が成功を収めた電子材料領域は，それに参入した時点では「大型有望市場」ではなかった。例えば第8章で言及したように，電子材料分野での成功によって収益を高めた企業は，いずれも「意図的に競合が少なく市場規模の小さな事業領域（ニッチな市場）」へと狙いを絞った。さらに，欧米勢の後追いではないことが成功へと結びついた要因なのである。欧米勢の戦略に追随して有望と思われる医薬品分野に積極的に事業展開した大手化学企業は，結局はその分野において大きな成功を収めることはなかった。

歴史分析からの示唆は，大企業であったとしても大型市場ではなく小さな市場の束を持つことをいとわないこと，他の企業の後追いをしないことが重要であるというものである。特に大企業にとっては収益性と成長性はトレードオフのような関係になっていることが多く，この意思決定は難しい。そして，かつて日本の電子企業とともに日本の電子材料が成長したように，日本が強い産業部門をパートナーとし，ともに成長していくという方向性が望まれる。その上で，単に競争力のある製品を複数展開するだけでなく，製品間や事業間で範囲の経済性や規模の経済性といったシナジーを発揮することが重要になる。例えば，一つの技術や情報から複数の事業領域に製品を展開するという手法がそれに該当する。旭化成の場合は，得意とする膜技術を自社の複数の既存事業へと

展開させた。同社では，膜技術を用いて電子材料事業ではリチウムイオン電池のセパレータを生産し，医療医薬事業では人工腎臓の製造に応用し，ケミカル事業部では水処理膜を生産している。このように一つの技術基盤が多様に利用されているのである。

おわりに

　化学産業に対する今後の期待を述べることによって，本書の議論を終えたい。化学産業は，地域経済の活性化，地球環境への貢献という点で今後重要な役割を果たすことができると考えている。

　現在の日本においては地方の過疎化が問題となっており，その中で化学産業は地方経済に対して大きく貢献し，地方の衰退に歯止めをかける役割を果たしている。表終-3 は従業者1人当たりの製造品出荷額等の都道府県別ランキングを示したものである。実に上位15県のうち，9県に石油化学コンビナートが存在している（表中の網掛け部分）。その中には，山口や大分，岡山，愛媛といった首都圏以外の地域が多く含まれている。さらに細かく見ると図終-5 に示されるように，石油化学コンビナートが立地する地域においては，化学産業の出荷額が地域の製造業の中核となっている。化学産業は周辺地域に対して雇用の創出や税収，地域における消費効果等の経済面のほか，環境保全や防災面，さらには社会・文化の面ですでに大きな貢献をしていることが指摘されている（経済産業省，2014）。

表終-3　従業者1人当たりの製造品出荷額等の都道府県別ランキング（2008年）

順位	県名	万円／人	順位	県名	万円／人	順位	県名	万円／人
1	山　口	6,794	6	岡　山	5,482	11	神奈川	4,482
2	千　葉	6,589	7	愛　知	5,254	12	栃　木	4,224
3	大　分	5,908	8	愛　媛	4,952	13	茨　城	4,196
4	和歌山	5,894	9	広　島	4,560	14	静　岡	4,180
5	三　重	5,516	10	滋　賀	4,522	15	兵　庫	4,160

出所）矢野恒太記念会編（2010）より作成。

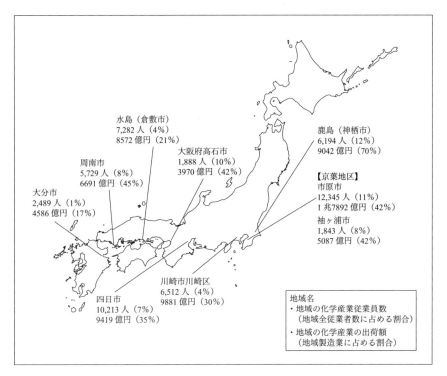

図終-5 地域社会への貢献

出所）図終-1 に同じ。

　また，かつては公害の原因であり環境汚染の源とも考えられていた化学産業は，公害を克服し，地球環境の維持に貢献しうる産業へと変貌を遂げつつある。
　一例としては，温室効果ガスである二酸化炭素の排出削減への貢献を指摘することができる[10]。既存の素材を化学素材に置き換えることによって，生産から廃棄までトータルで考えた二酸化炭素排出量を大幅に削減できるのである（こうした考え方を「ライフサイクルアセスメント（LCA）」と言う）。LCA では，単に製品が生産される時点で排出される二酸化炭素の量ではなく，その製品を生産するための原料採取，製造，流通，消費・使用，リサイクル・廃棄・処分に至るまで，製品のライフサイクル全体において排出される二酸化炭素の総量に注目している。その上で，以下のような手順で二酸化炭素排出量削減に関す

る化学産業の貢献量が求められる。まず,「化学製品を使用した完成品」を使用した場合にライフサイクル全体を通じて排出される二酸化炭素の総量(α)と同様に「比較製品(既存の素材)を使用した完成品」を使用した場合(β)を算出する。このαとβの差($\beta-\alpha$)を化学製品がなかった場合に増加する排出量と考え,「正味の排出削減貢献量」とするのである。この場合,二酸化炭素削減に寄与する化学製品の生産が増大するために,原料採取・製造・流通・廃棄による排出量は若干増大する。しかし,消費・使用の段階で大きく排出量が削減されることで,ライフサイクル全体での排出量を見ると二酸化炭素の総排出量は小さくなるのである。例えば,航空機に化学素材である炭素繊維を使用すると,炭素繊維の生産に伴う二酸化炭素排出量は増大するものの,航空機の運航時には軽量化により燃費が節約され,製造時に増加する分以上に二酸化炭素の排出が削減されるのである。日本化学工業協会ではこのLCAに基づいて10事例を検討し,該当事例だけで合計で1億3057万トンの二酸化炭素排出量削減が可能であるとしている。こうした二酸化炭素の排出削減は,化石燃料の使用量削減と同義であるため,貴重なエネルギーの節約という面でも化学産業は貢献することができるのである。

　また,石油化学産業の業界団体である石油化学工業協会も「循環炭素化学」という新たなコンセプトを提示し,地球と人類の持続可能な発展に貢献することを目標とし始めた(岩井,2014)。このコンセプトによれば,今後の石油化学産業は省資源・省エネルギーをさらに一層進めて二酸化炭素排出量を可能な限り削減していくと同時に,高度なイノベーションを通じて例えばバイオマス等の新たな原料や光合成等のプロセスを活用する等により炭素を循環させながら,地球に負担をかけないものづくりをすることで地球と人類に貢献することを目指すという。

　本書の最後に蛇足として述べれば,本書の明示化していない目的の一つは経営史と経営学の接合にあった。現在,日本の経営学研究には方法論として『行為の経営学』(沼上,2000)に依拠して「意図せざる結果」を探究する研究群が多く見られる。同書においては,経営学理論において不変の法則性は成立しえず,経営学研究が目指す方向性は行為システムの記述(=論理)であり,実務

終　章　石油化学産業の現状と課題　371

家が気付きにくい意図せざる結果を提示することであると論じられている（本書においても設備投資調整の「意図せざる結果」が第Ⅰ部の主たるテーマであった）。筆者はその上で歴史研究固有の業種や企業を限定した深い記述を組み合わせることで，同書で提唱されている実務家との反省的対話を一層促進させることができる可能性があると考え，その実践を本書において試みた。このように考えた理由は，多くの実践家は業種等を特定しない論理に加え，その業界において発生した固有の論理（ローカルな論理）をより重大視するのではないかと想定したからである。その場合には，実務家にとって歴史学に基づくローカルな論理は，経営学的な一般的な論理よりも将来への意思決定基盤となりうる可能性すらあるだろう。また，歴史研究でありながらも終章において今後の展望に関して詳細に言及したのは，橘川（2009）において提唱された応用経営史の実践も本書では試みたためである。応用経営史とは，経営史研究を通じて産業発展や企業発展のダイナミズムを析出し，それを踏まえて当該産業や当該企業が直面する今日的問題の解決策を展望するというものであるという。なお，本書は歴史分析より何らかの法則を導出することで解決策を提示しているのではなく，過去の事実の参照を通じて実務家によりなされるであろう内省を筆者が想定して記述したものである。本書が研究書としての役割を果たすのみならず，実務家と経営史研究者・経営学者との対話の一助となれば幸いである。

注
1）なお，このリスクシナリオに基づく将来の需給試算においては，リスクシナリオが日本の石油化学産業における生産量を大きく減少させるケースを考えているため，生エチレンの輸出はゼロと仮定された。
2）なお，筆者はこの報告書作成に際して経済産業省において開催された石油化学産業市場構造研究会の委員でもあった。
3）『日本経済新聞』1985 年 6 月 19 日。
4）『日本経済新聞』1987 年 9 月 22 日。
5）アルミ精錬業に関する事例は，三和（2016）を参照した。
6）エチレン需給の数値に関しては，経済産業省製造産業局化学課（2013）（2015）を参照。
7）『日本経済新聞』2013 年 2 月 5 日。
8）ただし，この期間にこれらの製品の市場規模は急拡大しており，シェアが減少するこ

とは異常な事態ではないと思われる。正極材は 900 億円から 2128 億円，負極材は 148 億円から 673 億円，電解液は 303 億円から 687 億円，セパレータは 409 億円から 1063 億円へと市場規模が拡大した。これほど急拡大しながらも日本企業は依然として市場の半分近くを確保していることを認識しなければならない。

9) 詳しくは松島・株式会社ダイセル（2015）。第 II 部イントロダクションの注 7 も参照。なお，ダイセルはこの方式を無償にて各社に提供している。
10) 本段落に関しては，日本化学工業協会（2012）(2013) を参照。また，化学産業におけるこの他の二酸化炭素排出削減努力に関しては，Kikkawa et al.（2014）が詳しい。

参考文献

日本語文献

淺羽茂（2002）『日本企業の競争原理』東洋経済新報社
旭化成株式会社・株式会社三菱ケミカルホールディングス（2015）「水島地区エチレンセンター集約後のエチレン設備を運営する合弁会社について」2015 年 5 月 28 日
旭リサーチセンター（2007）「大胆な事業再編に取組む欧米大手化学企業」
天谷直弘（1969）『石油化学の話』日本経済新聞社
伊丹敬之（2009）「日本産業の化学化」『化学と工業』第 62 巻第 2 号
伊丹敬之（2013）『日本企業は何で食っていくのか』日本経済新聞社
伊丹敬之・伊丹敬之研究室（1991）『日本の化学産業　なぜ世界に立ち遅れたのか』NTT 出版
伊丹敬之・伊丹敬之研究室（1992）『日本の造船業　世界の王座をいつまで守れるか』NTT 出版
出光興産株式会社（1964）「ナフサ分解部門増設御承認願」
出光石油化学株式会社編（1989）『出光石油化学 25 年のあゆみ』
伊藤元重・清野一治・奥野正寛・鈴村興太郎（1984）「市場の失敗と補正的産業政策」小宮隆太郎・奥野正寛・鈴村興太郎編『日本の産業政策』東京大学出版会
伊藤元重・清野一治・奥野正寛・鈴村興太郎（1988）『産業政策の経済分析』東京大学出版会
稲葉和也（2014）「1980 年代徳山曹達株式会社における研究開発体制の変革」『経営史学』第 49 巻第 3 号
稲葉和也・橘川武郎・平野創（2013）『コンビナート統合』化学工業日報社
今井賢一（1976）『現代産業組織』岩波書店
岩井篤（2014）「石油化学は『循環炭素化学』へ」『化学経済』2014 年 8 月号
A. T. カーニー株式会社（2014）「平成 25 年度石油産業体制等調査研究」
エネルギー総合推進委員会（2010）『エネルギー問題研究会記録　最近の化学産業について』
遠藤成蹊（1995）『我が師我が友――石油・石油化学五十年』善本社
大石雄爾（1979）「石油化学産業政策」『現代日本の経済政策』下巻，大月書店
大久保隆弘（2010）『電池制覇』東洋経済新報社
岡崎哲二（1993）「日本の政府・企業間関係」『組織科学』第 26 巻第 4 号
小河義美（2008）「生産革新――ダイセル方式とは何か」『化学経済』2008 年 9 月号
外貨審議会（1972）「外貨審議会答申」
化学経済研究所編（1970）『昭和 44 年度化学工業総合調査』化学経済研究所
化学経済研究所編（1971）『昭和 46 年度化学工業総合調査』化学経済研究所
化学経済研究所編（1981）『昭和 56 年度化学工業総合調査』化学経済研究所

化学経済編集部（1967）「石油化学工業の再編動因」『化学経済』1967 年 8 月号
化学経済編集部（1968a）「再編主軸となったエチレン 30 万トン」『化学経済』1968 年 4 月号
化学経済編集部（1968b）「30 万トン体制と投資調整」『化学経済』1968 年 11 月号
化学経済編集部（1970a）「動き出した次期エチレン大型化構想」『化学経済』1970 年 1 月号
化学経済編集部（1970b）「設備大型化競争の到達点」『化学経済』1970 年 10 月号
化学経済編集部（1971）「微妙な段階を迎えたエチレン増設処理」『化学経済』1971 年 1 月号
化学経済編集部（1972a）「経営指標にみる不況下の石油化学工業」『化学経済』1972 年 8 月号
化学経済編集部（1972b）「石油化学協調懇全般に締め付けを強化」『化学経済』1972 年 11 月号
化学経済編集部（1985）「石油化学主要企業の収益推移」『化学経済』1985 年 10 月号
化学工業日報編集局（2007）『検証日本の石化産業五十年　そのとき石化は――決断の軌跡』化学工業日報社
化学ビジョン研究会（2010）「化学ビジョン研究会報告書」
化学ビジョン研究会石油化学サブワーキンググループ（2010）「石油化学サブワーキンググループ（WG）報告書」
片山丕（1969）「石油化学工業の将来」石油化学工業協会編『石油化学工業の将来』石油化学工業協会
鎌谷親善（1989）『日本近代化学工業の成立』朝倉書店
川手恒忠・坊野光勇（1970）『石油化学工業（新訂版）』東洋経済新報社
環境庁（1976）『昭和 51 年版環境白書』
橘川武郎（1991）「日本における企業集団，業界団体および政府――石油化学工業の場合」『経営史学』第 26 巻第 3 号
橘川武郎（1998）「産業政策の成功と失敗」伊丹敬之・加護野忠男・宮本又郎・米倉誠一郎編『ケースブック　日本企業の経営行動 1　日本的経営の生成と発展』有斐閣
橘川武郎（2009）「時系列と絶対年代に注目する経営研究」一橋大学日本企業研究センター『日本企業研究のフロンティア』5 号，有斐閣
橘川武郎（2012）『日本石油産業の競争力構築』名古屋大学出版会
橘川武郎・島本実・鈴木健嗣・坪山雄樹・平野創（2012）『出光興産の自己革新』有斐閣
橘川武郎・平野創（2011）『化学産業の時代』化学工業日報社
機能性化学産業研究会（2002）「機能性化学産業研究会報告書」
機能性化学産業研究会編（2002）『機能性化学――価値提案型産業への挑戦』化学工業日報社
工藤章（1990）「石油化学」米川伸一・下川浩一・山崎広明編『戦後経営史』第 II 巻，東洋経済新報社
経済産業省（2014）「石油化学産業の市場構造に関する調査報告（産業競争力強化法第 50 条に基づく調査報告）」

経済産業省（2015）「日本の「稼ぐ力」創出研究会（第10回）配布資料」
経済産業省製造産業局化学課（2013）「世界の石油化学製品の今後の需給動向」
経済産業省製造産業局化学課（2015）「世界の石油化学製品の今後の需給動向」
経済産業省製造産業局化学課機能性化学品室（2015）「機能性素材産業政策の方向性」
京浜臨海部コンビナート高度化等検討会議（2014）「京浜スマートコンビナートの構築に向けて」
公正取引委員会（1972）「エチレン不況に対処するための共同行為の認可について」
公正取引委員会（1974a）「塩化ビニール樹脂製造業者に対する勧告について」
公正取引委員会（1974b）「高圧法ポリエチレンの製造業者に対する勧告について」
公正取引委員会（1974c）「ポリプロピレン及び中低圧法ポリエチレンの製造業者らに対する勧告について」
公正取引委員会事務局（1974）「警告書」
小林喜光・橘川武郎（2013）『危機に立ち向かう覚悟──次世代へのメッセージ』化学工業日報社
小宮隆太郎（1975）『現代日本経済研究』東京大学出版会
小宮隆太郎（1984）「序章」小宮隆太郎・奥野正寛・鈴村興太郎編『日本の産業政策』東京大学出版会
小宮隆太郎・奥野正寛・鈴村興太郎編（1984）『日本の産業政策』東京大学出版会
小宮山涼一（2005）「最近の原油価格高騰の背景と今後の展望に関する調査」日本エネルギー研究所
佐藤恒巳（1964）『石油化学の企画と経営』化学経済研究所
産業構造審議会化学工業部会石油化学産業体制小委員会（1982）「石油化学工業の産業体制整備のあり方について」
産業構造審議会化学工業部会石油化学分科会（1973）「産業構造審議会化学工業部会報告書」
産業構造調査会化学工業部会（1963）「有機化学小委員会総論」
JSR株式会社総務部社史担当・日本経営史研究所編（2008）『可能にする，化学を。──JSR50年の歩み』
資源エネルギー庁（2014）「石油精製業の市場構造に関する調査報告」
四宮正親（2004）「貿易・資本の自由化への対応」経営史学会編『日本経営史の基礎知識』有斐閣
島本実（2001）「資源集中による間隙」『組織科学』第34巻第4号
島本実（2009）「化学企業の参入・撤退分析」一橋大学日本企業研究センター編『日本企業研究のフロンティア』5号，有斐閣
島本実（2012）「高機能材のイノベーション」橘川武郎・島本実・鈴木健嗣・坪山雄樹・平野創『出光興産の自己革新』有斐閣
清水洋（2002）「『意図せざる結果』からみた企業活動」米倉誠一郎編『企業の発展』八千代出版
下谷政弘（1982）『日本化学工業史論』御茶の水書房
下野克己（1987）『戦後日本石炭化学工業史』御茶の水書房

重化学工業通信社『日本の石油化学（各年度版）』重化学工業通信社
重化学工業通信社（1994）『石油化学製品データブック1994年版』重化学工業通信社
常陽地域研究センター（2014）「鹿島臨海工業地帯の現状と展開」『JOYO ARC』2014年6月号
昭和電工株式会社化学製品事業本部編（1981）『昭和電工石油化学発展史』
城山三郎（1975）『官僚たちの夏』新潮社
信越化学工業株式会社広報部編（2009）『信越化学工業80年史』
信越化学工業株式会社社史編纂室編（1992）『信越化学工業社史』
住友化学株式会社（2009）「「ペトロ・ラービグ社」の対外公表内容のお知らせ」2009年4月9日
住友化学株式会社（2015）「ペトロ・ラービグ社のラービグ第2期計画に関するプロジェクト・ファイナンス契約調印について」2015年3月17日
住友化学工業株式会社編（1981）『住友化学工業株式会社史』
住友化学工業株式会社編（1997）『住友化学工業最近二十年史』
石油化学技術懇談会（1955）「石油化学工業化技術について——石油化学技術懇談会提出議題の検討結果」
石油化学協調懇談会（1964）「第1回石油化学協調懇談会資料」
石油化学協調懇談会（1965a）「第2回石油化学協調懇談会資料」
石油化学協調懇談会（1965b）「第3回石油化学協調懇談会資料」
石油化学協調懇談会（1966a）「第4回石油化学協調懇談会資料」
石油化学協調懇談会（1966b）「第5回石油化学協調懇談会資料」
石油化学協調懇談会（1967a）「第6回石油化学協調懇談会資料」
石油化学協調懇談会（1967b）「第7回石油化学協調懇談会資料」
石油化学協調懇談会（1968）「第8回石油化学協調懇談会資料」
石油化学協調懇談会（1969）「第9回石油化学協調懇談会資料」
石油化学協調懇談会（1970）「第10回石油化学協調懇談会資料」
石油化学協調懇談会（1971）「第11回石油化学協調懇談会資料」
石油化学協調懇談会（1972）「第12回石油化学協調懇談会資料」
石油化学協調懇談会（1973）「第13回石油化学協調懇談会資料」
石油化学協調懇談会（1974）「第14回石油化学協調懇談会資料」
石油化学協調懇談会政策委員会（1970）「エチレン製造設備新設計画関係資料」
石油化学協調懇談会中・低圧法ポリエチレン分科会（1966）「石油化学協調懇談会中・低圧法ポリエチレン分科会の結論について」
石油化学協調懇談会中・低圧法ポリエチレン分科会（1969）「石油化学協調懇談会中・低圧法ポリエチレン分科会の結論について」
石油化学工業協会（1973）「エチレン社長会について」
石油化学工業協会（1964a）「特定産業臨時措置法の成立についての要望書」
石油化学工業協会（1964b）「石油化学協調懇談会の設置について」
石油化学工業協会（2014）『石油化学工業の現状』

石油化学工業協会（2015）『石油化学ガイドブック（改訂5版）』
石油化学工業協会編（1971）『石油化学工業10年史』
石油化学工業協会編（1981）『石油化学工業20年史』
石油化学工業協会編（2008）『石油化学の50年　年表でつづる半世紀』
石油化学工業協会アクリルニトリル委員会（1967）「アクリルニトリル需要推定」
石油化学工業協会アルコール・ケトン委員会（1967）「アセトン・ブタノール・2エチルヘキサノール・ヘプタノール需要推定」
石油化学工業協会需要測定研究会プロピレンオキサイド分科会（1967）「プロピレンオキサイド需要推定」
石油化学工業協会石油化学工業体質改善懇談会（1971）「石油化学工業の体質に関する提言」
石油化学工業協会総務委員会石油化学工業30年のあゆみ編纂ワーキンググループ編（1989）『石油化学工業30年のあゆみ』
石油化学工業協会中・低圧法ポリエチレン委員会（1964）「中・低圧法ポリエチレン需要推定」
石油化学工業10年史編集委員会編（1971）『石油化学工業10年史』
石油化学産業競争力強化問題懇談会（2000）「石油化学産業競争力問題懇談会報告書」経済産業省
石油コンビナート高度統合運営技術研究組合（2003）「石油精製高度統合運営技術開発事業実施概要」
石油コンビナート高度統合運営技術研究組合（2010）「石油精製高度機能融合技術開発事業実施概要」
仙波恒徳（1992）「わが国石油化学工業の発展と"行政指導"の役割」『九州産業大学商經論叢』第33巻第13号
総務省統計局（2013）『世界の統計2013』
大東英祐（2014a）『化学工業Ｉ　化学肥料』日本経営史研究所
大東英祐（2014b）『化学工業Ⅱ　石油化学』日本経営史研究所
ダイヤモンド社編（1974）『石油化学工業』ダイヤモンド社
武田晴人（2008）『高度経済成長』岩波新書
田島慶三（2014）『世界の化学企業』東京化学同人
チッソ株式会社編（2011）『風雪の百年』
千葉県・エネルギーフロントランナーちば推進戦略策定委員会（2007）「エネルギーフロントランナーちば推進戦略」
通商産業省（1955）「石油化学工業の育成対策」
通商産業省（1956）「石油化学企業化計画の処理に関する件」
通商産業省（1964）「石油化学協調懇談会の設置について（回答）」
通商産業省（1983）「設備処理　データ編」
通商産業省化学工業局（1967）「ナフサセンターの新設の場合の基準変更の趣旨について」
通商産業省化学工業局（1970）「第10回石油化学協調懇談会の決定事項の趣旨について」
通商産業省化学工業局（1972）「エチレン不況カルテルの認可について」

通商産業省化学工業局監修（1970）『化学工業──現状分析と展望』化学工業日報社
通商産業省化学工業局化学第一課（1969）「30万ｔエチレン設備を有するモデル石油化学センターの経営計算試算」
通商産業省企業局編（1970）『主要産業の設備投資計画（昭和45年版）』大蔵省印刷局
通商産業省軽工業局（1954）「石油化学育成要綱」
通商産業省軽工業局（1959）「石油化学工業企業化計画の処理方針について」
通商産業省軽工業局（1964a）「石油化学協調懇談会の設置について」
通商産業省軽工業局（1964b）「大阪地区における石油化学コンビナート計画の統合について」
通商産業省大臣官房統計部『化学工業統計年報（各年版）』
通商産業省・通商産業政策史編纂委員会編（1990）『通商産業政策史』第6巻
鶴田俊正（1982）『戦後日本の産業政策』日本経済新聞社
鶴田俊正（1984）「高度成長期」小宮隆太郎・奥野正寛・鈴村興太郎編『日本の産業政策』東京大学出版会
寺田隆至（1990）「特振法案廃案後の産業政策と石油化学工業」『大阪市大論集』第61号
デンカ60年史編纂委員会編（1977）『デンカ60年史』
東燃石油化学株式会社編（1977）『東燃石油化学十五年史』
徳久芳郎（1995）『化学産業に未来はあるのか──フォーカス戦略が活路を拓く』日本経済新聞社
徳山曹達70年史編纂委員会編（1988）『徳山曹達70年史』
徳山大学総合経済研究所編（2002）『石油化学産業と地域経済』山川出版社
中村真悟（2014）「石油化学工業における多品種大量生産プロセスの成立と展開」『社会システム研究』第28号
中村隆英（1978）『日本経済──その成長と構造』東京大学出版会
中村隆英（2002）「石油化学コンビナート」徳山大学総合経済研究所編『石油化学産業と地域経済』山川出版社
西野浩介（2012）「日本のエレクトロニクス産業──危機に直面する産業から読み取れるもの」戦略レポート，三井物産戦略研究所
日産化学工業株式会社編（2007）『百二十年史』
日本化学工業協会（2012）『温室効果ガス削減に向けた新たな視点』
日本化学工業協会（2013）「日本化学工業協会における地球温暖化対策の取組」
日本化学工業協会（2015）『グラフでみる日本の化学工業2015』
日本化学工業協会創立50周年記念事業実行委員会記念誌ワーキンググループ編（1998）『日本の化学工業50年のあゆみ』
日本化学繊維協会編（1974）『日本化学繊維産業史』
日本経営史研究所編（2002）『旭化成八十年史』
日本経済新聞社編（1979）『石油化学工業』日本経済新聞社
日本経済調査協議会編（1967）「わが国の産業再編成」
日本石油化学株式会社社史編さん委員会編（1987）『日本石油化学三十年史』

日本総合研究所調査部（2012）「進展する貿易・経常収支構造の変化と日本型・投資立国モデル」
沼上幹（2000）『行為の経営学』白桃書房
橋本規之（2002）「『産構法』に基づく設備処理と共同行為――石油化学工業のケース」『経営史学』第 37 巻第 3 号
橋本規之（2010）「高度成長期日本の産業政策と設備投資調整」『歴史と経済』第 206 号
橋本規之（2011）「化学産業」山崎志郎編『通商産業政策史 6　基礎産業政策 1980-2000』経済産業調査会
原茂（2012）「日本初の石油化学工場」『化学工学』第 76 巻第 1 号
原陽一郎（1969）「わが国石油化学工業の将来――昭和 60 年エチレン 1500 万トン」石油化学工業協会編『石油化学工業の将来』石油化学工業協会
林喜世茂（1970）『巨大化する石油化学』横川書房
日立化成工業株式会社社史編纂委員会編（1982）『日立化成工業社史』
平井岳哉（1998）「エチレン 30 万トン基準の設定と企業行動についての一考察」『慶應経営論集』第 15 巻第 2 号
平井岳哉（2013）『戦後型企業集団の経営史』日本経済評論社
平川芳彦（1986）『石油化学工業外史』石油経済ジャーナル社
平野創（2008a）「設備投資調整の逆機能」一橋大学博士学位取得論文
平野創（2008b）「石油化学産業における設備投資調整」『経営史学』第 43 巻第 1 号
平野創（2010）「規制行政下での企業成長」沼上幹・軽部大・島本実監修『日本企業研究のフロンティア⑥』有斐閣
平野創（2012）「出光石油化学の統合と企業連携」橘川武郎・島本実・鈴木健嗣・平野創『出光興産の自己革新』有斐閣
平野創（2013）「連携によらないコンビナート強化」稲葉和也・橘川武郎・平野創『コンビナート統合』化学工業日報社
平松博久（1980）「石油化学工業のこの一年」『化学経済』1980 年 4 月号
藤本隆宏・桑嶋健一（2002）「機能性化学と 21 世紀のわが国製造業」機能化学産業研究会編『機能性化学――価値提案型への挑戦』化学工業日報社
藤本隆宏・桑嶋健一編（2009）『日本型プロセス産業』有斐閣
藤原一郎（1970）「今後の石油化学工業の展望」『化学経済』1970 年 9 月号
松島茂・株式会社ダイセル（2015）『ダイセル式生産革新はこうして生まれた』化学工業日報社
松島茂・西野和美編（2010）『朝倉龍夫　オーラル・ヒストリー』法政大学イノベーション・マネジメント研究センター
丸善石油化学株式会社 50 年史編纂委員会編（2009）『丸善石油化学五十年のあゆみ』
丸善石油化学株式会社 30 年史編纂委員会編（1991）『石油化学とともに 30 年』
水口和寿（1980a）「大型化時代における我国石油化学工業資本の展開（上）」『九州産業大学商經論叢』第 22 巻第 1 号
水口和寿（1980b）「大型化時代における我国石油化学工業資本の展開（中）」『九州産業大学

商經論叢』第 22 巻第 2 号
水口和寿（1981）「大型化時代における我国石油化学工業資本の展開（下）」『九州産業大学商經論叢』第 22 巻第 4 号
水口和寿（1999）『日本における石化コンビナートの展開』愛媛大学法文学部総合政策学科
みずほ銀行調査部編（2015）「特集：欧州の競争力の原泉を探る」第 50 巻第 2 号
三井化学株式会社（2003）「スチレンモノマー事業の譲渡について」2003 年 10 月 8 日
三井化学株式会社（2013）「京葉エチレン株式会社からの離脱について」2013 年 2 月 1 日
三井化学株式会社（2015）「三井化学　台湾セントロニック社子会社に出資」2015 年 12 月 24 日
三井石油化学工業株式会社編（1978）『三井石油化学工業 20 年史』
三井石油化学工業株式会社社史編纂室編（1988）『三井石油化学工業 30 年史』
三井東圧化学株式会社社史編纂委員会編（1994）『三井東圧化学社史』
三菱化学四日市事業所（2005）「積極的な事業誘致活動を始めました！」『ときめき化学 21』11 号
三菱化成工業株式会社総務部臨時社史編纂室編（1981）『三菱化成社史』
（株式会社）三菱ケミカルホールディングス（2012）「鹿島事業所における基礎石油化学事業の構造改革に関するお知らせ」2012 年 6 月 11 日
（株式会社）三菱ケミカルホールディングス（2013）「水島地区エチレンセンター集約検討の進捗について」2013 年 8 月 3 日
三菱 UFJ リサーチ＆コンサルティング（2012）「日本経済ウォッチ（2012 年 10 月号）」
三菱油化株式会社 30 周年記念事業委員会編（1988）『三菱油化三十年史』
宮本又郎・阿部武司・宇田川勝・沢井実・橘川武郎（1995）『日本経営史』有斐閣
三和元（2016）『日本のアルミニウム産業』三重大学出版会
三輪芳朗（1990）『日本の企業と産業組織』東京大学出版会
森川英正監修（1977）『戦後産業史への証言　二　巨大化の時代』毎日新聞社
矢野恒太記念会編（2010）『データでみる県勢――日本国勢図会地域統計版　2011 年盤（第 20 版）』
山崎広明（2004）「序章」経営史学会編『日本経営史の基礎知識』有斐閣
山崎志郎（2010）「石油化学工業における投資調整」原朗編『高度成長始動期の日本経済』日本経済評論社
山田省二（1970）『石油と石油化学』大日本図書
湯沢威（2009）「イギリス化学企業の盛衰――ICI による選択と集中の末路」湯沢威・鈴木恒夫・橘川武郎・佐々木聡編『国際競争力の経営史』有斐閣
米倉誠一郎（1991）「鉄鋼」米山伸一・下川浩一・山崎広明編『戦後日本経営史』第 I 巻，東洋経済新報社
渡辺徳二編（1973）『戦後日本化学工業史』化学工業日報社

英語文献

Callon, S.（1995）*MITI and the Breakdown of Japanese High-Tech Industrial Policy 1975-1993*,

Stanford University Press.
Clark, B. and Fujimoto, T.（1991）*Product Development Performance : Strategy, Organization, and Management in the World Auto Industry*, Harvard Bussiness School Press（田村明比古訳『製品開発力』ダイヤモンド社，1993 年）．
Fujimoto, T.（1999）*The Revolution of a Manufacturing System at Toyota*, Oxford University Press.
Ghemawat, P.（1989）"Capacity Expansion in the Titanium Dioxide," *Journal of Industrial Economics*, Vol. 33, pp. 145-163.
Gilbert, R. and Lieberman, M.（1987）"Investment and Coordination in Oligopolistic Industries," *RAND Journal of Economics*, Vol. 18, pp. 17-34.
Grune, G., Lockemann, S., Kluy, V. and Meinhardt, S.（2014）*"Business Process Management within Chemical and Pharmaceutical Industries,"* Springer.
Johnson, C.（1982）*MITT and the Japanese Miracle : Growth of Industrial Policy*, Stanford University Press（矢野俊比古監訳『通産省と日本の奇跡』TBS ブリタニカ，1984 年）．
Kikkawa, T., Hirano, S., Itagaki, A. and Okubo, I.（2014）"Voluntary or Regulatory? Comparative Business Activities to Mitigate Climate Change," *Hitotsubashi Journal of Commerce and Management*, Vol. 48, No. 1, October 2014, pp. 55-80.
Lieberman, M.（1987a）"Strategies for Capacity Expansion," *Sloan Management Review*, Vol. 28, pp. 23-45.
Lieberman, M.（1987b）"Post-entry Investment and Market Structure in Chemical Processing Industries," *RAND Journal of Economics*, Vol. 18, pp. 533-549.
Magaziner, Ira C. and Thomas, M.（1981）*Japanese Industrial Policy*, Institute of International Studies, University of California.
Okimoto, D. I.（1989）*Between MITI and the Market*, Stanford University Press（渡辺敏訳『通産省とハイテク産業』サイマル出版，1991 年）．
Porter, M.（1980）*Competitive Strategy*, Free Press（土岐坤・中辻萬治・服部照夫訳『競争の戦略』ダイヤモンド社，1982 年）．
Porter, M.（1990）*The Competitive Advantage of Nations*, The Free Press（土岐坤・中辻萬治訳『国の競争優位』上・下，ダイヤモンド社，1992 年）．
Smiley, R.（1988）"Empirical Evidence on Strategic Entry Deterrence," *International Journal of Industrial Organization*, Vol. 6, pp. 167-180.
Ulrich, T.（1995）"Product Architecture in the Manufacturing Firm," *Research Policy*, Vol. 24, pp. 419-440.
U.S. Department of Commerce（1972）*Japan : Government-Business Relationship*（米国商務省『日本株式会社』TBS ブリタニカ，1974 年）．
Vestal, J.（1993）*Planning for Change : Industrial Policy and Japanese Economic Development 1945-1990*, Clarendon Press.

資　料

「思い出の一コマ」『通産新報』1980 年 7 月 25 日号

「企業変革度ランキング」『日経ビジネス』2002年7月8日号
「技術を創る（第3回）・テラバイト実現の立役者は最後発のディスクメーカー──ハードディスク昭和電工」『日経WinPC』2009年7月号
「基盤技術とすり合わせ，主要材料は日本が席巻」『週刊東洋経済』2008年11月22日号
「事業鳥瞰図・世界で戦える競争力を維持，強化──昭和電工大分石化コンビナート」『化学経済』2005年7月号
「昭和電工，中計初年度に目標を超過達成」『化学経済』2007年1月号
「人物インタビュー」『ダイヤモンド』1967年7月3日号
「人物インタビュー」『ダイヤモンド』1967年11月6日号
「製品・業種編」『化学経済』2010年3月臨時増刊号
「世界トップシェアへの道〜交換膜事業〜」『化学経済』2007年10月号
「世界見ない民と官」『日経ビジネス』2010年8月2日号
「大企業が教えを請う"ダイセル式"カイゼン活動」『週刊東洋経済』2008年11月1日号
「多角化路線と決別」『日経ビジネス』1999年8月2日・9日号
『ダイヤモンド』1967年12月4日号
「中国需要で神風吹くが再編必至の石油化学」『週刊東洋経済』2009年4月18日号
「中東勢台頭で高まる石化業界の再編機運」『週刊東洋経済』2008年12月6日号
「特集・わが社の設備投資──昭和電工」『化学経済』2005年10月号
「トップインタビュー・旭化成社長藤原健嗣氏──システム型ビジネスで新社会構想に貢献」『化学経済』2010年8月号
「トップインタビュー・昭和電工社長高橋恭平氏──"成長のスパイラル"キーワードは1つのPと5つのC」『化学経済』2005年6月号
「トップインタビュー・住友化学工業社長米倉弘昌氏──真に存在感のあるグローバル・ケミカルカンパニーへ」『化学経済』2003年10月号
「トップインタビュー・三井化学社長藤吉健二氏──新のグローバル企業へ，得点力を高める」『化学経済』2005年8月号
「「分散と融合」で創造」『日経ビジネス』2010年3月22日
「三井化学　市況好調，上方修正期待で高値」『日経ビジネス』2007年10月22日号
「三井化学　シビアな業績管理奏功，リストラ軌道に」『日経ビジネス』1999年10月25日号
『化学工業白書』各年版，化学工業日報社
『石油化学工業年鑑』各年度版，石油化学工業新聞社
『日本の石油化学』各年版，重化学工業通信社
住友化学株式会社愛媛工場，大江工場案内資料
三井化学株式会社岩国大竹工場案内資料

Webサイト

化学工学会「Web版化学プロセス集成」(http://www3.scej.org/education/)（2015年11月29日閲覧）

経済産業省ホームページ「三井化学　岩国大竹工場の生産革新」(http://www.meti.go.jp/policy/mono_info_service/mono/chemistry/6mitui.pdf)（2016年2月1日閲覧）
石油化学工業協会ホームページ（https://www.jpca.or.jp）（2016年1月8日閲覧）
セントラル硝子ホームページ（https://www.cgco.co.jp/company/history.html）（2016年2月1日閲覧）
三井化学ホームページ（http://jp.mitsuichem.com/techno/labo_06.htm）（2012年9月24日閲覧）

あとがき

　本書は，筆者が修士課程1年次より15年間続けた化学産業に関する研究の集大成である。化学産業を研究対象とした理由は，多角化戦略を研究テーマに定めた際に，技術を利用して多種多様な事業展開が可能であるという化学産業の特徴に興味を持ったことによる。また，研究を開始してすぐに伊丹敬之先生の『日本の化学産業——なぜ世界に立ち遅れたのか』に触れたことも大きい。「多くの日本の製造業が国際的に飛躍している中で，なぜ化学産業はそうした製造業と比較してその発展が一歩遅れているのか」，「産業規模が大きいにもかかわらず，国際的な巨大企業が存在しないのはなぜか」といった素朴な疑問は頭を離れなかった。そして，伊丹先生は同書の中で化学産業のことを「遅れてきた男たち」と表現されているが，遅れはしたとしてもやがてこの遅れてきた男たちは他の製造業のように飛躍をするのか，まだ駆け出しの研究者であった私はそれを確かめてみたくなった。このようにして化学産業の研究に着手し，化学製品がその用途を開発後に探索するように，私自身も研究を進める中で研究の方向性を探索していった。研究を重ねるにつれ，我々の生活が化学の力によって支えられていることを深く実感した。そして，橘川武郎先生と共に『化学産業の時代——日本はなぜ世界を追い抜けるのか』を執筆する中で，実際に遅れてきた男たちが2000年代にやって来つつある（かなりの発展を遂げつつある）姿を捉えることができた。本書を執筆する中で改めて伊丹先生の著作を拝読し，出版から20年を過ぎてもその分析は色あせていないことを再認識した。

　本書を上梓するまでには，多くの先生方にお世話になった。特に一連の研究が本書として結実するに至る過程において，東京理科大学の橘川武郎先生に多大なるご指導，ご支援を賜ったことについてお礼申し上げなければならない。先生が2007年春に一橋大学大学院商学研究科へと着任されて以来，2015年春に退官されるまでゼミに参加させていただいた。先生のゼミに参加することによって，研究をいかにして成果（論文）として結実させるのかという点を学ぶ

ことができた。それだけでなく，先生が参加される審議会や講演，調査へ同行させていただく機会を得たと同時に化学産業に関わる多くの方々をご紹介いただいた。また，前述の書籍を含め，化学産業に関する書籍を一緒に執筆する機会も与えてくださり，私の化学産業に関する研究は広がりを見せた。こうした機会を与えてくださった先生に深くお礼申し上げたい。

　また，在学していた一橋大学大学院においては，多数の先生に大変お世話になった。加藤俊彦先生には，一橋大学で学ぶ機会を与えていただき，研究者としての入り口を用意していただくとともに，緻密な文書の書き方なども教えてくださったことに厚くお礼申し上げたい。また島本実先生には，博士課程2年の時より，現在に至るまで大変お世話になっている。先生には，研究の進め方，学会発表の仕方など研究者としての基本を徹底的に教えていただいた。特に，博士課程2年次には毎週先生の研究室で2時間近くも個人指導をしていただき，大変感謝している。

　他にも一橋大学においては，講義等を通じて多数の先生方にご指導いただいた。佐久間昭光先生には経済学を基礎から教えていただき，伊丹敬之先生には研究者として必要となる論理的思考の進め方や議論の仕方，論文の主題を読み取る重要性，鈴木良隆先生からは史料を解釈し議論を展開する方法，沼上幹先生からは研究書の読み方や深い思考の仕方について教えていただいた。また，博士課程1年次にゼミで指導いただいた軽部大先生からはイノベーションに関する議論を体系的に学ぶだけでなく，共著で鉄鋼業のイノベーションに関するケース研究を執筆する機会も頂いた。このように一橋大学の諸先生方から講義を通じて多くのことを様々な形で学ぶことができたのは，私にとって貴重な経験である。同時に，私が所属した加藤ゼミ，軽部ゼミ，島本ゼミ，橘川ゼミの諸先輩，同期，後輩の方々にも大変お世話になった。中でも8年にもおよび出席した橘川ゼミの皆さんからは，貴重なご意見，ご助言を頂戴したことへ特別の感謝を申し上げたい。また，本書第I部の初出である博士学位取得論文を執筆した際には，山藤竜太郎さん（横浜市立大学）と山内雄気さん（同志社大学）のお二人に論文原稿を全編にわたって読んでいただき，コメントを頂くと共に修正点を指摘していただいた。

さらに，経営史学会，社会経済史学会などの複数の学会を通じて，多数の先生方にご指導を頂いたことについてお礼申し上げたい。武田晴人先生（東京大学），平井岳哉先生（獨協大学），松島茂先生（東京理科大学）には，学会報告の際に司会を務めていただくとともに，報告した研究に対して貴重なご助言を賜った。論文の査読に際しても，長谷川信先生（青山学院大学），淺羽茂先生（早稲田大学），清水剛先生（東京大学）など多くの先生方にお世話になった。また，山口大学の稲葉和也先生には共著の執筆やコンビナート関連の調査などでご一緒させていただいたことについて感謝したい。京都大学の黒澤隆文先生はじめ科研費プロジェクト「地域の競争優位」のメンバーの先生方にもお礼申し上げたい。経営史学会の先生方には，様々な形でお世話になり続けており，この場を借りて厚くお礼申し上げるとともに，紙幅の関係から個別にお名前を挙げられないことをお詫びしたい。

 同時に本書の執筆に際しては，実務家，行政関係の方々に多大なるご支援を頂いた。金成宏氏（元化学工業日報社「化学経済」編集室長）には，資料の閲覧等で多大なるご支援を頂いた。小林昭生氏（元住友化学工業副社長）には，1960年代の需要予測法から始まり，その後の化学産業の展開について様々な貴重なお話を伺うことができた。また，第7章の執筆に際しては，訪問した2012年当時に住友化学愛媛工場長であった小中力氏，三井化学岩国大竹工場長であった原茂氏および両工場の方々にお世話になった。この他にも，エチレンセンター各社を含む多数の化学企業の方々に，工場見学やヒアリングに応じていただくなどした。業界団体では特に能村郁夫氏（石油コンビナート高度統合運営技術研究組合研究主幹）には，ヒアリングや資料の収集に際して大変お世話になり，深くお礼申し上げたい。また，岩井篤氏（石油化学工業協会専務理事），百瀬千尋氏（同総務部次長）にも資料の提供等でご支援を頂いた。古関恵一氏（東燃ゼネラル石油中央研究所戦略企画・調査部長）には近隣分野でエネルギー関連の話を伺う機会を多数頂いた。さらに，行政関係では経済産業省化学課，資源エネルギー庁石油精製備蓄課，中国経済産業局，茨城県，神奈川県，岡山県，山口県，大分県，川崎市，四日市市，倉敷市，周南市の皆様方にもお世話になった。成城大学への着任以降の数年間でお会いして名刺を頂いた方々は700

名を超え，お会いしたすべての方々に感謝申し上げたい。

なお，本書は筆者がこれまでに行った研究をまとめたものであり，特に第Ⅰ部は博士学位取得論文（『投資調整による設備過剰の発生――石油化学工業の史的考察を通じて』一橋大学大学院商学研究科博士学位取得論文，2008年）に基づいている。その他，書き下ろし以外の各章の初出論文について詳細に述べれば以下の通りである。ただし，いずれの章も大幅な加筆修正を行った。

第2章　「石油化学協調懇談会による初期の設備投資調整――エチレン年産10万トン基準に基づく調整過程」（『一橋商学論叢』第5巻第1号，2010年）

第3章　「石油化学産業における設備投資調整――エチレン年産30万トン基準の制定と運用」（『経営史学』第43巻第1号，2008年）

第4章　「石油化学工業における投資調整と設備過剰の深化――不況カルテル締結後の投資活動とその帰結（1972～85年）」（『社会経済史学』第77巻第1号，2011年）

第5章　「設備投資調整の逆機能――石油化学工業における設備投資調整の事例研究」（『組織科学』第43巻第1号，2009年）

第6章　「化学企業の収益分析――斜線型とワの字型の収益構造」（『化学経済』第58巻第8号，2011年）

第7章　「成熟期へと移行したエチレン製造業――設備能力拡大競争から企業合併・集約化の時代へ」（『化学経済』第60巻第13号，2013年）
　　　　「第7章　連携によらないコンビナートの強化」（稲葉和也・橘川武郎・平野創『コンビナート統合――日本の石油・石化産業の再生』化学工業日報社，2013年）

第8章　「第5章　エチレンメーカーの機能品へのシフト」（橘川武郎・平野創『化学産業の時代――日本はなぜ世界を追い抜けるのか』化学工業日報社，2011年）

第9章　「政府・企業間関係の類型と産業発展のダイナミズム――石油化学工業の事例に基づいて」（『組織科学』第46巻第3号，2013年）

終　章　「コンビナート改革の視点」（『化学経済』第61巻第11号，2014年）

本書は成城大学経済学部学術図書出版助成を受けて刊行される。成城大学の

諸先生方，経済学部研究事務室および研究機構事務室の皆様には大変お世話になっており，感謝の意を表したい。また，研究の遂行に際しては，研究代表者としてJSPS科研費25780221（若手研究B：日本の石油化学工業史），JSPS科研費16K17155（同：日本のコンビナートの歴史的考察），研究分担者としてJSPS科研費23243055（基盤研究A：地域の競争優位，代表：黒澤隆文）の助成を受け，本書はそれらの研究成果の一部である。

本書の刊行に際しては，名古屋大学出版会にお世話になった。同出版会の三木信吾さんには，本書の構成，内容等に関して多数のご助言を頂いた。三木さんの助言はいずれも的確で重要なものであった。そうした過程を通じ，執筆を続ける中で筆者は単著の書き方を学んだように思う。また，長畑節子さんには何度も丁寧な校正をしていただいた。名古屋大学出版会の皆様に厚くお礼申し上げたい。

本書で述べたように，日本の化学産業の競争力はゆっくりと，しかしながら着実に高まり，国際的にもその存在感は増している。他方で，安価な原料と大規模設備を用いて中東や米国において生産されるコスト競争力のある化学品との競合や電子材料を中心とした機能性化学領域における新興国の追随といった状況も発生しており，日本の化学産業の今後は必ずしも楽観視はできない。しかし，これまでも日本の化学企業は幾度もの困難に直面し，その荒波を乗り越えてきた。こうした過去の経験を活かし，化学産業の時代が日本に訪れることを真摯に願っている。

最後に私の研究生活を支えてくれた両親に感謝したい。土日や休日問わず研究活動等で忙しい生活を送る私に，父と母は惜しみない援助を差し伸べてくれた。両親の援助なくしては，本書が無事に完成することはなかった。いつも健康に過ごせるように気遣い，様々な相談にも応じてもらった。今後はもう少し親孝行ができればと思っている。また，離れて暮らす弟と話すことも良い気分転換になり，ありがたいものであった。本書を両親と弟に捧げたい。

2016年6月

平野　創

図表一覧

図序-1	5大産業付加価値シェア（1985～2010年）	4
図序-2	主要製品・部材の市場規模と日本企業の世界シェア（2007年）	5
図序-3	エチレン生産量（1958～2013年）	7
図序-4	貿易特化係数の推移（1980～2010年）	9
図序-5	石油化学産業の構造	13
図序-6	エチレン製造設備の概略フロー	15
図序-7	ナフサ熱分解生成物	18
図1-1	日本のエチレン製造拠点と生産能力	46
図1-2	石油化学専業企業6社の売上高利益率（第2期計画完了時まで，1959～64年）	64
図2-1	基準年の差異による認可枠の変化	87
図2-2	エチレン生産量とエチレン需要予測（1958～69年）	98
図2-3	エチレン需要予測の比較	102
図3-1	実現された生産能力と推定必要能力	126
図4-1	エチレン生産能力，エチレン生産量，産構法後の残存能力（1967～80年）	163
図4-2	過剰分の設備の形成時期（1972／83／85年）	163
図4-3	月別エチレン設備稼働率（1972年4月～75年3月）	170
図4-4	エチレン設備稼働率とエチレンセンター12社平均売上高利益率（1971～82年）	178
図6-1	高収益企業（売上3000億円以上）の売上高，営業利益の推移（2000～09年）	238
図6-2	一般企業（売上高上位5社）の売上高，営業利益の推移（2000～09年）	240
図6-3	エチレンセンター企業の売上高，営業利益の推移（2000～09年）	241
図6-4	住友化学セグメント別売上高，営業利益の推移（2000～09年度）	243
図6-5	旭化成セグメント別売上高，営業利益の推移（2000～09年度）	244
図6-6	三井化学セグメント別売上高，営業利益の推移（2000～09年度）	244
図7-1	エチレンセンター全社のエチレン設備稼働率と売上高経常利益率（1982～2001年）	254
図7-2	ポリオレフィン（PE，PP）業界の再編状況	260-261
図7-3	JX日鉱日石エネルギーと東燃ゼネラル石油の連携事例	264
図8-1	競争力獲得のプロセス	295
図8-2	住友化学セグメント別売上高，営業利益の推移（2000～09年度）	310
図8-3	旭化成セグメント別売上高，営業利益の推移（2000～09年度）	314
図8-4	三菱化学セグメント別売上高，営業利益の推移（2000～09年度）	317
図8-5	三菱ケミカル機能素材部門と高収益化学企業の売上高，営業利益の比較（2000～09年度）	318

図 8-6	三井化学セグメント別売上高,営業利益の推移（2000～09 年度）	319
図 8-7	東ソーセグメント別売上高,営業利益の推移（2000～09 年度）	322
図 8-8	昭和電工セグメント別売上高,営業利益の推移（2000～09 年）	324
図 8-9	出光興産と丸善石油化学の売上高,営業利益の推移（2000～09 年度）	325
図 8-10	パラキシレン・ベンゼン価格と東燃ゼネラル石油化学事業の利益率（2000～09 年）	328
図終-1	我が国の石油化学製品の将来の需給に影響を及ぼしうる要素とリスクシナリオ I の構成	354
図終-2	我が国の石油化学製品の将来の需給に影響を及ぼしうる要素とリスクシナリオ II の構成	355
図終-3	エチレン製造コストの比較（2012 年）	361
図終-4	国内のエチレン設備の稼働年数	364
図終-5	地域社会への貢献	369
表序-1	産業別出荷額および付加価値額の比較（従業者 10 人以上の事業所）(2014 年)	2
表序-2	化学製品の売上高に見る世界のトップ企業 30（2013 年）	3
表序-3	日本における純利益上位 50 社の業種別構成の推移（1929～2002 年）	6
表 1-1	エチレン製造拠点開設の年表	45
表 1-2	日本曹達の石油化学計画（1950 年）	51
表 1-3	石油化学企業化計画と石油化学工業第 1 期計画における実現計画	53
表 1-4	ポリエチレン需要予測	54
表 1-5	需要予測と供給実績（1959 年）の対比	57
表 1-6	石油化学工業第 2 期計画に向けての各社石油化学計画一覧	60
表 1-7	石油化学工業第 2 期計画でのエチレン設備建設計画と実現動向	62
表 1-8	石油化学製品の価格推移（1959～65 年）	67
表 1-9	エチレンの原価試算例	68
表 1-10	ナフサ分解留分の総合利用状況（1960～65 年）	69
表 2-1	石油化学官民協調懇談会の開催日時および会議の概要（1964～74 年）	81
表 2-2	予測法と需要の前年比伸長率（中・低圧法ポリエチレン）	91
表 2-3	第 3 回協調懇（1965 年）による需要予測および認可枠	93
表 2-4	第 3 回協調懇時点の既存能力および第 3 回協調懇に基づく認可処理	94
表 2-5	10 万トン基準に基づく設備認可,着工,完成一覧	95
表 2-6	第 5 回協調懇（1966 年）による需要予測および認可枠	97
表 2-7	第 5 回協調懇時点の既存能力および第 5 回協調懇に基づく認可処理	99
表 2-8	第 3 回,第 5 回協調懇に基づく設備完成時の需給動向	101
表 2-9	第 6 回協調懇（1967 年）による需要予測	101
表 3-1	各企業のエチレン生産能力シェアの推移（1958～69 年）	109
表 3-2	設備規模別のエチレン原価比較	114
表 3-3	設備完成までの工期,予定と実績値（各社平均）	115

表 3-4	第 7 回協調懇（1967 年）による需要予測および認可枠	120
表 3-5	第 7 回協調懇時点の既存能力および第 7 回協調懇に依拠する認可処理	121
表 3-6	30 万トン基準決定以前の設備建設計画と第 7 回協調懇に依拠する認可の比較	123
表 3-7	第 8 回協調懇（1968 年）による需要予測および認可枠	127
表 3-8	第 8 回協調懇時点の既存能力および第 8 回協調懇に依拠する認可処理	128
表 3-9	第 9 回協調懇（1969 年）による需要予測および認可枠	131
表 3-10	第 9 回協調懇時点の既存能力および第 9 回協調懇に依拠する認可処理	132
表 3-11	設備投資調整の有無による設備投資量比較	135
表 3-12	第 10 回協調懇（1970 年）による需要予測	136
表 3-13	次期エチレン設備大型化構想	136
表 3-14	政策委員会および協調懇の開催日程	137
表 3-15	エチレン設備新設計画（1970 年，第 2 回協調懇政策委員会）	138
表 3-16	主要石油化学製品の生産伸び率（対前年比）(1967〜71 年)	140
表 3-17	第 11 回協調懇（1971 年）による需要予測	146
表 3-18	第 12 回協調懇（1972 年）による需要予測	148
表 3-19	エチレン需要予測と必要能力（1972〜74 年度）	148
表 3-20	ナフサ消費と輸入の推移（1963〜68 年度）	150
表 4-1	第 13 回協調懇（1973 年）による需要予測および認可枠	168
表 4-2	第 14 回協調懇（1974 年）による需要予測	172
表 4-3	1973 年の各社稼働率と増設の有無	181
表 4-4	産構法に基づくエチレンセンター各社の設備処理状況	186
表 4-5	各企業の設備処理の詳細	188
表 6-1	化学系企業の売上高営業利益率推移（2000〜09 年度）	236-237
表 6-2	化学製品の売上高・営業利益に見る世界のトップ企業 10 および日本の大規模・中規模化学企業（2013 年）	247
表 6-3	主要部材における競争の動向	249
表 8-1	化学製品の輸出入金額（2013 年度）	293
表 8-2	エチレンセンター企業の売上高営業利益率の推移（2000〜09 年度）	308
表 8-3	セグメント別の売上高営業利益率の比較（2000〜09 年度通算）	316
表 9-1	東燃石油化学第 1 エチレン設備（1EP）の規模	342
表 9-2	相互パターンの類型	346
表終-1	我が国のエチレン・プロピレンの将来需給動向（ベースケース・リスクシナリオ I，II の比較）	355
表終-2	アジアのナフサクラッカーの生産能力比較	363
表終-3	従業者 1 人当たりの製造品出荷額等の都道府県別ランキング（2008 年）	368

索　引

あ 行

アクリロニトリル　21, 70, 245, 250, 274, 275, 314
朝倉龍夫　229
旭化成　47, 65, 70, 111, 119, 122, 125, 128, 129, 144, 166, 187, 190, 237, 242, 243, 245, 247, 249, 250, 256, 267, 285, 297, 308, 309, 313, 314, 316, 330, 331, 344, 367
　　――ケミカルズ　46, 48, 265, 358
旭硝子　282
旭ダウ　173
旭電化工業（または ADEKA）　52, 235, 237, 247, 295, 316, 347
アジア　222, 254, 259, 261, 279, 284, 292, 293, 353, 354, 361, 362, 366
アダマンタン　326, 327
天谷直弘　84, 113
アルミ製錬　185, 273, 275, 360
アンモニア　19-21, 50, 55, 109, 273, 275, 313
池田亀三郎　71
磯部一充　166
イタリア　63, 69, 109, 151, 191
出光興産　46, 225, 226, 237, 243, 262, 265-267, 308, 321, 325-327, 330, 331, 336
出光石油化学　28, 47, 62, 66, 99, 100, 135, 137, 139, 144, 165, 166, 169, 177, 184, 190, 212, 225, 246, 247, 255, 262, 265, 338, 342, 343, 349
イネオス　245, 269, 270, 272
医薬　10, 20, 56, 192, 193, 243, 245, 269-271, 292, 294, 296, 309-313, 315-317, 319, 331, 349, 358, 367
イラン　182, 224
岩国　47, 56, 67, 150, 247, 253, 277, 279, 285
　　――大竹　46, 47, 173, 258, 273, 277-282, 358
岩国油化　52
岩永巖　113
インテル　300
植村甲午郎　71, 149

浮島石油化学　83, 120-122, 130, 162, 166, 168, 169, 171-174, 176, 177, 180, 182, 189, 212
宇部興産　61, 62, 190, 240, 248, 256, 258, 344
英国　50, 63, 109
液晶（液晶ディスプレイ，液晶パネル，LCDを含む）　4, 12, 229, 239, 248, 249, 275, 280, 281, 292-294, 297-303, 312, 322, 365
エクソン　329
エタン　16, 68, 262, 357, 361, 362, 365
エチレンオキサイド　21, 139, 185, 190, 282, 283
エチレンコスト（エチレン原価，エチレン平均総原価を含む）　61, 84, 111, 113, 139, 361
エチレン社長会（または社長会）　141, 143, 145, 165, 166, 169, 171, 174, 183, 187
エチレン生産能力　31, 63, 67, 121, 126, 128, 137, 151, 162, 179, 187, 191, 192, 255, 261, 262, 266, 268, 270, 274, 356, 357, 360, 363
エチレン生産量　7, 17, 77, 144, 176, 179, 182, 189, 222, 223, 253, 255, 259, 262, 266, 268, 284-286, 353, 355-357
エチレン製造設備（またはエチレン設備）　8, 9, 11-15, 17, 40, 45-48, 56, 61, 63, 66, 80, 83, 85, 97, 99, 100, 103, 108, 110, 113, 117, 126, 132, 133, 136, 137, 142, 144, 146, 147, 152, 154, 164, 166-169, 171, 173-179, 184, 187, 189, 191, 207, 223, 226, 231, 246, 253-258, 262, 266-268, 271, 272, 274, 278, 281-283, 285, 313, 327, 337, 339, 343, 344, 349, 356, 357, 363, 365
エチレンセンター　12, 21, 23, 28, 40, 44, 48, 55, 56, 59, 61, 62, 64, 79, 98, 109, 110, 130, 139, 140, 141, 143, 146, 152, 154, 164, 165, 169, 174, 177-179, 181-184, 187, 189, 193, 222, 224-226, 231, 232, 234, 237, 240-242, 246, 250, 251, 253, 254, 257, 259, 267, 272, 274, 277, 284, 291, 292, 295, 307-309, 312, 313, 315, 316, 319, 321, 323, 329, 331, 335, 356, 359
エチレン年産30万トン基準（または30万トン

基準）　29-32, 38, 76, 82, 86, 100, 102,
　　108, 112-119, 122, 129, 130, 133, 140, 142,
　　146, 153, 161, 162, 173, 176, 189, 196, 204,
　　205, 207, 208, 212, 214-218, 339-341, 351
エチレン年産10万トン基準（または10万トン
　　基準）　76, 82, 85, 86, 88, 92, 93, 99, 102,
　　109, 120, 127, 153, 168, 207, 339, 341
エバール　297
愛媛　→新居浜
エポキシ樹脂　274, 276
塩化ビニル　21, 109, 142, 185, 190, 260, 261,
　　321, 358
欧州　49, 50, 61, 77, 184, 185, 191, 196, 268,
　　269, 271, 294, 296, 297, 300, 305, 340, 361
欧米　48, 78, 80, 152, 230, 246, 248, 249, 254,
　　259, 261, 269, 294, 296, 348, 349, 364, 367
大分（鶴崎を含む）　46, 47, 96, 169, 225, 256,
　　262, 265, 268, 368
大阪（堺を含む）　46, 47, 96, 225
大阪ガス　52
大阪石油化学　47, 63, 92, 95, 96, 99, 100, 118,
　　120, 122, 130, 139, 144, 165, 169, 176, 187
岡藤次郎　140, 141, 143
オレフィン（ポリオレフィンを含む）　21,
　　51, 52, 56, 59, 80, 85, 117, 118, 185, 190, 256,
　　270, 280, 281, 327, 328, 339

か行

カーバイド　20, 109
外資に関する法律（または外資法）　8, 58,
　　79, 80, 103, 114, 122, 123, 146, 148, 149, 154,
　　206, 337
開放経済体制　77, 78
価格競争　33, 209, 306
化学経済　39, 84, 130, 193
化学経済研究所　39
化学工業日報社　39, 223
化学繊維　→合成繊維
化学ビジョン研究会　266
化学用利用率（化学原料としての利用率を含
　　む）　69, 152
学習効果　34, 112
鹿島　45, 47, 136, 165, 169, 223, 225, 226, 246,
　　247, 256-258, 262, 263, 265-267, 282, 340,
　　358
過剰設備　→設備過剰
過剰投資（過剰設備投資を含む）　30, 33, 35-

38, 58, 80, 103, 133, 134, 169, 194, 211, 254,
　338
化成水島　→三菱化成
寡占　108, 112, 125, 131, 153, 205, 228, 250,
　281, 291, 297, 298, 301, 305, 306, 316-318,
　330, 331, 348
過当競争　29, 31, 35, 36, 64, 78, 205, 224
稼働率（操業率を含む）　17, 33, 34, 40, 83,
　85-88, 92, 100, 126, 129, 130, 132, 133, 137-
　143, 146, 148, 161, 165, 167, 169-172, 174-
　182, 185, 189, 196, 209, 212, 223, 254, 267,
　360
カナダ　182, 192, 270
カネカ　227, 248
カプロラクタム　276
カラーフィルター　276, 299, 312, 326
カラーレジスト　294, 313
仮需（仮需要を含む）　165, 166, 169, 182
過燐酸石灰　19
川崎　46-48, 70, 225, 247, 263, 264
川崎スチームネット　265
環境アセスメント　256, 258
韓国　110, 151, 154, 217, 256, 258, 293, 300,
　303, 312, 360, 363
関西石油化学　63, 96
関連産業　14, 52, 58, 178, 237
技術導入　8, 10, 21, 22, 28, 50, 52, 58, 80, 109,
　114, 149
──の自由化（技術の完全自由化を含む）
　8, 80, 148, 149, 154, 173
技術貿易　2, 10
技術輸出　152, 278, 311
基準年　88, 94, 96, 97, 100, 115, 120, 121, 125,
　127, 131, 135, 142, 147, 167, 168
規制　35, 44, 48, 59, 72, 232, 337, 343, 349, 350
基礎化学（基礎製品を含む）　7, 8, 13, 14,
　17, 18, 21, 57, 59, 67, 110, 151, 152, 193, 222,
　229, 230, 232, 234, 242, 245, 250, 251, 253,
　267, 270, 272, 279, 282, 284, 291, 293, 307-
　309, 312, 315, 319-323, 325, 326, 328, 329,
　331, 353, 356, 358, 360-364
機能性化学（機能製品を含む）　4, 8, 11, 14,
　28, 222, 227-232, 234, 242, 248, 269-271,
　279, 286, 291, 292, 294, 301, 304, 305, 309,
　310, 314, 316, 317, 319-327, 330, 331, 353,
　365, 366

索 引 395

規模の経済性　15, 16, 18, 23, 34, 70, 86, 112, 113, 143, 209, 214, 271, 286, 294, 337, 338, 363, 367
逆オイルショック　357
旧財閥系　11, 48, 54, 55, 117, 122, 153, 295, 299, 345
行政指導　8, 61, 96, 128, 149, 154, 172, 256, 358
協調行動　33, 35, 38, 173, 209-211
協調懇　→石油化学官民協調懇談会
共同開発　284, 291, 294, 297, 300, 305
共同投資　110, 111, 118, 119, 122, 124, 125, 169, 173, 183, 257, 285
共販会社　190, 196
協和発酵　51, 341, 347
金融機関　51, 134, 213
クウェート　262
草野操　349
クラレ　235, 237, 246, 247, 295-297, 299, 318
黒川久　174
クロロプレンゴム　194, 365
経済産業省　→通商産業省
経済の自由化　40, 73, 76, 102, 154, 216
京葉エチレン　11, 45, 223, 257, 258, 267, 273, 307
軽量化　320, 321, 367, 370
原油　12, 36, 70, 71, 149, 150, 182, 190, 192, 223, 239, 241, 242, 251, 254, 262, 265, 269, 271, 285, 315, 320, 323, 325, 365
原料　10, 49, 50, 61, 70, 117, 178, 223, 227, 239, 262, 263, 267-271, 274, 348
興亜石油　52, 150
公害　10, 85, 117, 140, 149, 169, 193, 369
高純度アルミナ　275, 360
高純度シリカ　194
高純度テレフタル酸　278, 279
合成ゴム　49, 50
合成樹脂　14, 21, 49, 50, 52, 144, 165, 195, 254, 270, 293, 320
合成繊維　4, 12, 14, 21, 49, 52, 69, 185, 235, 293, 295, 297
合成洗剤　49, 193
合成染料　20, 193, 312
公正取引委員会　143, 171
構造不況　6, 8, 47, 189, 193, 274, 323, 350
高度経済成長（高度成長を含む）　6, 63, 175, 217, 218, 273, 297, 313, 335

後発5社（後発企業，後発各社を含む）　40, 47, 57, 63, 108, 112, 113, 116, 117, 119, 125, 129, 132, 153, 183, 205-207, 216, 315, 338, 340, 342, 349, 350
高付加価値化（高付加価値製品も含む）　10, 11, 152, 185, 193, 196, 234, 235, 239, 240, 251, 270, 274, 275, 282-284, 286, 292, 305, 310, 314, 319, 320, 322, 323, 325, 326, 329, 331, 348, 349, 360
公平性（平等性を含む）　111, 112, 114, 172, 173, 210-212, 217, 218
国際競争力　2, 8-10, 12, 19, 22, 30, 40, 52, 76-78, 80, 85, 98, 102, 103, 108, 110, 111, 113, 116, 117, 125, 131, 153, 205, 215, 216, 227, 231, 232, 234, 246, 250, 254, 265, 266, 273, 285, 286, 291, 292, 297, 305, 330, 342, 349
国産化　48, 49, 51, 52, 56-58, 67, 72, 165, 303, 348
個性派化学　323, 324
コノコ　192, 271
コンデンセート　263, 268
コンビナート　11, 14, 28, 44, 45, 55, 56, 59, 61, 62, 70, 72, 84, 85, 110, 117, 118, 124, 129, 135, 141, 170, 175, 180, 222, 224, 225, 237, 246-248, 262-268, 273, 284, 286, 326, 368
──統合（──連携を含む）　230, 253, 263, 284, 359
──・ルネサンス　224

さ 行

最終製品　1, 14, 22, 49, 195, 239, 293, 294, 301, 302, 320
最低（設備）規模　18, 52, 59, 65, 85, 86, 103, 110, 113, 153, 205, 206, 338-340
サウジアラビア　151, 192, 262, 271, 309, 357, 365
堺　→大阪
先取り戦略（先取り投資，市場の先取りを含む）　33, 34, 40, 108, 112, 113, 116, 119, 121, 153, 205, 214, 216, 303
酢酸エチル　323
佐藤恒巳　17
サムスン　281, 293, 300, 312
産業競争力強化法　6, 8, 11, 329, 353
産業構造　1, 23, 59, 80, 108, 153, 250
産業構造審議会　169, 183-185, 256
産業政策　17, 29, 38, 123, 204, 226, 232, 335,

336
産業の化学化　299, 348
産構法　→特定産業構造改善臨時措置法
30万トン基準　→エチレン年産30万トン基準
山陽エチレン　132, 133, 139, 141, 142, 147, 187
山陽石油化学　125, 144
シェールガス（シェール革命を含む）　268, 271, 354, 357, 362, 365
事業再編（——統合，連携，再構築を含む）　6, 8, 190, 192, 224-226, 232, 253, 260, 261, 265, 269-272, 274, 275, 283
資金調達　85, 117, 134, 212-215
市場を先取り　→先取り戦略
システム（調整——を含む）　39, 40, 54, 72, 76, 83, 86-88, 92, 94-96, 100, 102, 108, 112, 115, 116, 123, 127, 131, 153, 161, 162, 177, 196, 205-208, 211, 216
　互恵——　209, 211
自動車　1, 2, 4, 49, 78, 89, 195, 227, 259, 266, 269-271, 281, 283, 284, 320, 322, 364, 367
篠島秀雄　129, 147, 166
渋沢栄一　344
資本の自由化　77-79, 96, 108-110, 146, 149, 153
シャープ　281, 297
斜線型　238-240, 245, 250, 314, 316
囚人のジレンマ　33, 211, 212
住宅　243, 245, 292, 313-315, 331
周南（周南コンビナートを含む）　28, 32, 46, 47, 225, 247, 262, 263
集約化　8, 10, 29, 79, 108, 110-112, 116, 119, 123, 127, 133, 153, 162, 169, 183, 185, 187, 206, 215, 218, 266, 268, 272, 273, 356, 359
需給ギャップ　130, 149, 164, 171, 207, 225
需要予測（需要推定を含む）　30, 39, 44, 48, 54, 55, 59, 65, 66, 72, 82, 84, 86-91, 93, 97, 100, 102, 103, 111, 115, 116, 119, 122, 124, 125, 129-131, 135, 136, 145-148, 153, 161, 166-168, 171-173, 183, 196, 206, 207, 210, 213, 214, 338, 355, 356, 359
循環炭素化学　370
蒸気　264, 265, 267
昭和石油　52
昭和電工（昭和油化，鶴崎油化を含む）　46, 47, 54, 79, 83, 92, 95, 96, 99, 100, 117, 139, 144, 162, 166, 168-171, 174-180, 184, 187,

189, 190, 212, 256, 257, 262, 268, 285, 307, 308, 321-324, 331, 344, 360, 365
昭和油化　→昭和電工
触媒　68, 194, 270, 279-281, 304
シリカゾル　194
シリコン（シリコンウェハーを含む）　194, 195, 228, 229, 293, 294
信越化学工業　10, 193, 194, 235, 237, 246, 293, 295, 314, 327, 349, 358
シンガポール　309, 324
新興国　230, 291, 299, 301, 303, 305, 331
人工腎臓　315, 368
新大協和石油化学　→大協和石油化学
新日石化学（新日本石油化学を含む）　→日本石油化学
新日鐵化学　96, 227, 248, 329
新日本石油（新日石を含む）　→JX日鉱日石エネルギー
水平・不安定型　238-240, 250
趨勢法　88, 90, 91, 103, 115, 116
鈴木治雄　170
スタンダード・オイル　49
スチレン（スチレンモノマーを含む）　65, 70, 139, 179, 185, 190, 270, 282, 283
スペシャリティケミカル（スペシャリティ化学，特殊化学を含む）　10, 11, 193, 293, 294, 327, 328, 366
住友化学工業（住友化学を含む）　10, 16, 46-48, 50, 51, 54-56, 61, 70, 72, 83, 92, 95, 111, 115, 117, 118, 120, 122, 124, 130-132, 139, 144, 152, 168-171, 174, 176, 184, 187, 189, 190, 193, 214, 215, 223, 225, 237, 242, 243, 245-247, 255-257, 259, 262, 266, 267, 273, 275-277, 281, 284-286, 307-312, 315, 316, 319, 320, 331, 337, 339-341, 347, 358, 360
住友ベークライト　228
摺り合わせ　227, 230, 366
精製部門（精製装置を含む）　13-16, 23, 66, 180, 181, 342
正当性（正当化を含む）　40, 125, 127, 129, 132, 153, 161, 176, 196, 206-208, 211-213
製油所　36, 55, 56, 85, 117, 192, 262, 265, 267, 274, 329
世界同時不況　229, 238, 239, 241, 242, 266, 268, 307, 309, 311, 313, 314, 316, 321, 322, 357
石炭化学（石炭化学工業を含む）　19-21, 58,

索 引　397

59, 152
石炭化学プラント（または CTO）　269, 362
石油化学官民協調懇談会（または協調懇）
　　38-40, 44, 65, 71, 72, 76, 79-88, 90, 92-103,
　　109, 111, 112, 115-120, 122-132, 134-137,
　　139, 140, 142, 145-149, 153, 154, 162, 165,
　　167-169, 171-173, 204, 205, 210, 213-215,
　　338, 339
　　──政策委員会　38, 82, 137, 144-146, 204
　　──分科会　80, 82
石油化学企業化計画の処理に関する件　52,
　　54, 55
石油化学技術懇談会　52
石油化学工業企業化計画の処理方針について
　　59, 61
石油化学工業協会　38, 65, 71-73, 77, 78, 80,
　　81, 89, 113, 117, 130, 131, 138, 140, 147, 151,
　　165, 166, 168, 173, 175, 176, 190, 204, 356,
　　370
石油化学工業の育成対策　52, 59
石油化学工業への殺到　59
石油化学産業調査団　184, 340
石油化学工業第1期計画（または第1期計画）
　　21, 47, 48, 55-59, 63, 67-69, 88, 273, 282,
　　337, 341
石油化学工業第2期計画（または第2期計画）
　　47, 48, 61, 63-67, 69, 277, 337-339, 341, 344
石油危機（またはオイルショック）　10, 47,
　　151, 161, 170, 177, 181, 182, 191, 193, 195,
　　196, 274, 311, 313, 338, 345, 365
石油業　→石油精製
石油業法　71, 149, 150, 336
石油コンビナート高度統合運営技術研究組合
　　225, 253, 263
石油精製（石油精製業を含む）　6, 8, 12, 13,
　　51, 52, 59, 70, 71, 149, 150, 223, 224, 226,
　　232, 262-265, 267, 286, 308, 325, 327-330,
　　336, 347, 356
石油輸出国機構　182
石油連盟　71
石灰窒素　9, 20, 193, 194
設備過剰　8, 9, 11, 22, 29, 30-33, 37-40, 44,
　　72, 73, 76, 78, 82-87, 94, 97, 100, 103, 108,
　　116, 126-129, 139, 141, 142, 147, 148, 151,
　　153, 154, 161, 162, 164-166, 168, 172, 173,
　　175, 177, 178, 180, 181, 183-185, 189, 196,
　　204, 206-211, 214-216, 231, 254, 337, 338,

340
設備稼働率　→稼働率
設備休戦　82, 83, 145, 147, 167
設備投資調整　8-11, 17, 22, 28, 29, 31-33, 35-
　　40, 44, 48, 54, 58, 72, 73, 76, 79, 85-88, 92,
　　102, 103, 108, 116, 125, 134, 142, 146, 148,
　　149, 153, 154, 161, 162, 164, 166, 167, 171,
　　173, 177, 196, 204-206, 208-212, 214-217,
　　285, 337, 338, 342, 343, 371
設備廃棄（または設備処理）　8, 22, 32, 47,
　　87, 161, 162, 164, 177, 181, 183-185, 187,
　　189-192, 207, 223, 231, 253-255, 274, 283-
　　285, 338, 340, 350, 357-359
セパレータ　249, 275, 315, 330, 366, 368
セラミックス　194, 323, 336
セントラル硝子　235, 247
先発企業　→先発4社
先発4社（先発企業，先発各社を含む）　40,
　　47, 63, 70, 108, 115-118, 124, 125, 131, 183,
　　205, 206, 337
操業率　→稼働率
装置産業　9, 33, 140, 208, 209, 212
ソニー　297, 321

た　行

大協和石油化学（新大協和石油化学を含む）
　　47, 62, 92, 95, 96, 99, 100, 119, 122, 132, 134,
　　139, 141-143, 147, 165, 171, 174, 214, 215,
　　247, 255, 321, 338, 341
ダイセル　229, 235, 247, 295, 296, 367
大日本人造肥料　19
大日本住友製薬　311
台湾　110, 151, 154, 256, 300, 317, 324, 363
ダウ・ケミカル　49, 152, 192, 246, 248, 269-
　　271
ダウ・デュポン　271
高峰譲吉　19
多系列　16, 17, 66, 342
多目的試験生産設備　278
単系列　15-17, 66, 180, 342
炭素繊維　4, 318, 321, 326, 370
チッソ　→日本窒素肥料
千葉　16, 46-48, 62, 124, 162, 166, 169, 173,
　　180, 182, 184, 187, 190, 225, 226, 247, 265,
　　267, 274, 344, 358, 359
中国　223, 256, 259, 262, 268, 269, 271, 276,
　　284, 354, 364

中東（中近東を含む）　150, 223, 224, 248, 268-270, 354, 361, 362, 364, 365
通商産業省（通産省，経済産業省を含む）　8, 11, 17, 18, 29-31, 39, 40, 44, 47, 52, 54-59, 61, 63-66, 71, 72, 77-79, 81, 82, 84, 92, 95, 96, 102, 108, 111-113, 116, 119, 120, 122-126, 128, 129, 131, 133-135, 137, 138, 141, 143, 145-147, 149, 151, 153, 165, 166, 172-176, 179, 183, 184, 186, 189, 204-207, 218, 228, 254, 255, 266, 285, 294, 336-340, 343, 345, 348, 353, 362
──化学工業局　84, 113, 114, 124, 133
──企業局　133
──軽工業局　52, 61, 80
積み上げ式予測法　88, 90, 91, 115
鶴崎　→大分
鶴崎油化　→昭和電工
帝人　240
デクレア　254, 255
鉄鋼（鉄鋼業を含む）　4, 59, 210, 265, 286, 304, 305
デュポン　50, 110, 152, 192, 246, 269, 271, 311
電機　1, 2, 195, 297, 305, 320, 348
電気化学工業　19-21, 152
電気化学工業（社名）（デンカを含む）　20, 193, 194, 235, 237, 247, 295, 365
電子　1, 4, 195, 269, 271, 293, 294, 297-302, 305, 306, 320, 331, 348, 367
電子材料　11, 194, 195, 230, 242, 248, 250, 271, 275, 280, 291-294, 296-299, 301-306, 309, 312, 313, 315, 325, 330, 331, 348, 358, 367, 368
天然ガス　12, 50, 55, 182, 190, 192, 263
ドイツ（西──を含む）　49, 50, 63, 77, 109, 151, 191
東亜燃料（または東燃）　52, 336, 341
東京ガス　52
東京人造肥料　19
東京電力　265
統合運営　223, 329, 359
東西ブロック論　169
東芝　298
東ソー（または東洋曹達工業）　46, 190, 242, 255-258, 285, 308, 321, 322, 331
東南アジア　192, 223, 259, 279, 284
東燃化学（東燃化学合同会社）　→東燃石油化学

東燃機能膜　330
東燃石油化学　46, 47, 62, 94, 95, 119, 122, 132, 139, 141, 142, 144, 147, 187, 190, 215, 247, 307, 327, 328, 338, 341-343
東燃ゼネラル石油　264, 307, 308, 327-331, 363
東洋高圧工業　20, 61, 62, 79, 96
東洋曹達工業　→東ソー
東レ　240, 330
独占禁止法　143, 171, 363
特定産業構造改善臨時措置法（または産構法）　32, 87, 161, 162, 164, 177, 181, 185, 187, 189, 192, 196, 207, 208, 223, 226, 231, 253-255, 257, 258, 261, 268, 274, 278, 284, 285, 338, 340, 350, 356, 358, 359
特定産業振興臨時措置法（または特振法）　78, 79
特定不況産業安定臨時措置法　185
徳山　→周南
トクヤマ（または徳山曹達）　190, 195, 228, 229, 237, 247, 295
徳山曹達　→トクヤマ
豊田合成　240
トヨタ自動車　281, 283
鳥居保治　168
ドローン　321

な　行

内藤正久　184, 340
中井武夫　349
ナフサ　12-14, 16-18, 55, 67, 68, 70, 71, 73, 84, 85, 117, 148-151, 154, 170, 178, 182, 190, 192, 196, 254, 262, 263, 267, 268, 323, 347, 348, 361-363, 365
ナフサクラッカー，ナフサ分解設備　→エチレン製造設備
新居浜　46, 47, 169, 187, 189, 190, 253, 273-277, 286, 340, 358, 360
二酸化炭素　264, 369, 370
ニソン　262
日油　248
日産化学工業　19, 61, 62, 194, 223, 235, 237, 246, 247, 295, 300, 303, 304, 327, 344, 345, 349, 358, 367
ニッチ　11, 228, 291, 296, 303, 305, 314, 315, 330, 367
日東電工　195, 235, 237, 247, 295, 296, 298,

索　引　399

301, 302, 316, 327
ニフコ　235, 237, 247, 295
日本オレフィン　79
日本揮発油　52
日本鉱業　125, 128, 129, 144
日本合成化学　297, 318
日本合成ゴム　→ JSR
日本触媒　248, 265
日本ゼオン　52, 65, 227, 248, 329, 347
日本石油　→ JX日鉱日石エネルギー
日本石油化学（新日石化学を含む）　17, 39, 47, 48, 55, 56, 61, 70, 92, 95, 118, 122, 124, 139, 143, 165, 169, 170, 187, 190, 256, 258, 265, 337, 339, 347
日本曹達　51, 348
日本窒素肥料（またはチッソ，JNC）　19, 20, 50, 190, 235, 237, 247, 295
日本電気　194
日本ユニカー　190
認可枠　39, 40, 44, 48, 72, 76, 86-88, 93-98, 100-103, 111, 115, 116, 119-121, 124, 125, 127, 129, 135, 136, 146, 148, 153, 161, 164, 168, 196, 205-208, 210, 212-214, 216, 338, 341, 343, 344
農薬　20, 192, 194, 243, 245, 269, 271, 292, 294, 309-312, 319, 326, 331, 349, 358
野口遵　19

は 行

ハードディスク　323, 324
バイエル　152, 191
バイオ　192, 269, 322, 366
パイプライン（またはパイプ）　14, 85, 117, 264, 273, 359
ハイモント　278, 279
長谷川周重　72, 131, 339
バディッシュ　49
バブル経済　223, 225, 257
林喜世茂　112, 138, 340, 356
パラキシレン　308, 327-329
範囲の経済性　70, 286, 367
半導体（半導体材料を含む）　12, 194, 217, 229, 241, 292-294, 296, 298-300, 302, 327
非財閥系　55, 342
土方武　184, 255, 340
日立化成工業　195, 228, 235, 247, 295, 298, 302

日立製作所　195, 278, 298
必要能力（または必要設備能力）　86-88, 93, 98, 120, 121, 125, 126, 128, 131, 133, 147, 148, 167, 206
ビニロン　297
評価設備　303
平等性　→公平性
肥料　19, 20, 185, 193, 273, 275, 276
ファイン化（ファインケミカルを含む）　10, 11, 152, 191-195, 197, 272, 274, 275, 278, 282, 293, 309, 311, 312, 320, 349
フォトレジスト　195, 294, 296, 300, 312, 313, 326, 327
不況カルテル　8, 40, 108, 139, 141-144, 147, 154, 164, 165, 178, 182, 183, 207, 208
藤井裕二　228
富士フイルム　227
藤本修一郎　304, 345
藤山常一　20
藤吉健二　320
藤原信浩　249
ブタジエン　13, 21, 187, 284, 365
フランス　63, 109, 151, 191, 192
古河化学　52, 347
古河電工（古河電気工業）　54
プロセス　1, 4, 11, 12, 23, 30-32, 37, 38, 108, 153, 164, 196, 205, 227-231, 294, 330
プロセス産業　227, 229, 304, 305, 367
分解部門（または分解装置）　14-16, 66, 181, 342
分解炉　15, 16, 180, 191, 242, 257, 268, 323, 337, 342
米国　49, 50, 58, 61, 63, 68, 77, 109, 110, 149, 151, 182, 192, 217, 268, 292, 294, 296, 297, 300, 305, 311, 362, 364, 365
ヘキスト　191, 269
ベトナム　262
偏光板　294, 297, 299, 312
貿易収支　2, 22, 222, 292, 293
貿易の自由化　71, 77, 78
芳香族　21, 51, 262, 263, 274, 327, 328, 365
北米　268, 269, 300, 354, 361, 362
ポバール　296, 297, 299, 318
ポリエチレン　14, 21, 50, 54, 56, 57, 67, 70, 89-91, 96, 110, 124, 139, 143, 179, 182, 190, 191, 223, 260, 274, 277, 278, 280-283, 347, 358

ポリエチレンテレフタレート　279
ポリスチレン　49, 179, 191, 225, 260, 261, 271
ポリメチルペンテン　279
堀深　173, 175, 176
ポリプロピレン　69, 70, 139, 143, 179, 187, 191, 223, 260, 261, 270, 274, 278, 280, 281, 283, 345

ま行

マージン　239-241, 299
松下電器産業　278
丸善石油　52, 56, 327
丸善石油化学　39, 45, 47, 62, 111, 112, 117, 118, 120-122, 124, 130, 138, 139, 144, 152, 165, 171, 214, 215, 237, 243, 247, 255-258, 285, 308, 321, 326, 327, 330, 331, 338, 340-344, 356
三池合成　51, 277
三池炭鉱　20
三池窒素　20
水島　46-48, 119, 184, 225, 226, 247, 256, 263, 265, 267, 282, 358, 359
水島エチレン　125-130
水処理膜　314, 315, 318, 368
三井化学　46, 225, 226, 237, 243, 246, 250, 259, 262, 265-267, 273, 277, 280, 281, 284, 308, 309, 311, 319-321, 331, 366
三井化学工業　20, 50, 51, 62, 79, 96, 277
三井鉱山　277
三井製薬　319
三井石油化学工業　47, 48, 54-56, 61, 67, 70, 92, 95, 111, 113, 115, 117, 118, 122, 124, 139, 143, 150, 152, 165, 169, 171, 173, 179, 187, 190, 210, 212, 247, 255-259, 273, 277-281, 285, 320, 337, 339-341, 347, 358
三井東圧化学　39, 47, 62, 96, 187, 190, 256, 258, 259, 320
三菱化学　45, 46, 48, 226, 228, 259, 262, 266, 267, 273, 281-285, 318, 324, 358
三菱化学旭化成エチレン　267
三菱化成（化成水島を含む）　10, 39, 47, 51, 62, 79, 92, 95, 119, 125, 128, 129, 139, 144, 147, 152, 166, 171, 184, 187, 190, 193, 226, 247, 256, 259, 282, 338, 340
三菱グループ　28, 226, 282
三菱ケミカル　226, 237, 242, 246, 308, 309, 311, 315-319, 331

三菱樹脂　226, 318
三菱石油　52
三菱油化　39, 47, 48, 54-56, 61, 70, 71, 79, 83, 94, 99, 100, 111, 115, 117, 119-121, 124, 130, 136, 137, 139, 140, 143, 165, 166, 168-171, 174, 176, 179, 190, 214, 215, 226, 246, 247, 255-259, 282, 285, 337, 339-341
三菱レイヨン　226, 282, 318
六車忠裕　301, 302
メカニズム　11, 23, 35-38, 40, 204, 208, 210, 217, 232
メタクリル樹脂　49, 275
メタパラクレゾール　281
メチオニン　274-276
モービル　110
モンテカチーニ（モンテ参りを含む）　69, 345

や行

八幡化学　→新日鐵化学
山形栄治　143
有機EL　326
有限責任事業組合　226, 266, 267, 359
誘導品　14, 20, 21, 28, 49, 55, 62, 68-70, 84, 85, 98, 110, 117, 118, 122, 124, 129, 132, 139, 141-144, 152, 165, 175, 183, 190, 192, 196, 237, 246, 260, 261, 274, 277, 281-283, 309, 321, 341, 359, 365
有力企業　40, 108, 112, 113, 115, 118, 119, 121, 124, 129, 131, 153, 173, 179, 205-207, 214, 216, 339, 340
ユニリーバ　272
吉光久　84, 124
四日市　46-48, 99, 100, 225, 226, 247, 253, 255, 258, 259, 262, 273, 282-285, 358
米倉弘昌　312

ら・わ行

ラービグ　223, 262
ライフサイクル　275, 302, 304, 370
ライフサイクルアセスメント　369
ランブイエ会議　184
リチウムイオン電池　4, 248, 249, 275, 284, 292, 293, 297, 301, 313, 315, 325, 330, 365, 366, 368
リバースエンジニアリング　304
硫安　19, 20, 194, 273, 276

索引　401

硫酸　19, 20
留分　14-17, 51, 52, 68, 69, 117, 150, 263, 264, 342, 364
　——の総合利用　61, 68-70, 72, 152
輪番投資　111, 119, 122, 132, 174
ロイヤル・ダッチ・シェル　270
ローム・アンド・ハース　49, 271
60年危機説　357
ワの字型　238, 241, 245, 251, 307, 310, 313, 315, 316, 320, 321, 323, 325, 326

A-Z

ADEKA　→旭電化
ARC　300, 367
BASF　50, 191, 246, 248, 269-272, 284, 311
BP　272
CTO　→石炭化学プラント
DIC　240
DVD素材　316, 317
IBM　300
ICI　50, 110, 269, 270, 272, 279
JNC　→日本窒素肥料
JSR　65, 195, 228, 229, 235, 237, 247, 283, 295, 297, 298, 300, 302, 303, 316, 327, 349
JX日鉱日石エネルギー　46, 48, 52, 227, 264, 265, 307, 308, 347
LCA　→ライフサイクルアセスメント
LCD　→液晶ディスプレイ
OPEC　→石油輸出国機構
RING　→石油コンビナート高度統合運営技術研究組合
UCC　49, 50, 110, 192, 269, 270

《著者略歴》

平野 創（ひらの そう）

1978 年生
2008 年 一橋大学大学院商学研究科博士課程修了
現　在　成城大学経済学部准教授（博士，商学）
著　書　『化学産業の時代』（共著，化学工業日報社，2011 年）
　　　　『出光興産の自己革新』（共著，有斐閣，2012 年）
　　　　『コンビナート統合』（共著，化学工業日報社，2013 年）
　　　　『日本の産業と企業』（共編著，有斐閣，2014 年）

日本の石油化学産業

2016 年 7 月 10 日　初版第 1 刷発行

定価はカバーに表示しています

著　者　平野　創
発行者　金山弥平

発行所　一般財団法人 名古屋大学出版会
〒464-0814　名古屋市千種区不老町 1 名古屋大学構内
電話 (052)781-5027/ FAX (052)781-0697

ⓒ So Hirano, 2016　　　　　　　　Printed in Japan
印刷・製本 亜細亜印刷㈱　　　　ISBN978-4-8158-0842-6
乱丁・落丁はお取替えいたします。

Ⓡ〈日本複製権センター委託出版物〉
本書の全部または一部を無断で複写複製（コピー）することは，著作権法上の例外を除き，禁じられています。本書からの複写を希望される場合は，必ず事前に日本複製権センター（03-3401-2382）の許諾を受けてください。

橘川武郎著
日本石油産業の競争力構築　　　　　A5・350 頁
　　　　　　　　　　　　　　　　　本体 5,700 円

橘川武郎著
日本電力業発展のダイナミズム　　　A5・612 頁
　　　　　　　　　　　　　　　　　本体 5,800 円

橘川武郎・黒澤隆文・西村成弘編
グローバル経営史　　　　　　　　　A5・362 頁
―国境を越える産業ダイナミズム―　本体 2,700 円

田中　彰著
戦後日本の資源ビジネス　　　　　　A5・338 頁
―原料調達システムと総合商社の比較経営史―　本体 5,700 円

小堀　聡著
日本のエネルギー革命　　　　　　　A5・432 頁
―資源小国の近現代―　　　　　　　本体 6,800 円

沢井　実著
マザーマシンの夢　　　　　　　　　菊判・510 頁
―日本工作機械工業史―　　　　　　本体 8,000 円

中村尚史著
地方からの産業革命　　　　　　　　A5・400 頁
―日本における企業勃興の原動力―　本体 5,600 円

安達祐子著
現代ロシア経済　　　　　　　　　　A5・424 頁
―資源・国家・企業統治―　　　　　本体 5,400 円

小野沢透著
幻の同盟 上・下　　　　　　　　　菊・650/614 頁
―冷戦初期アメリカの中東政策―　　本体各 6,000 円